책장을 넘기며 느껴지는 몰입의 기쁨
노력한 만큼 빛이 나는 내일의 반짝임

새로운 배움, 더 큰 즐거움
미래엔이 응원합니다!

1등급 만들기

생명과학 I 585제

WRITERS

오현선 서울고 교사 | 서울대 생물교육과, 연세대 대학원 생물교육과
이영호 보성고 교사 | 연세대 생물학과, 연세대 대학원 생물교육과
김대준 방산고 교사 | 서울대 생물교육과

COPYRIGHT

인쇄일 2023년 11월 1일(2판7쇄)
발행일 2021년 9월 30일

펴낸이 신광수
펴낸곳 (주)미래엔
등록번호 제16–67호

교육개발1실장 하남규
개발책임 오진경 **개발** 여은경, 정도윤

디자인실장 손현지
디자인책임 김병석 **디자인** 진선영, 송혜란

CS본부장 강윤구
제작책임 강승훈

ISBN 979-11-6413-886-9

에베레스트산, 너는 성장하지 못한다.

그러나 나는 성장할 것이다.

그리고 나는 성장해서 반드시 돌아올 것이다.

_에드먼드 힐러리

에드먼드 힐러리가 세계 최초로 에베레스트산을 정복하는 그 순간,

그의 곁에는 텐징 노르가이라는 베테랑 셰르파가 있었습니다.

셰르파는 히말라야 등반에서 안내인 역할을 하는 고산족입니다.

정상을 정복하기 위한 힐러리의 도전에는 여러 어려움이 있었지만

텐징과 함께한 여정은 결국 그를 정상에 우뚝 서게 했습니다.

깊은 크레바스에 빠져 위험에 처했을 때 그를 구한 것도 텐징이었습니다.

1등급을 향한 길은 멀고도 힘들지도 모릅니다.

하지만 절대로 다다를 수 없는 무모한 목표가 아닙니다.

까마득히 멀고 높아 불가능해 보이는 목표일지라도

끊임없이 나를 성장시키고 도전하다 보면

어느덧 정상에 서 있는 나를 발견할 것입니다.

1등급 만들기 생명과학 Ⅰ은 여러분을 위한 베테랑 셰르파입니다.

여러분이 마침내 정상에 서는 그 순간은 멀지 않습니다.

구성과 특징
Structure&Features

핵심 개념 정리

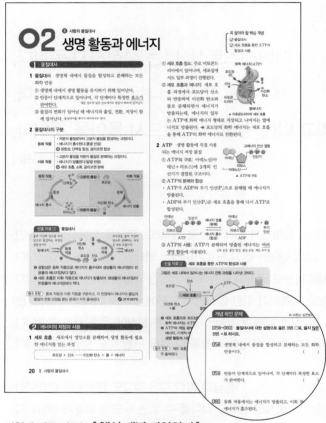

1등급 만들기 3단계 문제 코스

1등급 만들기 내신 완성 3단계 문제를 풀면 1등급이 이뤄집니다.

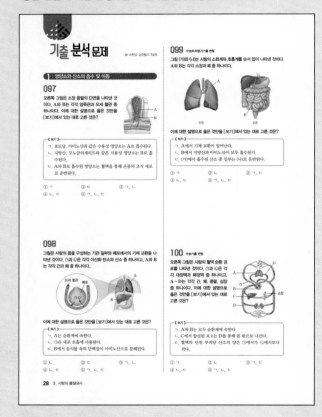

시험에 자주 나오는 [핵심 개념 파악하기]

시험에 나올 내용들만 일목요연하게 정리했습니다. 빈출 자료 를 단계별로 설명하여 내용을 완벽하게 분석하고, 기출 분석 문제 및 바른답·알찬풀이 와 연계했습니다. 또 개념 확인 문제 를 통해 중요한 개념을 완벽히 이해했는지 문제를 풀며 바로 파악할 수 있습니다.

Step 1 내신 문제 실전 감각 키우기

기출 분석 문제

출제율이 70% 이상으로 시험에 꼭 출제될 수 있는 문제를 다양한 유형별로 엄선하여 시험 문제처럼 그대로 실었습니다.

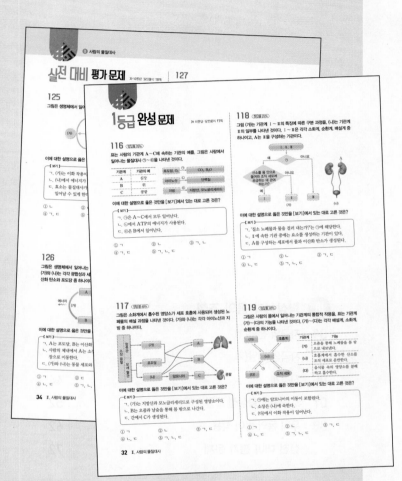

바른답·알찬풀이

Step 2 고난도 문제 풀어보기

1등급 완성 문제

응용력을 요구하거나 통합적으로 출제된 어렵고 낯선 문제들을 선별하여
수록하였습니다. 특히 1등급을 결정짓는 서술형 문제를 집중 학습할 수 있
도록 구성하였습니다.

Step 3 시험 직전 최종 점검하기

실전 대비 평가 문제

대단원별로 시험에 출제 빈도가 높은 문제를 수록하여 실제 학교 시험에
대비할 수 있습니다.

자세한 해설로 문제별 [핵심 다시 파악하기]

문제별 자세한 풀이와 오답 피하기를 통해 문제 풀이 과정을 쉽게 이해할
수 있습니다. 자료 분석하기, 개념 더하기 등의 1등급만의 노하우와 서술형
해결 전략으로 문제 해결 능력을 강화할 수 있습니다.

차례
—— Contents

교과서 단원 찾기

비상교육	천재교육	동아출판	금성	지학사	교학사
10~31	10~29	12~31	14~41	12~31	12~29
34~38	32~37	34~39	44~51	34~37	32~37
39~55	38~55	40~55	52~71	38~57	38~57
58~69	58~66, 75~81	58~68	74~85	60~67, 78~81	60~75
70~81	67~74	69~77	86~95	68~77	76~85
82~91	82~93	78~91	96~107	82~91	86~95
92~111	94~115	92~113	108~129	92~109	96~117
114~121	118~125	116~121	132~136	112~115, 118~119	120~127
122~129	126~133	122~133	137~145	116~117, 120~125	128~133
130~141	134~140	134~143	146~152	126~133	134~141
142~155	141~153	144~159	153~165	134~149	142~153
158~169	156~164	162~172	168~179	152~161	156~167
170~187	165~179	173~193	180~197	162~181	168~183
188~209	180~199	194~209	198~213	182~199	184~195

01
Ⅰ 생명 과학의 이해

생물의 특성과 생명 과학의 탐구 방법

꼭 알아야 할 핵심 개념
- ☑ 생물의 특성
- ☑ 바이러스의 특성
- ☑ 생명 과학의 탐구 방법

1 | 생물의 특성

생물을 구성하는 구조적 단위이며, 생명 활동이 일어나는 기능적 단위이다.

1 세포로 구성 모든 생물은 세포로 이루어져 있다. → 세포의 수에 따라 단세포 생물과 다세포 생물로 구분한다.
- (예) 아메바, 대장균 | (예) 사람, 소나무

2 물질대사 생명체 내에서 일어나는 모든 화학 반응이다.
① 물질대사의 특징
- 각 단계에는 특정한 효소가 관여한다.
- 물질대사가 일어날 때 에너지가 흡수되거나 방출된다.
② 물질대사의 구분
동화 작용과 이화 작용으로 구분한다.

▲ 물질대사

동화 작용	이화 작용
저분자 물질로부터 고분자 물질을 합성하는 과정으로, 에너지를 흡수한다.(흡열 반응) (예) 광합성, 단백질 합성	고분자 물질을 저분자 물질로 분해하는 과정으로, 에너지를 방출한다.(발열 반응) (예) 세포 호흡, 소화

빈출 자료 ① 화성 생명체 탐사 실험

표는 화성 토양에 생명체가 존재하는지 알아보기 위한 실험 (가)~(다)를 나타낸 것이다.

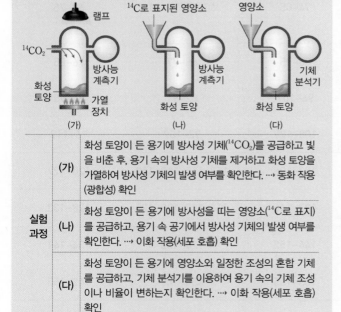

(가)   (나)   (다)

실험 과정	(가)	화성 토양이 든 용기에 방사성 기체($^{14}CO_2$)를 공급하고 빛을 비춘 후, 용기 속의 방사성 기체를 제거하고 화성 토양을 가열하여 방사성 기체의 발생 여부를 확인한다. ⋯ 동화 작용 (광합성) 확인
	(나)	화성 토양이 든 용기에 방사성을 띠는 영양소(^{14}C로 표지)를 공급하고, 용기 속 공기에서 방사성 기체의 발생 여부를 확인한다. ⋯ 이화 작용(세포 호흡) 확인
	(다)	화성 토양이 든 용기에 영양소와 일정한 조성의 혼합 기체를 공급하고, 기체 분석기를 이용하여 용기 속의 기체 조성이나 비율이 변하는지 확인한다. ⋯ 이화 작용(세포 호흡) 확인
실험 결과 및 정리		(가)~(다)에서 아무런 변화가 나타나지 않았다. ⋯ 화성 토양에는 물질대사를 하는 생명체가 존재하지 않는다.

필수 유형 화성 토양에 생명체가 존재하는지를 알아보는 실험을 통해 생물의 특성 중 물질대사와 관련짓는 문제가 출제된다. ◷ 10쪽 011번

3 자극에 대한 반응과 항상성

자극에 대한 반응	생물은 다양한 환경 변화를 자극으로 받아들이고, 이에 대해 적절하게 반응한다. (예) • 식물이 빛을 향해 굽어 자란다. • 미모사의 잎을 건드리면 잎이 오므라든다.
항상성	생물이 환경 변화에 대처하여 체내의 상태를 일정하게 유지하려는 성질이다. (예) 물을 많이 마시면 오줌양이 증가한다.

4 발생과 생장

발생	하나의 수정란이 세포 분열을 통해 세포 수를 늘리고, 조직과 기관을 형성하여 하나의 개체가 되는 과정 (예) 개구리의 수정란 → 올챙이 → 어린 개구리
생장	어린 개체가 세포 분열을 통해 세포 수를 늘려감으로써 자라는 과정 (예) 어린 개구리 → 성체 개구리

5 생식과 유전

(예) • 아메바는 분열법으로 개체 수를 늘린다. • 사람은 정자와 난자의 수정으로 자손을 만든다.

생식	생물이 종족을 유지하기 위해 자신과 닮은 개체를 만드는 현상
유전	어버이의 형질(특징)이 자손에게 전달되는 현상

(예) 적록 색맹인 어머니로부터 적록 색맹인 아들이 태어난다.

6 적응과 진화

적응	생물이 서식 환경에 적합한 특성을 가지도록 변화하는 것
진화	생물이 오랜 시간 여러 세대를 거치면서 환경에 적응한 결과 집단의 유전자 구성이 변화하여 새로운 종으로 분화되는 것

(예) • 사막에 사는 선인장은 잎이 가시로 변해 수분 손실을 막는다.
• 갈라파고스 군도의 각 섬에는 먹이 환경에 적응하여 진화한 결과 부리의 모양과 크기가 조금씩 다른 핀치가 산다.

2 | 바이러스

DNA 또는 RNA

1 바이러스 크기가 세균보다 작은 감염성 병원체로, 핵산과 이를 둘러싸고 있는 단백질 껍질로 이루어져 있다.

2 바이러스의 특성

생물적 특성	비생물적 특성
• 유전 물질인 핵산을 가지고 있다. • 살아 있는 숙주 세포 안에서 물질대사를 하고 증식할 수 있다. • 증식 과정에서 유전 현상이 나타난다.	• 세포로 이루어져 있지 않으며, 숙주 세포 밖에서는 입자 상태로 존재한다. 핵산과 단백질 결정체 • 스스로 물질대사를 할 수 없다.

빈출 자료 ② 바이러스(박테리오파지)의 증식

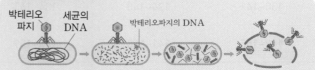

박테리오파지는 자신의 DNA를 숙주 세포인 세균 안으로 주입한다. → 세균의 효소로 자신의 DNA를 복제하고 단백질 껍질을 만들어 증식한다. → 증식한 박테리오파지는 세균을 뚫고 밖으로 나온다.

필수 유형 바이러스의 증식 과정을 통해 생물적 특성과 비생물적 특성을 파악하는 문제가 출제된다. ◷ 13쪽 026번

8 Ⅰ. 생명 과학의 이해

1 생명 과학 생명 현상을 탐구하여 생명의 본질을 밝히고, 그 연구 성과를 인류 복지 향상에 이용하는 종합 학문

2 생명 과학의 탐구 방법

① **귀납적 탐구 방법**: 자연 현상을 관찰하여 얻은 자료를 종합하고 분석하는 과정에서 규칙성을 발견하고, 이로부터 일반적인 원리나 법칙을 이끌어 내는 탐구 방법

| 자연 현상 관찰 | → | 관찰 주제 선정 | → | 관찰 방법과 절차 고안 | → | 관찰 수행 | → | 관찰 결과 해석 및 결론 도출 |

② **연역적 탐구 방법**: 자연 현상을 관찰하면서 생긴 의문에 대한 답을 찾기 위해 가설을 설정하고, 체계적인 검증을 통해 결론을 얻는 탐구 방법 └ 문제를 해결하기 위한 잠정적인 답으로, 예측 가능해야 하고 옳은지 그른지 실험이나 관측을 통해 확인할 수 있어야 한다.

| 관찰 및 문제 인식 | → | 가설 설정 | → | 탐구 설계 및 수행 | → | 결과 정리 및 분석 | → | 결론 도출 |

↑ 가설이 옳지 않으면 가설 수정

• **대조 실험**: 탐구를 수행할 때 대조군을 설정하여 실험군과 비교하는 것 ➡ 실험 결과의 타당성을 높일 수 있다.

┌ 검증하려는 요인

| 대조군 | 실험군과 비교하기 위해 실험 조건을 변화시키지 않은 집단 |
| 실험군 | 가설을 검증하기 위해 실험 조건을 의도적으로 변화시킨 집단 |

• **변인**: 실험에 관계되는 요인

| 독립변인 | 실험 결과에 영향을 주는 요인
• 조작 변인: 가설을 검증하기 위해 의도적으로 변화시키는 요인
• 통제 변인: 실험에서 일정하게 유지해야 하는 요인 |
| 종속변인 | 조작 변인의 영향을 받아 변하는 요인 ⋯→ 실험 결과에 해당 |

빈출 자료 ③ **연역적 탐구 방법의 사례**

탐구 과정	파스퇴르의 탄저병 백신 연구
❶ 문제 인식	백신이 질병을 예방할 수 있을까?
❷ 가설 설정	탄저병 백신은 탄저병을 예방하는 효과가 있을 것이다.
❸ 탐구 설계 및 수행	건강한 양들을 두 집단으로 나누어 한 집단에는 탄저병 백신을 주사하고, 다른 집단에는 탄저병 백신을 주사하지 않은 후, 두 집단의 양에게 모두 탄저균을 주사했다. • 실험군: 탄저병 백신을 주사한 집단 • 대조군: 탄저병 백신을 주사하지 않은 집단 • 조작 변인: 탄저병 백신 주사 여부 • 종속변인: 탄저병 발병 여부 • 통제 변인: 탄저균 주사, 양의 종류와 건강 상태 등
❹ 결과 정리 및 분석	탄저병 백신을 주사한 양들은 모두 건강했지만, 탄저병 백신을 주사하지 않은 양들은 탄저병에 걸렸다.
❺ 결론 도출	탄저병 백신은 탄저병을 예방한다.

필수 유형 연역적 탐구 방법의 사례에서 실험군과 대조군, 변인을 구분하는 문제가 출제된다.

🔎 15쪽 034번

[001~003] 생물의 특성에 대한 설명이다. ( ) 안에 들어갈 알맞은 말을 고르시오.

001 (동화, 이화) 작용은 에너지를 흡수하는 반응이다.

002 어린 개체가 세포 분열을 통해 세포 수를 늘려감으로써 자라는 과정은 (발생, 생장)이다.

003 물을 많이 마시면 오줌양이 증가하는 것은 (항상성, 자극에 대한 반응)의 예에 해당한다.

004 오른쪽 그림은 박테리오파지의 구조를 나타낸 것이다. 물질 A와 B는 각각 핵산과 단백질 중 하나이다. A와 B의 이름을 각각 쓰시오.

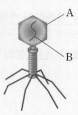

[005~007] 바이러스의 특성에 대한 설명으로 옳은 것은 ○표, 옳지 <u>않은</u> 것은 ×표 하시오.

005 세포 분열을 통해 증식한다. ( )

006 유전 물질인 핵산을 가진다. ( )

007 숙주 세포 밖에서는 입자 상태로 존재한다. ( )

008 다음은 연역적 탐구 방법의 과정을 순서 없이 나타낸 것이다.

> (가) 가설 설정 (나) 결론 도출 (다) 탐구 수행
> (라) 문제 인식 (마) 탐구 설계 (바) 결과 분석

탐구 과정을 순서대로 나열하시오.

009 다음 ( ) 안에 들어갈 알맞은 말을 쓰시오.

> 가설을 검증하기 위해 실험에서 의도적으로 변화시킨 요인은 (㉠) 변인이고, (㉠) 변인의 영향을 받아 변하는 요인은 (㉡)변인으로 실험 결과에 해당한다.

기출 분석 문제

» 바른답·알찬풀이 2쪽

1 생물의 특성

010

다음은 붉은가슴벌새에 대한 설명이다.

> 붉은가슴벌새는 미국의 남동부에서 중앙아메리카까지 1000 km 이상을 쉬지 않고 날아간다. 이를 위해 붉은가슴벌새는 체내에 지방을 저장하고, 비행하는 동안 ㉠저장된 지방을 분해하여 비행에 필요한 에너지를 얻는다.

㉠에 나타난 생물의 특성을 쓰시오.

011

필수 유형 🎯 8쪽 빈출 자료 ①

다음은 화성 토양에 생명체가 존재하는지 알아보기 위해 화성 탐사선인 바이킹호에서 실시한 2가지 실험 (가)와 (나)를 나타낸 것이다.

> (가) 화성 토양이 든 용기에 ^{14}C로 표지된 영양소를 공급하고, 용기 속 공기에서 방사성 기체의 발생 여부를 확인한다.
>
> (나) 화성 토양이 든 용기에 영양소와 일정한 조성의 혼합 기체를 공급하고, 기체 분석기를 이용하여 용기 속의 기체 조성이나 비율이 변하는지 확인한다.

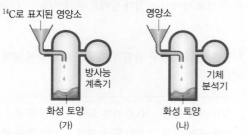

이에 대한 설명으로 옳은 것만을 [보기]에서 있는 대로 고른 것은?

[보기]
ㄱ. (가)는 동화 작용을 하는 생명체가 있는지 알아보기 위한 실험이다.
ㄴ. (나)는 이화 작용을 하는 생명체가 있는지 알아보기 위한 실험이다.
ㄷ. (가)와 (나)는 모두 '생명체는 물질대사를 한다.'라는 것을 전제로 한 실험이다.

① ㄱ
② ㄴ
③ ㄱ, ㄷ
④ ㄴ, ㄷ
⑤ ㄱ, ㄴ, ㄷ

012

생물의 특성에 대한 설명으로 옳지 않은 것은?

① 물질대사를 한다.
② 세포로 이루어져 있다.
③ 유전 물질을 자손에게 전달한다.
④ 오랜 시간 환경에 적응해 가면서 새로운 종으로 분화한다.
⑤ 하나의 수정란이 세포 분열을 통해 하나의 개체가 되는 과정을 생장이라고 한다.

013

다음은 생물의 특성과 관련된 2가지 사례를 나타낸 것이다.

> (가) 파리지옥의 잎에 파리가 앉으면 잎이 접힌다.
> (나) 지렁이에게 빛을 비추면 어두운 곳으로 이동한다.

(가)와 (나)에 공통으로 나타난 생물의 특성으로 가장 적절한 것은?

① 물질대사
② 생식과 유전
③ 적응과 진화
④ 발생과 생장
⑤ 자극에 대한 반응

014

그림은 매미의 알이 어린 매미가 되기까지의 과정을 나타낸 것이다.

위 자료에 나타난 생물의 특성과 가장 관련이 깊은 것은?

① 더울 때 땀을 흘려 체온을 일정하게 유지한다.
② 개구리의 수정란은 올챙이를 거쳐 어린 개구리가 된다.
③ 적록 색맹인 어머니로부터 적록 색맹인 아들이 태어난다.
④ 뜨거운 물체에 손이 닿으면 자신도 모르게 급히 손을 뗀다.
⑤ 사막에 사는 선인장은 잎이 가시로 변해 수분 손실을 막는다.

015 수능모의평가기출 변형

다음은 혈우병에 대한 설명이다.

혈우병은 유전자 돌연변이에 의해 발생하는 질병이다. 19세기 영국의 빅토리아 여왕은 혈우병 보인자였는데, ㉠빅토리아 여왕의 딸들이 유럽의 다른 왕족과 결혼하여 태어난 아들들에게서 혈우병이 나타났다. 이 과정을 통하여 혈우병이 유럽의 여러 왕가로 퍼지게 되었다.

㉠에 나타난 생물의 특성으로 가장 적절한 것은?

① 물질대사를 한다.
② 세포로 이루어져 있다.
③ 환경에 적응하고 진화한다.
④ 어버이의 형질이 자손에게 전달된다.
⑤ 자극에 반응하여 체내의 상태를 일정하게 유지한다.

016

표는 생물의 특성과 관련된 사례 (가)~(다)를 나타낸 것이다.

(가)	(나)	(다)
미모사의 잎을 건드리면 잎이 오므라든다.	옥수수는 빛에너지를 흡수하여 양분을 합성한다.	가랑잎벌레는 몸의 형태가 주변의 잎과 비슷하다.

(가)~(다)에 나타난 생물의 특성을 옳게 짝 지은 것은?

	(가)	(나)	(다)
①	항상성	물질대사	적응과 진화
②	물질대사	적응과 진화	자극에 대한 반응
③	적응과 진화	항상성	물질대사
④	자극에 대한 반응	물질대사	적응과 진화
⑤	자극에 대한 반응	적응과 진화	물질대사

017

다음은 여우와 핀치에 대한 설명이다.

• 사막여우는 귀가 크고 몸집이 작으며, 북극여우는 귀가 작고 몸집이 크다.
• 갈라파고스 군도의 각 섬에는 부리 모양과 크기가 먹이에 따라 조금씩 다른 핀치가 산다.

위 자료에 공통으로 나타난 생물의 특성으로 가장 적절한 것은?

① 유전   ② 발생   ③ 항상성
④ 적응과 진화   ⑤ 자극에 대한 반응

018

생물이 종족을 유지하는 것과 관련된 생물의 특성으로 옳은 것만을 [보기]에서 있는 대로 고른 것은?

【 보기 】
ㄱ. 항상성   ㄴ. 물질대사   ㄷ. 발생과 생장
ㄹ. 생식과 유전   ㅁ. 적응과 진화

① ㄱ, ㄷ   ② ㄹ, ㅁ   ③ ㄱ, ㄷ, ㄹ
④ ㄴ, ㄷ, ㅁ   ⑤ ㄱ, ㄴ, ㄹ, ㅁ

019

그림은 먹이의 섭취 방법에 따른 곤충의 입 모양을 나타낸 것이다.

매미   파리   나비

위 자료에 나타난 생물의 특성과 가장 관련이 깊은 것은?

① 아메바는 분열법으로 증식한다.
② 사람이 땀을 많이 흘리면 오줌양이 감소한다.
③ 효모는 포도당을 분해하여 에너지를 얻는다.
④ 거북은 여러 개의 세포로 이루어진 다세포 생물이다.
⑤ 영국에서 산업 혁명으로 인한 공업 암화로 흰색 나방에 비해 검은색 나방의 비율이 높아졌다.

020 수능기출 변형

그림은 먹이의 종류나 서식지에 따른 새의 발 모양을 나타낸 것이다.

독수리   오리   꿩

위 자료에 나타난 생물의 특성과 가장 관련이 깊은 것은?

① 사람의 체내에서 녹말은 포도당으로 소화된다.
② 참나무는 빛에너지를 흡수하여 양분을 합성한다.
③ 미맹인 부모 사이에서 태어난 자녀는 모두 미맹이다.
④ 항생제를 투여해도 항생제에 죽지 않는 세균이 출현한다.
⑤ 개구리의 수정란은 올챙이, 어린 개구리를 거쳐 성체 개구리
   가 된다.

021 ⭐신유형

그림 (가)는 강아지 로봇을, (나)는 강아지를 나타낸 것이다.

(가)   (나)

이에 대한 설명으로 옳은 것만을 [보기]에서 있는 대로 고른 것은?

[보기]
ㄱ. (가)는 물질대사를 통해 에너지를 소모한다.
ㄴ. (가)와 (나)는 모두 자극에 반응한다.
ㄷ. (나)는 자신과 닮은 자손을 만들 수 있다.

① ㄱ   ② ㄴ   ③ ㄱ, ㄴ
④ ㄱ, ㄷ   ⑤ ㄴ, ㄷ

022

다음은 나무 위에서 생활하는 긴팔원숭이에 대한 설명이다.

긴팔원숭이는 ㉠나뭇가지를 잘 잡을 수 있는 갈고리 모양의
손을 가지고 있다. 긴팔원숭이가 긴 팔을 사용하여 나무 사
이를 건너다닐 때 근육 세포는 반복적인 근육 운동에 필요한
에너지를 얻기 위해 ㉡포도당을 세포 호흡에 이용한다.

㉠과 ㉡에 나타난 생물의 특성으로 가장 적절한 것은?

	㉠	㉡
①	물질대사	항상성
②	물질대사	발생과 생장
③	발생과 생장	물질대사
④	적응과 진화	물질대사
⑤	적응과 진화	생식과 유전

023 ✎서술형

그림은 화성 토양에 생명체가 존재하는지 알아보기 위한 실험 (가)와
(나)를 나타낸 것이다.

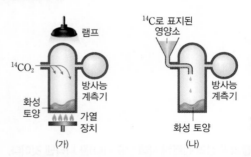

(가)   (나)

(가)와 (나)의 결과 모두 방사성 기체가 검출되지 않았다. 이를 근거로
어떤 결론을 내릴 수 있는지 생물의 특성과 관련지어 설명하시오.

024

생물의 특성과 그 예를 옳게 짝 지은 것은?

① 발생 – 음식을 짜게 먹으면 물을 많이 마신다.
② 항상성 – 장구벌레는 번데기 시기를 거쳐 모기가 된다.
③ 물질대사 – 거미는 진동을 감지하여 먹이에게 다가간다.
④ 유전 – ABO식 혈액형이 B형인 부모 사이에서 O형인 자녀
   가 태어났다.
⑤ 자극에 대한 반응 – 수생 식물의 잎에서 광합성이 일어나면
   공기 방울이 맺힌다.

2 | 바이러스

[025~026] 그림은 A의 증식 과정을 나타낸 것이다. A와 B는 각각 세균과 박테리오파지 중 하나이다. 물음에 답하시오.

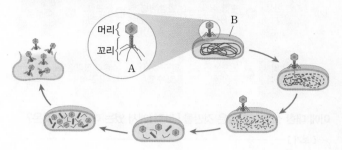

025

A와 B의 이름을 각각 쓰시오.

026

필수 유형   8쪽 빈출 자료 ②

이에 대한 설명으로 옳은 것만을 [보기]에서 있는 대로 고른 것은?

[보기]
ㄱ. A는 핵산을 가지고 있다.
ㄴ. A와 B는 모두 세포로 이루어져 있다.
ㄷ. A는 자신의 효소를 이용하여 세균 안에서 증식한다.

① ㄱ   ② ㄴ   ③ ㄱ, ㄷ
④ ㄴ, ㄷ   ⑤ ㄱ, ㄴ, ㄷ

027

오른쪽 그림은 박테리오파지와 식물 세포의 공통점과 차이점을 나타낸 것이다. 이에 대한 설명으로 옳은 것만을 [보기]에서 있는 대로 고른 것은?

[보기]
ㄱ. '단백질을 갖는다.'는 ㉠에 해당한다.
ㄴ. '스스로 물질대사를 한다.'는 ㉡에 해당한다.
ㄷ. '세포막을 갖는다.'는 ㉢에 해당한다.

① ㄱ   ② ㄷ   ③ ㄱ, ㄴ
④ ㄱ, ㄷ   ⑤ ㄴ, ㄷ

028

그림 (가)는 박테리오파지를, (나)는 대장균을 나타낸 것이다.

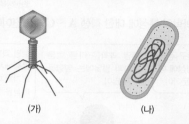

(가)   (나)

이에 대한 설명으로 옳은 것만을 [보기]에서 있는 대로 고른 것은?

[보기]
ㄱ. (가)와 (나)는 모두 유전 물질을 가지고 있다.
ㄴ. (가)는 살아 있는 세포 안에서 자신의 유전 물질을 복제하여 증식한다.
ㄷ. (나)는 효소가 있어 스스로 물질대사를 할 수 있다.

① ㄱ   ② ㄷ   ③ ㄱ, ㄴ
④ ㄴ, ㄷ   ⑤ ㄱ, ㄴ, ㄷ

029   수능모의평가기출 변형

그림 (가)와 (나)는 각각 바이러스와 동물 세포 중 하나를 나타낸 것이다.

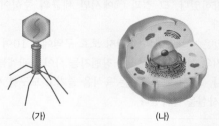

(가)   (나)

이에 대한 설명으로 옳은 것만을 [보기]에서 있는 대로 고른 것은?

[보기]
ㄱ. (가)는 증식 과정에서 돌연변이가 일어날 수 있다.
ㄴ. (가)와 (나)는 모두 단백질을 가지고 있다.
ㄷ. (나)에서 동화 작용이 일어난다.

① ㄱ   ② ㄷ   ③ ㄱ, ㄴ
④ ㄴ, ㄷ   ⑤ ㄱ, ㄴ, ㄷ

3 | 생명 과학의 탐구 방법

030

다음은 생명 과학의 특성에 대한 학생 A ~ C의 의견이다.

생명 과학은 연구 성과를 인류 복지 향상에 이용하는 종합 학문이야.

생명 과학은 다른 학문 분야의 발달에는 영향을 주지 않아.

생명 과학은 분자 수준의 물질에서부터 지구에 이르기까지 다양한 범위의 대상을 연구해.

학생 A   학생 B   학생 C

제시한 의견이 옳은 학생만을 있는 대로 고른 것은?

① A
② B
③ A, C
④ B, C
⑤ A, B, C

031

다음은 서로 다른 탐구 방법을 이용한 2가지 탐구 사례를 나타낸 것이다.

> (가) 플레밍은 푸른곰팡이가 세균의 증식을 억제하는 물질을 생성할 것이라고 생각하고, ㉠푸른곰팡이를 접종한 배지와 ㉡푸른곰팡이를 접종하지 않은 배지에서 각각 세균을 배양하였다. 그 결과 ㉠에서만 세균의 증식이 억제되었다.
>
> (나) 구달은 아프리카의 침팬지 보호 구역에서 10여 년간 침팬지의 성장 과정, 행동, 침팬지들 사이의 관계를 관찰하였다. 그 결과 침팬지는 육식을 즐기고 도구를 사용한다는 사실을 알아냈다.

이에 대한 설명으로 옳은 것만을 [보기]에서 있는 대로 고른 것은?

【보기】
ㄱ. (가)는 연역적 탐구 방법, (나)는 귀납적 탐구 방법이다.
ㄴ. (가)에만 가설 설정 단계가 있다.
ㄷ. ㉠과 ㉡ 중 ㉠이 실험군이다.

① ㄱ
② ㄴ
③ ㄱ, ㄷ
④ ㄴ, ㄷ
⑤ ㄱ, ㄴ, ㄷ

032

다음은 생명 과학의 2가지 탐구 방법 (가)와 (나)를 나타낸 것이다.

(가) 자연 현상 관찰 ➡ 관찰 주제 선정 ➡ 관찰 방법과 절차 고안 ➡ 관찰 수행 ➡ 관찰 결과 해석 및 결론 도출

(나) 관찰 및 문제 인식 ➡ 가설 설정 ➡ 탐구 설계 및 수행 ➡ 결과 정리 및 분석 ➡ 결론 도출

이에 대한 설명으로 옳은 것만을 [보기]에서 있는 대로 고른 것은?

【보기】
ㄱ. (가)에는 자연 현상을 관찰하면서 생긴 의문에 대한 잠정적인 답을 설정하는 단계가 있다.
ㄴ. 다윈의 진화론은 (가)를 이용한 예이다.
ㄷ. 대조 실험을 수행하는 탐구 방법은 (나)이다.

① ㄱ
② ㄴ
③ ㄱ, ㄴ
④ ㄴ, ㄷ
⑤ ㄱ, ㄴ, ㄷ

033

다음은 소화 효소 X가 녹말을 분해한다는 것을 확인하기 위한 탐구 과정의 일부이다.

[탐구 설계 및 수행]
같은 양의 녹말 용액이 들어 있는 시험관 A와 B에 표와 같이 물질을 첨가한 후 반응시킨다.

시험관	A	B
첨가 물질	증류수	X, 증류수

[실험 결과]
시험관 B에서만 녹말이 분해되었다.

이에 대한 설명으로 옳은 것만을 [보기]에서 있는 대로 고른 것은?

【보기】
ㄱ. A는 대조군이다.
ㄴ. 소화 효소 X의 첨가 여부는 조작 변인이다.
ㄷ. A와 B는 같은 온도에서 반응시킨다.

① ㄱ
② ㄷ
③ ㄱ, ㄴ
④ ㄴ, ㄷ
⑤ ㄱ, ㄴ, ㄷ

034

필수 유형 ⤷ 9쪽 빈출 자료 ③

다음은 탄저병 예방을 위해 개발한 탄저병 백신의 효과를 알아보기 위한 실험이다.

[실험 과정]
(가) 50마리의 건강한 양을 25마리씩 집단 A와 B로 나눈다.
(나) A와 B 중 A의 양에게만 탄저병 백신을 주사한다.
(다) 일정 시간이 지난 후 A와 B의 양에게 모두 탄저균을 주사한다.

[실험 결과]
A의 양에서는 탄저병이 나타나지 않았고, B의 양 중 20마리는 탄저병으로 사망하였다.

이에 대한 설명으로 옳은 것만을 [보기]에서 있는 대로 고른 것은?

[보기]
ㄱ. 집단 A는 실험군이다.
ㄴ. 탄저균 주사 여부는 조작 변인이다.
ㄷ. 종속변인은 탄저병의 발병 여부이다.

① ㄱ ② ㄴ ③ ㄱ, ㄷ
④ ㄴ, ㄷ ⑤ ㄱ, ㄴ, ㄷ

035

다음은 어떤 과학자가 수행한 탐구 과정이다.

[가설]
구더기는 파리로부터 발생할 것이다.

[탐구 설계 및 수행]
(가) 고기 조각이 들어 있는 2개의 병 A와 B를 준비한다.
(나) A는 파리가 들어가지 못하도록 입구를 천으로 막고, B는 파리가 자유롭게 드나들도록 입구를 막지 않는다.
(다) 일정 시간이 지난 후 A와 B에서 구더기의 발생 여부를 확인한다.

[실험 결과]
A에서는 구더기가 발생하지 않았고, B에서는 구더기가 발생하였다.

이에 대한 설명으로 옳은 것만을 [보기]에서 있는 대로 고른 것은?

[보기]
ㄱ. 병 A는 실험군이다.
ㄴ. 조작 변인은 구더기의 발생 여부이다.
ㄷ. 이 탐구는 연역적 탐구 방법이 사용되었다.

① ㄱ ② ㄴ ③ ㄱ, ㄷ
④ ㄴ, ㄷ ⑤ ㄱ, ㄴ, ㄷ

036

다음은 연역적 탐구 방법의 과정을 나타낸 것이다. A~C는 각각 가설 설정, 결과 정리 및 분석, 탐구 설계 및 수행 중 하나이다.

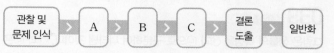

관찰 및 문제 인식 → A → B → C → 결론 도출 → 일반화

A~C 중 대조군 설정과 변인 통제가 모두 이루어지는 단계를 있는 대로 쓰시오.

[037~038] 다음은 고기에 배즙을 넣으면 고기가 왜 연해지는지 알아보기 위해 철수가 수행한 탐구 과정을 순서 없이 나타낸 것이다. 물음에 답하시오.

(가) 배즙에는 단백질을 분해하는 효소가 들어 있다.
(나) 시험관 A에서만 아미노산이 검출되었다.
(다) 시험관 A에는 배즙과 달걀흰자를, 시험관 B에는 증류수와 달걀흰자를 넣은 다음, 일정 시간이 지난 후 아미노산 검출 반응 실험을 실시하였다.
(라) 배즙에는 단백질을 분해하는 효소가 들어 있을 것이다.

037

위 탐구 과정을 순서대로 옳게 나열한 것은?

① (가) → (나) → (다) → (라)
② (다) → (나) → (라) → (가)
③ (다) → (라) → (가) → (나)
④ (라) → (나) → (다) → (가)
⑤ (라) → (다) → (나) → (가)

038 ✎서술형

위 탐구 과정에서 실험군, 대조군, 조작 변인, 통제 변인이 무엇인지 각각 쓰고, 그렇게 판단한 까닭을 설명하시오.

1등급 완성 문제

» 바른답·알찬풀이 6쪽

039 (정답률 35%)

그림은 생물의 특성을 ㉠과 ㉡으로 구분하여 나타낸 것이다. ㉠과 ㉡은 각각 개체 유지를 위한 특성과 종족 유지를 위한 특성 중 하나이고, A와 B는 각각 생식과 물질대사 중 하나이다.

이에 대한 설명으로 옳은 것만을 [보기]에서 있는 대로 고른 것은?

[보기]
ㄱ. ㉠은 종족 유지를 위한 특성, ㉡은 개체 유지를 위한 특성이다.
ㄴ. A 과정에서 에너지 출입이 일어난다.
ㄷ. '살충제를 살포하면 살충제 저항성 모기가 증가한다.'는 B의 예에 해당한다.

① ㄱ　　　② ㄴ　　　③ ㄱ, ㄷ
④ ㄴ, ㄷ　　　⑤ ㄱ, ㄴ, ㄷ

040 (정답률 40%)

다음은 줄박각시 나방에 대한 자료이다.

㉠줄박각시 나방의 애벌레는 번데기를 거쳐 어린 줄박각시 나방이 된다. 성체 줄박각시 나방은 비행을 하기 전에 날개 근육을 움직여 체온을 높이며, 적절한 온도에 이르고 충분한 산소가 공급되면 ㉡지방을 분해하여 비행에 필요한 에너지를 얻는다.

이에 대한 설명으로 옳은 것만을 [보기]에서 있는 대로 고른 것은?

[보기]
ㄱ. ㉠은 생물의 특성 중 생식에 해당한다.
ㄴ. ㉡은 생물의 특성 중 물질대사에 해당한다.
ㄷ. 줄박각시 나방의 번데기는 세포로 이루어져 있다.

① ㄱ　　　② ㄷ　　　③ ㄱ, ㄴ
④ ㄴ, ㄷ　　　⑤ ㄱ, ㄴ, ㄷ

041 (정답률 30%)

그림은 어떤 식물 세포에서 일어나는 물질대사를 나타낸 것이다.

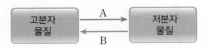

이에 대한 설명으로 옳은 것만을 [보기]에서 있는 대로 고른 것은?

[보기]
ㄱ. 동물 세포에서도 A와 B가 모두 일어난다.
ㄴ. A에서 에너지가 방출된다.
ㄷ. 물과 이산화 탄소를 이용하여 포도당을 합성하는 과정은 B에 해당한다.

① ㄱ　　　② ㄷ　　　③ ㄱ, ㄴ
④ ㄴ, ㄷ　　　⑤ ㄱ, ㄴ, ㄷ

042 (정답률 35%)

다음은 담배 모자이크병을 일으키는 병원체 A의 특성을 알아보기 위한 실험이다.

[실험 과정]
(가) 담배 모자이크병에 걸린 담뱃잎을 갈아서 얻은 추출물을 세균 여과기에 거른다.
(나) 여과액을 건강한 담뱃잎에 발라 준다.

[실험 결과]
여과액을 발라 준 ㉠담뱃잎에서 담배 모자이크병이 나타난 후, 주변의 다른 담뱃잎에서도 이 병이 나타났다.

이에 대한 설명으로 옳은 것만을 [보기]에서 있는 대로 고른 것은?

[보기]
ㄱ. A는 세균보다 크기가 작다.
ㄴ. A는 유전 물질을 갖지 않는다.
ㄷ. A는 ㉠의 세포 안에서 증식할 수 있다.

① ㄱ　　　② ㄴ　　　③ ㄱ, ㄴ
④ ㄱ, ㄷ　　　⑤ ㄴ, ㄷ

043 (정답률 30%)

표 (가)는 A~C에서 특징 ㉠~㉢의 유무를, (나)는 ㉠~㉢을 순서 없이 나타낸 것이다. A~C는 각각 박테리오파지, 정자, 짚신벌레 중 하나이다.

구분	㉠	㉡	㉢
A	○	?	○
B	×	○	ⓐ
C	ⓑ	×	○

(○: 있음, ×: 없음.)

특징(㉠~㉢)

• 핵산을 갖는다.
• 세포로 이루어져 있다.
• 분열을 통해 증식한다.

(가)   (나)

이에 대한 설명으로 옳은 것만을 [보기]에서 있는 대로 고른 것은?

[보기]

ㄱ. ⓐ는 '○', ⓑ는 '×'이다.
ㄴ. A는 스스로 물질대사를 할 수 있다.
ㄷ. C는 세포막을 갖는다.

① ㄱ   ② ㄷ   ③ ㄱ, ㄴ
④ ㄴ, ㄷ   ⑤ ㄱ, ㄴ, ㄷ

044 (정답률 25%)

다음은 어떤 과학자가 '세균 X가 폐렴을 일으키는가?'라는 것을 알아보기 위해 설계한 실험 과정이다.

(가) 폐렴에 걸린 생쥐에서 세균 X를 분리하여 배양한다.
(나) 배양한 세균 X를 건강한 생쥐에게 접종한다.
(다) 세균 X를 접종한 생쥐에서 폐렴 증상을 확인한다.

위 실험 설계에서 보완해야 할 내용으로 가장 적절한 것은?

① 세균 Y를 접종한 생쥐를 대조군으로 설정한다.
② 세균 X를 접종하지 않은 생쥐를 대조군으로 설정한다.
③ 세균 X를 접종한 생쥐에서 폐렴 이외에 다른 질병의 발병 여부를 확인한다.
④ 건강한 생쥐들을 두 집단으로 나누고, 두 집단에 모두 세균 X를 접종한 후 서로 다른 먹이를 제공한다.
⑤ 건강한 생쥐들을 두 집단으로 나누고, 두 집단에 모두 세균 X를 접종한 후 증류수와 소금물을 각각 공급한다.

045 (정답률 35%)

그림은 서로 다른 지역에 서식하는 북극여우와 사막여우의 모습을 나타낸 것이다.

북극여우   사막여우

두 여우의 모습이 차이 나는 까닭을 설명하고, 이는 생물의 특성 중 어느 것의 예에 해당하는지 쓰시오.

046 (정답률 30%)

철수는 '바이러스는 지구에 나타난 최초의 생명체가 아닐 것이다.'라는 주장을 하였다. 철수가 이렇게 주장한 까닭을 바이러스의 생물적 특성과 관련지어 설명하시오.

047 (정답률 35%)

다음은 서로 다른 탐구 방법을 이용한 2가지 탐구 사례를 나타낸 것이다.

(가) 에이크만은 건강한 닭들을 두 집단으로 나누어 한 집단은 현미를, 다른 집단은 백미를 먹여 기른 결과 백미를 먹인 닭에서만 각기병 증세가 나타난 것을 관찰하였고, 현미에는 각기병을 예방하는 물질이 들어 있다는 결론을 내렸다.
(나) 다윈은 갈라파고스 군도의 여러 섬에 서식하는 핀치의 부리 모양과 크기가 서로 다른 것을 관찰하고, 섬마다 핀치의 먹이가 달라서 핀치의 부리 모양과 크기가 다르다는 결론을 내렸다.

(가)와 (나)에서 각각 사용한 탐구 방법을 쓰고, 두 탐구 방법의 차이점을 가설 설정과 관련지어 설명하시오.

실전 대비 평가 문제 ≫ 바른답·알찬풀이 7쪽

048

그림 (가)는 화성 토양에 생명체가 존재하는지 알아보기 위한 실험 장치 A와 B를, (나)는 어떤 물질대사가 일어날 때 반응 경로에 따른 에너지 변화를 나타낸 것이다.

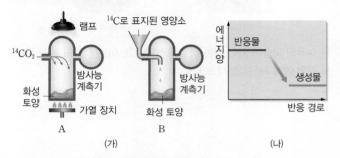

이에 대한 설명으로 옳은 것만을 [보기]에서 있는 대로 고른 것은?

【 보기 】
ㄱ. A와 B는 모두 '생명체는 물질대사를 한다.'라는 것을 전제로 한 실험이다.
ㄴ. 화성 토양에 이화 작용을 하는 생명체가 있다면 A의 방사능 계측기에서 ^{14}C를 포함한 물질이 검출될 것이다.
ㄷ. 화성 토양에 생명체가 있다면 B에서 (나)와 같은 에너지 변화가 나타날 것이다.

① ㄱ　　　　　② ㄴ　　　　　③ ㄱ, ㄷ
④ ㄴ, ㄷ　　　　⑤ ㄱ, ㄴ, ㄷ

049

다음은 페니실린에 대한 설명이다.

페니실린은 세균의 세포벽 합성을 억제하는 항생제이다. 과거에는 세균에 페니실린을 처리하면 대부분의 세균이 죽었지만, ㉠현재는 페니실린에 내성을 갖는 세균이 나타나면서 페니실린을 처리하면 죽는 세균의 비율이 크게 감소하였다.

㉠에 나타난 생물의 특성과 가장 관련이 깊은 것은?

① 효모는 출아법으로 증식한다.
② 사람이 물을 많이 마시면 오줌양이 증가한다.
③ 소나무는 빛에너지를 흡수하여 양분을 합성한다.
④ 강낭콩이 발아하여 뿌리, 줄기, 잎을 가진 개체가 된다.
⑤ 초식 동물은 몸집이 비슷한 육식 동물보다 소화관 길이가 길다.

050

다음은 여러 가지 생명 현상을 나타낸 것이다.

(가) 뿌리혹박테리아는 대기 중의 질소(N_2)를 질소 화합물로 합성한다.
(나) 사람이 달리기를 하는 동안 혈당량은 정상 범위 내에서 유지된다.
(다) 크고 단단한 종자를 먹는 핀치는 크고 두꺼운 부리를 가지며 턱의 근육이 발달하였다.

이에 대한 설명으로 옳은 것만을 [보기]에서 있는 대로 고른 것은?

【 보기 】
ㄱ. (가)는 물질대사 중 동화 작용에 해당한다.
ㄴ. (나)는 적응과 진화에 해당한다.
ㄷ. (다)는 자극에 대한 반응에 해당한다.

① ㄱ　　　　　② ㄷ　　　　　③ ㄱ, ㄴ
④ ㄴ, ㄷ　　　　⑤ ㄱ, ㄴ, ㄷ

051

그림은 A~C를 특성에 따라 구분한 것이다. A~C는 각각 바이러스, 아메바, 세균 중 하나이고, (가)는 '스스로 물질대사를 할 수 있다.'이다.

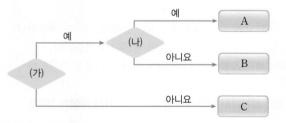

이에 대한 설명으로 옳은 것만을 [보기]에서 있는 대로 고른 것은?

【 보기 】
ㄱ. A는 세포 분열을 통해 생장한다.
ㄴ. '유전 물질이 존재한다.'는 (나)에 해당한다.
ㄷ. B는 자신의 효소로 단백질을 합성할 수 있다.

① ㄱ　　　　　② ㄴ　　　　　③ ㄷ
④ ㄱ, ㄷ　　　　⑤ ㄴ, ㄷ

052

그림은 생명 과학과 연계된 여러 학문 분야를 나타낸 것이다.

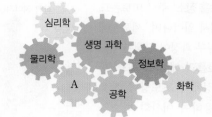

이에 대한 설명으로 옳은 것만을 [보기]에서 있는 대로 고른 것은?

[보기]

ㄱ. 유전학은 A에 해당한다.
ㄴ. 생명 과학은 여러 학문 분야와 영향을 주고받는다.
ㄷ. 정보학과 공학의 연구 성과는 각각 생명 과학의 발달에 기여할 수 있다.

① ㄱ   ② ㄴ   ③ ㄱ, ㄷ
④ ㄴ, ㄷ   ⑤ ㄱ, ㄴ, ㄷ

053

다음은 철수가 가설 ㉠을 설정하고 수행한 탐구 과정이다.

[실험 과정]
(가) 20마리의 쥐에게 단백질, 지방, 탄수화물이 고르게 함유된 사료를 10일 동안 먹인다.
(나) 11일째 되는 날부터 쥐를 10마리씩 A와 B 두 집단으로 나누고, A에는 단백질, 지방, 탄수화물이 고르게 함유된 사료를, B에는 탄수화물과 지방을 빼고 그만큼의 단백질이 더 함유된 사료를 4일 동안 먹이고 15일째 되는 날 체중 변화를 측정한다.

[실험 결과]
B에서만 체중이 감소하였다.

이에 대한 설명으로 옳은 것만을 [보기]에서 있는 대로 고른 것은?

[보기]

ㄱ. '탄수화물과 지방의 섭취가 줄어들면 체중이 감소할 것이다.'는 ㉠에 해당한다.
ㄴ. 집단 B는 실험군이다.
ㄷ. 철수는 연역적 탐구 방법을 사용하였다.

① ㄱ   ② ㄷ   ③ ㄱ, ㄴ
④ ㄴ, ㄷ   ⑤ ㄱ, ㄴ, ㄷ

054

그림은 고양이가 어두운 곳에서 밝은 곳으로 이동할 때 동공의 크기 변화를 나타낸 것이다.

어두운 곳   밝은 곳

위 자료에 나타난 생물의 특성을 쓰시오.

055

그림은 A와 B 사이에서 일어나는 과정 중 일부를 나타낸 것이다. A와 B는 각각 박테리오파지와 대장균 중 하나이다.

A와 B의 공통점과 차이점을 각각 1가지씩 설명하시오.

[056~057] 다음은 영희가 수행한 탐구 과정이다. 물음에 답하시오.

아메바를 두 집단 A와 B로 나눈 후 A의 아메바에서는 미세한 고리로 핵을 제거하고, B의 아메바에서는 미세한 고리로 핵을 제거하는 것과 같은 자극을 주었지만 핵은 제거하지 않았다. 이후 며칠 동안 아메바의 생존 여부를 관찰한 결과 A의 아메바는 모두 죽었고, B의 아메바는 죽지 않았다.

056

집단 A와 B 중 실험군과 대조군을 각각 쓰시오.

057

위 실험에서 영희가 설정한 가설을 쓰고, 그렇게 판단한 까닭을 설명하시오.

02 생명 활동과 에너지

꼭 알아야 할 핵심 개념
- ☑ 물질대사
- ☑ 세포 호흡을 통한 ATP의 합성과 사용

1 | 물질대사

1 물질대사 생명체 내에서 물질을 합성하고 분해하는 모든 화학 반응

① 생명체 내에서 생명 활동을 유지하기 위해 일어난다.

② 반응이 단계적으로 일어나며, 각 단계마다 특정한 **효소가 관여한다.** 체온 정도의 낮은 온도에서도 반응이 빠르게 일어난다.

③ 물질의 변화가 일어날 때 에너지의 출입, 전환, 저장이 함께 일어난다. 물질대사를 에너지 대사라고도 한다.

2 물질대사의 구분

동화 작용	• 저분자 물질로부터 고분자 물질을 합성하는 과정이다. • 에너지가 흡수된다.(흡열 반응) 예 광합성, 단백질 합성, 글리코젠 합성
이화 작용	• 고분자 물질을 저분자 물질로 분해하는 과정이다. • 에너지가 방출된다.(발열 반응) 예 세포 호흡, 소화, 글리코젠 분해

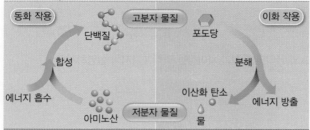

빈출 자료① 물질대사

물과 이산화 탄소를 포도당으로 합성하는 과정은 광합성이다.

포도당을 물과 이산화 탄소로 분해하는 과정은 세포 호흡이다.

❶ 광합성은 동화 작용으로 에너지가 흡수되어 생성물의 에너지양이 반응물의 에너지양보다 많다.

❷ 세포 호흡은 이화 작용으로 에너지가 방출되어 생성물의 에너지양이 반응물의 에너지양보다 적다.

필수 유형 〉 동화 작용과 이화 작용을 구분하고, 각 반응에서 에너지의 출입과 물질의 전환 과정을 묻는 문제가 자주 출제된다.
21쪽 067번

2 | 에너지의 저장과 사용

1 세포 호흡 세포에서 영양소를 분해하여 생명 활동에 필요한 에너지를 얻는 과정

$$포도당 + 산소 \longrightarrow 이산화 탄소 + 물 + 에너지$$

---

① 세포 호흡 장소: 주로 미토콘드리아에서 일어나며, 세포질에서도 일부 과정이 진행된다.

② 세포 호흡과 에너지: 세포 호흡 과정에서 포도당이 산소와 반응하여 이산화 탄소와 물로 분해되면서 에너지가 방출되는데, 에너지의 일부는 ATP에 화학 에너지 형태로 저장되고 나머지는 열에너지로 방출된다. → 포도당의 화학 에너지는 세포 호흡을 통해 ATP의 화학 에너지로 전환된다.

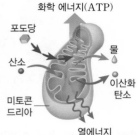

▲ 미토콘드리아와 세포 호흡

2 ATP 생명 활동에 직접 사용되는 에너지 저장 물질

① ATP의 구조: 아데노신(아데닌＋리보스)에 3개의 인산기가 결합된 구조이다.

▲ ATP의 구조

② ATP의 분해와 합성

• ATP가 ADP와 무기 인산(P_i)으로 분해될 때 에너지가 방출된다.

• ADP와 무기 인산(P_i)은 세포 호흡을 통해 다시 ATP로 합성된다.

③ ATP의 사용: ATP가 분해되어 방출된 에너지는 여러 생명 활동에 사용된다. 근육 운동, 물질 합성, 물질 운반, 체온 유지 등

빈출 자료② 세포 호흡을 통한 ATP의 합성과 사용

그림은 세포 내에서 일어나는 에너지 전환 과정을 나타낸 것이다.

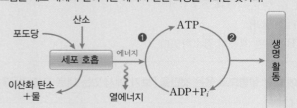

❶ 세포 호흡으로 포도당이 분해되면서 ATP가 합성된다. ⋯ 포도당의 화학 에너지는 ATP의 화학 에너지로 전환된다.

❷ ATP의 제일 끝부분의 인산기가 분리되면서 방출된 에너지는 화학 에너지, 기계적 에너지, 열에너지, 소리 에너지 등으로 전환되어 여러 생명 활동에 사용된다.

필수 유형 〉 세포 호흡 시 방출되는 에너지와 ATP의 관계를 묻는 문제가 자주 출제된다.
23쪽 075번

[058~060] 물질대사에 대한 설명으로 옳은 것은 ○표, 옳지 않은 것은 ×표 하시오.

058 생명체 내에서 물질을 합성하고 분해하는 모든 화학 반응이다.   (   )

059 반응이 단계적으로 일어나며, 각 단계마다 특정한 효소가 관여한다.   (   )

060 동화 작용에서는 에너지가 방출되고, 이화 작용에서는 에너지가 흡수된다.   (   )

061 다음은 세포 호흡 과정을 나타낸 것이다. (   ) 안에 들어갈 알맞은 말을 쓰시오.

포도당 + (㉠) ⟶ (㉡) + 물 + 에너지

[062~063] 그림은 ATP의 합성과 분해를 나타낸 것이다. 이에 대한 설명으로 옳은 것은 ○표, 옳지 않은 것은 ×표 하시오.

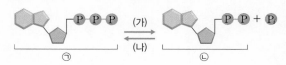

062 ㉠은 ATP이고, ㉡은 ADP이다.   (   )

063 (가)와 (나) 중 에너지가 흡수되는 반응은 (가)이다.   (   )

[064~065] 에너지의 저장과 사용에 대한 설명이다. (   ) 안에 들어갈 알맞은 말을 고르시오.

064 생명 활동에 직접 사용되는 에너지 저장 물질은 (ATP, ADP)이다.

065 ATP가 (합성, 분해)될 때 방출되는 에너지는 화학 에너지, 기계적 에너지, 열에너지 등으로 전환되어 여러 생명 활동에 사용된다.

기출 분석 문제

1 | 물질대사

066

물질대사에 대한 설명으로 옳지 **않은** 것은?

① 반드시 효소가 관여한다.
② 생명체에서 일어나는 화학 반응이다.
③ 광합성은 이화 작용의 대표적인 예이다.
④ 동화 작용이 일어날 때는 에너지가 흡수된다.
⑤ 간세포에서 물질대사를 통해 글리코젠을 합성한다.

067   필수 유형 🔎 20쪽 빈출 자료 ①

그림은 세포에서 일어나는 물질대사 A와 B를 나타낸 것이다.

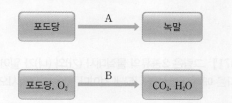

이에 대한 설명으로 옳은 것만을 [보기]에서 있는 대로 고른 것은?

[보기]
ㄱ. A는 동화 작용이다.
ㄴ. B에서 에너지가 방출된다.
ㄷ. A와 B에는 모두 효소가 관여한다.

① ㄱ   ② ㄴ   ③ ㄱ, ㄷ
④ ㄴ, ㄷ   ⑤ ㄱ, ㄴ, ㄷ

068   🖋서술형

다음은 물질대사에 대한 설명이다.

물질대사는 (㉠)과/와 (㉡)(으)로 구분한다. 세포 호흡과 소화는 (㉠)의 예에 해당하며, 광합성과 단백질 합성은 (㉡)의 예에 해당한다.

㉠과 ㉡에 해당하는 용어를 각각 쓰고, ㉠과 ㉡의 차이점을 물질 전환과 관련지어 설명하시오.

069

그림은 사람에서 일어나는 물질대사 (가)와 (나)를 나타낸 것이다.

이에 대한 설명으로 옳은 것만을 [보기]에서 있는 대로 고른 것은?

[보기]
ㄱ. (가)는 발열 반응이다.
ㄴ. 글리코젠에 저장된 에너지양은 포도당에 저장된 에너지양보다 많다.
ㄷ. (나)는 분자량이 작은 물질을 분자량이 큰 물질로 합성하는 과정이다.

① ㄱ   ② ㄴ   ③ ㄱ, ㄷ
④ ㄴ, ㄷ   ⑤ ㄱ, ㄴ, ㄷ

[070~071] 그림은 2종류의 물질대사 (가)와 (나)가 일어날 때 반응 경로에 따른 에너지 변화를 나타낸 것이다. 물음에 답하시오.

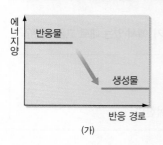 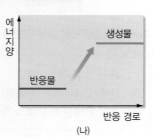

070

이에 대한 설명으로 옳은 것만을 [보기]에서 있는 대로 고른 것은?

[보기]
ㄱ. (가)는 동화 작용, (나)는 이화 작용이다.
ㄴ. 식물 세포에서 일어나는 광합성은 (나)에 해당한다.
ㄷ. (나)에서 생성물이 가진 에너지양은 반응물이 가진 에너지양보다 많다.

① ㄱ   ② ㄴ   ③ ㄱ, ㄷ
④ ㄴ, ㄷ   ⑤ ㄱ, ㄴ, ㄷ

071 ✍서술형

생명체에서 일어나는 물질대사는 에너지 대사라고도 한다. 그 까닭을 (가), (나)와 관련지어 설명하시오.

072

그림은 생명체에서 일어나는 물질 전환 과정 (가)와 (나)를 나타낸 것이다.

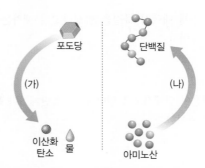

이에 대한 설명으로 옳은 것만을 [보기]에서 있는 대로 고른 것은?

[보기]
ㄱ. (가)는 이화 작용이다.
ㄴ. 효소가 합성될 때 (나)와 같은 과정이 일어난다.
ㄷ. (가)와 (나)에서 모두 에너지가 방출된다.

① ㄱ   ② ㄷ   ③ ㄱ, ㄴ
④ ㄴ, ㄷ   ⑤ ㄱ, ㄴ, ㄷ

073

그림은 세포에서 일어나는 물질 전환 과정 (가)와 (나)를 나타낸 것이다. (가)와 (나)는 각각 광합성과 세포 호흡 중 하나이다.

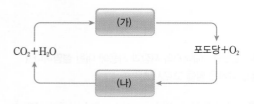

이에 대한 설명으로 옳은 것만을 [보기]에서 있는 대로 고른 것은?

[보기]
ㄱ. (가)에서 에너지가 흡수된다.
ㄴ. 사람의 근육 세포에서 (가)와 (나)가 모두 일어난다.
ㄷ. (가)와 (나)에 관여하는 효소의 종류는 모두 동일하다.

① ㄱ   ② ㄴ   ③ ㄷ
④ ㄱ, ㄷ   ⑤ ㄴ, ㄷ

2 | 에너지의 저장과 사용

074 수능모의평가기출 변형

그림은 어떤 세포 소기관에서 일어나는 세포 호흡을 나타낸 것이다. ⓐ와 ⓑ는 각각 산소와 이산화 탄소 중 하나이다.

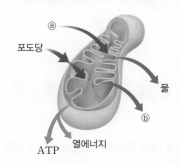

이에 대한 설명으로 옳은 것만을 [보기]에서 있는 대로 고른 것은?

┌ [보기] ─────────────────────────┐
│ ㄱ. ⓐ는 산소, ⓑ는 이산화 탄소이다.
│ ㄴ. 이 세포 소기관은 동물 세포에만 있다.
│ ㄷ. 간세포에서 일어나는 이화 작용에 세포 호흡에서 생성된
│   ATP가 사용된다.
└──────────────────────────────┘

① ㄱ   ② ㄴ   ③ ㄱ, ㄷ
④ ㄴ, ㄷ   ⑤ ㄱ, ㄴ, ㄷ

075 필수 유형 ❷ 20쪽 빈출 자료 ②

그림은 생명체에서 세포 호흡을 통해 ATP가 합성되고, ATP에 저장된 에너지가 생명 활동에 사용되는 과정을 나타낸 것이다. ㉠과 ㉡은 각각 ATP와 ADP 중 하나이다.

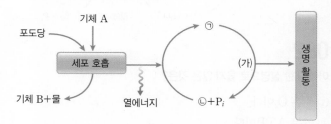

이에 대한 설명으로 옳은 것만을 [보기]에서 있는 대로 고른 것은?

┌ [보기] ─────────────────────────┐
│ ㄱ. 분자당 $\dfrac{㉠에 저장된 에너지양}{㉡에 저장된 에너지양}$ 은 1보다 작다.
│ ㄴ. A는 산소, B는 이산화 탄소이다.
│ ㄷ. (가)에서 방출된 에너지는 글리코젠 합성에 사용될 수
│   있다.
└──────────────────────────────┘

① ㄱ   ② ㄴ   ③ ㄱ, ㄷ
④ ㄴ, ㄷ   ⑤ ㄱ, ㄴ, ㄷ

076

그림은 포도당이 세포 호흡을 거쳐 최종 분해 산물로 분해되는 과정을 나타낸 것이다.

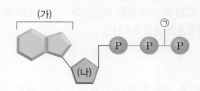

이에 대한 설명으로 옳은 것만을 [보기]에서 있는 대로 고른 것은?

┌ [보기] ─────────────────────────┐
│ ㄱ. 동화 작용이다.
│ ㄴ. 식물 세포와 동물 세포에서 모두 일어난다.
│ ㄷ. 포도당이 분해되는 과정에서 방출된 에너지 일부가 ATP
│   합성에 사용된다.
└──────────────────────────────┘

① ㄱ   ② ㄴ   ③ ㄱ, ㄷ
④ ㄴ, ㄷ   ⑤ ㄱ, ㄴ, ㄷ

[077~078] 그림은 생명 활동에 직접 사용되는 에너지 저장 물질 X의 구조를 나타낸 것이다. 물음에 답하시오.

077

X의 이름을 쓰시오.

078

이에 대한 설명으로 옳은 것만을 [보기]에서 있는 대로 고른 것은?

┌ [보기] ─────────────────────────┐
│ ㄱ. (가)는 아데닌, (나)는 리보스이다.
│ ㄴ. ㉠에 저장된 에너지의 형태는 열에너지이다.
│ ㄷ. X의 제일 끝부분에 있는 인산기가 분리되면서 방출된 에
│   너지는 여러 생명 활동에 사용된다.
└──────────────────────────────┘

① ㄱ   ② ㄴ   ③ ㄱ, ㄷ
④ ㄴ, ㄷ   ⑤ ㄱ, ㄴ, ㄷ

079

다음은 효모의 이산화 탄소 방출량을 비교하는 실험이다.

[실험 과정]

(가) 3개의 발효관 A~C를 그림과 같이 장치하고 30 ℃로 유지한다.

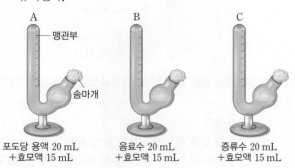

(나) 충분한 시간이 지난 후 ㉠맹관부에 모인 기체의 부피를 측정한다.

(다) 발효관에서 용액의 일부를 뽑아내고, KOH 용액을 넣은 후 변화를 관찰한다.

[실험 결과]

구분	A	B	C
(나)의 결과	++++	++	없음.

(+: 많을수록 기체 발생량이 많음.)

이에 대한 설명으로 옳은 것만을 [보기]에서 있는 대로 고른 것은?(단, 효모는 산소가 없을 때 포도당을 에탄올과 이산화 탄소로 분해하여 에너지를 얻는 알코올 발효를 한다.)

[보기]

ㄱ. ㉠은 산소이다.

ㄴ. (나)의 결과 A와 B에서 기체가 발생한 것은 물질대사가 일어났기 때문이다.

ㄷ. (다)의 결과 A와 B의 맹관부에 모인 기체가 감소한다.

① ㄱ   ② ㄴ   ③ ㄷ

④ ㄴ, ㄷ   ⑤ ㄱ, ㄴ, ㄷ

080

ATP에 저장된 에너지를 사용하는 생명 활동으로 옳지 <u>않은</u> 것은?

① 키가 자란다.

② 공부를 한다.

③ 노래를 한다.

④ 체온을 일정하게 유지한다.

⑤ 모세 혈관에서 폐포로 이산화 탄소가 이동한다.

081

그림은 세포에서 일어나는 물질 (가)와 (나) 사이의 전환을 나타낸 것이다. (가)와 (나)는 각각 ADP와 ATP 중 하나이다.

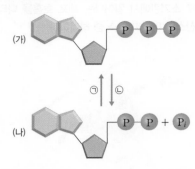

이에 대한 설명으로 옳은 것만을 [보기]에서 있는 대로 고른 것은?

[보기]

ㄱ. 한 분자에 저장된 에너지양은 (가)가 (나)보다 많다.

ㄴ. 세포 호흡에서 ㉠ 과정이 일어난다.

ㄷ. ㉡ 과정에서 방출된 에너지 중 일부는 체온 유지에 사용된다.

① ㄱ   ② ㄴ   ③ ㄱ, ㄷ

④ ㄴ, ㄷ   ⑤ ㄱ, ㄴ, ㄷ

[082~083] 그림은 광합성과 세포 호흡에서의 에너지와 물질의 전환을 나타낸 것이다. (가)와 (나)는 각각 광합성과 세포 호흡 중 하나이고, ㉠과 ㉡은 각각 O_2와 CO_2 중 하나이며, ⓐ와 ⓑ는 각각 ATP와 ADP 중 하나이다. 물음에 답하시오.

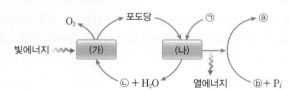

082

이에 대한 설명으로 옳지 <u>않은</u> 것은?

① ㉠은 O_2이다.

② ⓑ는 ATP이다.

③ 엽록체에서 (가) 과정이 일어난다.

④ (나) 과정에서 에너지가 방출된다.

⑤ (가)는 동화 작용, (나)는 이화 작용에 해당한다.

083 ✏️ 서술형

위 자료를 근거로 (가)와 (나)의 공통점과 차이점을 각각 1가지씩 설명하시오.

1등급 완성 문제

» 바른답·알찬풀이 12쪽

084 정답률 35%

그림 (가)는 식물 세포에서 일어나는 물질대사 ⊙과 ⓒ을, (나)는 ⊙과 ⓒ 중 하나의 물질대사가 일어날 때 반응 경로에 따른 에너지 변화를 나타낸 것이다.

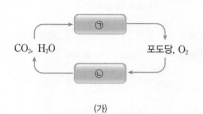

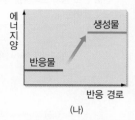

(가)

(나)

이에 대한 설명으로 옳은 것만을 [보기]에서 있는 대로 고른 것은?

[보기]
ㄱ. ⊙을 통해 빛에너지가 화학 에너지로 전환된다.
ㄴ. ⓒ이 일어날 때 (나)와 같은 에너지 변화가 나타난다.
ㄷ. ⊙과 ⓒ은 모두 동물 세포에서도 일어난다.

① ㄱ   ② ㄴ   ③ ㄱ, ㄷ
④ ㄴ, ㄷ   ⑤ ㄱ, ㄴ, ㄷ

085 정답률 40%

그림은 간에서 일어나는 물질 전환 과정을 나타낸 것이다.

이에 대한 설명으로 옳은 것만을 [보기]에서 있는 대로 고른 것은?

[보기]
ㄱ. ⊙에서 에너지가 방출된다.
ㄴ. ⊙과 ⓒ에는 모두 효소가 관여한다.
ㄷ. 글리코젠에 저장된 에너지는 물질 합성과 같은 생명 활동에 직접 사용된다.

① ㄱ   ② ㄴ   ③ ㄱ, ㄷ
④ ㄴ, ㄷ   ⑤ ㄱ, ㄴ, ㄷ

086 정답률 30% ✖신유형

그림 (가)는 ATP의 합성과 분해를, (나)는 ATP와 ADP를 건전지의 충전과 방전에 비유하여 나타낸 것이다.

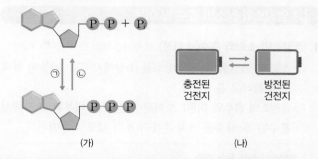

(가)   (나)

이에 대한 설명으로 옳은 것만을 [보기]에서 있는 대로 고른 것은?

[보기]
ㄱ. 포도당이 글리코젠으로 합성될 때 ⊙이 일어난다.
ㄴ. 모세 혈관에서 폐포로 CO_2가 이동하는 과정에는 ⓒ에서 방출된 에너지가 사용된다.
ㄷ. (나)에서 방전된 건전지는 ADP를 비유한 것이다.

① ㄱ   ② ㄷ   ③ ㄱ, ㄴ
④ ㄴ, ㄷ   ⑤ ㄱ, ㄴ, ㄷ

서술형 문제

087 정답률 40%

그림은 사람에서 일어나는 물질대사 (가)~(다)를 나타낸 것이다.

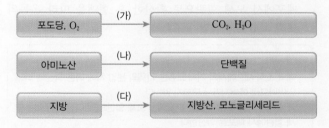

(1) (가)~(다)의 공통점을 1가지만 설명하시오.

(2) (가)~(다) 중 이화 작용에 해당하는 것을 있는 대로 쓰고, 그렇게 판단한 까닭을 설명하시오.

088 정답률 30%

오른쪽 그림은 미토콘드리아에서 일어나는 세포 호흡을 나타낸 것이다.

(1) ⊙과 ⓒ의 이름을 각각 쓰시오.

(2) 세포 호흡에서 포도당의 에너지는 어떤 형태로 전환되는지 설명하시오.

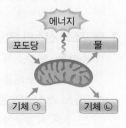

03 기관계의 통합적 작용과 건강

꼭 알아야 할 핵심 개념
- ☑ 소화계, 호흡계, 순환계, 배설계의 통합적 작용
- ☑ 에너지 균형

1 영양소와 산소의 흡수 및 이동

1 영양소의 소화와 흡수(소화계) 입, 위, 소장, 대장, 간, 이자 등으로 구성된다.

① 소화계: 음식물 속의 영양소를 소장에서 흡수 가능한 형태로 분해하고 흡수한다.

② 영양소의 흡수와 이동: 소화된 영양소는 대부분 소장에서 흡수된 후 심장을 거쳐 온몸의 조직 세포로 운반된다.

영양소의 소화, 흡수, 이동

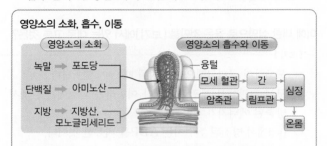

- **수용성 영양소**: 소장 융털의 모세 혈관으로 흡수된 후 간을 거쳐 심장으로 운반된다. └ 예 포도당, 아미노산, 무기염류, 수용성 바이타민
- **지용성 영양소**: 소장 융털의 암죽관으로 흡수된 후 림프관을 거쳐 심장으로 운반된다. └ 예 지방산, 모노글리세리드, 지용성 바이타민
- 심장으로 운반된 영양소는 혈액에 의해 온몸의 조직 세포로 운반된다.

2 산소의 흡수(호흡계) 코, 기관, 기관지, 폐 등으로 구성된다.

① 호흡계: 세포 호흡에 필요한 산소를 흡수하고, 세포 호흡 결과 생성된 이산화 탄소를 몸 밖으로 내보낸다.

② 산소의 흡수와 이동: 숨을 들이쉴 때 폐로 들어온 산소는 폐포에서 모세 혈관으로 확산한 후 혈액을 따라 온몸의 조직 세포로 운반된다.

기체 교환

- 폐와 조직 세포에서의 기체 교환은 기체의 분압 차에 따른 확산에 의해 일어나므로 에너지가 소모되지 않는다.
- 폐에서의 기체 교환: 산소는 폐포에서 모세 혈관으로, 이산화 탄소는 모세 혈관에서 폐포로 확산한다.
- 조직 세포에서의 기체 교환: 산소는 모세 혈관에서 조직 세포로, 이산화 탄소는 조직 세포에서 모세 혈관으로 확산한다.

 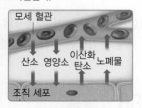

▲ 폐에서의 기체 교환　　▲ 조직 세포에서의 기체 교환

3 영양소와 산소의 운반(순환계) 심장, 혈관 등으로 구성된다.

① 순환계: 영양소와 산소를 조직 세포로 운반하고, 이산화 탄소 등의 노폐물을 호흡계와 배설계로 운반한다.

② 영양소와 산소의 운반: 영양소는 혈액의 혈장에 의해, 산소는 주로 적혈구에 의해 운반된다.

③ 혈액의 순환 과정

체순환(온몸 순환)	폐순환
좌심실에서 나간 혈액이 온몸의 조직 세포에 영양소와 산소를 공급하고, 이산화 탄소 등의 노폐물을 받아 우심방으로 들어온다.	우심실에서 나간 혈액이 폐에서 이산화 탄소를 내보내고, 산소를 받아 좌심방으로 들어온다.

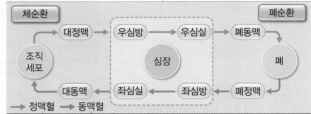

└ 산소가 많고, 이산화 탄소가 적다.
└ 산소가 적고, 이산화 탄소가 많다.

2 노폐물의 배설과 기관계의 통합적 작용

1 노폐물의 생성과 배설

① 노폐물의 생성과 배설 과정

노폐물	노폐물 생성	배설 경로
물	탄수화물, 지방, 단백질이 분해될 때 생성된다.	주로 콩팥(배설계)에서 오줌을 통해 몸 밖으로 나가고, 일부는 폐(호흡계)에서 날숨을 통해 수증기 형태로 몸 밖으로 나간다.
이산화 탄소		폐(호흡계)에서 날숨을 통해 몸 밖으로 나간다.
암모니아	단백질이 분해될 때에만 생성된다.	간(소화계)에서 독성이 약한 요소로 전환된 후 콩팥(배설계)에서 오줌을 통해 몸 밖으로 나간다.

┌ 콩팥, 오줌관, 방광, 요도 등으로 구성된다.

② 배설계: 혈액에서 질소 노폐물, 여분의 물 등을 걸러 오줌을 생성하여 몸 밖으로 내보낸다.

빈출 자료 ①　노폐물의 생성과 배설 과정

└ 질소를 포함하고 있어 세포 호흡 과정에서 암모니아와 같은 질소 노폐물이 생성된다.

❶ 세포 호흡 과정에서 영양소가 분해되면 이산화 탄소, 물, 암모니아와 같은 노폐물이 생성된다.

❷ 암모니아는 단백질이 분해될 때 생성된 후 간에서 요소로 전환된다.

❸ 호흡계(폐)는 날숨으로 이산화 탄소와 물을, 배설계(콩팥)는 오줌으로 물과 요소를 몸 밖으로 내보낸다.

필수 유형 영양소가 세포 호흡으로 분해된 결과 생성되는 노폐물의 배설 과정을 묻는 문제가 자주 출제된다.　　❷ 29쪽 104번

2 기관계의 통합적 작용 소화계, 호흡계, 배설계는 순환계를 중심으로 서로 유기적으로 연결되어 통합적으로 작용한다.

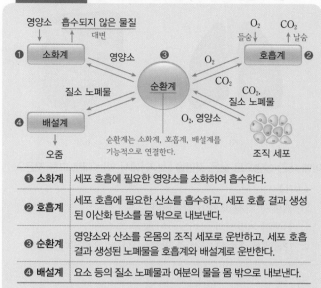

빈출 자료 ② 소화계, 호흡계, 순환계, 배설계의 통합적 작용

❶ 소화계	세포 호흡에 필요한 영양소를 소화하여 흡수한다.
❷ 호흡계	세포 호흡에 필요한 산소를 흡수하고, 세포 호흡 결과 생성된 이산화 탄소를 몸 밖으로 내보낸다.
❸ 순환계	영양소와 산소를 온몸의 조직 세포로 운반하고, 세포 호흡 결과 생성된 노폐물을 호흡계와 배설계로 운반한다.
❹ 배설계	요소 등의 질소 노폐물과 여분의 물을 몸 밖으로 내보낸다.

필수 유형) 기관계의 통합적 작용을 묻거나 소화계, 호흡계, 순환계, 배설계의 기능을 구분하는 문제가 자주 출제된다.

⏱ 30쪽 106번

---

3 | 물질대사와 건강

1 에너지 대사

기초 대사량	기본적인 생명 현상을 유지하는 데 필요한 최소한의 에너지양 ── 체온 조절, 심장 박동, 혈액 순환, 호흡 운동 등
활동 대사량	기초 대사량 이외에 공부나 운동 등 다양한 활동을 하는 데 필요한 에너지양
1일 대사량	• 우리 몸이 하루에 필요로 하는 에너지양 • 기초 대사량＋활동 대사량＋음식물 섭취 시의 에너지 소모량 음식물이 소화, 흡수, 운반, 저장되는 과정에 필요한 에너지양

── 1일 대사량이 적을수록 비만이 될 가능성이 높다.

2 에너지 균형 건강하게 생활하기 위해서는 에너지 섭취량과 에너지 소모량이 균형을 이루어야 한다.

▲ 에너지 균형과 불균형에 따라 나타나는 현상

3 대사성 질환 물질대사의 이상으로 발생하는 질환
① 대사성 질환의 원인: 잘못된 생활 습관, 과도한 영양 섭취, 부족한 에너지 소모, 비만 등에 의해 발생하며, 유전적 요인과 스트레스 등에 의해서도 발생한다.
② 대사성 질환의 종류: 당뇨병, 고지질 혈증, 고혈압, 지방간 ── 고지혈증
• 고지질 혈증: 혈액 속에 콜레스테롤, 중성 지방 등이 과다하게 들어 있는 상태이다. 동맥 경화, 고혈압, 뇌졸중 등의 원인이 된다.

[089~090] 영양소와 산소의 흡수 및 이동에 대한 설명으로 옳은 것은 ○표, 옳지 <u>않은</u> 것은 ×표 하시오.

089 소장에서 흡수된 모든 영양소는 간을 거쳐 심장으로 운반된다.　　　　　　　　　　　　　　（　　　　）

090 소화계에서 흡수된 영양소와 호흡계에서 흡수된 산소는 순환계를 통해 온몸의 조직 세포로 운반된다. （　　　）

[091~092] 기체 교환에 대한 설명이다. (　　　) 안에 들어갈 알맞은 말을 고르시오.

091 산소는 ㉠(폐포, 조직 세포)에서 모세 혈관으로 확산하고, 이산화 탄소는 ㉡(폐포, 조직 세포)에서 모세 혈관으로 확산한다.

092 폐와 조직 세포에서의 기체 교환에는 에너지가 소모(된다, 되지 않는다).

[093~094] 노폐물의 생성과 배설에 대한 설명으로 옳은 것은 ○표, 옳지 <u>않은</u> 것은 ×표 하시오.

093 탄수화물이 분해되면 이산화 탄소, 물, 암모니아가 생성된다.　　　　　　　　　　　　　　（　　　　）

094 암모니아는 간에서 요소로 전환된다.　　（　　　）

095 그림은 사람의 몸에서 일어나는 기관계의 통합적 작용을 나타낸 것이다. (가)~(다)는 각각 순환계, 배설계, 소화계 중 하나이다.

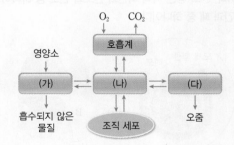

(가)~(다)에 해당하는 기관계의 이름을 각각 쓰시오.

096 다음 (　　　) 안에 들어갈 알맞은 말을 쓰시오.

> 1일 대사량＝(　　　　　)＋활동 대사량＋음식물 섭취 시의 에너지 소모량

기출 분석 문제

» 바른답·알찬풀이 14쪽

1 | 영양소와 산소의 흡수 및 이동

097

오른쪽 그림은 소장 융털의 단면을 나타낸 것이다. A와 B는 각각 암죽관과 모세 혈관 중하나이다. 이에 대한 설명으로 옳은 것만을 [보기]에서 있는 대로 고른 것은?

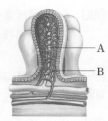

[보기]
ㄱ. 포도당, 아미노산과 같은 수용성 영양소는 A로 흡수된다.
ㄴ. 지방산, 모노글리세리드와 같은 지용성 영양소는 B로 흡수된다.
ㄷ. A와 B로 흡수된 영양소는 혈액을 통해 온몸의 조직 세포로 운반된다.

① ㄱ   ② ㄷ   ③ ㄱ, ㄴ
④ ㄴ, ㄷ   ⑤ ㄱ, ㄴ, ㄷ

098

그림은 사람의 몸을 구성하는 기관 일부와 폐포에서의 기체 교환을 나타낸 것이다. ㉠과 ㉡은 각각 이산화 탄소와 산소 중 하나이고, A와 B는 각각 간과 폐 중 하나이다.

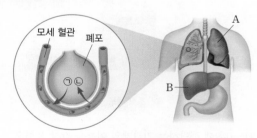

이에 대한 설명으로 옳은 것만을 [보기]에서 있는 대로 고른 것은?

[보기]
ㄱ. A는 순환계에 속한다.
ㄴ. ㉠은 세포 호흡에 사용된다.
ㄷ. B에서 음식물 속의 단백질이 아미노산으로 분해된다.

① ㄴ   ② ㄷ   ③ ㄱ, ㄴ
④ ㄴ, ㄷ   ⑤ ㄱ, ㄴ, ㄷ

099 수능모의평가기출 변형

그림 (가)와 (나)는 사람의 소화계와 호흡계를 순서 없이 나타낸 것이다. A와 B는 각각 소장과 폐 중 하나이다.

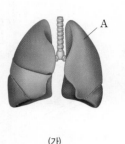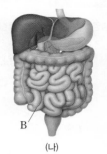

(가)   (나)

이에 대한 설명으로 옳은 것만을 [보기]에서 있는 대로 고른 것은?

[보기]
ㄱ. A에서 기체 교환이 일어난다.
ㄴ. B에서 지방산과 아미노산이 모두 흡수된다.
ㄷ. (가)에서 흡수된 산소 중 일부는 (나)로 운반된다.

① ㄱ   ② ㄴ   ③ ㄱ, ㄷ
④ ㄴ, ㄷ   ⑤ ㄱ, ㄴ, ㄷ

100 수능기출 변형

오른쪽 그림은 사람의 혈액 순환 경로를 나타낸 것이다. ㉠과 ㉡은 각각 대정맥과 폐정맥 중 하나이고, A~D는 각각 간, 폐, 콩팥, 심장 중 하나이다. 이에 대한 설명으로 옳은 것만을 [보기]에서 있는 대로 고른 것은?

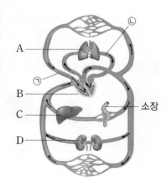

[보기]
ㄱ. A와 B는 모두 순환계에 속한다.
ㄴ. C에서 합성된 요소는 D를 통해 몸 밖으로 나간다.
ㄷ. 혈액의 단위 부피당 산소의 양은 ㉠에서가 ㉡에서보다 적다.

① ㄱ   ② ㄴ   ③ ㄱ, ㄷ
④ ㄴ, ㄷ   ⑤ ㄱ, ㄴ, ㄷ

[101~102] 그림은 사람의 몸에서 일어나는 물질의 이동과 물질대사의 일부를 나타낸 것이다. (가)와 (나)는 각각 소화계와 호흡계 중 하나이고, ⓐ와 ⓑ는 각각 이산화 탄소와 산소 중 하나이다. 물음에 답하시오.

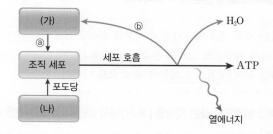

101

이에 대한 설명으로 옳은 것만을 [보기]에서 있는 대로 고른 것은?

┌─[보기]─────────────────────────┐
ㄱ. ⓐ는 포도당을 분해하여 ATP를 생성하는 데 사용된다.
ㄴ. ⓑ가 순환계에서 (가)로 이동하는 데 ATP가 소모된다.
ㄷ. 포도당은 (나)의 암죽관으로 흡수되어 조직 세포로 운반된다.
└──────────────────────────────┘

① ㄱ   ② ㄷ   ③ ㄱ, ㄴ
④ ㄴ, ㄷ   ⑤ ㄱ, ㄴ, ㄷ

102 ✏️서술형

(가)와 (나)의 이름을 각각 쓰고, (가)와 (나)에서 일어나는 작용을 1가지씩 설명하시오.

2 | 노폐물의 배설과 기관계의 통합적 작용

103

노폐물의 생성과 배설에 대한 설명으로 옳지 <u>않은</u> 것은?

① 세포 호흡 결과 생성된 물은 폐와 콩팥을 통해 몸 밖으로 나간다.
② 세포 호흡 결과 생성된 암모니아는 주로 폐를 통해 몸 밖으로 나간다.
③ 세포 호흡 결과 생성된 이산화 탄소는 호흡계를 통해 몸 밖으로 나간다.
④ 탄수화물과 지방이 세포 호흡에 의해 분해되면 이산화 탄소와 물이 생성된다.
⑤ 단백질이 세포 호흡에 의해 분해되면 암모니아와 같은 질소 노폐물이 생성된다.

104

그림은 탄수화물, 지방, 단백질이 세포 호흡에 의해 분해된 결과 생성된 노폐물을 나타낸 것이다. (가)와 (나)는 각각 요소와 이산화 탄소 중 하나이다.

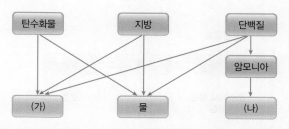

이에 대한 설명으로 옳은 것만을 [보기]에서 있는 대로 고른 것은?

┌─[보기]─────────────────────────┐
ㄱ. (가)는 폐에서 날숨을 통해 몸 밖으로 나간다.
ㄴ. (나)는 요소이다.
ㄷ. 탄수화물은 질소를 포함하고 있다.
└──────────────────────────────┘

① ㄱ   ② ㄷ   ③ ㄱ, ㄴ
④ ㄴ, ㄷ   ⑤ ㄱ, ㄴ, ㄷ

105

다음은 생콩즙을 이용한 실험이다. BTB 용액은 산성에서는 노란색, 중성에서는 초록색, 염기성에서는 파란색을 나타낸다.

[실험 과정]
(가) 시험관 I ~ V에 표와 같이 용액을 넣는다.

시험관	I	II	III	IV	V
첨가한 용액	증류수	증류수, 생콩즙	오줌, 생콩즙	요소 용액, 생콩즙	요소 용액, 증류수

(나) 10분 후 BTB 용액을 각 시험관에 떨어뜨려 색깔을 관찰한다.

[실험 결과]

시험관	I	II	III	IV	V
색깔 변화	초록색	노란색	파란색	파란색	연한 초록색

이에 대한 설명으로 옳은 것만을 [보기]에서 있는 대로 고른 것은?(단, 생콩즙은 산성을 띠며, 요소 분해 효소는 요소를 암모니아와 이산화 탄소로 분해한다.)

┌─[보기]─────────────────────────┐
ㄱ. III과 IV에는 모두 암모니아가 들어 있다.
ㄴ. 생콩즙에는 요소 분해 효소가 들어 있다.
ㄷ. 이 실험 결과를 통해 오줌 속에는 물이 많이 포함되어 있다는 것을 알 수 있다.
└──────────────────────────────┘

① ㄱ   ② ㄷ   ③ ㄱ, ㄴ
④ ㄴ, ㄷ   ⑤ ㄱ, ㄴ, ㄷ

106 수능기출 변형

그림은 사람의 몸에서 일어나는 기관계의 통합적 작용을 나타낸 것이다. (가)~(다)는 각각 배설계, 소화계, 순환계 중 하나이다.

필수 유형 ⊘ 27쪽 빈출 자료 ②

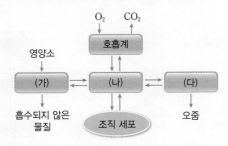

이에 대한 설명으로 옳은 것만을 [보기]에서 있는 대로 고른 것은?

[보기]
ㄱ. (가)에서 이화 작용이 일어난다.
ㄴ. (나)는 영양소와 산소를 조직 세포로 운반한다.
ㄷ. 콩팥은 (다)에 속한다.

① ㄱ   ② ㄷ   ③ ㄱ, ㄴ
④ ㄴ, ㄷ   ⑤ ㄱ, ㄴ, ㄷ

107 수능모의평가기출 변형

그림은 사람의 기관계 A~D를 나타낸 것이다. A~D는 각각 순환계, 소화계, 배설계, 호흡계 중 하나이다.

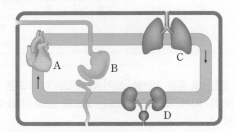

이에 대한 설명으로 옳지 않은 것은?

① 대장은 B에 속한다.
② B에서 흡수한 물질은 A를 통해 온몸의 조직 세포로 운반된다.
③ 혈액 속의 요소는 C에서 걸러져 몸 밖으로 나간다.
④ 세포 호흡에 필요한 산소는 C를 통해 체내로 들어온다.
⑤ D는 체내 수분량 조절에 관여한다.

108

다음은 사람의 기관계 A~D에 대한 설명이다. A~D는 각각 호흡계, 배설계, 소화계, 순환계 중 하나이다.

• A는 조직 세포에서 생성된 이산화 탄소를 B로 운반한다.
• C에서 영양소의 소화와 흡수가 일어난다.
• D를 통해 ⊙질소 노폐물이 몸 밖으로 나간다.

이에 대한 설명으로 옳은 것만을 [보기]에서 있는 대로 고른 것은?

[보기]
ㄱ. A는 순환계이다.
ㄴ. C에서 흡수되지 않은 물질은 D를 통해 몸 밖으로 나간다.
ㄷ. 요소는 ⊙에 해당한다.

① ㄱ   ② ㄴ   ③ ㄱ, ㄷ
④ ㄴ, ㄷ   ⑤ ㄱ, ㄴ, ㄷ

3 | 물질대사와 건강

109

그림은 어떤 사람의 1일 대사량의 상대적 구성비를 나타낸 것이다.

이에 대한 설명으로 옳은 것만을 [보기]에서 있는 대로 고른 것은?

[보기]
ㄱ. A는 음식물 섭취 시의 에너지 소모량이다.
ㄴ. 1일 대사량이 적을수록 비만이 될 가능성이 높다.
ㄷ. 공부를 하는 데 필요한 에너지양은 1일 대사량에 포함된다.

① ㄱ   ② ㄴ   ③ ㄷ
④ ㄱ, ㄷ   ⑤ ㄱ, ㄴ, ㄷ

110 서술형

다음은 사람에서 발생하는 몇 가지 질환이다.

고혈압, 당뇨병, 고지질 혈증, 지방간

이 질환들의 공통점을 발생하는 원인과 관련지어 설명하시오.

111

대사성 질환에 대한 설명으로 옳지 <u>않은</u> 것은?

① 물질대사의 이상으로 발생한다.
② 파상풍, 혈우병, 결핵 등이 속한다.
③ 에너지의 불균형이 지속될 경우 나타날 수 있다.
④ 운동 부족, 영양 과다 등의 생활 습관과 관련이 있다.
⑤ 비만으로 내장에 지방이 많이 쌓이게 되면 발생할 가능성이 높아진다.

112

그림은 하루에 섭취하는 에너지양과 소모하는 에너지양의 균형 관계를 나타낸 것이다. (가)와 (나)는 각각 에너지 섭취량이 에너지 소모량보다 많은 것과 에너지 소모량이 에너지 섭취량보다 많은 것 중 하나이다.

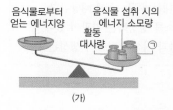
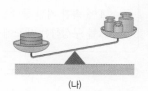

(가)　　　　　　(나)

이에 대한 설명으로 옳은 것만을 [보기]에서 있는 대로 고른 것은?

【 보기 】
ㄱ. ㉠은 기본적인 생명 현상을 유지하는 데 필요한 최소한의 에너지양이다.
ㄴ. (가)는 영양 부족 상태이다.
ㄷ. (나) 상태가 지속되면 대사성 질환에 걸릴 수 있다.

① ㄱ　　　　　② ㄷ　　　　　③ ㄱ, ㄴ
④ ㄴ, ㄷ　　　　⑤ ㄱ, ㄴ, ㄷ

113　🖊서술형

표는 영희의 생활 습관 (가)~(다)를 나타낸 것이다.

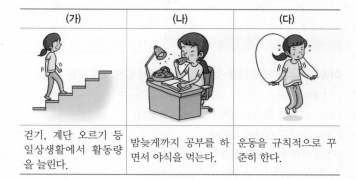

(가)	(나)	(다)
걷기, 계단 오르기 등 일상생활에서 활동량을 늘린다.	밤늦게까지 공부를 하면서 야식을 먹는다.	운동을 규칙적으로 꾸준히 한다.

(가)~(다) 중 대사성 질환을 예방하기 위한 올바른 생활 습관이 <u>아닌</u> 것을 있는 대로 쓰고, 그렇게 판단한 까닭을 설명하시오.

114

그림은 어떤 사람 (가)와 (나)의 혈관 단면을 나타낸 것이다.

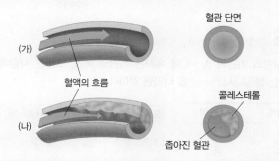

이에 대한 설명으로 옳은 것만을 [보기]에서 있는 대로 고른 것은?

【 보기 】
ㄱ. 혈류 속도는 (가)에서보다 (나)에서 느리다.
ㄴ. 동맥 경화가 나타날 가능성은 (가)에서보다 (나)에서 높다.
ㄷ. (나)는 고지질 혈증의 증상이 있다.

① ㄱ　　　　　② ㄴ　　　　　③ ㄱ, ㄷ
④ ㄴ, ㄷ　　　　⑤ ㄱ, ㄴ, ㄷ

115

표는 영희, 선호, 민수의 1일 평균 에너지 섭취량을 각각 나타낸 것이다.

(단위: kJ)

구분	탄수화물	지방	단백질
영희	1680	2646	3360
선호	4200	1890	1344
민수	6888	3780	4200

이에 대한 설명으로 옳은 것만을 [보기]에서 있는 대로 고른 것은?(단, 탄수화물과 단백질의 열량은 16.8 kJ/g, 지방의 열량은 37.8 kJ/g이다.)

【 보기 】
ㄱ. 영희는 1일 평균 에너지 섭취량의 절반 이상을 단백질로부터 얻고 있다.
ㄴ. 영희가 1일 평균 섭취하는 단백질의 질량과 민수가 1일 평균 섭취하는 지방의 질량은 같다.
ㄷ. 민수가 1일 평균 섭취하는 3대 영양소의 총 질량은 선호가 1일 평균 섭취하는 3대 영양소의 총 질량의 2배이다.

① ㄱ　　　　　② ㄴ　　　　　③ ㄷ
④ ㄱ, ㄷ　　　　⑤ ㄴ, ㄷ

1등급 완성 문제

» 바른답·알찬풀이 17쪽

116 정답률 35%

표는 사람의 기관계 A~C에 속하는 기관의 예를, 그림은 사람에서 일어나는 물질대사 ㉠~㉢을 나타낸 것이다.

기관계	기관의 예
A	심장
B	위
C	콩팥

포도당, O_2 →㉠ CO_2, H_2O

아미노산 →㉡ 단백질

지방 →㉢ 지방산, 모노글리세리드

이에 대한 설명으로 옳은 것만을 [보기]에서 있는 대로 고른 것은?

【 보기 】
ㄱ. ㉠은 A~C에서 모두 일어난다.
ㄴ. ㉡에서 ATP의 에너지가 사용된다.
ㄷ. ㉢은 B에서 일어난다.

① ㄱ 　② ㄴ 　③ ㄱ, ㄴ
④ ㄱ, ㄷ 　⑤ ㄱ, ㄴ, ㄷ

117 정답률 40%

그림은 소화계에서 흡수된 영양소가 세포 호흡에 사용되어 생성된 노폐물의 배설 과정을 나타낸 것이다. (가)와 (나)는 각각 아미노산과 지방 중 하나이다.

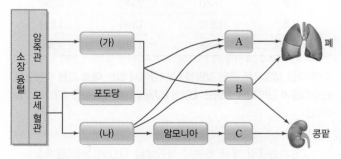

이에 대한 설명으로 옳은 것만을 [보기]에서 있는 대로 고른 것은?

【 보기 】
ㄱ. (가)는 지방산과 모노글리세리드로 구성된 영양소이다.
ㄴ. B는 오줌과 날숨을 통해 몸 밖으로 나간다.
ㄷ. 간에서 C가 생성된다.

① ㄱ 　② ㄴ 　③ ㄱ, ㄷ
④ ㄴ, ㄷ 　⑤ ㄱ, ㄴ, ㄷ

118 정답률 25%

그림 (가)는 기관계 Ⅰ~Ⅲ의 특징에 따른 구분 과정을, (나)는 기관계 Ⅲ의 일부를 나타낸 것이다. Ⅰ~Ⅲ은 각각 소화계, 순환계, 배설계 중 하나이고, A는 Ⅲ을 구성하는 기관이다.

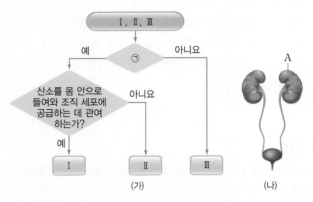

이에 대한 설명으로 옳은 것만을 [보기]에서 있는 대로 고른 것은?

【 보기 】
ㄱ. '질소 노폐물과 물을 걸러 내는가?'는 ㉠에 해당한다.
ㄴ. Ⅱ에 속한 기관 중에는 요소를 생성하는 기관이 있다.
ㄷ. A를 구성하는 세포에서 물과 이산화 탄소가 생성된다.

① ㄱ 　② ㄴ 　③ ㄱ, ㄷ
④ ㄴ, ㄷ 　⑤ ㄱ, ㄴ, ㄷ

119 정답률 30%

그림은 사람의 몸에서 일어나는 기관계의 통합적 작용을, 표는 기관계 (가)~(다)의 기능을 나타낸 것이다. (가)~(다)는 각각 배설계, 소화계, 순환계 중 하나이다.

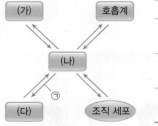

기관계	기능
(가)	오줌을 통해 노폐물을 몸 밖으로 내보낸다.
(나)	호흡계에서 흡수한 산소를 조직 세포로 운반한다.
(다)	음식물 속의 영양소를 분해하고 흡수한다.

이에 대한 설명으로 옳은 것만을 [보기]에서 있는 대로 고른 것은?

【 보기 】
ㄱ. ㉠에는 암모니아의 이동이 포함된다.
ㄴ. 소장은 (나)에 속한다.
ㄷ. (다)에서 이화 작용이 일어난다.

① ㄱ 　② ㄴ 　③ ㄱ, ㄷ
④ ㄴ, ㄷ 　⑤ ㄱ, ㄴ, ㄷ

120 (정답률 35%)

그림 (가)는 사람의 혈액 순환 경로를, (나)는 사람의 몸에 있는 기관계의 통합적 작용을 나타낸 것이다. ㉠과 ㉡은 각각 소화계와 순환계 중 하나이고, ⓐ와 ⓑ는 각각 산소와 이산화 탄소 중 하나이며, A~D는 혈관이다.

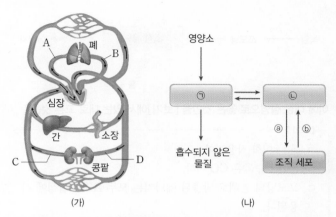

(가)　　　　　　　(나)

이에 대한 설명으로 옳은 것만을 [보기]에서 있는 대로 고른 것은?

[보기]

ㄱ. ㉠에서 흡수된 포도당은 A와 B에 모두 존재한다.

ㄴ. 단위 부피당 요소의 양은 C의 혈액이 D의 혈액보다 많다.

ㄷ. ㉡과 조직 세포 사이에서 일어나는 ⓐ와 ⓑ의 교환 원리는 확산이다.

① ㄱ　　　　② ㄴ　　　　③ ㄱ, ㄷ

④ ㄴ, ㄷ　　　⑤ ㄱ, ㄴ, ㄷ

121 (정답률 40%)

표는 질환 A~C의 특징을 나타낸 것이다.

질환	특징
A	혈압이 정상 범위보다 높은 만성 질환이다.
B	혈액 속에 필요 이상의 지방 성분이 들어 있는 상태이다.
C	혈당량이 비정상적으로 높은 상태가 지속되는 질환이다.

이에 대한 설명으로 옳은 것만을 [보기]에서 있는 대로 고른 것은?

[보기]

ㄱ. A~C는 모두 대사성 질환이다.

ㄴ. B가 나타나는 사람은 에너지 섭취량이 에너지 소모량보다 많은 상태일 가능성이 높다.

ㄷ. 비만인 사람은 C가 발생할 가능성이 높다.

① ㄱ　　　　② ㄷ　　　　③ ㄱ, ㄴ

④ ㄴ, ㄷ　　　⑤ ㄱ, ㄴ, ㄷ

서술형 문제

122 (정답률 35%)

그림 (가)는 폐포와 모세 혈관 사이의 기체 교환을, (나)는 조직 세포와 모세 혈관 사이의 기체 교환을 나타낸 것이다. ㉠과 ㉡은 각각 이산화 탄소와 산소 중 하나이다.

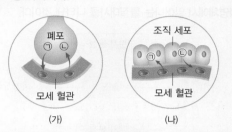

(가)　　　　　　(나)

㉠과 ㉡의 이름을 각각 쓰고, ㉠이 폐포에서 조직 세포로 이동하는 과정을 기체 교환 원리와 관련지어 설명하시오.

123 (정답률 30%)

표는 단백질과 탄수화물이 세포 호흡에 사용되어 생성된 노폐물 중 일부를 나타낸 것이다. ㉠과 ㉡은 각각 암모니아와 이산화 탄소 중 하나이다.

영양소	노폐물
단백질	㉠, ㉡
탄수화물	㉡

(1) ㉠과 ㉡ 중 구성 원소에 질소가 포함된 것을 쓰시오.

(2) ㉠과 ㉡이 각각 몸 밖으로 나가는 경로를 기관계와 관련지어 설명하시오.

124 (정답률 25%)

그림은 BTB 용액을 넣은 오줌에 생콩즙을 넣은 후의 색깔 변화를 관찰하는 실험 과정을 나타낸 것이다.

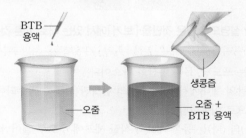

실험 결과 BTB 용액의 색깔은 초록색에서 파란색으로 변한다. 그 까닭을 생콩즙에 들어 있는 효소와 관련지어 설명하고, 이 실험 결과를 통해 알 수 있는 사실을 설명하시오.

실전 대비 평가 문제 >> 바른답·알찬풀이 18쪽

125

그림은 생명체에서 일어나는 물질대사를 나타낸 것이다.

이에 대한 설명으로 옳은 것만을 [보기]에서 있는 대로 고른 것은?

【 보기 】
ㄱ. (가)는 이화 작용이다.
ㄴ. (나)에서 에너지가 흡수된다.
ㄷ. 효소는 물질대사가 체온 범위의 낮은 온도에서도 빠르게 일어날 수 있게 한다.

① ㄴ   ② ㄷ   ③ ㄱ, ㄴ
④ ㄱ, ㄷ   ⑤ ㄱ, ㄴ, ㄷ

126

그림은 생명체에서 일어나는 물질대사 (가)와 (나)를 나타낸 것이다. (가)와 (나)는 각각 광합성과 세포 호흡 중 하나이며, A와 B는 각각 이산화 탄소와 포도당 중 하나이다.

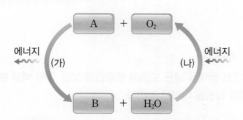

이에 대한 설명으로 옳은 것만을 [보기]에서 있는 대로 고른 것은?

【 보기 】
ㄱ. A는 포도당, B는 이산화 탄소이다.
ㄴ. 사람의 체내에서 A는 소장의 암죽관을 통해 흡수되어 심장으로 이동한다.
ㄷ. (가)와 (나)는 동물 세포와 식물 세포에서 모두 일어난다.

① ㄱ   ② ㄷ   ③ ㄱ, ㄴ
④ ㄴ, ㄷ   ⑤ ㄱ, ㄴ, ㄷ

127

그림은 사람의 체내에서 일어나는 물질대사의 일부를 나타낸 것이다. ⊙과 ⓒ은 각각 O_2와 CO_2 중 하나이다.

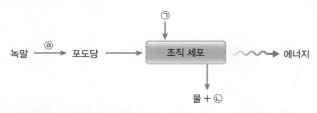

이에 대한 설명으로 옳은 것만을 [보기]에서 있는 대로 고른 것은?

【 보기 】
ㄱ. ⓐ는 이화 작용이다.
ㄴ. ⊙은 O_2, ⓒ은 CO_2이다.
ㄷ. 포도당의 분해로 방출된 에너지는 모두 ATP 합성에 사용된다.

① ㄱ   ② ㄴ   ③ ㄷ
④ ㄱ, ㄴ   ⑤ ㄱ, ㄴ, ㄷ

128

그림은 ATP와 ADP 사이의 전환을 나타낸 것이다. ⊙과 ⓒ은 각각 ATP와 ADP 중 하나이다.

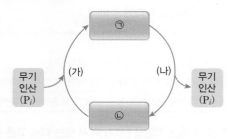

이에 대한 설명으로 옳은 것만을 [보기]에서 있는 대로 고른 것은?

【 보기 】
ㄱ. ⊙은 ATP, ⓒ은 ADP이다.
ㄴ. 미토콘드리아에서 (가) 과정이 일어난다.
ㄷ. (나) 과정에서 고에너지 인산 결합의 수가 감소한다.

① ㄱ   ② ㄴ   ③ ㄱ, ㄷ
④ ㄴ, ㄷ   ⑤ ㄱ, ㄴ, ㄷ

소〉

129

그림은 사람에서 일어나는 영양소의 소화 및 세포 호흡 결과 생성된 물질을 나타낸 것이다. ⑦과 ⓒ은 각각 요소와 물 중 하나이다.

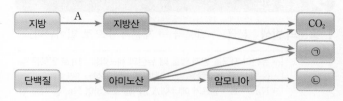

이에 대한 설명으로 옳은 것만을 [보기]에서 있는 대로 고른 것은?

[보기]

ㄱ. A 과정은 호흡계에서 일어난다.
ㄴ. ⑦은 주로 배설계를 통해 몸 밖으로 나간다.
ㄷ. 소화계에 ⓒ을 생성하는 기관이 있다.

① ㄱ   ② ㄷ   ③ ㄱ, ㄴ
④ ㄴ, ㄷ   ⑤ ㄱ, ㄴ, ㄷ

130

그림은 사람의 기관계 (가)~(라)를 나타낸 것이다. (가)~(라)는 각각 호흡계, 순환계, 배설계, 소화계 중 하나이다.

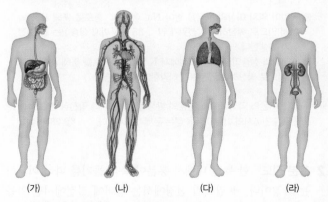

이에 대한 설명으로 옳은 것만을 [보기]에서 있는 대로 고른 것은?

[보기]

ㄱ. (가)와 (다)에서 흡수된 물질은 (나)를 통해 운반된다.
ㄴ. (가)에서 흡수되지 않은 물질은 (라)를 통해 몸 밖으로 나간다.
ㄷ. 기관지는 (다)에 속한다.

① ㄱ   ② ㄴ   ③ ㄱ, ㄷ
④ ㄴ, ㄷ   ⑤ ㄱ, ㄴ, ㄷ

※ 단답형·서술형 문제

131

그림은 물질대사 ⑦과 ⓒ에서의 물질과 에너지의 전환을 나타낸 것이다. ⑦과 ⓒ은 각각 광합성과 세포 호흡 중 하나이다.

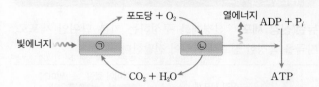

⑦과 ⓒ을 각각 쓰고, ⑦과 ⓒ에서 일어나는 에너지 전환 과정을 설명하시오.

[132~133] 다음은 에너지 대사에 대한 설명이다. 물음에 답하시오.

우리 몸이 하루에 필요로 하는 에너지양을 (⑦)(이)라고 한다. (⑦)은/는 기초 대사량과 음식물 섭취 시의 에너지 소모량, 활동 대사량으로 구분할 수 있다.

132

⑦이 무엇인지 쓰시오.

133

⑦이 하루 동안 음식물로부터 얻은 에너지양보다 적은 상태가 오랜 시간 지속되면 몸에서 어떤 변화가 생길 수 있는지 설명하시오.

04 자극의 전달(1)

Ⅲ 항상성과 몸의 조절

꼭 알아야 할 핵심 개념
☑ 뉴런의 구조와 종류
☑ 흥분의 발생
☑ 흥분 전도

1 뉴런(신경 세포)

1 뉴런(신경 세포) 신경계를 구성하는 기본 단위인 세포로, 자극을 특정한 신호로 바꾸어 전달한다.

말이집 신경에서 말이집으로 싸여 있지 않아 축삭이 노출된 부분

신경 세포체	핵과 세포질로 이루어져 있으며, 뉴런의 생장과 물질대사에 관여한다.
가지 돌기	다른 세포나 뉴런으로부터 오는 신호를 받아들인다.
축삭 돌기	다른 세포나 뉴런으로 신호를 전달한다.

2 뉴런의 종류 말이집이 절연체 역할을 하므로 랑비에 결절에서만 흥분이 발생한다. → 도약전도

① 말이집의 유무에 따른 구분: 뉴런은 축삭 돌기가 말이집으로 싸여 있는 말이집 신경과 축삭 돌기가 말이집으로 싸여 있지 않은 민말이집 신경으로 구분한다.

② 기능에 따른 구분

구심성 뉴런	감각기에서 받아들인 신호를 중추 신경계로 전달하는 뉴런으로, 감각 뉴런이 이에 해당한다.
연합 뉴런	중추 신경계를 구성하며, 구심성 뉴런에서 전달받은 신호를 통합하여 원심성 뉴런으로 적절한 반응 명령을 내린다.
원심성 뉴런	중추 신경계에서 내린 반응 명령을 반응기로 전달하는 뉴런으로, 운동 뉴런이 이에 해당한다.

3 자극의 전달 경로 자극은 감각기 → 구심성 뉴런 → 연합 뉴런 → 원심성 뉴런 → 반응기 순으로 전달된다.

빈출 자료 ① 뉴런의 종류와 자극 전달 경로

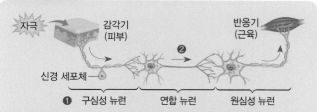

❶ 구심성 뉴런은 신경 세포체가 축삭 돌기의 한쪽 옆에 붙어 있다. 연합 뉴런은 구심성 뉴런과 원심성 뉴런을 연결한다. 원심성 뉴런은 축삭 돌기가 길게 발달되어 그 끝이 반응기에 분포되어 있다.
❷ 감각기에서 발생한 신호는 구심성 뉴런을 거쳐 연합 뉴런으로 전달된 다음, 원심성 뉴런을 통해 반응기로 전달된다.

필수 유형 〉 기능에 따른 뉴런의 종류를 구분하여 자극의 전달 경로를 파악하는 문제가 출제된다.   🔗 37쪽 142번

2 흥분 전도

뉴런이 자극을 받아 세포막의 전기적 특성이 변하는 현상이다.

1 흥분의 발생 분극 → 탈분극 → 재분극 순으로 일어난다.

분극	• 뉴런이 자극을 받지 않을 때 뉴런의 세포막을 경계로 안쪽은 음(−)전하를, 바깥쪽은 양(+)전하를 띠는 현상 → 휴지 전위 • Na^+-K^+ 펌프가 에너지(ATP)를 소모하여 Na^+을 세포 밖으로, K^+을 세포 안으로 이동시켜 이온의 농도 차가 유지된다.
탈분극	뉴런이 자극을 받으면 Na^+ 통로가 열려 Na^+이 세포 밖에서 안으로 확산하여 막전위가 상승하는 현상 → 활동 전위 발생
재분극	Na^+ 통로가 닫히고, K^+ 통로가 열려 K^+이 세포 안에서 밖으로 확산하여 막전위가 하강하는 현상

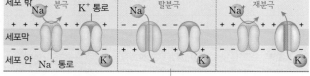

세포막 안쪽은 양(+)전하를, 바깥쪽은 음(−)전하를 띤다.

빈출 자료 ② 흥분의 발생

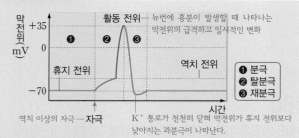

❶ 뉴런이 자극을 받기 전이며, 약 −70 mV의 휴지 전위를 나타낸다. ⋯→ 분극
❷ 뉴런이 역치 이상의 자극을 받아 Na^+이 Na^+ 통로를 통해 세포 밖에서 안으로 확산하여 막전위가 약 +35 mV까지 상승하는 활동 전위가 발생한다. ⋯→ 탈분극 Na^+이 유입되어
❸ 막전위의 상승이 끝나는 시점에서 K^+이 K^+ 통로를 통해 세포 안에서 밖으로 확산하여 막전위가 하강한다. ⋯→ 재분극 K^+이 유출되어

필수 유형 이온의 막 투과도와 흥분의 발생을 관련짓거나 막전위 변화 그래프의 각 구간에서의 이온 이동을 묻는 문제가 출제된다.   🔗 38쪽 144번

2 흥분 전도 한 뉴런 내에서 흥분이 축삭 돌기를 따라 이동하는 과정이다. → 말이집 신경에서는 랑비에 결절에서만 활동 전위가 발생하는 도약전도가 일어난다. 흥분 전도 속도는 말이집 신경이 민말이집 신경보다 빠르다.

흥분 전도 방향

	자극을 받은 부위에서는 Na^+이 유입되어 활동 전위가 발생하고, 유입된 Na^+은 옆으로 확산한다.
	확산한 Na^+에 의해 탈분극이 일어나 새로운 활동 전위가 발생하고, 활동 전위가 발생했던 부위는 K^+이 유출되어 재분극된다.
	활동 전위가 축삭 돌기를 따라 연속으로 발생하여 흥분이 전도된다.

[134~136] 그림은 어떤 뉴런의 구조를 나타낸 것이다. 다음 설명에 해당하는 부분의 기호와 이름을 각각 쓰시오.

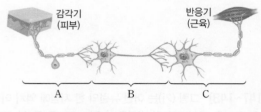

134 뉴런의 생장과 물질대사에 관여한다.

135 다른 세포나 뉴런으로 신호를 전달한다.

136 다른 세포나 뉴런으로부터 오는 신호를 받아들인다.

137 그림은 3종류의 뉴런이 연결된 모습을 나타낸 것이다.

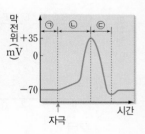

A~C의 이름을 각각 쓰시오.

[138~140] 오른쪽 그림은 어떤 뉴런의 한 지점에 역치 이상의 자극을 1회 주었을 때의 막전위 변화를 나타낸 것이다. 다음 설명에 해당하는 구간의 기호를 쓰시오.

138 K$^+$ 통로가 열려 K$^+$이 세포 안에서 밖으로 확산하여 재분극이 일어난다.

139 Na$^+$ 통로가 열려 Na$^+$이 세포 밖에서 안으로 확산하여 탈분극이 일어난다.

140 휴지 전위가 나타나며, 뉴런의 세포막을 경계로 안쪽은 음(−)전하를, 바깥쪽은 양(+)전하를 띤다.

기출 분석 문제

1 | 뉴런(신경 세포)

141

그림은 어떤 뉴런의 구조를 나타낸 것이다.

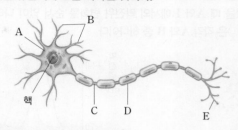

이에 대한 설명으로 옳지 <u>않은</u> 것은?

① A는 신경 세포체이다.
② B에서 자극을 받아들여 E로 전달한다.
③ C는 랑비에 결절이다.
④ D는 절연체 역할을 한다.
⑤ 이 뉴런은 민말이집 신경이다.

[142~143] 그림은 3종류의 뉴런 (가)~(다)가 연결된 모습을 나타낸 것이다. 물음에 답하시오.

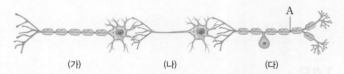

142

필수 유형 🔗 36쪽 빈출 자료 ①

이에 대한 설명으로 옳은 것만을 [보기]에서 있는 대로 고른 것은?

[보기]
ㄱ. (가)는 구심성 뉴런이다.
ㄴ. (나)에서 흥분이 전도될 때 도약전도가 일어난다.
ㄷ. A 지점에 역치 이상의 자극을 주면 흥분은 (다) → (나) → (가) 순으로 전달된다.

① ㄱ　　　　② ㄴ　　　　③ ㄷ
④ ㄴ, ㄷ　　　⑤ ㄱ, ㄴ, ㄷ

143

(가)~(다) 중 반응기와 연결되어 있는 뉴런의 기호와 이름을 각각 쓰시오.

2 | 흥분 전도

144

필수 유형 ◉ 36쪽 빈출 자료 ②

그림 (가)는 어떤 뉴런의 모습을, (나)는 이 뉴런에 역치 이상의 자극을 1회 주었을 때 A와 B에서의 막전위 변화를 순서 없이 나타낸 것이다. ㉠과 ㉡은 각각 A와 B 중 하나이다.

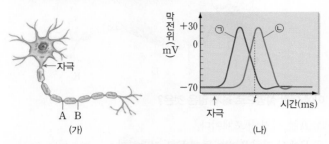

(가)   (나)

이에 대한 설명으로 옳은 것만을 [보기]에서 있는 대로 고른 것은?

【 보기 】
ㄱ. ㉠은 A, ㉡은 B에서의 막전위 변화이다.
ㄴ. t일 때 A에서 K^+이 세포 안에서 밖으로 확산한다.
ㄷ. t일 때 A에서는 탈분극, B에서는 재분극이 일어난다.

① ㄱ   ② ㄷ   ③ ㄱ, ㄴ
④ ㄴ, ㄷ   ⑤ ㄱ, ㄴ, ㄷ

145

그림은 어떤 뉴런에 역치 이상의 자극을 1회 주었을 때, 이 뉴런의 세포막 한 지점에서 이온 ㉠과 ㉡의 막 투과도를 시간에 따라 나타낸 것이다. ㉠과 ㉡은 각각 Na^+과 K^+ 중 하나이다.

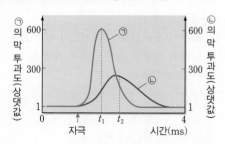

이에 대한 설명으로 옳은 것만을 [보기]에서 있는 대로 고른 것은?

【 보기 】
ㄱ. 자극을 주기 전 막을 통한 ㉠의 이동은 없다.
ㄴ. K^+의 막 투과도는 t_1일 때보다 t_2일 때가 크다.
ㄷ. t_1일 때 ㉠의 농도는 세포 안에서보다 밖에서 높다.

① ㄱ   ② ㄴ   ③ ㄱ, ㄷ
④ ㄴ, ㄷ   ⑤ ㄱ, ㄴ, ㄷ

146

그림 (가)는 어떤 뉴런의 한 지점에 역치 이상의 자극을 1회 주었을 때의 막전위 변화를, (나)는 ㉠~㉢ 중 한 구간에서 뉴런의 세포막에 있는 이온 통로를 통한 이온의 이동을 나타낸 것이다.

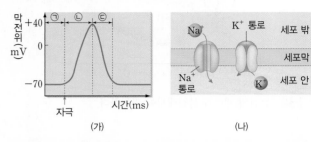

(가)   (나)

이에 대한 설명으로 옳은 것만을 [보기]에서 있는 대로 고른 것은?

【 보기 】
ㄱ. 구간 ㉠에서 Na^+의 이동에 ATP가 소모된다.
ㄴ. 구간 ㉡에서 (나)와 같은 이온의 이동이 일어난다.
ㄷ. 구간 ㉢에서 K^+은 세포 안에서 밖으로 확산한다.

① ㄱ   ② ㄴ   ③ ㄱ, ㄷ
④ ㄴ, ㄷ   ⑤ ㄱ, ㄴ, ㄷ

[147~148] 그림 (가)는 어떤 뉴런의 한 지점에 역치 이상의 자극을 1회 주었을 때의 막전위 변화를, (나)는 A~F 중 한 구간에서 세포 안과 밖의 이온 ㉠과 ㉡의 농도를 나타낸 것이다. ㉠과 ㉡은 각각 Na^+과 K^+ 중 하나이다. 물음에 답하시오.

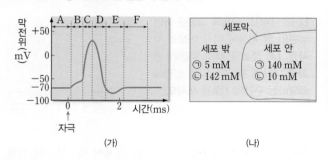

(가)   (나)

147

A~F 중 탈분극이 일어나는 구간의 기호를 있는 대로 쓰시오.

148 ✏️서술형

㉠과 ㉡ 중 구간 D에서 막전위 변화를 일으키는 주된 이온의 기호와 이름을 각각 쓰고, D에서 막전위 변화가 일어나는 까닭을 설명하시오.

1등급 완성 문제

» 바른답·알찬풀이 21쪽

149 정답률 30% 수능모의평가기출 변형

그림 (가)는 어떤 뉴런의 축삭 돌기 한 지점 X에 역치 이상의 자극을 1회 주었을 때의 막전위 변화를, (나)는 t_2일 때 X에서 K^+ 통로를 통한 K^+의 이동을 나타낸 것이다. ㉠과 ㉡은 각각 세포 안과 세포 밖 중 하나이다.

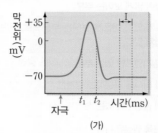
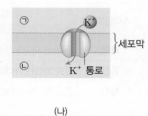

(가)   (나)

이에 대한 설명으로 옳은 것만을 [보기]에서 있는 대로 고른 것은?

【 보기 】
ㄱ. 구간 Ⅰ에서 세포막을 통한 Na^+의 이동은 없다.
ㄴ. (나)에서 K^+의 이동 방식은 확산이다.
ㄷ. t_1일 때 X에서 Na^+이 Na^+ 통로를 통해 ㉠에서 ㉡으로 이동한다.

① ㄱ ② ㄴ ③ ㄱ, ㄷ ④ ㄴ, ㄷ ⑤ ㄱ, ㄴ, ㄷ

150 정답률 30%

그림 (가)는 어떤 뉴런의 지점 P에 역치 이상의 자극을 1회 주었을 때의 막전위 변화를, (나)는 지점 P에서 시간에 따른 ㉠과 ㉡의 막 투과도 변화를 나타낸 것이다. ㉠과 ㉡은 각각 Na^+과 K^+ 중 하나이다.

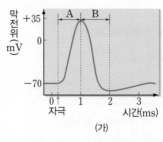
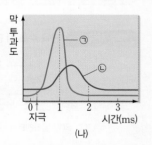

(가)   (나)

이에 대한 설명으로 옳은 것만을 [보기]에서 있는 대로 고른 것은?

【 보기 】
ㄱ. 구간 A에서 ㉠이 세포 밖에서 안으로 확산한다.
ㄴ. 구간 B에서 ㉡의 이동으로 탈분극이 일어난다.
ㄷ. 자극을 주고 경과한 시간이 1 ms일 때 $\dfrac{K^+의\ 막\ 투과도}{Na^+의\ 막\ 투과도} > 1$이다.

① ㄱ ② ㄴ ③ ㄱ, ㄷ ④ ㄴ, ㄷ ⑤ ㄱ, ㄴ, ㄷ

151 정답률 25% 수능기출 변형

그림 (가)는 민말이집 신경 A와 B를, 표 (나)는 A와 B의 P 지점에 역치 이상의 자극을 동시에 1회 주고 일정 시간이 지난 후 t_1일 때 세 지점 $Q_1 \sim Q_3$에서 측정한 막전위를 나타낸 것이다. Ⅰ ~ Ⅲ은 각각 Q_1 ~ Q_3에서 측정한 막전위 중 하나이다. 흥분 전도 속도는 A보다 B에서 빠르다.

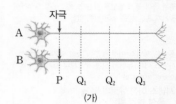

신경	t_1일 때 측정한 막전위(mV)		
	Ⅰ	Ⅱ	Ⅲ
A	+30	−54	−60
B	−44	−80	+2

(가)   (나)

이에 대한 설명으로 옳은 것만을 [보기]에서 있는 대로 고른 것은?(단, A와 B에서 흥분 전도는 각각 1회 일어났고, 휴지 전위는 −70 mV 이다.)

【 보기 】
ㄱ. Ⅲ은 Q_3에서 측정한 막전위이다.
ㄴ. t_1일 때 A의 Q_3에서 재분극이 일어나고 있다.
ㄷ. t_1일 때 B의 Q_2에서 Na^+이 세포 안에서 밖으로 확산한다.

① ㄱ   ② ㄴ   ③ ㄱ, ㄴ
④ ㄱ, ㄷ   ⑤ ㄴ, ㄷ

서술형 문제

152 정답률 25%

그림 (가)는 어떤 민말이집 신경의 P와 Q 지점 중 한 지점에 역치 이상의 자극을 1회 주고 경과된 시간이 5 ms일 때 $d_1 \sim d_4$에서 각각 측정한 막전위를, (나)는 이 신경에서 활동 전위가 발생했을 때 각 지점에서의 막전위 변화를 나타낸 것이다. 휴지 전위는 −70 mV이다.

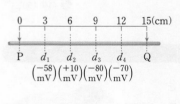
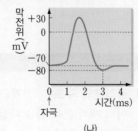

(가)   (나)

(1) (가)에서 P와 Q 중 자극을 준 지점과 흥분이 1 ms당 전도되는 거리(cm)를 각각 쓰시오.

(2) (가)의 d_1은 분극, 재분극, 탈분극 중 어떤 상태인지 쓰고, d_1에서 막전위 변화를 일으키는 주된 이온의 이동을 설명하시오.

1 흥분 전달

1 흥분 전달 한 뉴런의 흥분이 시냅스를 통해 다른 세포나 뉴런으로 이동하는 과정이다.
한 뉴런의 축삭 돌기 말단과 다른 뉴런의 신경 세포체나 가지 돌기가 좁은 틈을 두고 접해 있는 부위

2 흥분 전달 과정

시냅스를 통한 흥분 전달 과정

흥분은 시냅스 이전 뉴런의 축삭 돌기 말단에서 시냅스 이후 뉴런의 신경 세포체나 가지 돌기 쪽으로만 전달된다.

❶ 활동 전위가 시냅스 이전 뉴런의 축삭 돌기 말단에 도달한다.
❷ 시냅스 소포가 시냅스 쪽의 세포막과 융합한다.
❸ 시냅스 소포 안에 들어 있는 신경 전달 물질이 시냅스 틈으로 분비된다.
❹ 신경 전달 물질에 의해 시냅스 이후 뉴런이 탈분극되고 활동 전위가 발생하여 흥분이 전달된다.

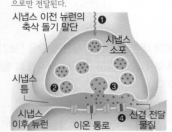

빈출 자료 ① 흥분 전달 과정

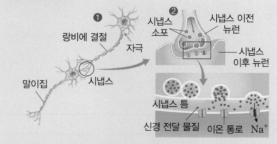

❶ 두 신경은 모두 말이집 신경이며, 활동 전위는 말이집 신경의 랑비에 결절에서만 발생하여 도약전도가 일어난다.
❷ 시냅스 이전 뉴런의 축삭 돌기 말단에서 분비된 신경 전달 물질이 시냅스 이후 뉴런의 세포막에 있는 수용체와 결합하면 Na^+ 통로가 열려 Na^+이 시냅스 이후 뉴런으로 확산한다. ⋯ 시냅스 이후 뉴런이 탈분극되고 활동 전위가 발생한다.

필수 유형 ▶ 흥분 전도와 흥분 전달의 원리를 파악하거나 흥분 전달 방향을 묻는 문제가 출제된다. ⤿ 41쪽 159번

2 근육 수축

1 골격근의 구조 골격근은 여러 개의 근육 섬유 다발로 구성되어 있으며, 각 근육 섬유는 여러 개의 근육 원섬유로 이루어져 있다.

① 근육 섬유: 근육 수축을 담당하는 세포로, 하나의 긴 세포에 여러 개의 핵을 가지고 있다.

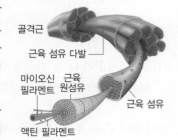

▲ 골격근의 구조
골격근 ⊃ 근육 섬유 다발 ⊃ 근육 섬유 ⊃ 근육 원섬유 ⊃ 액틴 필라멘트, 마이오신 필라멘트

② 근육 원섬유: 가는 액틴 필라멘트와 굵은 마이오신 필라멘트가 일부분씩 겹쳐 배열되어 있는 근육 원섬유 마디가 반복적으로 나타난다.
근육 수축의 기본 단위

2 근육 원섬유 마디의 구조 I대, A대, H대로 구성된다.

I 대(명대)	액틴 필라멘트만 있어 밝게 보이는 부분
A대(암대)	마이오신 필라멘트가 있어 어둡게 보이는 부분으로, 액틴 필라멘트와 일부 겹쳐 있다.
H대	A대 중 마이오신 필라멘트만 있는 부분
Z선	근육 원섬유 마디와 마디를 구분하는 경계선
M선	근육 원섬유 마디의 중심부에 있는 선

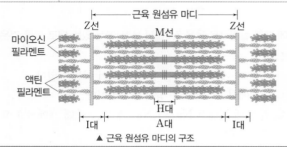

▲ 근육 원섬유 마디의 구조

3 근육 수축의 원리(활주설) 액틴 필라멘트가 마이오신 필라멘트 사이로 미끄러져 들어가 근육 원섬유 마디의 길이가 짧아지면서 근육 수축이 일어나며, 에너지(ATP)가 소모된다.

❶ 마이오신 필라멘트가 에너지(ATP)를 소모하여 양쪽의 액틴 필라멘트를 끌어당긴다.
❷ 액틴 필라멘트가 마이오신 필라멘트 사이로 미끄러져 들어간다.
❸ 근육 원섬유 마디의 길이가 짧아진다. ⋯ A대의 길이는 변화가 없지만, I대와 H대의 길이는 모두 짧아진다.

빈출 자료 ② 근육 수축 시 근육 원섬유 마디의 변화

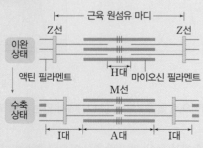

• 근육 수축 시 액틴 필라멘트와 마이오신 필라멘트의 길이는 변화가 없고, 액틴 필라멘트와 마이오신 필라멘트의 겹치는 부분이 늘어나 근육 원섬유 마디의 길이는 짧아진다.
• 근육 수축 시 A대의 길이는 변화가 없지만, I대와 H대의 길이는 모두 짧아진다.

필수 유형 ▶ 근육 수축 시 근육 원섬유 마디의 부위별 길이 변화를 비교하는 문제가 자주 출제된다. ⤿ 42쪽 163번

1 | 흥분 전달

153 한 뉴런의 흥분이 시냅스를 통해 다른 세포나 뉴런으로 이동하는 과정을 무엇이라고 하는지 쓰시오.

[154~155] 그림은 시냅스에서 일어나는 흥분 전달 과정을 나타낸 것이다. ( ) 안에 들어갈 알맞은 말을 고르시오.

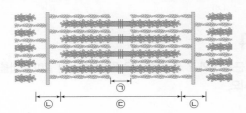

154 A는 시냅스 소포에서 신경 전달 물질이 분비되고 있으므로 ㉠(시냅스 이전 뉴런, 시냅스 이후 뉴런)이고, B는 신경 전달 물질에 의해 탈분극되는 ㉡(시냅스 이전 뉴런, 시냅스 이후 뉴런)이다.

155 흥분은 ㉠(A, B)에서 ㉡(A, B) 쪽으로만 전달된다.

156 다음은 골격근의 구조에 대한 설명이다. ( ) 안에 들어갈 알맞은 말을 쓰시오.

> 골격근은 여러 개의 근육 섬유 다발로 구성되어 있으며, 각 근육 섬유는 여러 개의 (㉠)(으)로 이루어져 있다. (㉠)은/는 가는 (㉡) 필라멘트와 굵은 (㉢) 필라멘트로 구성되어 있다.

[157~158] 그림은 근육 원섬유 마디의 구조를 나타낸 것이다. 이에 대한 설명으로 옳은 것은 ○표, 옳지 않은 것은 ×표 하시오.

157 근육 수축 시 근육 원섬유 마디, ㉠, ㉡의 길이는 모두 짧아진다. ( )

158 근육 수축 시 ㉢의 길이는 변화가 없다. ( )

---

159 필수 유형 🔗 40쪽 빈출 자료 ①

그림은 시냅스에서 일어나는 흥분 전달 과정의 일부를 나타낸 것이다. A와 B는 각각 시냅스 이전 뉴런과 시냅스 이후 뉴런 중 하나이다.

이에 대한 설명으로 옳은 것만을 [보기]에서 있는 대로 고른 것은?

[보기]
ㄱ. 아세틸콜린은 ㉠에 해당한다.
ㄴ. Na^+은 ㉡에 해당한다.
ㄷ. 흥분은 B에서 A 쪽으로만 전달된다.

① ㄱ　　　　② ㄴ　　　　③ ㄱ, ㄷ
④ ㄴ, ㄷ　　　⑤ ㄱ, ㄴ, ㄷ

160 수능모의평가기출 변형

그림 (가)는 신경 A~C를, (나)는 A~C의 P 지점에 역치 이상의 자극을 동시에 1회씩 준 후, Q 지점에서의 막전위 변화를 나타낸 것이다. Ⅰ과 Ⅱ는 각각 A~C에서의 막전위 변화 중 하나이다.

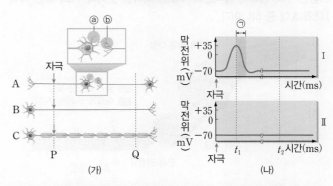

이에 대한 설명으로 옳은 것만을 [보기]에서 있는 대로 고른 것은?

[보기]
ㄱ. 시냅스 소포는 ⓐ보다 ⓑ에 많다.
ㄴ. Ⅱ는 C에서의 막전위 변화이다.
ㄷ. 구간 ㉠에서 K^+의 농도는 세포 안에서보다 밖에서 높다.

① ㄱ　　　　② ㄴ　　　　③ ㄱ, ㄷ
④ ㄴ, ㄷ　　　⑤ ㄱ, ㄴ, ㄷ

161

표는 4개의 뉴런 A~D에 막전위를 측정할 수 있는 미세 전극을 꽂은 후, A와 C에 각각 역치 이상의 자극을 1회 주었을 때 각 뉴런의 활동 전위 발생 여부를 조사한 것이다.

역치 이상의 자극을 받은 뉴런	활동 전위 발생 여부			
	A	B	C	D
A	+	+	−	−
C	+	+	+	+

(+: 발생함, −: 발생 안 함.)

이에 대한 설명으로 옳은 것만을 [보기]에서 있는 대로 고른 것은?(단, 4개의 뉴런은 일렬로 연결되어 있다.)

【 보기 】
ㄱ. 뉴런의 연결 순서는 A−B−C−D이다.
ㄴ. B가 흥분하면 B에서 A로 신경 전달 물질이 분비된다.
ㄷ. D가 흥분하면 A와 B에서 모두 탈분극이 일어난다.

① ㄱ
② ㄴ
③ ㄷ
④ ㄱ, ㄴ
⑤ ㄴ, ㄷ

2 | 근육 수축

162

그림은 수축 상태인 골격근의 구조를 나타낸 것이다. ㉠과 ㉡은 각각 I대와 A대 중 하나이다.

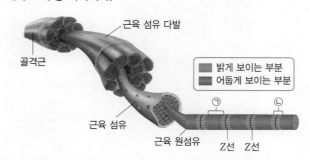

| 밝게 보이는 부분 |
| 어둡게 보이는 부분 |

골격근 / 근육 섬유 다발 / 근육 섬유 / 근육 원섬유 / Z선 / Z선

이에 대한 설명으로 옳은 것만을 [보기]에서 있는 대로 고른 것은?

【 보기 】
ㄱ. 골격근이 이완하면 ㉠의 길이는 길어진다.
ㄴ. ㉡에는 액틴 필라멘트가 있다.
ㄷ. 근육 섬유는 다핵 세포이다.

① ㄱ
② ㄴ
③ ㄷ
④ ㄱ, ㄴ
⑤ ㄴ, ㄷ

163

필수 유형 ≫ 40쪽 빈출 자료 ②

그림은 근육이 수축할 때와 이완할 때 근육 원섬유 마디의 변화를 나타낸 것이다.

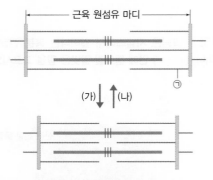

근육 원섬유 마디

(가) ↓ ↑ (나)

이에 대한 설명으로 옳은 것만을 [보기]에서 있는 대로 고른 것은?

【 보기 】
ㄱ. ㉠은 액틴 필라멘트이다.
ㄴ. (가) 과정에서 A대의 길이는 짧아진다.
ㄷ. (나)는 근육이 이완하는 과정이다.

① ㄱ
② ㄴ
③ ㄱ, ㄷ
④ ㄴ, ㄷ
⑤ ㄱ, ㄴ, ㄷ

[164~165] 그림 (가)는 무릎뼈 바로 아래를 고무망치로 가볍게 쳤을 때의 반응을, 표 (나)는 무릎뼈 바로 아래를 고무망치로 치기 전과 친 후에 근육 X와 Y 중 하나를 구성하는 근육 원섬유에서 ㉠과 ㉡의 길이를 나타낸 것이다. ㉠과 ㉡은 각각 I대와 A대 중 하나이다. 물음에 답하시오.

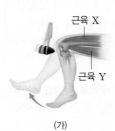

근육 X / 근육 Y

(가)

구분	길이(상댓값)	
	㉠	㉡
고무망치로 치기 전	1.0	1.6
고무망치로 친 후	0.6	1.6

(나)

164

(나)는 근육 X와 Y 중 어떤 근육 원섬유에서의 길이 변화를 나타내는지 쓰시오.

165 ✏️서술형

㉠과 ㉡의 이름을 각각 쓰고, ㉠과 ㉡을 구성하는 필라멘트의 차이점을 1가지 설명하시오.

1등급 완성 문제

»» 바른답·알찬풀이 24쪽

◆ 학교 시험 빈출 문제 중 내신 1등급을 결정하는 고난도 문제들을 수록하였습니다.

166 정답률 30%

그림 (가)는 2개의 뉴런이 연결된 모습을, (나)는 (가)의 P 지점에 역치 이상의 자극을 1회 준 후 지점 A~C에서의 막전위 변화를 나타낸 것이다. ㉠~㉢은 각각 A~C에서의 막전위 변화 중 하나이다.

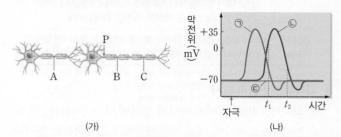

(가)   (나)

이에 대한 설명으로 옳은 것만을 [보기]에서 있는 대로 고른 것은?

[보기]

ㄱ. ㉠은 B에서의 막전위 변화이다.

ㄴ. t_1일 때 Na^+의 막 투과도는 C에서가 A에서보다 크다.

ㄷ. t_2일 때 A에서 K^+이 세포 밖에서 안으로 이동한다.

① ㄱ ② ㄷ ③ ㄱ, ㄴ ④ ㄴ, ㄷ ⑤ ㄱ, ㄴ, ㄷ

167 정답률 25% 수능모의평가기출 변형

다음은 골격근의 수축 과정에 대한 자료이다.

• 표는 골격근 수축 과정의 두 시점 ⓐ와 ⓑ일 때 근육 원섬유 마디 X의 길이를, 그림은 ⓑ일 때 X의 구조를 나타낸 것이다. X는 좌우 대칭이다.

시점	X의 길이
ⓐ	2.4 μm
ⓑ	3.2 μm

• ㉠은 X에서 액틴 필라멘트와 마이오신 필라멘트가 겹치는 두 구간 중 한 구간이다.

• ⓑ일 때 A대의 길이는 1.6 μm이다.

이에 대한 설명으로 옳은 것만을 [보기]에서 있는 대로 고른 것은?

[보기]

ㄱ. ⓐ일 때 ㉠의 길이는 0.6 μm이다.

ㄴ. ⓑ일 때 H대의 길이는 1.2 μm이다.

ㄷ. ⓐ일 때 X에서 $\dfrac{\text{A대의 길이}}{\text{액틴 필라멘트만 있는 부분의 길이}}=2$ 이다.

① ㄱ ② ㄷ ③ ㄱ, ㄴ ④ ㄴ, ㄷ ⑤ ㄱ, ㄴ, ㄷ

168 정답률 30%

그림은 근육 원섬유 마디 X의 구조를, 표는 골격근 수축 과정의 두 시점 t_1과 t_2에서 X와 (가)~(다)의 길이를 나타낸 것이다. X는 좌우 대칭이며, ㉠은 액틴 필라멘트만 있는 부분, ㉡은 액틴 필라멘트와 마이오신 필라멘트가 겹치는 부분, ㉢은 마이오신 필라멘트만 있는 부분이다. (가)~(다)는 ㉠~㉢을 순서 없이 나타낸 것이다.

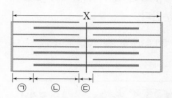

시점	길이(μm)			
	X	(가)	(나)	(다)
t_1	2.8	0.8	0.4	ⓐ
t_2	2.2	0.2	0.7	0.3

이에 대한 설명으로 옳은 것만을 [보기]에서 있는 대로 고른 것은?

[보기]

ㄱ. (나)는 ㉡이다.

ㄴ. ⓐ는 0.9이다.

ㄷ. t_2일 때 A대의 길이는 1.6 μm이다.

① ㄱ ② ㄷ ③ ㄱ, ㄴ
④ ㄱ, ㄷ ⑤ ㄴ, ㄷ

🔷 서술형 문제

169 정답률 40%

오른쪽 그림은 시냅스에서 일어나는 현상을 나타낸 것이다. 물질 X의 이름을 쓰고, X의 역할을 ㉠과 ㉡을 모두 포함하여 설명하시오.

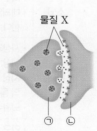

170 정답률 35%

그림은 근육 원섬유 마디 X의 구조를, 표는 골격근 수축 과정의 두 시점 t_1과 t_2에서 X와 ㉠의 길이를 나타낸 것이다. X는 좌우 대칭이며, ㉠은 액틴 필라멘트와 마이오신 필라멘트가 겹치는 부분, ㉡은 액틴 필라멘트만 있는 부분이다.

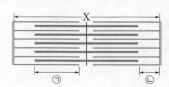

시점	X의 길이	㉠의 길이
t_1	2.2 μm	0.7 μm
t_2	?	0.4 μm

t_2일 때 X의 길이를 쓰고, X가 수축할 때와 이완할 때 ㉡의 길이는 어떻게 변하는지 각각 설명하시오.

06 신경계

1 | 중추 신경계

1 사람의 신경계 뇌와 척수로 구성된 중추 신경계와 온몸에 퍼져 있는 말초 신경계로 구분한다.

2 중추 신경계 감각기에서 보낸 정보를 받아 통합한 후 반응 명령을 내린다.

① 뇌 대뇌, 소뇌, 간뇌, 뇌줄기(중간뇌, 뇌교, 연수) 등으로 구성된다.

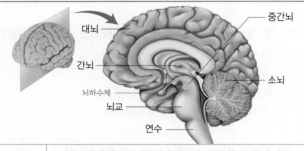

대뇌	• 좌우 2개의 반구로 이루어져 있으며, 표면에는 주름이 많아 표면적이 넓다. • 겉질은 신경 세포체가 모여 있어 회색을 띠는 회색질이고, 속질은 축삭 돌기가 모여 있어 흰색을 띠는 백색질이다. • 겉질은 기능에 따라 감각령, 연합령, 운동령으로 구분한다. • 좌반구는 몸 오른쪽의 감각과 운동을, 우반구는 몸 왼쪽의 감각과 운동을 담당한다. 대부분의 신경이 연수에서 좌우 교차하기 때문이다. • 추리, 기억, 상상, 언어 등 정신 활동을 담당하고, 감각, 수의 운동의 중추이다. 대부분 겉질에서 일어난다.
소뇌	• 좌우 2개의 반구로 이루어져 있다. • 대뇌와 함께 수의 운동을 조절하고, 몸의 자세와 평형을 유지한다.
간뇌	• 시상과 시상 하부로 이루어져 있다. • 시상: 척수나 연수에서 오는 감각 신호를 대뇌 겉질에 전달한다. • 시상 하부: 자율 신경계와 내분비계를 연결하며, 항상성 조절의 통합 중추이다. 혈당량 조절, 체온 조절, 삼투압 조절 등 • 뇌하수체: 호르몬을 분비하여 다른 내분비샘을 조절한다.
뇌줄기 · 중간뇌	• 안구 운동과 홍채의 작용을 조절한다. 동공 반사의 중추 • 소뇌와 함께 몸의 평형을 유지한다.
뇌줄기 · 뇌교	• 대뇌와 소뇌 사이에서 정보를 전달하는 통로이다. • 연수와 함께 호흡 운동을 조절한다.
뇌줄기 · 연수	• 심장 박동, 호흡 운동, 소화 운동 등을 조절한다. • 기침, 재채기, 하품, 눈물 분비 등과 같은 반사의 중추이다. • 뇌와 척수를 연결하는 대부분의 신경이 좌우 교차하는 곳이다.

② 척수

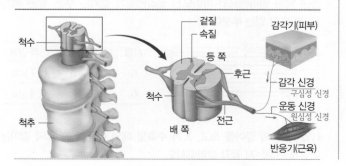

척수의 구조	• 척추 속에 들어 있어 척추의 보호를 받으며, 척추의 마디마다 좌우로 1쌍씩 신경 다발이 나와 온몸에 뻗어 있다. • 전근: 운동 신경 다발이 척수의 배 쪽으로 나와 전근을 이루며, 중추 신경계에서 내린 반응 명령을 반응기로 전달한다. 원심성 신경 • 후근: 감각 신경 다발이 척수의 등 쪽으로 들어가 후근을 이루며, 감각기에서 받아들인 자극을 중추 신경계로 전달한다. 구심성 신경 • 대뇌와 반대로 겉질은 백색질, 속질은 회색질이다.
척수의 기능	• 뇌와 말초 신경계 사이에서 정보를 전달하는 통로 역할을 한다. • 회피 반사, 무릎 반사, 배변 · 배뇨 반사 등과 같은 반사의 중추이다.

3 의식적인 반응과 반사 반사는 반응이 일어날 때 대뇌를 거치지 않아 의식적인 반응보다 빠르게 일어나므로 위험으로부터 몸을 보호하는 데 도움이 된다.

① 의식적인 반응: 대뇌의 판단과 명령에 따라 일어나는 반응

② 반사: 특정 자극에 대해 무의식적이고 즉각적으로 일어나는 반응 대부분 대뇌가 관여하지 않고 척수, 연수, 중간뇌가 중추로 작용한다.

빈출 자료 ① 의식적인 반응과 반사

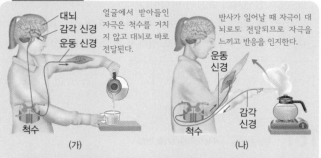

얼굴에서 받아들인 자극은 척수를 거치지 않고 대뇌로 바로 전달된다.

반사가 일어날 때 자극이 대뇌로도 전달되므로 자극을 느끼고 반응을 인지한다.

(가)　(나)

• (가) 주전자의 물을 컵에 따르는 행동의 반응 경로: 자극(주전자) → 감각기(눈) → 감각 신경(시각 신경) → 대뇌 → 척수 → 운동 신경 → 반응기(팔의 근육) → 반응(주전자를 든다.) ┅ 의식적인 반응

• (나) 뜨거운 주전자에 손이 닿았을 때 급히 손을 떼는 행동의 반응 경로: 자극(뜨거운 주전자) → 감각기(손의 피부) → 감각 신경 → 척수 → 운동 신경 → 반응기(팔의 근육) → 반응(급히 손을 뗀다.) ┅ 척수 반사

필수 유형 상황에 따른 반응 중추와 반응 경로를 묻는 문제가 자주 출제된다.

48쪽 188번

2 | 말초 신경계

1 해부학적 구성에 따른 구분 뇌와 직접 연결된 12쌍의 뇌 신경과 척수와 직접 연결된 31쌍의 척수 신경으로 구분한다.

2 기능에 따른 구분 구심성 신경(감각 신경)과 원심성 신경(체성 신경계, 자율 신경계)으로 구분한다.

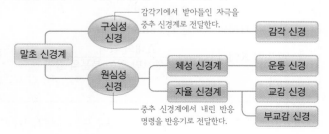

① 체성 신경계: 대뇌의 지배를 받아 의식적인 골격근의 반응을 조절한다. 중추에서 반응기까지 1개의 뉴런으로 연결되어 있다.

② 자율 신경계 중추에서 반응기까지 길이가 다른 2개의 뉴런으로 연결되어 있다.

• 대뇌의 직접적인 지배를 받지 않고 중간뇌, 연수, 척수 등에서 뻗어 나와 주로 내장 기관과 혈관에 분포한다.

• 교감 신경과 부교감 신경으로 구성된다.

교감 신경	• 신경절 이전 뉴런이 신경절 이후 뉴런보다 짧다. • 신경절 이전 뉴런의 말단에서 아세틸콜린이, 신경절 이후 뉴런의 말단에서 노르에피네프린이 분비된다. • 몸을 긴장 상태로 만들어 위기 상황에 대처하도록 한다.
부교감 신경	• 신경절 이전 뉴런이 신경절 이후 뉴런보다 길다. • 신경절 이전 뉴런과 신경절 이후 뉴런의 말단에서 모두 아세틸콜린이 분비된다. • 몸을 원래의 안정된 상태로 회복하도록 한다.

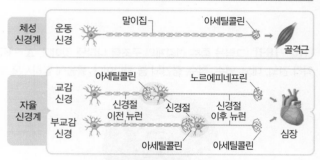

▲ 체성 신경계와 자율 신경계의 비교

체성 신경계는 신경절이 없고 중추에서 뻗어 나온 원심성 뉴런이 골격근에 직접 연결되지만, 자율 신경계는 2개의 뉴런이 신경절에서 시냅스를 형성한다.

빈출 자료 ② 교감 신경과 부교감 신경의 작용

교감 신경과 부교감 신경은 같은 기관에 분포하면서 서로 반대 효과를 나타내는 길항 작용을 한다.

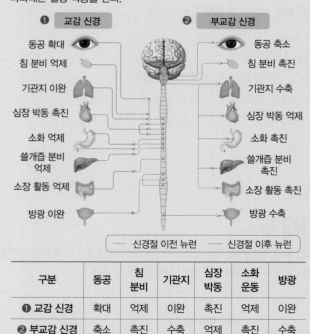

구분	동공	침 분비	기관지	심장 박동	소화 운동	방광
❶ 교감 신경	확대	억제	이완	촉진	억제	이완
❷ 부교감 신경	축소	촉진	수축	억제	촉진	수축

필수 유형 구조적 특성으로 교감 신경과 부교감 신경을 구분하거나 교감 신경과 부교감 신경의 길항 작용을 묻는 문제가 출제된다. 🖉 49쪽 193번

[171~172] 사람의 신경계에 대한 설명이다. (　　) 안에 들어갈 알맞은 말을 쓰거나 고르시오.

171 사람의 신경계 중 ㉠(중추, 말초) 신경계는 기능에 따라 구심성 신경과 (㉡) 신경으로 구분한다.

172 감각 신경 다발은 척수의 ㉠(전근, 후근)을 이루며, 운동 신경 다발은 척수의 ㉡(전근, 후근)을 이룬다.

[173~175] 오른쪽 그림은 사람의 뇌 구조를 나타낸 것이다. 다음 설명에 해당하는 부분의 기호와 이름을 각각 쓰시오.

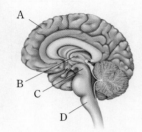

173 항상성 조절의 통합 중추가 있다.

174 심장 박동, 호흡 운동 등을 조절한다.

175 뇌줄기에 속하며, 안구 운동과 홍채의 작용을 조절한다.

176 다음은 뜨거운 주전자에 손이 닿았을 때의 반응 경로를 나타낸 것이다. (　　) 안에 들어갈 알맞은 말을 쓰시오.

> 자극 → 감각기(손의 피부) → 감각 신경 → (　　)
> → 운동 신경 → 반응기(팔의 근육) → 반응

[177~178] 그림은 심장에 연결된 자율 신경을 나타낸 것이다. 이에 대한 설명으로 옳은 것은 ○표, 옳지 <u>않은</u> 것은 ×표 하시오.

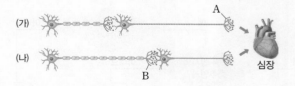

177 (가)는 교감 신경, (나)는 부교감 신경이다. 　(　　)

178 A와 B에서 분비되는 신경 전달 물질은 아세틸콜린이다. 　　　　　　　　　　　(　　)

기출 분석 문제

≫ 바른답·알찬풀이 26쪽

1 | 중추 신경계

179

그림은 사람의 신경계를 나타낸 것이다. A와 B는 각각 중추 신경계와 말초 신경계 중 하나이고, ⊙과 ⓒ은 각각 척수 신경과 뇌 신경 중 하나이다.

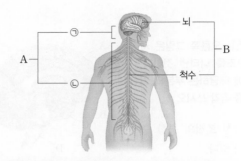

이에 대한 설명으로 옳은 것만을 [보기]에서 있는 대로 고른 것은?

【 보기 】
ㄱ. 부교감 신경은 A에 속한다.
ㄴ. ⓒ은 연합 뉴런으로 구성된다.
ㄷ. B는 감각기에서 보낸 정보를 받아 통합한 후 반응 명령을 내린다.

① ㄴ   ② ㄷ   ③ ㄱ, ㄴ
④ ㄱ, ㄷ   ⑤ ㄱ, ㄴ, ㄷ

180

그림은 중추 신경계를 구성하는 연수, 중간뇌, 척수를 구분하는 과정을 나타낸 것이다.

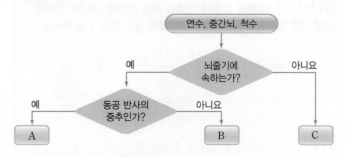

A~C를 옳게 짝 지은 것은?

	A	B	C			A	B	C
①	연수	중간뇌	척수		②	중간뇌	연수	척수
③	중간뇌	척수	연수		④	척수	연수	중간뇌
⑤	척수	중간뇌	연수					

181

표는 사람 뇌의 여러 부위 A~D의 기능을 나타낸 것이다. A~D는 각각 간뇌, 대뇌, 연수, 중간뇌 중 하나이다.

부위	기능
A	안구 운동과 홍채의 작용을 조절한다.
B	심장 박동, 호흡 운동 등을 조절한다.
C	정신 활동을 담당하고, 감각과 수의 운동의 중추이다.
D	체온 조절, 삼투압 조절 등과 같은 항상성 조절의 통합 중추가 있다.

A~D의 이름을 각각 쓰시오.

[182~183] 그림은 중추 신경계의 구조를 나타낸 것이다. A~E는 각각 간뇌, 대뇌, 연수, 척수, 중간뇌 중 하나이다. 물음에 답하시오.

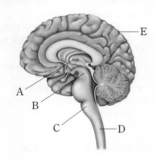

182

이에 대한 설명으로 옳지 않은 것은?

① A에는 시상이 존재한다.
② B는 중간뇌이다.
③ C는 심장 박동의 조절 중추이다.
④ D에서 나온 운동 신경 다발은 후근을 이룬다.
⑤ E의 겉질은 신경 세포체가 모여 있어 회색을 띤다.

183 ✎ 서술형

표는 중추 신경계를 구성하는 구조 ⊙과 ⓒ에서 2가지 특징의 유무를 나타낸 것이다. ⊙과 ⓒ은 각각 D와 E 중 하나이다.

특징	⊙	ⓒ
뇌줄기를 구성한다.	없음.	?
의식적인 반응의 중추이다.	있음.	ⓐ

ⓐ에 들어갈 알맞은 말을 쓰고, ⊙과 ⓒ의 차이를 겉질, 속질과 관련지어 각각 설명하시오.

184 수능모의평가기출 변형

그림 (가)는 사람 대뇌 좌반구의 운동령 단면과 여기에 연결된 사람의 신체 부분을, (나)는 사람 대뇌 우반구의 감각령 단면과 여기에 연결된 사람의 신체 부분을 각각 대뇌 겉질 표면에 나타낸 것이다. A와 B는 각각 입술과 무릎에 연결된 대뇌 겉질 부위이다.

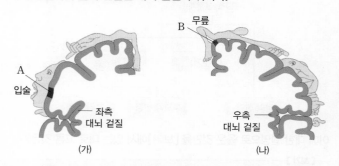

(가)   (나)

이에 대한 설명으로 옳은 것만을 [보기]에서 있는 대로 고른 것은?

[보기]
ㄱ. A가 손상되면 입술의 감각이 없어진다.
ㄴ. B에 역치 이상의 자극을 주면 무릎 반사가 일어난다.
ㄷ. 대뇌 겉질에는 신경 세포체가 모여 있다.

① ㄴ   ② ㄷ   ③ ㄱ, ㄴ
④ ㄱ, ㄷ   ⑤ ㄱ, ㄴ, ㄷ

185

그림은 척수의 단면을 나타낸 것이다. A~C는 각각 감각 신경, 연합 신경, 운동 신경 중 하나이다.

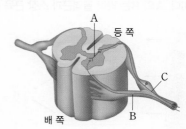

이에 대한 설명으로 옳은 것만을 [보기]에서 있는 대로 고른 것은?

[보기]
ㄱ. A는 연합 신경이다.
ㄴ. B는 후근을 이룬다.
ㄷ. C는 반응기와 연결되어 있다.

① ㄱ   ② ㄴ   ③ ㄱ, ㄷ
④ ㄴ, ㄷ   ⑤ ㄱ, ㄴ, ㄷ

186 수능모의평가기출 변형

그림은 무릎 반사가 일어나는 과정에서 흥분 전달 경로를 나타낸 것이다.

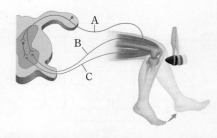

이에 대한 설명으로 옳은 것만을 [보기]에서 있는 대로 고른 것은?

[보기]
ㄱ. A에 역치 이상의 자극을 주면 B에서 활동 전위가 발생한다.
ㄴ. B는 척수의 등 쪽으로 들어간다.
ㄷ. C의 신경 세포체는 척수의 회색질에 있다.

① ㄱ   ② ㄷ   ③ ㄱ, ㄴ
④ ㄱ, ㄷ   ⑤ ㄴ, ㄷ

187 신유형

그림은 자극에 의해 반응이 일어나기까지의 경로를 모식적으로 나타낸 것이다.

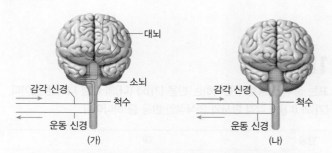

(가)   (나)

(가)와 (나)에 해당하는 예를 [보기]에서 찾아 옳게 짝 지은 것은?

[보기]
ㄱ. 기온이 내려가면 피부에 소름이 돋는다.
ㄴ. 주머니에서 손을 더듬어 동전을 골라낸다.
ㄷ. 빨간색 신호등을 보고 횡단보도 앞에 멈추어 선다.
ㄹ. 뜨거운 주전자에 손이 닿아 자신도 모르게 급히 손을 뗀다.

	(가)	(나)		(가)	(나)
①	ㄴ	ㄱ	②	ㄴ	ㄹ
③	ㄷ	ㄱ	④	ㄷ	ㄴ
⑤	ㄹ	ㄴ			

188

필수 유형 44쪽 빈출 자료 ①

그림은 감각기에서 받아들인 자극이 중추 신경계를 거쳐 반응기로 전달되는 여러 경로를 나타낸 것이다.

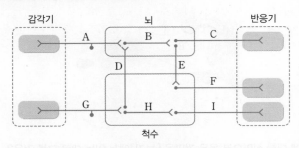

이에 대한 설명으로 옳은 것만을 [보기]에서 있는 대로 고른 것은?

[보기]
ㄱ. B와 H는 모두 중추 신경계를 구성한다.
ㄴ. 음악을 듣고 노래를 따라 부를 때의 반응 경로는 A → B → C이다.
ㄷ. 얼음물에 손을 넣자 차가움을 느껴 의식적으로 손을 뺄 때 D와 E에는 흥분이 전달되지 않는다.

① ㄱ   ② ㄷ   ③ ㄱ, ㄴ
④ ㄴ, ㄷ   ⑤ ㄱ, ㄴ, ㄷ

189

표는 중추 신경계가 관여하는 반응 (가)와 (나)의 예를 나타낸 것이다. (가)와 (나)는 각각 반사와 의식적인 반응 중 하나이다.

반응	예
(가)	골키퍼가 공을 보고 손을 뻗어 공을 잡는다.
(나)	맨발로 날카로운 물체를 밟았을 때 자신도 모르게 급히 다리를 움츠린다.

이에 대한 설명으로 옳은 것만을 [보기]에서 있는 대로 고른 것은?

[보기]
ㄱ. (가)는 대뇌의 판단과 명령에 따라 일어난다.
ㄴ. (나)의 자극은 대뇌로 전달되지 않는다.
ㄷ. (나)는 위험으로부터 몸을 보호하는 데 도움이 된다.

① ㄱ   ② ㄴ   ③ ㄱ, ㄷ
④ ㄴ, ㄷ   ⑤ ㄱ, ㄴ, ㄷ

2 | 말초 신경계

190

그림은 말초 신경계를 기능에 따라 구분하여 나타낸 것이다.

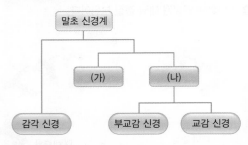

이에 대한 설명으로 옳은 것만을 [보기]에서 있는 대로 고른 것은?

[보기]
ㄱ. (가)는 구심성 신경, (나)는 원심성 신경이다.
ㄴ. (가)는 대뇌의 지배를 받아 의식적인 골격근의 반응을 조절한다.
ㄷ. (나)는 중추에서 반응기까지 길이가 같은 2개의 뉴런으로 연결되어 있다.

① ㄱ   ② ㄴ   ③ ㄷ
④ ㄴ, ㄷ   ⑤ ㄱ, ㄴ, ㄷ

191

그림은 중추 신경계에서 나온 말초 신경이 근육 A와 B에 연결된 경로를 나타낸 것이다. A와 B는 각각 골격근과 소장 근육 중 하나이다.

이에 대한 설명으로 옳은 것만을 [보기]에서 있는 대로 고른 것은?

[보기]
ㄱ. A는 골격근이다.
ㄴ. ㉠은 신경절 이전 뉴런이 신경절 이후 뉴런보다 짧다.
ㄷ. ㉠의 신경절 이전 뉴런의 신경 세포체는 척수에 있다.

① ㄱ   ② ㄴ   ③ ㄱ, ㄷ
④ ㄴ, ㄷ   ⑤ ㄱ, ㄴ, ㄷ

192 수능모의평가기출 변형

그림 (가)는 심장 박동을 조절하는 자율 신경 A와 B를, (나)는 A와 B 중 하나에 역치 이상의 자극을 준 후 심장 세포에서 활동 전위가 발생하는 빈도의 변화를 나타낸 것이다.

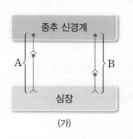
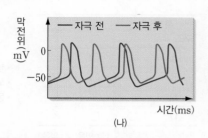

(가)   (나)

이에 대한 설명으로 옳은 것만을 [보기]에서 있는 대로 고른 것은?

[보기]
ㄱ. A는 말초 신경계에 속한다.
ㄴ. B의 신경절 이전 뉴런의 신경 세포체는 척수에 있다.
ㄷ. (나)는 A에 역치 이상의 자극을 주었을 때의 변화이다.

① ㄱ   ② ㄴ   ③ ㄱ, ㄷ
④ ㄴ, ㄷ   ⑤ ㄱ, ㄴ, ㄷ

193 수능모의평가기출 변형   필수 유형 ▶ 45쪽 빈출 자료 ②

그림은 위에 연결된 자율 신경 X와 Y를 나타낸 것이다.

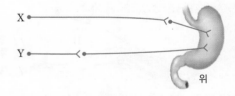

이에 대한 설명으로 옳은 것만을 [보기]에서 있는 대로 고른 것은?

[보기]
ㄱ. X와 Y는 모두 원심성 신경이다.
ㄴ. X의 신경절 이전 뉴런과 신경절 이후 뉴런의 말단에서 분비되는 신경 전달 물질은 같다.
ㄷ. Y에 역치 이상의 자극을 주면 위의 소화 운동이 억제된다.

① ㄴ   ② ㄷ   ③ ㄱ, ㄴ
④ ㄱ, ㄷ   ⑤ ㄱ, ㄴ, ㄷ

194

그림은 자율 신경에 의한 동공의 크기 조절을 나타낸 것이다.

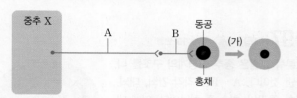

이에 대한 설명으로 옳은 것만을 [보기]에서 있는 대로 고른 것은?

[보기]
ㄱ. 동공의 크기를 조절하는 중추 X는 중간뇌이다.
ㄴ. 교감 신경이 흥분하면 (가)와 같은 변화가 나타난다.
ㄷ. A와 B의 축삭 돌기 말단에서 분비되는 신경 전달 물질은 다르다.

① ㄱ   ② ㄷ   ③ ㄱ, ㄴ
④ ㄴ, ㄷ   ⑤ ㄱ, ㄴ, ㄷ

[195~196] 표는 중추 신경계에서 나온 말초 신경이 흥분했을 때 심장, 방광, 다리의 골격근에서 일어나는 변화를 나타낸 것이다. A와 B는 각각 연수와 척수 중 하나이다. 물음에 답하시오.

중추 신경계	말초 신경	기관의 변화
A	부교감 신경	심장 박동 억제
척수	㉠	방광 수축
B	㉡	다리의 골격근 수축

195

중추 신경계 A와 B의 이름을 각각 쓰시오.

196 ✏️서술형

신경 ㉠과 ㉡의 이름을 각각 쓰고, ㉠과 ㉡의 구조 차이를 신경절과 관련지어 설명하시오.

1등급 완성 문제

》 바른답·알찬풀이 28쪽

197 정답률 40% 수능기출 변형

오른쪽 그림은 중추 신경계의 구조를 나타낸 것이다. A~E는 각각 간뇌, 대뇌, 연수, 중간뇌, 척수 중 하나이다. 이에 대한 설명으로 옳은 것만을 [보기]에서 있는 대로 고른 것은?

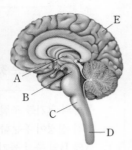

[보기]
ㄱ. A에는 시상이 존재한다.
ㄴ. B, C, D는 뇌줄기에 속한다.
ㄷ. E의 속질에 축삭 돌기가 모여 있다.

① ㄱ   ② ㄴ   ③ ㄱ, ㄷ
④ ㄴ, ㄷ   ⑤ ㄱ, ㄴ, ㄷ

198 정답률 30%

그림은 어떤 환자 (가)와 (나)에서 뇌의 기능이 상실된 부위를 나타낸 것이다. (가)와 (나)는 각각 뇌사자와 식물인간 중 하나이다.

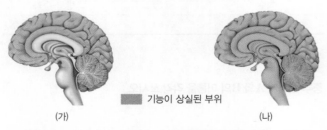

■ 기능이 상실된 부위
(가)   (나)

이에 대한 설명으로 옳은 것만을 [보기]에서 있는 대로 고른 것은?(단, 제시된 부위 이외의 기능은 모두 정상이다.)

[보기]
ㄱ. (가)와 (나)는 모두 의식이 없다.
ㄴ. (가)의 눈에 빛을 비추면 동공 반사가 일어난다.
ㄷ. (나)에서는 뜨거운 물체가 손에 닿았을 때 반사가 일어날 수 있다.

① ㄱ   ② ㄷ   ③ ㄱ, ㄴ
④ ㄴ, ㄷ   ⑤ ㄱ, ㄴ, ㄷ

199 정답률 30% 수능모의평가기출 변형

표 (가)는 중추 신경계를 구성하는 구조 A~D에서 특징 ㉠~㉢의 유무를, (나)는 ㉠~㉢을 순서 없이 나타낸 것이다. A~D는 각각 소뇌, 연수, 척수, 중간뇌 중 하나이다.

특징 구조	㉠	㉡	㉢
A	×	○	×
B	?	○	○
C	×	?	×
D	○	○	×

(○: 있음, ×: 없음.)
(가)

특징(㉠~㉢)
· 부교감 신경이 나온다.
· 뇌줄기를 구성한다.
· 동공 반사의 중추이다.
(나)

이에 대한 설명으로 옳은 것만을 [보기]에서 있는 대로 고른 것은?

[보기]
ㄱ. ㉠은 '뇌줄기를 구성한다.'이다.
ㄴ. A는 연수이다.
ㄷ. C는 갓난아이의 배변·배뇨 반사의 중추이다.

① ㄱ   ② ㄷ   ③ ㄱ, ㄴ
④ ㄱ, ㄷ   ⑤ ㄴ, ㄷ

200 정답률 35% 수능모의평가기출 변형

그림은 자극에 의해 반사가 일어날 때 감각기와 반응기 사이의 흥분 전달 경로를 나타낸 것이다. ㉠은 골격근이다.

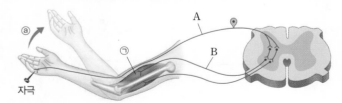

이에 대한 설명으로 옳은 것만을 [보기]에서 있는 대로 고른 것은?

[보기]
ㄱ. A는 척수의 등 쪽으로 들어가 후근을 이룬다.
ㄴ. B의 말단에서 아세틸콜린이 분비된다.
ㄷ. ⓐ가 일어나는 동안 ㉠의 근육 원섬유 마디의 길이가 길어진다.

① ㄱ   ② ㄷ   ③ ㄱ, ㄴ
④ ㄱ, ㄷ   ⑤ ㄴ, ㄷ

201 정답률 35%

그림은 교감 신경, 부교감 신경, 감각 신경, 체성 신경을 특징 ㉠~㉢에 따라 구분하는 과정을 나타낸 것이다. ㉠은 '감각기에 연결되어 있는가?'이다.

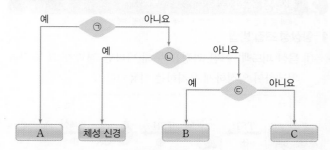

이에 대한 설명으로 옳은 것만을 [보기]에서 있는 대로 고른 것은?

[보기]
ㄱ. A는 원심성 신경이다.
ㄴ. '대뇌의 지배를 받는가?'는 ㉡에 해당한다.
ㄷ. '신경절 이전 뉴런의 말단에서 아세틸콜린이 분비되는가?'는 ㉢에 해당한다.

① ㄱ   ② ㄴ   ③ ㄱ, ㄷ
④ ㄴ, ㄷ   ⑤ ㄱ, ㄴ, ㄷ

202 정답률 30%

그림은 중추 신경계와 두 기관을 연결하는 자율 신경을, 표는 뉴런 ㉠과 ㉢에 각각 역치 이상의 자극을 1회 주었을 때 심장과 방광의 변화를 나타낸 것이다. ㉠~㉣은 서로 다른 뉴런이다.

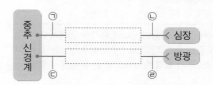

구분	기관의 변화
심장	심장 박동 억제
방광	방광 이완

이에 대한 설명으로 옳은 것만을 [보기]에서 있는 대로 고른 것은?

[보기]
ㄱ. ㉠이 ㉡보다 길다.
ㄴ. ㉣의 말단에서 아세틸콜린이 분비된다.
ㄷ. ㉣에 역치 이상의 자극을 주면 흥분이 ㉣에서 ㉢으로 전달된다.

① ㄱ   ② ㄷ   ③ ㄱ, ㄴ
④ ㄱ, ㄷ   ⑤ ㄴ, ㄷ

🎖 서술형 문제

203 정답률 35%

오른쪽 그림은 사람 대뇌 좌반구의 운동령 단면과 여기에 연결된 사람의 신체 부분을 대뇌 겉질 표면에 나타낸 것이다. ㉠은 무릎에 연결된 대뇌 겉질 부위이다. ㉠이 손상될 경우 나타나는 현상을 설명하시오.

204 정답률 30%

그림은 길항 작용을 하는 자율 신경 A와 B가 홍채에 연결된 모습을 나타낸 것이다. ⓐ와 ⓑ에 각각 하나의 시냅스가 있고, ㉠과 ㉣의 말단에서 분비되는 신경 전달 물질은 같다.

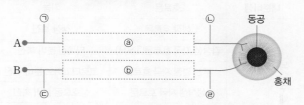

A와 B의 이름을 각각 쓰고, A와 B의 차이점을 신경 전달 물질의 이름을 포함하여 설명하시오.

205 정답률 30%

그림은 척수에서 나와 반응기에 연결된 말초 신경 ㉠~㉢을 나타낸 것이다. A와 B는 각각 방광과 골격근 중 하나이다.

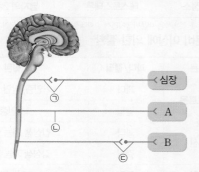

㉠~㉢ 중 체성 신경의 기호를 있는 대로 쓰고, ㉠~㉢이 흥분하면 어떤 변화가 일어나는지 각각 설명하시오.

07 호르몬과 항상성 조절

1 | 내분비계와 호르몬

1 호르몬 내분비샘에서 생성·분비되어 특정 조직이나 기관의 작용을 조절하는 화학 물질

> **호르몬의 특성**
> • 내분비샘에서 분비되어 혈액을 따라 이동하다가 자신과 결합하는 수용체를 지닌 표적 세포나 표적 기관에만 작용한다.
> • 매우 적은 양으로도 효과를 나타낸다.
> • 분비량이 부족하면 결핍증이, 많으면 과다증이 나타난다.

2 호르몬과 신경의 작용 비교 호르몬은 지속적이고 광범위한 조절에 관여하고, 신경은 즉각적이고 신속한 조절에 관여한다.

구분	전달 매체	신호 전달 속도	작용 범위	효과의 지속성
호르몬	혈액	느리다.	넓다.	지속적이다.
신경	뉴런	빠르다.	좁다.	일시적이다.

3 사람의 내분비샘과 호르몬

내분비샘		호르몬	기능
뇌하수체	전엽	생장 호르몬	생장 촉진
		갑상샘 자극 호르몬(TSH)	티록신 분비 촉진
		부신 겉질 자극 호르몬	코르티코이드 분비 촉진
		생식샘 자극 호르몬	성호르몬 분비 촉진
	후엽	항이뇨 호르몬(ADH)	콩팥에서 수분 재흡수 촉진
		옥시토신	출산 시 자궁 수축 촉진
갑상샘		티록신	물질대사(세포 호흡) 촉진
		칼시토닌	혈장 내 Ca^{2+} 농도 감소
부갑상샘		파라토르몬	혈장 내 Ca^{2+} 농도 증가
이자	α세포	글루카곤	혈당량 증가
	β세포	인슐린	혈당량 감소
부신	겉질	당질 코르티코이드	혈당량 증가
	속질	에피네프린	혈당량 증가, 심장 박동 촉진
생식샘	난소	에스트로젠	여자의 2차 성징 발현
	정소	테스토스테론	남자의 2차 성징 발현

└ 이자는 호르몬을 분비하는 내분비샘이면서 소화액을 분비하는 외분비샘이기도 하다.

4 호르몬 분비 이상에 의한 질환

호르몬	과다/결핍	질환
생장 호르몬	과다	거인증, 말단 비대증
	결핍	소인증
티록신	과다	갑상샘 기능 항진증
	결핍	갑상샘 기능 저하증
인슐린	결핍	당뇨병 — 오줌에서 포도당이 검출됨.
항이뇨 호르몬	결핍	요붕증

오줌양 증가, 심한 갈증

2 | 항상성 조절

우리 몸이 환경 변화에 관계없이 체내 상태를 일정하게 유지하려는 성질

1 항상성 조절 방법

① **음성 피드백**: 어떤 과정을 통해 나타난 결과가 그 과정을 억제하여 일정하게 유지하는 작용이다.

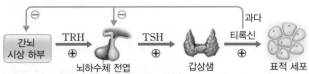

티록신의 농도가 일정 수준 이상으로 증가하면 티록신이 시상하부와 뇌하수체 전엽에 작용하여 TRH(갑상샘 자극 호르몬 방출 호르몬)와 TSH(갑상샘 자극 호르몬)의 분비를 억제한다. → 티록신의 분비가 억제되어 티록신의 농도가 감소한다. ▲ 음성 피드백에 의한 티록신의 분비 조절

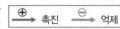
⊕ 촉진   ⊖ 억제

② **길항 작용**: 같은 기관에 대해 서로 반대로 작용하여 서로의 효과를 줄여 일정하게 유지하는 작용이다.
예 교감 신경과 부교감 신경, 인슐린과 글루카곤, 칼시토닌과 파라토르몬의 작용

2 혈당량 조절 혈당량은 주로 인슐린과 글루카곤의 길항 작용을 통해 일정하게 유지된다.

> **빈출 자료 ①** 혈당량 조절 과정
>
>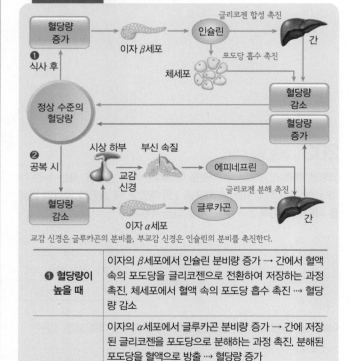
>
> 교감 신경은 글루카곤의 분비를, 부교감 신경은 인슐린의 분비를 촉진한다.
>
> | ❶ 혈당량이 높을 때 | 이자의 β세포에서 인슐린 분비량 증가 → 간에서 혈액 속의 포도당을 글리코젠으로 전환하여 저장하는 과정 촉진, 체세포에서 혈액 속의 포도당 흡수 촉진 ⋯➡ 혈당량 감소 |
> |---|---|
> | ❷ 혈당량이 낮을 때 | 이자의 α세포에서 글루카곤 분비량 증가 → 간에 저장된 글리코젠을 포도당으로 분해하는 과정 촉진, 분해된 포도당을 혈액으로 방출 ⋯➡ 혈당량 증가 |
> | | 간뇌의 시상 하부가 교감 신경을 자극 → 부신 속질에서 에피네프린 분비량 증가 → 간에 저장된 글리코젠을 포도당으로 분해하는 과정 촉진, 분해된 포도당을 혈액으로 방출 ⋯➡ 혈당량 증가 |

필수 유형 혈당량 변화에 따른 인슐린과 글루카곤의 작용이나 인슐린과 글루카곤의 작용을 자율 신경과 관련짓는 문제가 출제된다. ➡ 57쪽 231번

3 체온 조절 체온은 열 발생량과 열 발산량을 조절함으로써 일정하게 유지된다.

빈출 자료 ② 체온 조절 과정

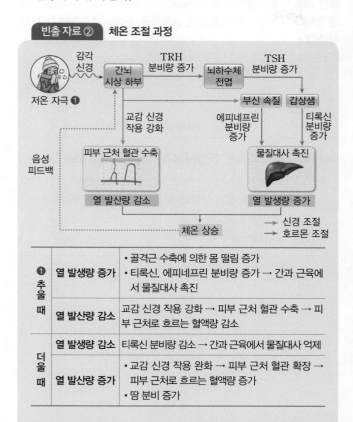

❶ **추울 때**	열 발생량 증가	· 골격근 수축에 의한 몸 떨림 증가 · 티록신, 에피네프린 분비량 증가 → 간과 근육에서 물질대사 촉진
	열 발산량 감소	교감 신경 작용 강화 → 피부 근처 혈관 수축 → 피부 근처로 흐르는 혈액량 감소
더울 때	열 발생량 감소	티록신 분비량 감소 → 간과 근육에서 물질대사 억제
	열 발산량 증가	· 교감 신경 작용 완화 → 피부 근처 혈관 확장 → 피부 근처로 흐르는 혈액량 증가 · 땀 분비 증가

필수 유형 추울 때나 더울 때 신경과 호르몬에 의해 일어나는 체온 조절 과정을 묻는 문제가 출제된다.
🖉 58쪽 234번

4 삼투압 조절 혈장 삼투압은 주로 항이뇨 호르몬의 분비량을 변화시켜 체내 수분량을 조절함으로써 일정하게 유지된다.

빈출 자료 ③ 삼투압 조절 과정

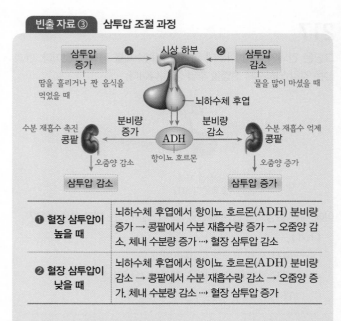

❶ 혈장 삼투압이 높을 때	뇌하수체 후엽에서 항이뇨 호르몬(ADH) 분비량 증가 → 콩팥에서 수분 재흡수량 증가 → 오줌양 감소, 체내 수분량 증가 ⋯→ 혈장 삼투압 감소
❷ 혈장 삼투압이 낮을 때	뇌하수체 후엽에서 항이뇨 호르몬(ADH) 분비량 감소 → 콩팥에서 수분 재흡수량 감소 → 오줌양 증가, 체내 수분량 감소 ⋯→ 혈장 삼투압 증가

필수 유형 삼투압 변화에 따른 항이뇨 호르몬의 농도 변화나 항이뇨 호르몬에 의한 삼투압 조절 과정을 묻는 문제가 출제된다.
🖉 59쪽 238번

개념 확인 문제
>> 바른답·알찬풀이 30쪽

206 표는 사람의 내분비샘에서 분비되는 호르몬과 기능을 나타낸 것이다. ( ) 안에 들어갈 알맞은 말을 쓰시오.

내분비샘	호르몬	기능
부신	에피네프린	심장 박동 (㉠)
이자	(㉡)	혈당량 감소
갑상샘	(㉢)	물질대사 촉진

207 항상성 조절 방법 중 어떤 과정을 통해 나타난 결과가 그 과정을 억제하여 일정하게 유지하는 작용을 무엇이라고 하는지 쓰시오.

[208~209] 그림은 티록신의 분비 조절 과정을 나타낸 것이다. ( ) 안에 들어갈 알맞은 말을 쓰거나 고르시오.

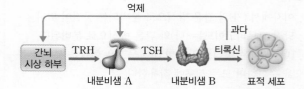

208 티록신 분비에 관여하는 내분비샘 A는 (㉠), B는 (㉡)이다.

209 티록신의 혈중 농도가 일정 수준 이상으로 (증가, 감소)하면 TRH와 TSH의 분비가 억제된다.

[210~213] 항상성 조절에 대한 설명으로 옳은 것은 ○표, 옳지 않은 것은 ×표 하시오.

210 혈당량은 주로 인슐린과 글루카곤의 길항 작용을 통해 일정하게 유지된다. ( )

211 혈당량이 낮을 때 글루카곤과 에피네프린의 분비량이 증가한다. ( )

212 체온이 정상보다 낮아지면 열 발생량이 감소하고, 열 발산량이 증가한다. ( )

213 항이뇨 호르몬(ADH)의 분비량이 증가하면 오줌양이 증가하고, 체내 수분량이 감소한다. ( )

기출 분석 문제

>> 바른답·알찬풀이 31쪽

1 | 내분비계와 호르몬

214

그림 (가)와 (나)는 내분비샘과 외분비샘에서 분비물을 분비하는 방식을 순서 없이 나타낸 것이다.

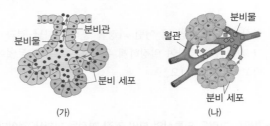

(가)   (나)

이에 대한 설명으로 옳은 것만을 [보기]에서 있는 대로 고른 것은?

[보기]

ㄱ. 이자에서 (가)와 같은 방식으로 분비되는 물질이 있다.

ㄴ. 당질 코르티코이드는 (나)와 같은 방식으로 분비된다.

ㄷ. (나)와 같은 방식으로 분비되는 물질은 혈관을 통해 온몸을 순환하며 모든 세포에 작용한다.

① ㄱ   ② ㄷ   ③ ㄱ, ㄴ   ④ ㄴ, ㄷ   ⑤ ㄱ, ㄴ, ㄷ

215

그림은 항상성 조절에 관여하는 (가)와 (나)의 신호 전달 방식을 나타낸 것이다. (가)와 (나)는 각각 신경과 호르몬 중 하나이다.

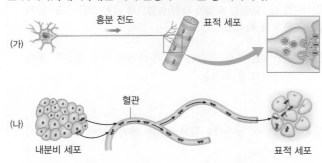

이에 대한 설명으로 옳은 것만을 [보기]에서 있는 대로 고른 것은?

[보기]

ㄱ. 작용 범위는 (나)가 (가)보다 넓다.

ㄴ. (가)는 (나)보다 신호 전달 속도가 빠르지만 효과는 오래 지속되지 못한다.

ㄷ. (나)는 혈액을 통해 멀리 떨어진 표적 세포에 신호를 보낼 수 있다.

① ㄱ   ② ㄷ   ③ ㄱ, ㄴ   ④ ㄴ, ㄷ   ⑤ ㄱ, ㄴ, ㄷ

216

표는 서로 다른 내분비샘에서 분비되는 호르몬 A~C의 기능을 나타낸 것이다. A~C는 각각 티록신, 글루카곤, 항이뇨 호르몬(ADH) 중 하나이다.

내분비샘	호르몬	기능
?	A	㉠
갑상샘	B	?
㉡	C	콩팥에서 수분 재흡수를 촉진한다.

이에 대한 설명으로 옳은 것만을 [보기]에서 있는 대로 고른 것은?

[보기]

ㄱ. '간에서 글리코젠의 분해를 촉진한다.'는 ㉠에 해당한다.

ㄴ. ㉡은 이자이다.

ㄷ. B는 물질대사를 촉진한다.

① ㄱ   ② ㄴ   ③ ㄷ
④ ㄱ, ㄷ   ⑤ ㄴ, ㄷ

217

그림은 간뇌의 시상 하부에 연결된 뇌하수체를 나타낸 것이다. ㉠과 ㉡은 각각 뇌하수체 전엽과 후엽 중 하나이다.

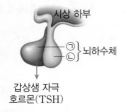

이에 대한 설명으로 옳은 것만을 [보기]에서 있는 대로 고른 것은?

[보기]

ㄱ. ㉠에서 생장 호르몬이 분비된다.

ㄴ. ㉡에서 항이뇨 호르몬(ADH)이 분비된다.

ㄷ. ㉠과 ㉡은 모두 내분비샘에 해당한다.

① ㄱ   ② ㄴ   ③ ㄱ, ㄷ
④ ㄴ, ㄷ   ⑤ ㄱ, ㄴ, ㄷ

218

표는 호르몬 A~C의 특징을 나타낸 것이다.

호르몬	특징
A	결핍 시 오줌을 자주 누고, 갈증을 심하게 느낀다.
B	난소에서 분비되며, 여자의 2차 성징을 발현시킨다.
C	부신 속질에서 분비되며, 심장 박동을 촉진한다.

A~C의 이름을 각각 쓰시오.

[219~220] 표 (가)는 우리 몸에서 분비되는 호르몬 A~C에서 특징 ㉠~㉢의 유무를, (나)는 ㉠~㉢을 순서 없이 나타낸 것이다. A~C는 각각 인슐린, 글루카곤, 에피네프린 중 하나이다. 물음에 답하시오.

구분	㉠	㉡	㉢
A	×	×	○
B	○	×	○
C	○	○	○

(○: 있음, ×: 없음.)

(가)

특징(㉠~㉢)

• 부신에서 분비된다.
• 혈당량을 증가시킨다.
• 순환계를 통해 표적 기관으로 운반된다.

(나)

219 수능기출 변형

이에 대한 설명으로 옳은 것만을 [보기]에서 있는 대로 고른 것은?

[보기]
ㄱ. ㉠은 '혈당량을 증가시킨다.'이다.
ㄴ. B는 이자에서 분비된다.
ㄷ. C는 에피네프린이다.

① ㄱ   ② ㄷ   ③ ㄱ, ㄴ
④ ㄴ, ㄷ   ⑤ ㄱ, ㄴ, ㄷ

220 ✏서술형

A의 이름을 쓰고, A의 기능과 A가 제대로 분비되지 않을 경우 나타나는 몸의 이상 질환을 각각 설명하시오.

2 | 항상성 조절

221

그림은 호르몬 C의 분비 조절 과정을 나타낸 것이다. A~C는 각각 티록신, 갑상샘 자극 호르몬 방출 호르몬(TRH), 갑상샘 자극 호르몬(TSH) 중 하나이다.

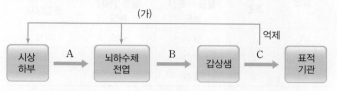

이에 대한 설명으로 옳은 것만을 [보기]에서 있는 대로 고른 것은?

[보기]
ㄱ. (가)는 음성 피드백 조절 과정이다.
ㄴ. 시상 하부에서 A가 분비되면 C의 분비량이 증가한다.
ㄷ. C의 혈중 농도가 일정 수준 이상으로 증가하면 B의 분비량이 감소한다.

① ㄴ   ② ㄷ   ③ ㄱ, ㄴ
④ ㄱ, ㄷ   ⑤ ㄱ, ㄴ, ㄷ

222

그림은 호르몬의 분비가 조절되는 과정을 나타낸 것이다.

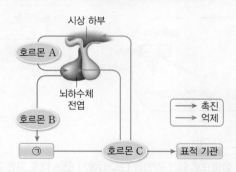

이에 대한 설명으로 옳은 것만을 [보기]에서 있는 대로 고른 것은?

[보기]
ㄱ. ㉠은 호르몬 B의 표적 기관인 내분비샘이다.
ㄴ. 티록신은 호르몬 C의 예에 해당한다.
ㄷ. 호르몬 C가 과다 분비되면 호르몬 A의 분비가 촉진된다.

① ㄱ   ② ㄴ   ③ ㄷ
④ ㄱ, ㄴ   ⑤ ㄴ, ㄷ

223

표는 같은 종의 쥐 집단 A~C를 대상으로 서로 다른 실험 조건 Ⅰ~Ⅲ에서 실험한 결과를 나타낸 것이다. Ⅰ~Ⅲ은 각각 갑상샘 제거, 뇌하수체 제거, 티록신 주사 중 하나이다.

집단	실험 조건	실험 결과		
		혈중 티록신 농도	혈중 TSH 농도	물질대사
A	Ⅰ	감소	감소	억제
B	Ⅱ	감소	증가	억제
C	Ⅲ	증가	감소	㉠

이에 대한 설명으로 옳은 것만을 [보기]에서 있는 대로 고른 것은?

[보기]
ㄱ. ㉠은 '촉진'이다.
ㄴ. Ⅰ은 '뇌하수체 제거'이다.
ㄷ. 갑상샘을 제거하면 B와 같은 실험 결과가 나타난다.

① ㄴ   ② ㄷ   ③ ㄱ, ㄴ
④ ㄱ, ㄷ   ⑤ ㄱ, ㄴ, ㄷ

224 ⭐신유형

그림 (가)는 수조에 저장되는 물의 양을 일정하게 조절하는 장치를, (나)는 체내에서 티록신의 분비 조절 과정을 나타낸 것이다. (가)는 (나)의 조절 과정을 비유한 것이며, TSH는 갑상샘 자극 호르몬이다.

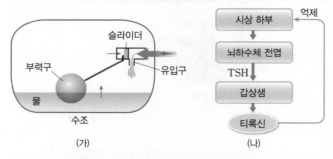

(가)   (나)

이에 대한 설명으로 옳은 것만을 [보기]에서 있는 대로 고른 것은?

[보기]
ㄱ. 수조 속의 물은 티록신에 해당한다.
ㄴ. 부력구는 티록신의 분비 조절 중추인 갑상샘에 해당한다.
ㄷ. 부력구가 상승하여 유입구가 막히는 것은 TSH의 분비가 촉진되는 과정에 해당한다.

① ㄱ   ② ㄴ   ③ ㄷ
④ ㄱ, ㄴ   ⑤ ㄴ, ㄷ

225

그림 (가)와 (나)는 각각 호르몬 ㉠과 ㉡이 분비되는 과정을 나타낸 것이다. ㉠과 ㉡은 각각 티록신과 에피네프린 중 하나이다.

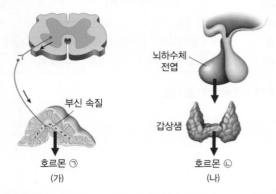

(가)   (나)

이에 대한 설명으로 옳은 것만을 [보기]에서 있는 대로 고른 것은?

[보기]
ㄱ. ㉠은 에피네프린, ㉡은 티록신이다.
ㄴ. ㉠의 분비 과정에는 신경이 관여한다.
ㄷ. ㉠과 ㉡은 체온 조절을 위해 간에서 길항 작용을 한다.

① ㄴ   ② ㄷ   ③ ㄱ, ㄴ
④ ㄱ, ㄷ   ⑤ ㄱ, ㄴ, ㄷ

226

그림은 시상 하부의 기능을 나타낸 것이다. TSH와 ACTH는 모두 호르몬이다.

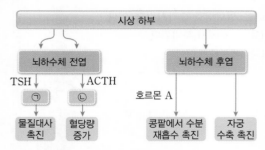

이에 대한 설명으로 옳은 것만을 [보기]에서 있는 대로 고른 것은?

[보기]
ㄱ. 체온이 정상보다 낮아지면 ㉠에서 호르몬의 분비량이 증가하여 열 발생량을 증가시킨다.
ㄴ. ㉡에서 호르몬이 과다 분비되면 ACTH의 분비가 촉진된다.
ㄷ. 물을 많이 마시면 호르몬 A의 분비가 촉진된다.

① ㄱ   ② ㄴ   ③ ㄱ, ㄷ
④ ㄴ, ㄷ   ⑤ ㄱ, ㄴ, ㄷ

227

그림 (가)는 자율 신경에 의해, (나)는 호르몬에 의해 체내 환경이 조절되는 과정을 나타낸 것이다. A와 B는 각각 부교감 신경과 교감 신경 중 하나이고, ㉠과 ㉡은 모두 이자에서 분비되는 호르몬이다.

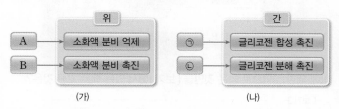

(가) (나)

이에 대한 설명으로 옳은 것만을 [보기]에서 있는 대로 고른 것은?

[보기]
ㄱ. A는 교감 신경이다.
ㄴ. 이자에 연결된 B가 흥분하면 ㉡의 분비량이 증가한다.
ㄷ. (가)와 (나)는 모두 길항 작용의 예에 해당한다.

① ㄱ   ② ㄴ   ③ ㄱ, ㄷ
④ ㄴ, ㄷ   ⑤ ㄱ, ㄴ, ㄷ

[228~229] 그림은 혈당량 조절에 관여하는 중추 X에 의한 호르몬의 분비 경로를 나타낸 것이다. 물음에 답하시오.

228

이에 대한 설명으로 옳은 것만을 [보기]에서 있는 대로 고른 것은?

[보기]
ㄱ. X는 뇌하수체 전엽이다.
ㄴ. 혈당량이 높아지면 ㉠의 분비량이 증가한다.
ㄷ. 식사 후 ㉡의 분비가 촉진된다.

① ㄴ   ② ㄷ   ③ ㄱ, ㄴ
④ ㄱ, ㄷ   ⑤ ㄴ, ㄷ

229 ✏서술형

호르몬 ㉠과 ㉡ 중 에피네프린과 길항 작용을 하는 호르몬의 기호와 이름을 각각 쓰고, 이 호르몬과 에피네프린이 간에서 수행하는 길항 작용을 설명하시오.

230

그림 (가)는 혈당량 조절에 관여하는 호르몬 X의 분비 과정을, (나)는 식사 후 혈당량과 호르몬 X의 혈중 농도 변화를 나타낸 것이다.

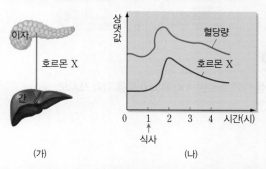

(가) (나)

호르몬 X에 대한 설명으로 옳은 것만을 [보기]에서 있는 대로 고른 것은?

[보기]
ㄱ. 간에서 글리코젠의 합성을 촉진한다.
ㄴ. 이자의 분비관을 통해 혈관으로 분비된다.
ㄷ. 충분히 분비되지 않으면 당뇨병에 걸릴 수 있다.

① ㄱ   ② ㄴ   ③ ㄱ, ㄷ
④ ㄴ, ㄷ   ⑤ ㄱ, ㄴ, ㄷ

231 수능모의평가기출 변형   필수 유형 ➔ 52쪽 빈출 자료 ①

그림은 정상인의 혈중 포도당 농도에 따른 호르몬 ㉠과 ㉡의 농도를 나타낸 것이다. ㉠과 ㉡은 각각 인슐린과 글루카곤 중 하나이다.

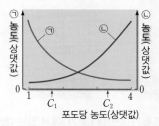

이에 대한 설명으로 옳은 것만을 [보기]에서 있는 대로 고른 것은?

[보기]
ㄱ. ㉠은 이자의 α세포에서 분비된다.
ㄴ. ㉡의 분비를 조절하는 중추는 연수이다.
ㄷ. 혈중 인슐린 농도는 C_2일 때가 C_1일 때보다 높다.

① ㄱ   ② ㄴ   ③ ㄱ, ㄷ
④ ㄴ, ㄷ   ⑤ ㄱ, ㄴ, ㄷ

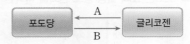

[232~233] 그림은 간에서 호르몬 A와 B에 의해 일어나는 포도당과 글리코젠 사이의 전환을 나타낸 것이다. A와 B는 모두 내분비샘 ㉠에서 분비된다. 물음에 답하시오.

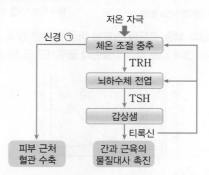

232

내분비샘 ㉠과 호르몬 A와 B의 이름을 각각 쓰시오.

233 🖋서술형

식사 후 호르몬 A와 B의 분비량 변화와 혈당량 조절 과정을 설명하시오.

234

필수 유형 📎 53쪽 빈출 자료 ②

그림은 저온 자극이 주어졌을 때 신경과 호르몬에 의해 일어나는 체온 조절 과정을 나타낸 것이다.

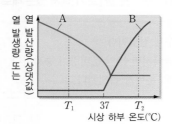

이에 대한 설명으로 옳은 것만을 [보기]에서 있는 대로 고른 것은?

[보기]
ㄱ. 체온 조절 중추는 간뇌의 시상 하부이다.
ㄴ. ㉠의 작용이 완화되어 피부 근처 혈관이 수축해 열 발산량이 증가한다.
ㄷ. 혈중 티록신의 농도는 음성 피드백에 의해 조절된다.

① ㄱ ② ㄴ ③ ㄱ, ㄷ
④ ㄴ, ㄷ ⑤ ㄱ, ㄴ, ㄷ

235

그림은 저온 자극 시 우리 몸에서 일어나는 체온 조절 과정의 일부를 나타낸 것이다.

이에 대한 설명으로 옳은 것만을 [보기]에서 있는 대로 고른 것은?

[보기]
ㄱ. A는 원심성 신경이다.
ㄴ. B는 부교감 신경이다.
ㄷ. 과정 ㉠을 통해 열 발산량이 증가한다.

① ㄱ ② ㄴ ③ ㄱ, ㄷ
④ ㄴ, ㄷ ⑤ ㄱ, ㄴ, ㄷ

236

그림은 시상 하부의 온도에 따른 근육에서의 열 발생량과 피부에서의 열 발산량을 나타낸 것이다.

이에 대한 설명으로 옳은 것만을 [보기]에서 있는 대로 고른 것은?

[보기]
ㄱ. A는 근육에서의 열 발생량, B는 피부에서의 열 발산량이다.
ㄴ. 교감 신경의 흥분 발생 빈도는 $T_1 > T_2$이다.
ㄷ. 피부 근처로 흐르는 단위 시간당 혈액량은 $T_1 > T_2$이다.

① ㄱ ② ㄴ ③ ㄷ
④ ㄱ, ㄴ ⑤ ㄴ, ㄷ

[237~238] 그림 (가)는 호르몬 A의 분비와 작용을, (나)는 정상인의 혈장 삼투압에 따른 혈중 호르몬 A의 농도 변화를 나타낸 것이다. 물음에 답하시오.

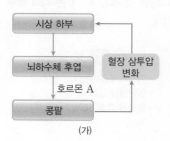 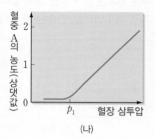

(가)   (나)

237

호르몬 A의 이름을 쓰시오.

238

필수 유형   53쪽 빈출 자료 ③

이에 대한 설명으로 옳은 것만을 [보기]에서 있는 대로 고른 것은?

[보기]
ㄱ. A는 콩팥에서 수분 재흡수를 촉진한다.
ㄴ. 체내 수분량이 증가하면 A의 분비량이 증가한다.
ㄷ. 혈장 삼투압이 p_1보다 높아지면 오줌 생성량이 감소한다.

① ㄱ   ② ㄴ   ③ ㄱ, ㄷ
④ ㄴ, ㄷ   ⑤ ㄱ, ㄴ, ㄷ

239

표의 (가)와 (나)는 어떤 정상인이 서로 다른 양의 소금을 섭취했을 때 항이뇨 호르몬(ADH)의 혈중 농도를 나타낸 것이다.

구분	(가)	(나)
항이뇨 호르몬(ADH)의 혈중 농도(상댓값)	1.5	1.0

이에 대한 설명으로 옳은 것만을 [보기]에서 있는 대로 고른 것은?

[보기]
ㄱ. 항이뇨 호르몬(ADH)은 뇌하수체 전엽에서 분비된다.
ㄴ. 섭취한 소금의 양은 (가)일 때가 (나)일 때보다 많다.
ㄷ. 단위 시간당 오줌 생성량은 (가)일 때가 (나)일 때보다 많다.

① ㄴ   ② ㄷ   ③ ㄱ, ㄴ
④ ㄱ, ㄷ   ⑤ ㄱ, ㄴ, ㄷ

240

그림 (가)는 뇌하수체에서 분비되는 호르몬 A와 B를, (나)는 혈장 삼투압, 혈액량, 혈압의 변화에 따른 호르몬 A의 혈중 농도를 나타낸 것이다. 호르몬 A와 B는 각각 갑상샘 자극 호르몬(TSH)과 항이뇨 호르몬(ADH) 중 하나이고, ㉠과 ㉡은 각각 혈압과 혈장 삼투압 중 하나이다.

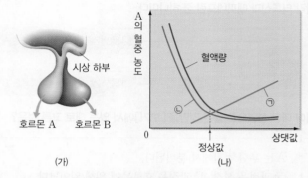

(가)   (나)

이에 대한 설명으로 옳은 것만을 [보기]에서 있는 대로 고른 것은?

[보기]
ㄱ. A의 표적 기관은 콩팥, B의 표적 기관은 갑상샘이다.
ㄴ. ㉠은 혈압, ㉡은 혈장 삼투압이다.
ㄷ. ㉡이 정상값보다 낮아지면 오줌 생성량이 감소한다.

① ㄱ   ② ㄴ   ③ ㄱ, ㄷ
④ ㄴ, ㄷ   ⑤ ㄱ, ㄴ, ㄷ

241

그림은 건강한 사람이 물 1 L를 섭취한 후 ㉠과 ㉡의 변화를 나타낸 것이다. ㉠과 ㉡은 각각 혈장 삼투압과 단위 시간당 오줌 생성량 중 하나이다.

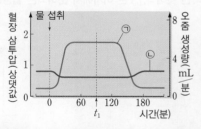

이에 대한 설명으로 옳은 것만을 [보기]에서 있는 대로 고른 것은? (단, 제시된 자료에서 오줌 생성량 외에 체내 수분량에 영향을 미치는 요인은 없다.)

[보기]
ㄱ. ㉠은 혈장 삼투압이다.
ㄴ. 오줌의 삼투압은 물 섭취 시점보다 t_1일 때가 낮다.
ㄷ. 콩팥에서 단위 시간당 수분 재흡수량은 물 섭취 시점보다 t_1일 때가 많다.

① ㄱ   ② ㄴ   ③ ㄷ
④ ㄱ, ㄴ   ⑤ ㄴ, ㄷ

1등급 완성 문제

» 바른답·알찬풀이 35쪽

242 정답률 40%

그림은 호르몬 A와 B가 분비되는 과정을 나타낸 것이다. A와 B는 각각 티록신과 에피네프린 중 하나이다.

이에 대한 설명으로 옳은 것만을 [보기]에서 있는 대로 고른 것은?

【보기】
ㄱ. A는 부신 겉질에서 분비된다.
ㄴ. ㉠ 과정은 신경, ㉡ 과정은 호르몬에 의해 일어난다.
ㄷ. B가 과다 분비되면 ㉢ 과정이 촉진된다.

① ㄴ　　　　② ㄷ　　　　③ ㄱ, ㄴ
④ ㄱ, ㄷ　　　⑤ ㄴ, ㄷ

243 정답률 25%

그림 (가)는 정상인에게 공복 시 포도당을 투여한 후 시간에 따른 호르몬 X의 혈중 농도를, (나)는 간에서 일어나는 포도당과 글리코젠 사이의 전환을 나타낸 것이다. X는 이자에서 분비되는 혈당량 조절 호르몬이다.

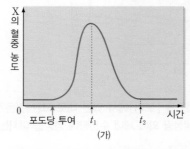

이에 대한 설명으로 옳은 것만을 [보기]에서 있는 대로 고른 것은?

【보기】
ㄱ. X는 간에서 ㉠ 과정을 촉진한다.
ㄴ. 혈당량은 t_1일 때가 t_2일 때보다 높다.
ㄷ. 글루카곤의 혈중 농도는 t_1일 때가 t_2일 때보다 낮다.

① ㄱ　　　　② ㄷ　　　　③ ㄱ, ㄴ
④ ㄴ, ㄷ　　　⑤ ㄱ, ㄴ, ㄷ

244 정답률 35% 수능기출 변형

표 (가)는 우리 몸에서 분비되는 호르몬 A~C에서 특징 ㉠~㉢의 유무를, (나)는 ㉠~㉢을 순서 없이 나타낸 것이다. A~C는 각각 글루카곤, 에피네프린, 인슐린 중 하나이다.

구분	㉠	㉡	㉢
A	○	?	○
B	○	?	×
C	×	○	?

(○: 있음, ×: 없음.)

(가)

특징(㉠~㉢)
• 이자에서 분비된다.
• 혈당량을 감소시킨다.
• 혈액을 통해 표적 기관으로 운반된다.

(나)

이에 대한 설명으로 옳은 것만을 [보기]에서 있는 대로 고른 것은?

【보기】
ㄱ. A는 간에서 글리코젠 합성을 촉진한다.
ㄴ. C는 부신 속질에서 분비된다.
ㄷ. ㉢은 '혈당량을 감소시킨다.'이다.

① ㄱ　　　　② ㄷ　　　　③ ㄱ, ㄴ
④ ㄴ, ㄷ　　　⑤ ㄱ, ㄴ, ㄷ

245 정답률 25% 수능모의평가기출 변형

그림 (가)는 사람에서 시상 하부 온도에 따른 ㉠을, (나)는 저온 자극을 받았을 때 시상 하부로부터 신경 A를 통해 피부 근처 혈관의 수축이 일어나는 과정을 나타낸 것이다. ㉠은 근육에서의 열 발생량과 피부에서의 열 발산량 중 하나이다.

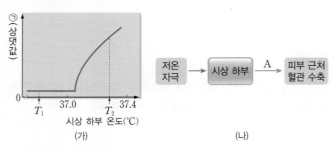

이에 대한 설명으로 옳은 것만을 [보기]에서 있는 대로 고른 것은?

【보기】
ㄱ. ㉠은 피부에서의 열 발산량이다.
ㄴ. A의 신경절 이후 뉴런의 말단에서 분비되는 신경 전달 물질은 아세틸콜린이다.
ㄷ. 피부 근처로 흐르는 단위 시간당 혈액량은 T_1일 때가 T_2일 때보다 적다.

① ㄱ　　　　② ㄴ　　　　③ ㄷ
④ ㄱ, ㄴ　　　⑤ ㄱ, ㄷ

246 정답률 25% 수능모의평가기출 변형

그림 (가)는 정상인의 혈장 삼투압에 따른 혈중 항이뇨 호르몬(ADH) 농도를, (나)는 이 사람이 1 L의 물을 섭취한 후 단위 시간당 오줌 생성량을 시간에 따라 나타낸 것이다.

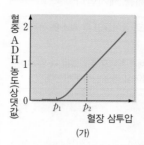
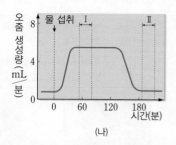

(가)   (나)

이에 대한 설명으로 옳은 것만을 [보기]에서 있는 대로 고른 것은? (단, (나)에서 오줌 생성량 외에 체내 수분량에 영향을 미치는 요인은 없다.)

[보기]
ㄱ. 항이뇨 호르몬(ADH)은 뇌하수체 후엽에서 분비된다.
ㄴ. (가)에서 오줌의 삼투압은 p_1일 때가 p_2일 때보다 높다.
ㄷ. (나)에서 혈장 삼투압은 구간 Ⅰ에서가 구간 Ⅱ에서보다 높다.

① ㄱ   ② ㄴ   ③ ㄱ, ㄴ
④ ㄱ, ㄷ   ⑤ ㄴ, ㄷ

247 정답률 30%

그림은 어떤 정상인이 ㉠과 ㉡을 섭취한 후 단위 시간당 오줌 생성량을 시간에 따라 나타낸 것이다. ㉠과 ㉡은 물과 소금물을 순서 없이 나타낸 것이다.

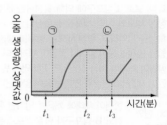

이에 대한 설명으로 옳은 것만을 [보기]에서 있는 대로 고른 것은? (단, 제시된 조건 이외에 체내 수분량에 영향을 미치는 요인은 없다.)

[보기]
ㄱ. ㉠은 소금물이다.
ㄴ. 혈중 항이뇨 호르몬(ADH)의 농도는 t_1에서가 t_2에서보다 높다.
ㄷ. 단위 시간당 생성되는 오줌의 삼투압은 t_2에서가 t_3에서보다 높다.

① ㄱ   ② ㄴ   ③ ㄷ
④ ㄱ, ㄴ   ⑤ ㄴ, ㄷ

서술형 문제

248 정답률 35%

그림 (가)는 체온 조절 과정의 일부를, (나)는 어떤 사람의 시상 하부에 설정된 온도 변화에 따른 체온 변화를 나타낸 것이다.

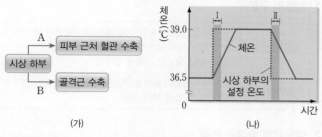

(가)   (나)

(1) (가)에서 과정 A와 B에 관여하는 원심성 신경의 이름을 각각 쓰시오.

(2) (나)의 구간 Ⅰ과 Ⅱ 중 과정 A가 보다 활발히 일어나는 구간을 쓰고, 그렇게 판단한 까닭을 설명하시오.

249 정답률 25%

그림은 건강한 사람의 혈액량이 평상시일 때와 ㉠일 때, 혈장 삼투압에 따른 혈중 호르몬 X의 농도를 나타낸 것이다. X는 뇌하수체 후엽에서 분비되며, ㉠은 평상시에 비해 혈액량이 증가했을 때와 혈액량이 감소했을 때 중 하나이다.

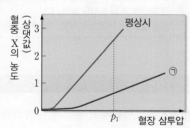

(1) 다음은 ㉠일 때에 대한 설명이다. (   ) 안에 들어갈 알맞은 말을 쓰시오.

㉠은 평상시에 비해 혈액량이 (   )했을 때이므로 같은 혈장 삼투압에서 혈중 X의 농도가 평상시보다 낮다.

(2) p_1에서 평상시와 ㉠일 때의 수분 재흡수량은 어떤 차이가 있는지 호르몬 X의 기능과 관련지어 설명하시오.

08 우리 몸의 방어 작용

1 질병과 병원체

1 질병의 구분

비감염성 질병	병원체 없이 유전, 환경, 생활 방식 등이 원인이 되어 발생하는 질병 다른 사람에게 전염되지 않는다. 예 고혈압, 당뇨병, 뇌졸중, 혈우병
감염성 질병	병원체가 원인이 되어 발생하는 질병 다른 사람에게 전염될 수 있다. 예 콜레라, 결핵, 독감, 무좀

2 병원체의 종류와 특징

종류	특징
세균 세균은 세포 구조이고, 바이러스는 비세포 구조이다.	• 단세포 원핵생물이다. 핵막이 없어 DNA가 세포질에 퍼져 있다. • 효소를 가지고 있어 스스로 물질대사를 할 수 있다. • 체내에서 빠르게 증식하거나 독소를 생산하여 세포나 조직을 손상시킨다. • 발생 질병: 세균성 식중독, 세균성 폐렴, 결핵, 위궤양, 파상풍 …➡ 항생제를 사용하여 질병을 치료한다.
바이러스	• 유전 물질인 핵산과 단백질 껍질로 이루어져 있다. • 스스로 물질대사를 하지 못한다. • 살아 있는 숙주 세포 안에서만 증식하며, 증식한 후 숙주세포를 파괴하고 나와 더 많은 세포를 감염시킨다. • 발생 질병: 감기, 독감, 대상 포진, 후천성 면역 결핍증, 홍역 …➡ 항바이러스제를 사용하여 질병을 치료한다.
원생생물	• 대부분 단세포 진핵생물이다. • 음식물 또는 매개 생물(모기, 쥐 등)에 의해 감염된다. • 체내에서 독소를 분비하거나 세포를 파괴한다. • 발생 질병: 아메바성 이질, 말라리아, 수면병
곰팡이	• 균계에 속하는 진핵생물로, 습한 환경에서 포자로 번식한다. • 포자가 체내로 들어와 질병을 일으키거나 각질층이 파괴된 피부를 통해 감염된다. • 발생 질병: 무좀, 만성 폐 질환, 식중독, 알레르기, 칸디다증
변형 프라이온	• 단백질성 감염 인자로, 중추 신경계에 축적되어 신경 조직을 파괴하고 뇌 손상을 일으킨다. • 발생 질병: 스크래피, 광우병, 크로이츠펠트 · 야코프병

2 우리 몸의 방어 작용

1 비특이적 방어 작용
병원체의 종류를 구별하지 않고 병원체에 감염된 즉시 일어난다.

① 외부 방어벽: 물리적·화학적 장벽으로 작용하여 병원체의 침입을 막는다.

피부	병원체가 체내로 침입하는 것을 막고, 피지샘에서 산성 물질을 분비하여 병원체의 생장을 억제한다.
점막	피부로 덮여 있지 않은 부위를 덮고 있으며, 점액을 분비해 세균의 침입을 차단하고 상피 세포의 손상을 막는다.
분비액	눈물, 콧물, 침, 땀 등에는 라이소자임이 포함되어 있어 세균의 세포벽을 분해해 증식을 억제한다.

② 내부 방어: 체내로 침입한 병원체를 제거한다.

식세포 작용	식균 작용이라고도 한다. 백혈구가 병원체를 세포 안으로 끌어들인 후 효소를 이용하여 분해한다.
염증	피부나 점막이 손상되어 병원체가 체내로 침입했을 때 일어나는 방어 작용으로, 열, 부어오름, 붉어짐, 통증 등을 동반한다.

상처 부위의 비만세포가 히스타민을 분비한다.

모세 혈관이 확장되고, 백혈구가 상처 부위로 모인다.

백혈구의 식세포 작용으로 병원체가 제거된다.

▲ 염증이 일어나는 과정

2 특이적 방어 작용
병원체의 종류를 구별하여 일어난다.

① 항원 항체 반응: 항체가 항원과 결합하여 항원의 기능을 무력화시키는 반응이다. 한 종류의 항체는 항원 결합 부위에 맞는 특정 항원만을 인식하여 결합하는 특이성이 있다.

항원	체내로 침입하여 면역 반응을 일으키는 이물질 예 병원체, 꽃가루
항체	항원에 대항하여 체내에서 만들어지는 물질

② 림프구: 백혈구의 일종으로 골수에서 생성되며, B 림프구와 T 림프구가 있다. B 림프구는 골수에서, T 림프구는 가슴샘에서 성숙한다.

③ 특이적 방어 작용의 구분

세포성 면역	보조 T림프구에 의해 활성화된 세포독성 T림프구가 항원에 감염된 세포나 암세포를 직접 공격하여 파괴하는 면역 반응이다.	
체액성 면역	• B 림프구로부터 분화한 형질 세포에서 생성·분비된 항체가 항원과 결합하여 항원을 제거하는 면역 반응이다. • 과정: 보조 T림프구에 의해 활성화된 B 림프구가 증식하여 형질 세포와 기억 세포로 분화한다. …➡ 기억 세포는 항원의 특성을 기억하고, 형질 세포는 항체를 생성하여 분비한다. …➡ 항원 항체 반응이 일어나 항원이 제거된다. • 항원이 체내에 처음 침입하면 1차 면역 반응이, 이후 같은 항원이 재침입하면 2차 면역 반응이 일어난다.	
	1차 면역 반응	항원이 체내에 처음 침입하면 항원의 종류를 인식하고 B 림프구가 형질 세포로 분화하는 과정을 거쳐 형질 세포가 항체를 생성한다. 항체를 생성하기까지 시간이 오래 걸린다.
	2차 면역 반응	같은 항원이 재침입하면 1차 면역 반응 시 생성되었던 기억 세포가 빠르게 증식하고 형질 세포로 분화하여 항체를 생성한다. 다량의 항체가 빠르게 생성된다.

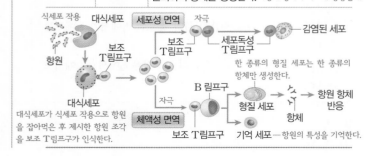

대식세포가 식세포 작용으로 항원을 잡아먹은 후 제시한 항원 조각을 보조 T림프구가 인식한다.

한 종류의 형질 세포는 한 종류의 항체만 생성한다.

기억 세포 — 항원의 특성을 기억한다.

» 바른답·알찬풀이 36쪽

빈출 자료 ① 1차 면역 반응과 2차 면역 반응

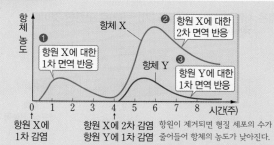

❶ 항원 X에 1차 감염된 후 항체를 생성하기까지 시간이 걸리므로 잠복기가 있으며, 소량의 항체 X가 생성된다. ⋯➔ 1차 면역 반응

❷ 항원 X에 2차 감염된 후 잠복기가 없고, 1차 감염 시 생성되었던 기억 세포가 빠르게 증식하고 형질 세포로 분화하여 다량의 항체 X가 생성된다. ⋯➔ 2차 면역 반응
┌항체 X는 항원 X에 대해서만 반응하기 때문이다.

❸ 항원 Y에 1차 감염 시 항원 X에 대한 면역 반응과 상관없이 항원 Y에 대한 1차 면역 반응이 일어나 잠복기 이후 소량의 항체 Y가 생성된다.

필수 유형 체액성 면역인 1차 면역 반응과 2차 면역 반응의 특성을 묻는 문제가 자주 출제된다.
🔗 67쪽 275번

❸ 혈액의 응집 반응과 혈액형 판정

1 혈액의 응집 반응 적혈구 세포막에 있는 응집원과 혈장에 있는 응집소 사이에 일어나는 항원 항체 반응이다.
(항원으로 작용 / 항체로 작용)

2 혈액형의 종류와 혈액형 판정

혈액형	ABO식 혈액형				Rh식 혈액형	
	A형	B형	AB형	O형	Rh⁺형	Rh⁻형
응집원	A	B	A, B	없음.	Rh 응집원	없음.
응집소	β	α	없음.	α, β	없음.	생길 수 있음.
항A 혈청 (응집소 α)	응집함.	응집 안 함.	응집함.	응집 안 함.		
항B 혈청 (응집소 β)	응집 안 함.	응집함.	응집함.	응집 안 함.		
항Rh 혈청 (Rh 응집소)					응집함.	응집 안 함.

(혈액형의 판정)

빈출 자료 ② 혈액형의 판정

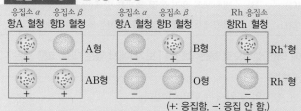

응집원 A와 응집소 α, 응집원 B와 응집소 β, Rh 응집원과 Rh 응집소가 만나면 각각 응집 반응이 일어난다.

필수 유형 혈액의 응집 반응과 혈액형 판정 실험 결과를 분석하여 혈액형을 알아보는 문제가 자주 출제된다.
🔗 69쪽 282번

[250~252] 질병과 병원체에 대한 설명으로 옳은 것은 ○표, 옳지 않은 것은 ×표 하시오.

250 감염성 질병은 병원체가 원인이 되어 발생한다. ( )

251 바이러스에 의한 질병은 항생제를 사용하여 치료한다.
( )

252 결핵, 독감, 당뇨병은 비감염성 질병이다. ( )

253 비특이적 방어 작용에 해당하는 것을 있는 대로 고르시오.

(가) 염증	(나) 식세포 작용
(다) 피부와 점막	(라) 항원 항체 반응

[254~255] 특이적 방어 작용에 대한 설명이다. ( ) 안에 들어갈 알맞은 말을 쓰시오.

254 세포성 면역은 ( )이/가 항원에 감염된 세포를 직접 공격하여 파괴하는 면역 반응이다.

255 체액성 면역은 ( )에서 생성·분비된 항체가 항원과 결합하여 항원을 제거하는 면역 반응이다.

256 그림은 어떤 사람이 항원 X와 Y에 감염되었을 때의 혈중 항체 농도 변화를 나타낸 것이다.

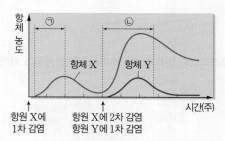

구간 ㉠과 ㉡ 중 항원 X에 대한 1차 면역 반응 시기를 쓰시오.

257 표는 ABO식 혈액형의 종류를 나타낸 것이다.

혈액형	(가)	(나)	(다)	(라)
응집원	A	?	A, B	없음.
응집소	?	α	없음.	?

(가)~(라)의 혈액형을 각각 쓰시오.

기출 분석 문제

>> 바른답·알찬풀이 37쪽

[258~259] 표는 질병 A~C의 특징을 나타낸 것이다. A~C는 결핵, 독감, 낫 모양 적혈구 빈혈증을 순서 없이 나타낸 것이다. 물음에 답하시오.

질병	특징
A	병원체가 없다.
B	병원체는 세포 구조가 아니다.
C	병원체는 스스로 물질대사를 한다.

258

질병 A~C의 이름을 각각 쓰시오.

259

이에 대한 설명으로 옳은 것만을 [보기]에서 있는 대로 고른 것은?

[보기]
ㄱ. A는 유전병이다.
ㄴ. B의 병원체는 바이러스이다.
ㄷ. C는 항생제를 사용하여 치료한다.

① ㄱ   ② ㄴ   ③ ㄱ, ㄷ
④ ㄴ, ㄷ   ⑤ ㄱ, ㄴ, ㄷ

260

그림은 콜레라균과 인플루엔자 바이러스의 공통점과 차이점을 나타낸 것이다.

이에 대한 설명으로 옳은 것만을 [보기]에서 있는 대로 고른 것은?

[보기]
ㄱ. '핵을 가지고 있다.'는 ㉠에 해당한다.
ㄴ. '유전 물질을 가지고 있다.'는 ㉡에 해당한다.
ㄷ. '세포 구조를 갖추고 있다.'는 ㉢에 해당한다.

① ㄱ   ② ㄴ   ③ ㄷ
④ ㄱ, ㄴ   ⑤ ㄴ, ㄷ

261
수능모의평가기출 변형

그림은 사람의 6가지 질병을 (가)~(다)로 구분한 것이다.

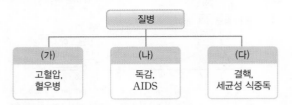

이에 대한 설명으로 옳은 것만을 [보기]에서 있는 대로 고른 것은?

[보기]
ㄱ. (가)는 다른 사람에게 전염되지 않는다.
ㄴ. (나)는 항생제를 사용하여 치료한다.
ㄷ. (다)의 병원체는 핵을 갖는 세포 구조로 되어 있다.

① ㄱ   ② ㄴ   ③ ㄱ, ㄴ
④ ㄴ, ㄷ   ⑤ ㄱ, ㄴ, ㄷ

262

표는 질병 (가)~(다)의 치료에 이용되는 물질 A~C의 기능을 나타낸 것이다. (가)~(다)는 독감, 결핵, 당뇨병을 순서 없이 나타낸 것이다.

질병	물질	기능
(가)	A	병원체의 세포벽 형성을 억제한다.
(나)	B	병원체의 유전 물질 복제를 방해한다.
(다)	C	혈액에서 간세포로 포도당 이동을 촉진한다.

이에 대한 설명으로 옳은 것만을 [보기]에서 있는 대로 고른 것은?

[보기]
ㄱ. (가)의 병원체는 핵막이 있다.
ㄴ. (가)와 (나)의 병원체는 모두 단백질을 갖는다.
ㄷ. (다)는 비감염성 질병이다.

① ㄱ   ② ㄷ   ③ ㄱ, ㄴ
④ ㄴ, ㄷ   ⑤ ㄱ, ㄴ, ㄷ

2 | 우리 몸의 방어 작용

263

그림은 가시에 찔렸을 때 일어나는 방어 작용을 나타낸 것이다.

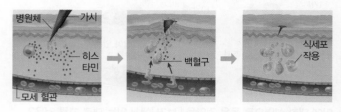

이에 대한 설명으로 옳은 것만을 [보기]에서 있는 대로 고른 것은?

[보기]
ㄱ. 염증이 일어나는 과정이다.
ㄴ. 백혈구의 식세포 작용으로 병원체가 제거된다.
ㄷ. 병원체에서 분비된 화학 물질에 의해 모세 혈관이 확장된다.

① ㄴ   ② ㄷ   ③ ㄱ, ㄴ
④ ㄱ, ㄷ   ⑤ ㄱ, ㄴ, ㄷ

[264~265] 그림은 어떤 질병을 일으키는 병원체 X가 체내에 처음 침입했을 때 일어나는 방어 작용의 일부를 나타낸 것이다. 물음에 답하시오.

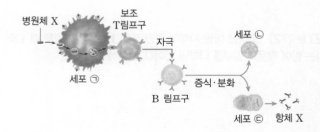

264

이에 대한 설명으로 옳은 것만을 [보기]에서 있는 대로 고른 것은?

[보기]
ㄱ. 이 질병은 비감염성 질병이다.
ㄴ. 형질 세포는 ㉢이다.
ㄷ. 이 방어 작용에서 체액성 면역이 일어난다.

① ㄱ   ② ㄴ   ③ ㄱ, ㄷ
④ ㄴ, ㄷ   ⑤ ㄱ, ㄴ, ㄷ

265 ✏️서술형

세포 ㉠~㉢ 중 비특이적 방어 작용을 하는 세포의 기호와 이름을 각각 쓰고, 이 세포의 비특이적 방어 작용을 설명하시오.

266

그림은 골수의 줄기세포에서 생성된 세포가 2종류의 세포 (가)와 (나)로 성숙하여 방어 작용에 관여하는 과정을 나타낸 것이다. (가)~(다)는 각각 B 림프구, T 림프구, 형질 세포 중 하나이다.

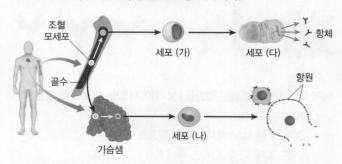

이에 대한 설명으로 옳은 것만을 [보기]에서 있는 대로 고른 것은?

[보기]
ㄱ. (가)는 T 림프구이다.
ㄴ. (나)와 (다)는 모두 특이적 방어 작용에 관여한다.
ㄷ. 같은 항원이 재침입할 경우 (다)는 기억 세포와 형질 세포로 분화한다.

① ㄴ   ② ㄷ   ③ ㄱ, ㄴ
④ ㄱ, ㄷ   ⑤ ㄴ, ㄷ

267

그림은 어떤 사람이 항원 X에 처음 감염되었을 때 일어나는 방어 작용의 일부를 나타낸 것이다. ㉠과 ㉡은 각각 B 림프구와 세포독성 T 림프구 중 하나이다.

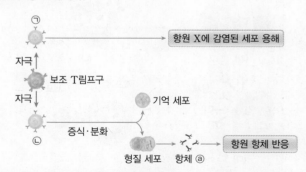

이에 대한 설명으로 옳은 것만을 [보기]에서 있는 대로 고른 것은?

[보기]
ㄱ. ㉠에 의한 방어 작용은 세포성 면역이다.
ㄴ. ㉡은 골수에서 생성된다.
ㄷ. 항체 ⓐ는 항원 X와 특이적으로 결합한다.

① ㄱ   ② ㄴ   ③ ㄱ, ㄷ
④ ㄴ, ㄷ   ⑤ ㄱ, ㄴ, ㄷ

268

그림 (가)는 어떤 병원체 X와 Y의 구조를, (나)는 X와 Y가 동시에 체내에 침입했을 때 생성되는 항체 ㉠~㉢의 구조를 나타낸 것이다.

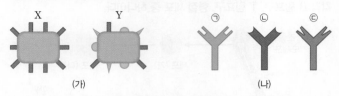

이에 대한 설명으로 옳은 것만을 [보기]에서 있는 대로 고른 것은?

[보기]
ㄱ. X와 Y는 모두 체내에서 항원으로 작용한다.
ㄴ. ㉠은 X와 Y 중 X에만 특이적으로 결합한다.
ㄷ. Y가 침입할 경우 ㉠~㉢은 모두 하나의 형질 세포에서 생성된다.

① ㄱ　　　　② ㄴ　　　　③ ㄱ, ㄷ
④ ㄴ, ㄷ　　　⑤ ㄱ, ㄴ, ㄷ

269

그림 (가)~(라)는 항원 A가 체내에 1차 침입했을 때 일어나는 방어 작용의 일부를 순서 없이 나타낸 것이다. 세포 ㉠~㉢은 각각 대식세포, B 림프구, 보조 T림프구 중 하나이다.

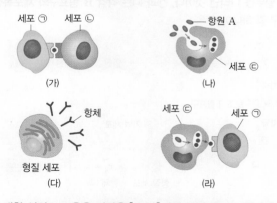

이에 대한 설명으로 옳은 것만을 [보기]에서 있는 대로 고른 것은?

[보기]
ㄱ. 방어 작용은 (나) → (다) → (가) → (라) 순으로 일어난다.
ㄴ. (나)는 비특이적 방어 작용이다.
ㄷ. ㉠은 가슴샘에서 성숙한다.

① ㄱ　　　　② ㄴ　　　　③ ㄷ
④ ㄱ, ㄴ　　　⑤ ㄴ, ㄷ

270

그림은 쥐를 이용해 면역의 원리를 알아보기 위한 실험을 나타낸 것이다.

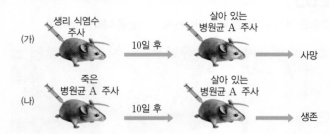

이에 대한 설명으로 옳은 것만을 [보기]에서 있는 대로 고른 것은?

[보기]
ㄱ. 죽은 병원균 A는 항원으로 작용하지 않는다.
ㄴ. 살아 있는 병원균 A를 주사하기 전 (가)의 쥐에는 병원균 A에 대한 기억 세포가 없었다.
ㄷ. 살아 있는 병원균 A를 주사한 후 생존한 (나)의 쥐에서 병원균 A에 대한 항체를 얻을 수 있다.

① ㄴ　　　　② ㄷ　　　　③ ㄱ, ㄴ
④ ㄱ, ㄷ　　　⑤ ㄴ, ㄷ

[271~272]　그림은 어떤 사람이 항원 X에 1차 감염되었을 때 일어나는 방어 작용의 일부를 나타낸 것이다. 물음에 답하시오.

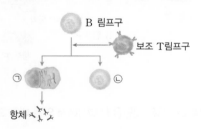

271

세포 ㉠과 ㉡의 이름을 각각 쓰시오.

272 ✔서술형

이 사람이 항원 X에 2차 감염되었을 때 체내에서 일어나는 현상을 ㉠과 ㉡을 모두 포함하여 설명하시오.

273

그림은 병원체 A와 B가 체내에 처음 침입했을 때 일어나는 방어 작용의 일부를 나타낸 것이다.

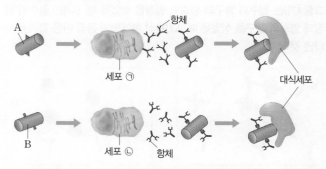

이에 대한 설명으로 옳은 것만을 [보기]에서 있는 대로 고른 것은?

[보기]

ㄱ. 대식세포의 식세포 작용은 특이적 방어 작용이다.
ㄴ. ㉠은 골수에서 성숙한 림프구가 분화한 세포이다.
ㄷ. A가 재침입하면 ㉡에서 다량의 항체를 생성한다.

① ㄴ   ② ㄷ   ③ ㄱ, ㄴ
④ ㄱ, ㄷ   ⑤ ㄴ, ㄷ

274

다음은 사람에게 사용하는 독감 백신을 만드는 과정을 나타낸 것이다.

(가) 인플루엔자 바이러스를 숙주 세포에 감염시킨다.
(나) 일정 시간이 지난 후 숙주 세포에서 증식한 인플루엔자 바이러스를 채취하여 농축하고 정제한다.
(다) 정제된 바이러스에서 분리한 ㉠특정 단백질을 이용해 백신을 만든다.

이에 대한 설명으로 옳은 것만을 [보기]에서 있는 대로 고른 것은?

[보기]

ㄱ. (나)에서 바이러스는 스스로 분열하여 증식한다.
ㄴ. ㉠은 사람의 체내에서 항원으로 작용한다.
ㄷ. (다)에서 만들어진 백신은 독감에 걸린 환자를 치료하는 데 사용된다.

① ㄱ   ② ㄴ   ③ ㄷ
④ ㄱ, ㄷ   ⑤ ㄴ, ㄷ

275

필수 유형 ⟫ 🔎 63쪽 빈출 자료 ①

그림은 생쥐 X에 항원 A를 주입하고 일정 시간이 지난 후 다시 항원 A와 B를 동시에 주입했을 때 생성되는 혈중 항체의 농도 변화를 나타낸 것이다.

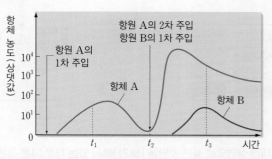

이에 대한 설명으로 옳은 것만을 [보기]에서 있는 대로 고른 것은?

[보기]

ㄱ. t_1일 때 체액성 면역이 일어나고 있다.
ㄴ. t_2일 때 X에는 항원 B에 대한 기억 세포가 있다.
ㄷ. t_3일 때 항원 B에 대한 2차 면역 반응이 일어난다.

① ㄱ   ② ㄴ   ③ ㄱ, ㄴ
④ ㄴ, ㄷ   ⑤ ㄱ, ㄴ, ㄷ

276 수능모의평가기출 변형

그림 (가)는 인체에 세균 X가 침입했을 때 B 림프구와 기억 세포가 각각 형질 세포로 분화하는 과정을, (나)는 X의 침입 후 생성되는 혈중 항체의 농도 변화를 나타낸 것이다.

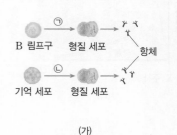
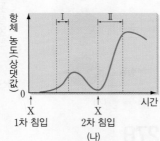

이에 대한 설명으로 옳은 것만을 [보기]에서 있는 대로 고른 것은?

[보기]

ㄱ. 과정 ㉠에 보조 T림프구가 관여한다.
ㄴ. 구간 Ⅱ에서 과정 ㉡이 일어난다.
ㄷ. 구간 Ⅰ과 Ⅱ에서 모두 X에 대한 2차 면역 반응이 일어난다.

① ㄱ   ② ㄷ   ③ ㄱ, ㄴ
④ ㄴ, ㄷ   ⑤ ㄱ, ㄴ, ㄷ

277 수능기출 변형

그림 (가)는 어떤 사람 P가 세균 X에 감염된 후 순차적으로 나타나는 방어 작용 Ⅰ과 Ⅱ를, (나)는 P의 혈액에서 세균 X에 대한 항체의 농도를 시간에 따라 나타낸 것이다.

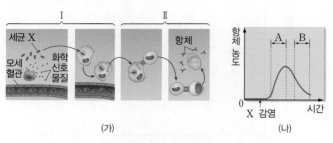

(가)　　　　(나)

이에 대한 설명으로 옳은 것만을 [보기]에서 있는 대로 고른 것은?

[보기]
ㄱ. Ⅰ과 Ⅱ는 모두 특이적 방어 작용이다.
ㄴ. 구간 A에서 X에 대한 체액성 면역이 일어난다.
ㄷ. 구간 B에서 X에 대한 형질 세포가 기억 세포로 분화한다.

① ㄴ　　　　② ㄷ　　　　③ ㄱ, ㄴ
④ ㄱ, ㄷ　　　⑤ ㄱ, ㄴ, ㄷ

[278~279] 그림 (가)는 백신 X에 들어 있는 항원 A~C를, (나)는 백신 X를 어떤 사람에게 주사했을 때 체내 항체 a~c의 농도 변화를 나타낸 것이다. a, b, c는 각각 항원 A, B, C에 대한 항체이다. 물음에 답하시오.

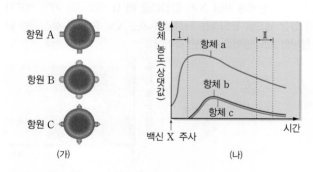

(가)　　　　(나)

278

구간 Ⅰ과 Ⅱ 중 특이적 방어 작용이 일어나는 시기를 있는 대로 쓰시오.

279 🖊서술형

항원 A~C 중 이 사람에게 백신 X를 주사하기 전 노출되었던 항원을 있는 대로 쓰고, 그렇게 판단한 까닭을 설명하시오.

---

3 │ 혈액의 응집 반응과 혈액형 판정

280

그림 (가)는 철수의 혈구와 영희의 혈장을 섞었을 때, (나)는 철수의 혈장과 영희의 혈구를 섞었을 때 ABO식 혈액형의 응집 반응 결과를 나타낸 것이다.

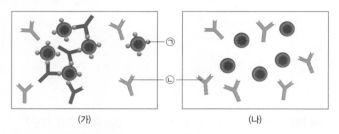

(가)　　　　(나)

이에 대한 설명으로 옳은 것만을 [보기]에서 있는 대로 고른 것은?

[보기]
ㄱ. ㉠은 응집소이다.
ㄴ. 영희의 ABO식 혈액형은 O형이다.
ㄷ. ㉡을 갖지 않는 사람은 모두 철수에게 수혈할 수 있다.

① ㄱ　　　　② ㄴ　　　　③ ㄷ
④ ㄱ, ㄴ　　　⑤ ㄴ, ㄷ

281

표는 네 사람 (가)~(라)의 혈액형 판정 실험 결과를 나타낸 것이다.

구분	(가)	(나)	(다)	(라)
항A 혈청	+	−	+	−
항B 혈청	−	+	+	−
항Rh 혈청	+	−	+	−

(+: 응집함, −: 응집 안 함.)

이에 대한 설명으로 옳은 것만을 [보기]에서 있는 대로 고른 것은?

[보기]
ㄱ. (가)는 Rh 응집원을 갖는다.
ㄴ. (나)와 (다)는 모두 응집소 α를 갖는다.
ㄷ. 이론적으로 (라)는 (다)에게 소량 수혈이 가능하다.

① ㄴ　　　　② ㄷ　　　　③ ㄱ, ㄴ
④ ㄱ, ㄷ　　　⑤ ㄱ, ㄴ, ㄷ

282

필수 유형 🔗 63쪽 빈출 자료 ②

다음은 예서네 가족의 ABO식 혈액형에 대한 자료이다.

> • 그림은 아버지와 어머니의 ABO식 혈액형 판정 실험 결과이다.

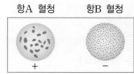

| 항A 혈청 | 항B 혈청 | 항A 혈청 | 항B 혈청 |

(+: 응집함, −: 응집 안 함.)

[아버지]　　　　[어머니]

> • 어머니는 예서에게 수혈할 수 있고, 예서도 어머니에게 수혈할 수 있다.

이에 대한 설명으로 옳은 것만을 [보기]에서 있는 대로 고른 것은? (단, ABO식 혈액형만 고려한다.)

【보기】
ㄱ. 아버지의 혈액형은 A형이다.
ㄴ. 어머니는 응집소 β를 갖는다.
ㄷ. 예서는 아버지에게 수혈할 수 있다.

① ㄱ　　　　② ㄴ　　　　③ ㄱ, ㄷ
④ ㄴ, ㄷ　　　⑤ ㄱ, ㄴ, ㄷ

283

다음 자료는 100명의 학생 집단을 대상으로 ABO식 혈액형을 검사한 결과이다. 철수는 응집소 α와 β를 모두 가지며, 이 학생 집단에 포함되지 않는다.

> • 항A 혈청에 응집한 학생의 수는 37이다.
> • 항B 혈청에 응집한 학생의 수는 45이다.
> • 항A 혈청과 항B 혈청에 모두 응집한 학생의 수와 모두 응집하지 않은 학생의 수를 합한 값은 48이다.

이에 대한 설명으로 옳은 것만을 [보기]에서 있는 대로 고른 것은? (단, ABO식 혈액형만 고려한다.)

【보기】
ㄱ. A형인 학생의 수는 37이다.
ㄴ. B형인 학생의 수는 AB형인 학생의 수의 2배이다.
ㄷ. 이론적으로 철수에게 수혈할 수 있는 학생의 수는 33이다.

① ㄱ　　　　② ㄴ　　　　③ ㄷ
④ ㄴ, ㄷ　　　⑤ ㄱ, ㄴ, ㄷ

[284~285]

표는 ABO식 혈액형이 서로 다른 미래네 가족 구성원의 응집소 α와 β의 유무를 나타낸 것이다. 물음에 답하시오.

구분	아버지	어머니	미래
응집소 α	있음.	?	있음.
응집소 β	없음.	?	있음.

284

이에 대한 설명으로 옳은 것만을 [보기]에서 있는 대로 고른 것은? (단, ABO식 혈액형만 고려한다.)

【보기】
ㄱ. 아버지는 응집원 A를 갖는다.
ㄴ. 어머니는 응집소 α를 갖는다.
ㄷ. 미래의 혈액과 항B 혈청 사이에 응집 반응이 일어나지 않는다.

① ㄱ　　　　② ㄷ　　　　③ ㄱ, ㄴ
④ ㄴ, ㄷ　　　⑤ ㄱ, ㄴ, ㄷ

285 ✏️ 서술형

어머니가 미래에게 수혈할 수 있는지 없는지 쓰고, 그렇게 판단한 까닭을 응집원, 응집소와 관련지어 설명하시오.(단, ABO식 혈액형만 고려한다.)

286 ⭐ 신유형

그림은 ABO식 혈액형이 A형이면서 Rh식 혈액형이 Rh⁻형인 영수의 혈구와 혈장에 각각 항A 혈청, 항B 혈청, 항Rh 혈청을 떨어뜨리고 각각 응집 여부를 확인하는 실험을 나타낸 것이다.(단, 영수는 Rh⁺형의 혈액에 노출된 적이 없다.)

⊙~ⓗ 중 응집 반응이 일어나는 것을 있는 대로 쓰시오.

1등급 완성 문제

» 바른답·알찬풀이 41쪽

287 정답률 40%

그림은 사람의 질병 (가)~(다)의 공통점과 차이점을, 표는 특징 ㉠~㉢을 순서 없이 나타낸 것이다. (가)~(다)는 각각 고혈압, 폐렴, 홍역 중 하나이다.

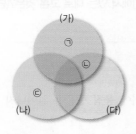

특징(㉠~㉢)
• 병원체 없이 나타난다.
• 다른 사람에게 전염될 수 있다.
• 병원체가 분열법으로 증식한다.

이에 대한 설명으로 옳은 것만을 [보기]에서 있는 대로 고른 것은?

[보기]
ㄱ. (가)는 항생제를 사용하여 치료한다.
ㄴ. ㉢은 '병원체가 분열법으로 증식한다.'이다.
ㄷ. (다)의 병원체는 스스로 물질대사를 할 수 있다.

① ㄱ   ② ㄴ   ③ ㄱ, ㄷ
④ ㄴ, ㄷ   ⑤ ㄱ, ㄴ, ㄷ

288 정답률 30%

표는 인체의 방어 작용과 관련된 세포 ㉠~㉢의 특징을, 그림은 세균 X에 노출된 적이 없는 어떤 사람의 체내에 X가 침입했을 때 ㉠~㉢이 작용하여 생성되는 X에 대한 혈중 항체의 농도 변화를 나타낸 것이다. ㉠~㉢은 각각 대식세포, 형질 세포, 보조 T림프구 중 하나이다.

세포	특징
㉠	항체를 생성한다.
㉡	식세포 작용을 한다.
㉢	가슴샘에서 성숙한다.

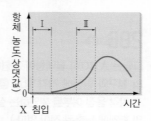

이에 대한 설명으로 옳은 것만을 [보기]에서 있는 대로 고른 것은?

[보기]
ㄱ. ㉠은 형질 세포이다.
ㄴ. 구간 Ⅰ에서 ㉡은 X에 대한 정보를 ㉢에게 전달한다.
ㄷ. 구간 Ⅱ에서 X에 대한 체액성 면역이 일어나고 있다.

① ㄱ   ② ㄷ   ③ ㄱ, ㄴ
④ ㄴ, ㄷ   ⑤ ㄱ, ㄴ, ㄷ

289 정답률 25%   수능모의평가기출 변형

다음은 항원 X에 대한 생쥐의 방어 작용 실험이다.

[실험 과정]
(가) 유전적으로 동일하고, X에 노출된 적이 없는 생쥐 ㉠~㉢을 준비한다.
(나) ㉠에게 X를 2회에 걸쳐 주사한다.
(다) 1주 후, (나)의 ㉠에서 ⓐ와 ⓑ를 각각 분리한다. ⓐ와 ⓑ는 각각 혈청과 기억 세포 중 하나이다.
(라) ㉡에게 ⓐ를, ㉢에게 ⓑ를 각각 주사한다.
(마) 일정 시간이 지난 후, ㉡과 ㉢에게 X를 각각 주사한다.

[실험 결과]
㉡과 ㉢의 X에 대한 혈중 항체의 농도 변화는 그림과 같다.

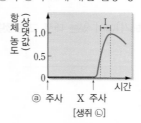 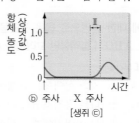

이에 대한 설명으로 옳은 것만을 [보기]에서 있는 대로 고른 것은?

[보기]
ㄱ. ⓐ는 혈청이다.
ㄴ. 구간 Ⅰ에서 X에 대한 체액성 면역이 일어나고 있다.
ㄷ. 구간 Ⅱ에서 X에 대한 B 림프구가 형질 세포로 분화한다.

① ㄱ   ② ㄴ   ③ ㄱ, ㄷ   ④ ㄴ, ㄷ   ⑤ ㄱ, ㄴ, ㄷ

290 정답률 30%

다음은 병원체 A에 대한 생쥐의 방어 작용 실험이다.

(가) A의 병원성을 약화시켜 만든 백신 ㉠을 생쥐 Ⅰ에게 주사하고, 2주 후 Ⅰ에서 혈청 ㉡을 얻는다.

(나) 오른쪽 표와 같이 생쥐 Ⅱ~Ⅳ에게 주사액을 주사하고, 일정 시간이 지난 후 생존 여부를 확인한다.

생쥐	주사액	생존 여부
Ⅱ	A	죽는다.
Ⅲ	A+㉠	죽는다.
Ⅳ	A+㉡	산다.

이에 대한 설명으로 옳은 것만을 [보기]에서 있는 대로 고른 것은? (단, Ⅰ~Ⅳ는 모두 유전적으로 동일하고, A에 노출된 적이 없다.)

[보기]
ㄱ. ㉠을 주사한 Ⅰ에서 A에 대한 항체가 생성되었다.
ㄴ. ㉡에는 A에 대한 기억 세포가 들어 있다.
ㄷ. Ⅳ에서 항원 항체 반응이 일어났다.

① ㄱ   ② ㄷ   ③ ㄱ, ㄴ   ④ ㄱ, ㄷ   ⑤ ㄴ, ㄷ

291 〔정답률 30%〕

그림은 두 사람 ㉠과 ㉡의 Rh식 혈액형 판정 실험 결과를 나타낸 것이다.

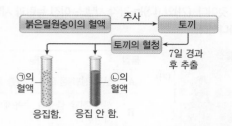

이에 대한 설명으로 옳은 것만을 [보기]에서 있는 대로 고른 것은? (단, Rh식 혈액형만 고려하며, ㉠과 ㉡은 모두 수혈을 받은 적이 없다.)

【 보기 】
ㄱ. 토끼의 혈청에는 Rh 응집원이 들어 있다.
ㄴ. ㉡은 ㉠에게 소량 수혈을 할 수 있다.
ㄷ. ㉡은 Rh 응집소를 갖는다.

① ㄴ   ② ㄷ   ③ ㄱ, ㄴ
④ ㄱ, ㄷ   ⑤ ㄱ, ㄴ, ㄷ

292 〔정답률 25%〕 수능모의평가기출 변형

표는 200명의 학생 집단을 대상으로 ABO식 혈액형에 대한 응집원 ㉠, ㉡과 응집소 ㉢, ㉣의 유무와 Rh 혈액형에 대한 응집원의 유무를 조사한 것이다. 이 집단에는 A형, B형, AB형, O형이 모두 있고, O형인 학생 수가 B형인 학생 수보다 많다. Rh⁻형인 학생들 중 A형 학생과 AB형인 학생은 각각 1명이다.

구분	학생 수
응집원 ㉠을 가진 학생	74
응집소 ㉢을 가진 학생	110
응집원 ㉡과 응집소 ㉣을 모두 가진 학생	70
항Rh 혈청에 응집하는 혈액을 가진 학생	198

이에 대한 설명으로 옳은 것만을 [보기]에서 있는 대로 고른 것은?

【 보기 】
ㄱ. B형인 학생 수는 54이다.
ㄴ. 항A 혈청에 응집하는 혈액을 가진 학생 수와 항B 혈청에 응집하지 않는 혈액을 가진 학생 수의 차이는 36이다.
ㄷ. Rh⁺형인 학생들 중 AB형인 학생 수는 19이다.

① ㄱ   ② ㄴ   ③ ㄱ, ㄷ
④ ㄴ, ㄷ   ⑤ ㄱ, ㄴ, ㄷ

서술형 문제

293 〔정답률 35%〕

표는 질병을 병원체의 종류에 따라 (가)와 (나)로 구분한 것이다.

(가)	(나)
결핵, 파상풍, 위궤양	독감, 홍역, 대상 포진

(가)와 (나)를 일으키는 병원체의 종류를 쓰고, 이 병원체들의 공통점과 차이점을 1가지씩 설명하시오.

294 〔정답률 30%〕

그림은 병원균 X에 대한 서로 다른 2가지 면역 반응 (가)와 (나)를 나타낸 것이다. 면역력이 없는 쥐에게 X를 주사하면 쥐는 죽는다.

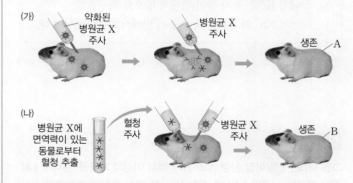

쥐 A와 B가 모두 생존한 까닭을 설명하시오.

295 〔정답률 30%〕

표는 ABO식 혈액형이 서로 다른 사람 (가)~(다) 사이의 혈액 응집 반응 결과를 나타낸 것이다. (가)의 혈장에는 응집소 α만 존재한다.

구분	(가)의 적혈구	(나)의 적혈구	(다)의 적혈구
(가)의 혈장	−	+	+
(나)의 혈장	−	−	㉡
(다)의 혈장	㉠	+	−

(+: 응집함, −: 응집 안 함.)

㉠과 ㉡에 들어갈 알맞은 기호를 각각 쓰고, 그렇게 판단한 까닭을 응집원, 응집소와 관련지어 설명하시오.(단, ABO식 혈액형만 고려한다.)

실전 대비 평가 문제 ≫ 바른답·알찬풀이 43쪽

296

그림은 민말이집 신경의 축삭 돌기 일부를, 표는 그림의 두 지점 X와 Y 중 한 곳만을 자극하여 흥분 전도가 1회 일어날 때, 지점 ㉠～㉢에서 동시에 측정한 막전위를 나타낸 것이다. 휴지 전위는 −70 mV이다.

지점	㉠	㉡	㉢	㉣	㉤
막전위(mV)	−70	+30	0	−80	−70

이에 대한 설명으로 옳은 것만을 [보기]에서 있는 대로 고른 것은?

[보기]
ㄱ. 자극을 준 지점은 Y이다.
ㄴ. ㉢에서 K^+은 축삭 돌기 안에서 밖으로 확산한다.
ㄷ. ㉣에서 Na^+의 농도는 축삭 돌기 밖에서보다 안에서 높다.

① ㄱ ② ㄷ ③ ㄱ, ㄴ ④ ㄴ, ㄷ ⑤ ㄱ, ㄴ, ㄷ

297

그림 (가)는 민말이집 신경 A와 B에 역치 이상의 자극을 동시에 1회 주고 경과된 시간이 t_1일 때 지점 P_1～P_4에서 측정한 막전위를, (나)는 P_1～P_4에서 활동 전위가 발생했을 때 각 지점에서의 막전위 변화를 나타낸 것이다. B의 흥분 전도 속도는 3 cm/ms이다.

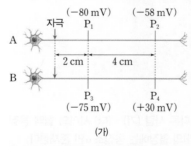 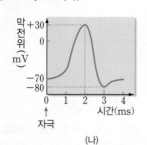

(가)   (나)

이에 대한 설명으로 옳은 것만을 [보기]에서 있는 대로 고른 것은?(단, A와 B에서 흥분 전도는 각각 1회 일어났고, 휴지 전위는 −70 mV이다.)

[보기]
ㄱ. t_1은 4 ms이다.
ㄴ. A의 흥분 전도 속도는 2 cm/ms이다.
ㄷ. t_1일 때 P_2에서 Na^+이 Na^+ 통로를 통해 유입된다.

① ㄱ ② ㄷ ③ ㄱ, ㄴ ④ ㄴ, ㄷ ⑤ ㄱ, ㄴ, ㄷ

298

그림은 시냅스에 작용하는 3가지 물질 A～C를, 표는 A～C의 기능을 나타낸 것이다. (가)와 (나)는 각각 시냅스 이전 뉴런과 시냅스 이후 뉴런 중 하나이다.

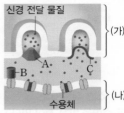

물질	기능
A	신경 전달 물질의 분비를 차단한다.
B	신경 전달 물질과 수용체의 결합을 차단한다.
C	신경 전달 물질의 분비를 촉진한다.

이에 대한 설명으로 옳은 것만을 [보기]에서 있는 대로 고른 것은?

[보기]
ㄱ. (가)는 시냅스 이전 뉴런, (나)는 시냅스 이후 뉴런이다.
ㄴ. A와 B는 모두 시냅스에서 흥분 전달을 억제한다.
ㄷ. C는 시냅스 이후 뉴런에서 Na^+의 막 투과도를 높인다.

① ㄴ ② ㄷ ③ ㄱ, ㄴ
④ ㄱ, ㄷ ⑤ ㄱ, ㄴ, ㄷ

299

다음은 골격근의 수축 과정에 대한 자료이다.

- 그림은 근육 원섬유 마디 X의 구조를 나타낸 것이다. X는 좌우 대칭이며, ㉠은 X에서 액틴 필라멘트와 마이오신 필라멘트가 겹치는 두 구간 중 한 구간이다.

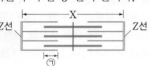

- 표는 골격근 수축 과정의 두 시점 t_1과 t_2에서 X와 ㉠의 길이를 나타낸 것이다.

시점	X의 길이	㉠의 길이
t_1	3.2 µm	0.2 µm
t_2	?	0.7 µm

- t_2일 때 H대의 길이는 0.2 µm이다.

이에 대한 설명으로 옳은 것만을 [보기]에서 있는 대로 고른 것은?

[보기]
ㄱ. X가 수축할 때 ATP가 소모된다.
ㄴ. t_1일 때 X에서 마이오신 필라멘트의 길이는 1.2 µm이다.
ㄷ. t_2일 때 X의 길이는 2.2 µm이다.

① ㄱ ② ㄷ ③ ㄱ, ㄷ
④ ㄴ, ㄷ ⑤ ㄱ, ㄴ, ㄷ

300

그림 (가)는 사람 대뇌 좌반구의 운동령 단면과 여기에 연결된 사람의 신체 부분을 대뇌 겉질 표면에 나타낸 것이며, (나)는 왼쪽 다리에서 무릎 반사가 일어날 때 흥분 전달 경로를 나타낸 것이다. ㉠은 무릎에 연결된 대뇌 겉질 부위이다.

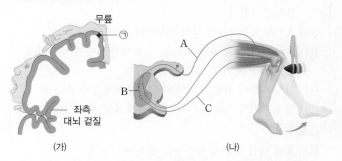

(가)   (나)

이에 대한 설명으로 옳은 것만을 [보기]에서 있는 대로 고른 것은?

[보기]
ㄱ. ㉠이 손상되면 왼쪽 다리에서 (나)가 일어나지 못한다.
ㄴ. A와 C는 모두 말초 신경계에 속한다.
ㄷ. B는 척수를 구성한다.

① ㄱ   ② ㄷ   ③ ㄱ, ㄴ
④ ㄴ, ㄷ   ⑤ ㄱ, ㄴ, ㄷ

301

그림은 뇌와 척수에 연결된 말초 신경 A~D를 나타낸 것이다.

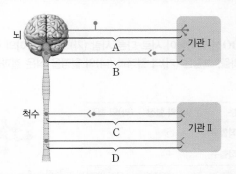

이에 대한 설명으로 옳은 것만을 [보기]에서 있는 대로 고른 것은?

[보기]
ㄱ. A와 B는 길항 작용을 한다.
ㄴ. C의 신경절 이후 뉴런의 말단에서 노르에피네프린이 분비된다.
ㄷ. D는 감각기에서 받아들인 자극을 중추에 전달한다.

① ㄱ   ② ㄴ   ③ ㄱ, ㄷ
④ ㄴ, ㄷ   ⑤ ㄱ, ㄴ, ㄷ

302

그림 (가)는 중추 신경계에 속하는 Ⅰ, Ⅱ와 소장을 연결하는 자율 신경을, (나)는 A와 B 중 하나의 뉴런에 역치 이상의 자극을 준 후 소장 근육의 수축력(운동 정도) 변화를 나타낸 것이다.

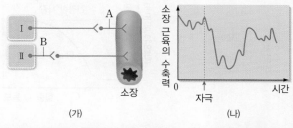

(가)   (나)

이에 대한 설명으로 옳은 것만을 [보기]에서 있는 대로 고른 것은?

[보기]
ㄱ. (나)는 A에 역치 이상의 자극을 주었을 때의 변화이다.
ㄴ. B의 신경 세포체는 척수의 회색질에 있다.
ㄷ. A와 B의 말단에서는 동일한 종류의 신경 전달 물질이 분비된다.

① ㄱ   ② ㄷ   ③ ㄱ, ㄴ
④ ㄴ, ㄷ   ⑤ ㄱ, ㄴ, ㄷ

303

그림 (가)는 방광에 연결된 자율 신경에서 흥분의 이동을, (나)는 신경 X에 역치 이상의 자극을 준 후 어느 시점에서 지점 A의 세포막에서 일어나는 이온의 이동을 나타낸 것이다. ㉠은 신경 전달 물질이다.

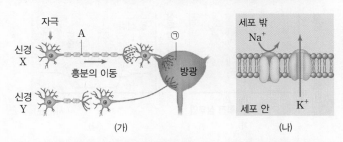

(가)   (나)

이에 대한 설명으로 옳은 것만을 [보기]에서 있는 대로 고른 것은?

[보기]
ㄱ. ㉠의 작용으로 방광이 수축된다.
ㄴ. Y의 신경절 이후 뉴런에서는 도약전도가 일어난다.
ㄷ. (나)가 일어날 때 Na^+의 농도는 세포 밖에서보다 안에서 높다.

① ㄱ   ② ㄴ   ③ ㄱ, ㄷ
④ ㄴ, ㄷ   ⑤ ㄱ, ㄴ, ㄷ

304

그림 (가)는 이자에서 분비되는 호르몬 ㉠과 ㉡을, (나)는 건강한 사람과 어떤 당뇨병 환자에서 혈중 ㉡의 농도에 따른 혈액에서 조직 세포로의 포도당 유입량을 나타낸 것이다.

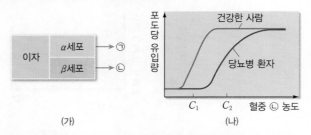

(가)

이에 대한 설명으로 옳은 것만을 [보기]에서 있는 대로 고른 것은?

[보기]

ㄱ. ㉡은 인슐린이다.
ㄴ. 이 당뇨병 환자에게 ㉠을 투여하면 간에서 글리코젠 합성이 촉진된다.
ㄷ. 건강한 사람의 혈당량은 C_2일 때가 C_1일 때보다 빠르게 감소한다.

① ㄱ 　②ㄴ 　③ ㄱ, ㄴ
④ ㄱ, ㄷ 　⑤ ㄴ, ㄷ

305

그림 (가)는 정상인의 혈장 삼투압에 따른 혈중 호르몬 X의 농도를, (나)는 이 사람이 1 L의 물을 섭취한 후 시간에 따른 혈장과 오줌의 삼투압을 나타낸 것이다. X는 뇌하수체 후엽에서 분비된다.

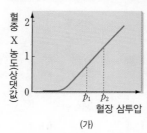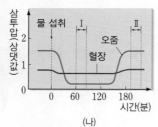

(가)　　　　　(나)

이에 대한 설명으로 옳은 것만을 [보기]에서 있는 대로 고른 것은?

[보기]

ㄱ. 시상 하부는 X의 분비를 조절한다.
ㄴ. 오줌의 삼투압은 p_2일 때가 p_1일 때보다 높다.
ㄷ. 단위 시간당 오줌 생성량은 구간 Ⅰ에서가 구간 Ⅱ에서보다 많다.

① ㄱ 　②ㄴ 　③ ㄱ, ㄷ
④ ㄴ, ㄷ 　⑤ ㄱ, ㄴ, ㄷ

306

다음은 항원 X에 대한 생쥐의 방어 작용 실험이다.

[실험 과정]
(가) 유전적으로 동일하고, X에 노출된 적이 없는 생쥐 A와 B를 준비한다.
(나) A에게 X를 2회에 걸쳐 주사한다.
(다) 1주 후, (나)의 A에서 ㉠을 분리하여 B에게 주사한다. ㉠은 혈청과 기억 세포 중 하나이다.
(라) 일정 시간이 지난 후, (다)의 B에게 X를 1차 주사한다.
(마) 일정 시간이 지난 후, (라)의 B에게 X를 2차 주사한다.

[실험 결과]
B의 X에 대한 혈중 항체의 농도 변화는 그림과 같다.

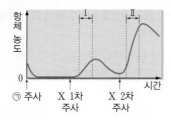

이에 대한 설명으로 옳은 것만을 [보기]에서 있는 대로 고른 것은?

[보기]

ㄱ. ㉠은 기억 세포이다.
ㄴ. 구간 Ⅰ에서 X에 대한 특이적 방어 작용이 일어났다.
ㄷ. 구간 Ⅰ에서보다 구간 Ⅱ에서 항체 농도가 높은 것은 기억 세포에서 다량의 항체가 생성되었기 때문이다.

① ㄴ 　② ㄷ 　③ ㄱ, ㄴ 　④ ㄱ, ㄷ 　⑤ ㄱ, ㄴ, ㄷ

307

표는 ABO식 혈액형이 서로 다른 사람 (가)~(라) 사이의 혈액 응집 반응 결과를, 그림은 (가)의 혈액과 (나)의 혈장을 섞은 결과를 나타낸 것이다.

구분	(다)의 혈장	(라)의 혈장
(가)의 적혈구	㉠	—
(나)의 적혈구	+	?

(+: 응집함, −: 응집 안 함.)

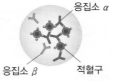

응집소 α
응집소 β
적혈구

이에 대한 설명으로 옳은 것만을 [보기]에서 있는 대로 고른 것은? (단, ABO식 혈액형만 고려한다.)

[보기]

ㄱ. ㉠은 '−'이다.
ㄴ. (나)의 혈액형은 B형이다.
ㄷ. (다)의 혈장과 (라)의 적혈구를 섞으면 응집 반응이 일어난다.

① ㄱ 　② ㄴ 　③ ㄱ, ㄷ 　④ ㄴ, ㄷ 　⑤ ㄱ, ㄴ, ㄷ

308

오른쪽 그림은 어떤 뉴런의 한 지점에 ㉠역치 이상의 자극을 1회 주었을 때와 ㉡이 뉴런의 세포막에 있는 이온 통로를 통한 Na^+과 K^+의 이동 중 하나를 억제하는 물질 X를 처리한 후

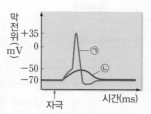

같은 자극을 주었을 때의 막전위 변화를 나타낸 것이다. 물질 X가 어떤 이온의 이동을 억제하는지 그렇게 판단한 까닭과 함께 설명하시오.

309

다음은 중추 신경계에 속한 (가)와 (나)에 연결된 자율 신경 ㉠과 ㉡이 흥분하면 일어나는 변화를 나타낸 것이다.

(가), (나), ㉠, ㉡의 이름을 각각 쓰시오.

[310~311]
그림은 저온 자극 시 우리 몸에서 일어나는 체온 조절 과정의 일부를 나타낸 것이다. 물음에 답하시오.

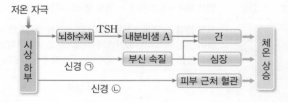

310

내분비샘 A와 A에서 분비되는 호르몬을 각각 쓰시오.

311

위 그림에서 신경 ㉠과 ㉡의 자극 전달 경로에 의해 일어나는 현상을 각각 설명하시오.

[312~313]
표는 3종류의 질병 A~C를 유발하는 병원체의 특징을 나타낸 것이다. A~C는 각각 결핵, 소아마비, 말라리아 중 하나이다. 물음에 답하시오.

구분	핵	유전 물질	세포막
A	없음.	?	있음.
B	있음.	있음.	?
C	?	있음.	?

312

A~C의 이름을 각각 쓰시오.

313

A~C 중 항생제를 사용하여 치료가 가능한 질병을 쓰고, 그렇게 판단한 까닭을 설명하시오.

314

그림은 항원 A와 B에 노출된 적이 없는 동물 X에 동일한 양의 A와 B를 일정 시간 간격으로 2회에 걸쳐 주사했을 때 생성되는 혈중 항체의 농도 변화를 나타낸 것이다.

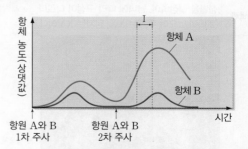

구간 Ⅰ에서 항체 A와 B의 농도 차이가 나는 까닭을 설명하시오.

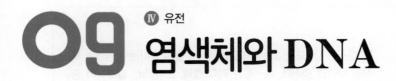

09 Ⅳ 유전
염색체와 DNA

1 | 염색체와 DNA

1 염색체

① **염색체**: 분열 중인 세포에서 끈이나 막대 모양으로 관찰되는 구조이다. ➡ 염색체에서 DNA는 히스톤 단백질 주위를 감아 뉴클레오솜을 형성한다. 하나의 염색체는 많은 수의 뉴클레오솜으로 이루어진다.

② 유전자, DNA, 염색체, 유전체의 관계

유전자	유전 정보가 저장된 DNA의 특정 부위로, 유전 형질을 결정한다.
DNA	• 유전 정보를 저장하고 있는 유전 물질이다. ⋯ 하나의 DNA에 많은 수의 유전자가 존재한다. 하나의 염색체에 많은 수의 유전자가 존재한다. • 인산, 당, 염기로 구성된 뉴클레오타이드가 기본 단위이다.
염색체	DNA가 히스톤 단백질에 의해 뭉쳐 있는 구조이다.
유전체	한 생명체가 가진 모든 염색체(DNA)에 저장된 유전 정보 전체이다.

빈출 자료 ① **염색체의 구조**

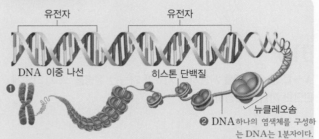

유전자 · 유전자
DNA 이중 나선 · 히스톤 단백질
❶ · ❷ DNA 하나의 염색체를 구성하는 DNA는 1분자이다.
뉴클레오솜

❶ 염색체를 구성하는 염색 분체에는 서로 같은 유전자가 존재한다.
❷ DNA에는 단백질 합성에 필요한 유전 정보가 저장되어 있다.

필수 유형 ◯ 염색체의 세부 구조와 염색 분체의 유전자 구성을 파악하는 문제가 자주 출제된다. ◢ 77쪽 324번

2 사람의 염색체
사람의 체세포에는 총 23쌍(46개)의 염색체가 있다.

① **상동 염색체**: 체세포에서 모양과 크기가 같아 쌍을 이루는 염색체이다. → 하나는 어머니로부터, 다른 하나는 아버지로부터 물려받은 것이다.

② 상염색체와 성염색체

상염색체	성별과 관계없이 남녀가 공통으로 가지고 있다. ⋯ 사람은 1번부터 22번까지 22쌍(44개)이 있다.
성염색체	성별을 결정하며, 남녀에 따라 구성이 다르다. ⋯ 사람은 1쌍(2개)이 있으며, 여자는 XX, 남자는 XY이다.

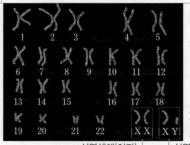

X 염색체는 Y 염색체보다 크기가 크다.

성염색체(여자) · 성염색체(남자)

3 핵형과 핵상

① **핵형**: 한 생물이 가진 염색체의 수, 모양, 크기 등의 특성이다. ➡ 생물은 종에 따라 핵형이 서로 다르다. 염색체의 구성 상태를 나타낸다.

② **핵상**: 하나의 세포에 들어 있는 염색체의 상대적인 수

• $2n$: 모든 염색체가 2개씩 상동 염색체 쌍을 이루는 경우
  예 사람의 체세포: $2n=46$

• n: 상동 염색체 중 1개씩만 있는 경우 염색체가 쌍을 이루지 않는다.
  예 사람의 생식세포: $n=23$

빈출 자료 ② **세포의 핵상**

그림은 어떤 동물의 두 세포에 존재하는 염색체를 모두 나타낸 것이다.

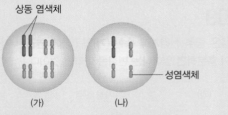

상동 염색체

성염색체

(가) · (나)

• (가): 상동 염색체가 쌍으로 있고, 염색체 수가 8이다. ⋯ $2n=8$
• (나): 상동 염색체 중 1개씩만 있고, 염색체 수가 4이다. ⋯ $n=4$

필수 유형 ◯ 염색체의 종류와 구조를 연관 지어 세포의 핵상과 염색체 수를 파악하는 문제가 자주 출제된다. ◢ 78쪽 326번

2 | 염색 분체의 형성과 분리

1 염색 분체의 형성과 분리
세포 분열 전기에 관찰되는 X자 모양의 염색체에서 하나의 염색체를 이루는 두 가닥이다.

염색 분체의 형성	세포 분열 전 DNA가 복제된 후 복제된 두 DNA가 응축해 염색 분체가 형성된다. ⋯ 염색 분체의 유전자 구성은 같다.
염색 분체의 분리	세포 분열 시 염색 분체는 분리되어 2개의 딸세포로 나누어 들어간다. ⋯ 복제된 DNA가 두 딸세포로 나누어지므로 체세포 분열 결과 형성된 두 딸세포는 유전자 구성이 같다.

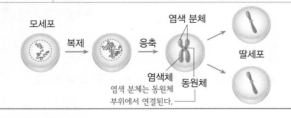

모세포 · 복제 · 응축 · 염색 분체 · 딸세포
염색체 · 동원체
염색 분체는 동원체 부위에서 연결된다.

2 대립유전자
하나의 형질을 결정하는 유전자이다. ➡ 상동 염색체의 같은 위치에 존재한다.

① 상동 염색체는 부모로부터 하나씩 물려받은 것이므로 상동 염색체에 존재하는 대립유전자는 같을 수도 있고(동형 접합성), 서로 다를 수도 있다.(이형 접합성)

② 하나의 염색체를 구성하는 두 염색 분체에 존재하는 유전자는 서로 같다.

기출 분석 문제

1 | 염색체와 DNA

[315~317] 염색체와 DNA에 대한 설명이다. 밑줄 친 부분을 옳게 고치시오.

315 염색체는 <u>히스톤 단백질로만</u> 구성된다.

316 하나의 DNA에 많은 수의 <u>염색체</u>가 존재한다.

317 DNA를 구성하는 기본 단위는 <u>뉴클레오솜</u>이다.

318 그림은 염색체의 구조를 나타낸 것이다.

A~D의 이름을 각각 쓰시오.

319 그림은 어떤 동물의 세포 (가)와 (나)에 존재하는 염색체를 모두 나타낸 것이다.

(가)   (나)

(가)와 (나)의 핵상과 염색체 수를 각각 쓰시오.

[320~321] 염색 분체에 대한 설명이다. ( ) 안에 들어갈 알맞은 말을 쓰시오.

320 염색 분체는 ( )이/가 복제되어 형성된 것이다.

321 하나의 염색체를 구성하는 두 염색 분체에 존재하는 유전자는 서로 ( ).

[322~323] 상동 염색체에 존재하는 대립유전자에 대한 설명으로 옳은 것은 ○표, 옳지 않은 것은 ×표 하시오.

322 대립유전자는 항상 같다.   ( )

323 대립유전자는 부모로부터 하나씩 물려받는다. ( )

324

필수 유형 〉 🔗 76쪽 빈출 자료 ①

그림은 염색체의 구조를 나타낸 것이다.

이에 대한 설명으로 옳은 것만을 [보기]에서 있는 대로 고른 것은?

[보기]
ㄱ. ㉠과 ㉡에는 서로 다른 유전자가 존재한다.
ㄴ. ㉢은 DNA와 히스톤 단백질로 구성된다.
ㄷ. ㉣에는 유전 정보가 저장되어 있다.

① ㄱ   ② ㄴ   ③ ㄷ
④ ㄱ, ㄴ   ⑤ ㄴ, ㄷ

325 수능모의평가기출 변형

그림은 어떤 남자의 핵형 분석 결과를 나타낸 것이다. ㉠은 세포 분열 시 방추사가 부착되는 부분이다.

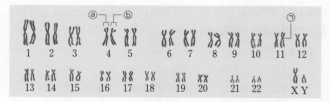

이에 대한 설명으로 옳은 것만을 [보기]에서 있는 대로 고른 것은?

[보기]
ㄱ. ㉠은 동원체이다.
ㄴ. ⓐ와 ⓑ는 상동 염색체이다.
ㄷ. 이 핵형 분석 결과에서 관찰되는 $\dfrac{\text{상염색체의 염색 분체 수}}{\text{성염색체 수}}$ 는 22이다.

① ㄱ   ② ㄷ   ③ ㄱ, ㄴ
④ ㄴ, ㄷ   ⑤ ㄱ, ㄴ, ㄷ

◆ 학교 시험에서 출제율이 70% 이상인 문제들을 엄선하여 수록하였습니다.

326

필수 유형 ⌁ 76쪽 빈출 자료 ②

그림은 세포 (가)와 (나)에 존재하는 염색체를 모두 나타낸 것이다. (가)와 (나)는 각각 동물 A($2n=6$)와 동물 B($2n=?$)의 세포 중 하나이다.

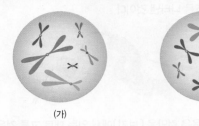

이에 대한 설명으로 옳은 것만을 [보기]에서 있는 대로 고른 것은?(단, 돌연변이는 고려하지 않는다.)

[보기]
ㄱ. (가)의 핵상은 $2n$이다.
ㄴ. (나)는 A의 세포이다.
ㄷ. B의 체세포에는 24개의 염색체가 들어 있다.

① ㄱ　　　　② ㄴ　　　　③ ㄱ, ㄷ
④ ㄴ, ㄷ　　　⑤ ㄱ, ㄴ, ㄷ

[327~328] 그림은 세포 (가)~(라)에 존재하는 염색체를 모두 나타낸 것이다. (가)~(라)는 2가지 동물 종에 속하는 세 개체의 세포이며, 이 동물 개체들의 성염색체 구성은 모두 암컷이 XX, 수컷이 XY이다. 물음에 답하시오.

(가)　　　(나)　　　(다)　　　(라)

327

수능기출 변형

이에 대한 설명으로 옳은 것만을 [보기]에서 있는 대로 고른 것은?(단, 돌연변이는 고려하지 않는다.)

[보기]
ㄱ. (가)와 (나)의 핵상은 같다.
ㄴ. (나)와 (다)는 서로 다른 종에 속하는 개체의 세포이다.
ㄷ. 세포당 X 염색체의 수는 (라)가 (가)의 2배이다.

① ㄴ　　　　② ㄷ　　　　③ ㄱ, ㄴ
④ ㄱ, ㄷ　　　⑤ ㄱ, ㄴ, ㄷ

328 ✦서술형

(나)와 (라)는 같은 개체의 세포인지 서로 다른 개체의 세포인지 그 까닭과 함께 설명하시오.

2 | 염색 분체의 형성과 분리

[329~330] 그림 (가)~(다)는 어떤 세포에서 일어나는 염색 분체의 형성과 염색체의 응축 과정을 1쌍의 상동 염색체를 중심으로 순서 없이 나타낸 것이다. 물음에 답하시오.

(가)　　　(나)　　　(다)

329 ⭐신유형

이에 대한 설명으로 옳은 것만을 [보기]에서 있는 대로 고른 것은?(단, 돌연변이는 고려하지 않는다.)

[보기]
ㄱ. ㉠과 ㉡에 있는 유전자의 종류는 모두 같다.
ㄴ. (나)의 핵상은 n이고, (가)와 (다)의 핵상은 $2n$이다.
ㄷ. 염색 분체의 형성과 염색체의 응축 과정은 (가) → (다) → (나)의 순으로 일어난다.

① ㄱ　　　　② ㄴ　　　　③ ㄱ, ㄷ
④ ㄴ, ㄷ　　　⑤ ㄱ, ㄴ, ㄷ

330 ✦서술형

(나)와 (다)의 세포 1개당 DNA양을 비교하고, 그러한 차이가 나타나는 까닭을 설명하시오.

331

오른쪽 그림은 어떤 형질에 대한 유전자형이 Aa인 사람의 염색체 하나를 나타낸 것이다. Ⅰ에 A가 존재한다. 이에 대한 설명으로 옳은 것만을 [보기]에서 있는 대로 고른 것은?

[보기]
ㄱ. Ⅱ에 a가 존재한다.
ㄴ. Ⅰ과 Ⅱ는 염색 분체이다.
ㄷ. Ⅰ과 Ⅱ에 모두 히스톤 단백질이 존재한다.
ㄹ. Ⅰ과 Ⅱ는 체세포 분열 과정에서 분리된다.

① ㄱ, ㄴ　　　② ㄱ, ㄷ　　　③ ㄱ, ㄴ, ㄷ
④ ㄱ, ㄷ, ㄹ　　⑤ ㄴ, ㄷ, ㄹ

1등급 완성 문제

▶▶ 바른답·알찬풀이 47쪽

◆ 학교 시험 빈출 문제 중 내신 1등급을 결정하는 고난도 문제들을 수록하였습니다.

332 정답률 35%

그림 (가)는 염색체의 구조 일부를, (나)는 A와 B 중 한 물질을 구성하는 기본 단위를 나타낸 것이다.

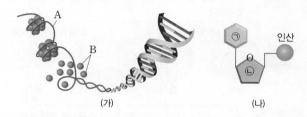

이에 대한 설명으로 옳은 것만을 [보기]에서 있는 대로 고른 것은?

[보기]
ㄱ. A와 B는 뉴클레오솜을 구성한다.
ㄴ. ⊙은 당, ⓒ은 염기이다.
ㄷ. (나)는 A를 구성하는 기본 단위이다.

① ㄱ   ② ㄴ   ③ ㄱ, ㄷ
④ ㄴ, ㄷ   ⑤ ㄱ, ㄴ, ㄷ

333 정답률 40%

표는 생명체의 유전 정보와 관련된 (가)~(라)의 개념을 나타낸 것이다. (가)~(라)는 각각 DNA, 염색체, 유전자, 유전체 중 하나이다.

구분	개념
(가)	유전 정보가 저장된 특정 부위
(나)	?
(다)	한 생명체가 가진 유전 정보 전체
(라)	DNA와 히스톤 단백질로 이루어진 구조

이에 대한 설명으로 옳은 것만을 [보기]에서 있는 대로 고른 것은?

[보기]
ㄱ. (가)는 유전체이다.
ㄴ. '부모로부터 자손에게로 전달되는 유전 물질'은 (나)의 개념에 해당한다.
ㄷ. 사람의 (다)는 하나의 (라)에 저장되어 있다.

① ㄴ   ② ㄷ   ③ ㄱ, ㄴ
④ ㄱ, ㄷ   ⑤ ㄴ, ㄷ

334 정답률 25% 수능모의평가기출 변형

그림은 세포 (가)~(마) 각각에 존재하는 염색체 중 X 염색체를 제외한 나머지 염색체를 모두 나타낸 것이다. (가)~(마)는 각각 서로 다른 개체 A~C의 세포 중 하나이다. A와 B는 같은 종이고, A는 암컷이다. A~C는 모두 $2n=8$이며, 성염색체 구성은 암컷이 XX, 수컷이 XY이다.

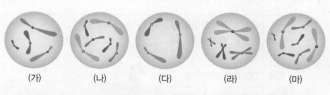

(가)   (나)   (다)   (라)   (마)

이에 대한 설명으로 옳은 것만을 [보기]에서 있는 대로 고른 것은?(단, 돌연변이는 고려하지 않는다.)

[보기]
ㄱ. C는 수컷이다.
ㄴ. (가)와 (라)는 서로 같은 개체의 세포이다.
ㄷ. 세포 1개당 $\dfrac{(나)의 \ X \ 염색체 \ 수}{(마)의 \ 상염색체 \ 수}$ 는 $\dfrac{1}{6}$ 이다.

① ㄱ   ② ㄷ   ③ ㄱ, ㄴ
④ ㄴ, ㄷ   ⑤ ㄱ, ㄴ, ㄷ

📝 서술형 문제

335 정답률 40%

그림 (가)는 응축되지 않은 염색체의 일부 모습을, (나)는 응축된 염색체의 구조를 나타낸 것이다.

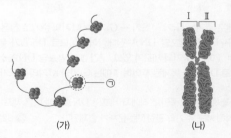

(가)   (나)

(1) ⊙의 구성 물질을 ⊙의 이름을 포함하여 설명하시오.

(2) Ⅰ과 Ⅱ는 어떻게 형성된 것인지 Ⅰ과 Ⅱ의 이름을 포함하여 설명하시오.

(3) 체세포 분열이 일어날 때 (나)의 Ⅰ과 Ⅱ는 어떻게 이동하는지 설명하시오.

10 세포 주기와 세포 분열

1 | 세포 주기와 체세포 분열

1 세포 주기 분열로 생긴 딸세포가 생장하여 다시 분열을 마칠 때까지의 기간이다.

간기	G_1기	세포의 구성 물질을 합성하고, 세포 소기관의 수를 늘린다.
	S기	DNA를 복제한다.
	G_2기	세포 분열을 준비한다.
분열기 (M기)		핵분열과 세포질 분열이 일어난다.

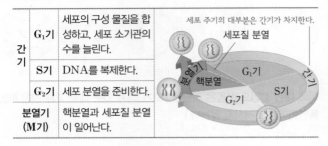

세포 주기의 대부분은 간기가 차지한다.

2 체세포 분열 염색 분체가 분리되어 모세포와 유전자 구성이 같은 2개의 딸세포가 형성된다. ($2n → 2n$)

핵막이 뚜렷하고 염색체가 풀려져 있다. — 간기
핵막이 사라지고, 염색체가 응축된다. — 전기 (동원체에 방추사가 결합한다.)
염색체가 세포의 중앙에 배열된다. — 중기
염색 분체가 분리되어 양극으로 이동한다. — 후기 (형성 중인 핵막)
말기 (응축된 염색체가 풀어지고, 핵막이 나타난다.)
세포질 분열

빈출 자료 ① 세포 주기와 체세포 분열

그림 (가)는 사람에서 체세포의 세포 주기를, (나)는 이 체세포를 배양한 후 세포당 DNA양에 따른 세포 수를 나타낸 것이다.

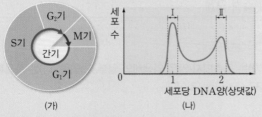

(가) G_2기 / S기 / 간기 / G_1기 / M기

(나) 세포 수 / 세포당 DNA양(상댓값) / Ⅰ / Ⅱ / 0 1 2

• (가): 세포 주기는 G_1기 → S기 → G_2기 → M기의 순서로 진행된다.
• (나): 구간 Ⅰ은 세포당 DNA 상대량이 1이므로 DNA가 복제되기 전이며 Ⅰ에는 G_1기의 세포가 있고, 구간 Ⅱ는 세포당 DNA 상대량이 2이므로 DNA가 복제된 후이며 Ⅱ에는 G_2기와 M기의 세포가 있다.

(필수 유형) 체세포 분열 중인 조직에서 세포당 DNA양에 따른 세포 수 그래프를 분석해 세포 주기와 관련짓는 문제가 출제된다. 🔗 82쪽 347번

2 | 생식세포의 형성과 유전적 다양성

1 감수 분열 유성 생식을 하는 생물에서 생식세포를 만들기 위해 일어나는 세포 분열이다. ➜ DNA 복제 후 연속 2회의 분열로 염색체 수와 DNA양이 체세포의 절반인 4개의 딸세포(생식세포)가 형성된다. ($2n → n$)

| 감수 1분열 | 상동 염색체가 분리된다. ···➜ 염색체 수가 절반으로 감소하고 ($2n → n$), DNA양도 절반으로 감소한다. |
| 감수 2분열 | 염색 분체가 분리된다. ···➜ 염색체 수는 변하지 않고 ($n → n$), DNA양만 절반으로 감소하여 핵상이 n인 4개의 딸세포가 형성된다. |

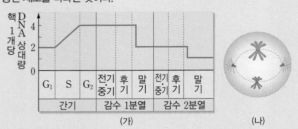

감수 1분열: 2가 염색체 / 전기 → 중기 → 후기 / 분리된 상동 염색체 / 말기
유전자 구성이 다르다.
감수 2분열: 전기 → 중기 → 후기 / 분리된 염색 분체 / 말기 / 유전자 구성이 같다.

빈출 자료 ② 감수 분열에서의 염색체 수와 DNA양 변화

그림 (가)는 감수 분열 과정에서 핵 1개당 DNA양의 변화를, (나)는 분열 중인 세포를 나타낸 것이다.

핵 1개당 DNA 상대량 / G_1 S G_2 전기·중기 후기 말기 전기·중기 후기 말기 / 간기 감수 1분열 감수 2분열 / (가) / (나)

• (가): 감수 분열에서는 간기(S기)에 DNA가 복제된 후 연속 2회의 분열이 일어나 염색체 수와 DNA양이 체세포의 절반인 생식세포가 형성된다.
• (나): 2개의 2가 염색체가 세포의 중앙에 배열되어 있는 감수 1분열 중기 세포이다. ···➜ 이 세포의 DNA 상대량은 4이다.

(필수 유형) 감수 분열 시 DNA양 변화 그래프를 제시하고, 각 시기의 특징 및 염색체 수와 DNA양 변화를 묻는 문제가 출제된다. 🔗 83쪽 352번

2 유전적 다양성 같은 생물종에서 한 형질에 대해 다양한 표현형의 개체들이 존재하는 것이다. → 개체의 대립유전자 구성(조합)이 다르기 때문에 나타난다.

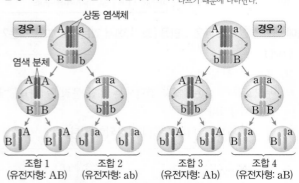

경우 1 / 상동 염색체 / A a / 염색 분체 / B b
경우 2 / A a / b B

조합 1 (유전자형: AB) / 조합 2 (유전자형: ab) / 조합 3 (유전자형: Ab) / 조합 4 (유전자형: aB)

▲ 유전적으로 다양한 생식세포의 형성 과정

유전자형이 AaBb인 개체에서 대립유전자 조합이 각각 AB, Ab, aB, ab인 생식세포가 형성된다.

[336~338] 오른쪽 그림은 어떤 세포의 세포 주기를 나타낸 것이다. 다음 설명에 해당하는 시기의 기호와 이름을 각각 쓰시오.

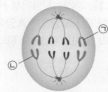

G₂기

336 DNA가 복제된다.

337 세포가 주로 생장한다.

338 핵분열과 세포질 분열이 일어난다.

339 그림은 체세포 분열 중에 관찰되는 세포 (가)~(다)를 나타낸 것이다.

(가)   (나)   (다)

(가)~(다)를 체세포 분열이 진행되는 순서대로 나열하시오.

[340~342] 감수 분열에 대한 설명으로 옳은 것은 ○표, 옳지 않은 것은 ×표 하시오.

340 감수 1분열 결과 염색체 수가 반감된다. (   )

341 감수 2분열 전기에 2가 염색체가 형성된다. (   )

342 감수 1분열 결과 형성된 두 딸세포의 유전자 구성은 서로 같다. (   )

343 표는 체세포 분열과 감수 분열을 비교한 것이다. ( ) 안에 들어갈 알맞은 말을 쓰시오.

구분	분열 횟수	딸세포 수	핵상 변화	딸세포의 DNA양
체세포 분열	(㉠)	2개	$2n \rightarrow 2n$	모세포와 동일
감수 분열	연속 2회	(㉡)	$2n \rightarrow$ (㉢)	모세포의 절반

---

1 | 세포 주기와 체세포 분열

[344~345] 오른쪽 그림은 동물 X(2n=4)의 어떤 세포에 존재하는 염색체를 모두 나타낸 것이다. 이 세포의 DNA 상대량은 1이다. 물음에 답하시오.

344

이에 대한 설명으로 옳은 것만을 [보기]에서 있는 대로 고른 것은?(단, 돌연변이는 고려하지 않는다.)

[보기]
ㄱ. 이 세포는 간기의 세포이다.
ㄴ. 이 세포에서 방추사가 짧아지고 있다.
ㄷ. X의 G₂기 세포는 DNA 상대량이 2이다.

① ㄱ   ② ㄴ   ③ ㄱ, ㄷ
④ ㄴ, ㄷ   ⑤ ㄱ, ㄴ, ㄷ

345 ✏서술형

㉠과 ㉡의 유전자 구성이 같은지 다른지 그 까닭과 함께 설명하시오.

346

그림은 어떤 동물에서 체세포 분열 중인 세포 (가)와 (나)를 나타낸 것이다.

(가)   (나)

이에 대한 설명으로 옳은 것만을 [보기]에서 있는 대로 고른 것은?(단, 돌연변이는 고려하지 않는다.)

[보기]
ㄱ. (가)는 중기의 세포이다.
ㄴ. (가)에서 (나)로 분열이 진행되면서 염색 분체가 분리된다.
ㄷ. (나)의 분열 결과 형성되는 두 딸세포는 유전자 구성이 서로 다르다.

① ㄱ   ② ㄴ   ③ ㄷ
④ ㄱ, ㄴ   ⑤ ㄴ, ㄷ

347

필수 유형 ⊘ 80쪽 빈출 자료 ①

그림 (가)는 사람에서 체세포의 세포 주기를, (나)는 이 체세포를 배양한 후 세포당 DNA양에 따른 세포 수를 나타낸 것이다. ⊙과 ⓛ은 각각 G_1기와 G_2기 중 하나이다.

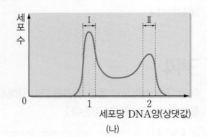

(가) (나)

이에 대한 설명으로 옳은 것만을 [보기]에서 있는 대로 고른 것은?(단, 돌연변이는 고려하지 않는다.)

[보기]
ㄱ. 구간 Ⅰ에는 ⓛ 시기의 세포가 있다.
ㄴ. 구간 Ⅱ에는 2가 염색체를 갖는 세포가 있다.
ㄷ. ⊙의 세포 수는 구간 Ⅰ에서가 구간 Ⅱ에서보다 많다.

① ㄱ ② ㄴ ③ ㄱ, ㄷ
④ ㄴ, ㄷ ⑤ ㄱ, ㄴ, ㄷ

348

그림은 식물에서 체세포의 세포 주기를, 표는 양파의 뿌리 끝에서 관찰되는 세포 ⓐ와 ⓑ의 특징을 나타낸 것이다. ⊙~ⓔ은 각각 M기, S기, G_1기, G_2기 중 하나이고, ⓐ와 ⓑ는 각각 ⊙과 ⓛ 중 한 시기의 세포이다. ⓔ 시기에 DNA가 복제된다.

세포	특징
ⓐ	핵막이 뚜렷이 관찰된다.
ⓑ	염색 분체가 분리되고 있다.

이에 대한 설명으로 옳은 것만을 [보기]에서 있는 대로 고른 것은?(단, 돌연변이는 고려하지 않는다.)

[보기]
ㄱ. ⓐ는 ⓛ 시기의 세포이다.
ㄴ. ⓔ 시기의 세포 중 일부에서 방추사가 형성된다.
ㄷ. 세포당 DNA양은 ⓔ 시기의 세포가 ⓑ의 절반이다.

① ㄱ ② ㄴ ③ ㄱ, ㄷ
④ ㄴ, ㄷ ⑤ ㄱ, ㄴ, ㄷ

349

그림 (가)는 어떤 동물의 체세포 Q를 배양한 후 세포당 DNA양에 따른 세포 수를, (나)는 Q의 체세포 분열 과정 중 ⊙ 시기에서 관찰되는 세포를 나타낸 것이다.

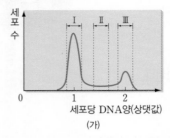

(가) (나)

이에 대한 설명으로 옳은 것만을 [보기]에서 있는 대로 고른 것은?(단, 돌연변이는 고려하지 않는다.)

[보기]
ㄱ. 구간 Ⅰ에는 ⊙ 시기의 세포가 있다.
ㄴ. 구간 Ⅱ에는 DNA 복제가 일어나는 세포가 있다.
ㄷ. 구간 Ⅲ에는 핵상이 n인 세포가 있다.

① ㄱ ② ㄴ ③ ㄱ, ㄷ
④ ㄴ, ㄷ ⑤ ㄱ, ㄴ, ㄷ

350

그림 (가)는 어떤 동물의 체세포가 분열하는 동안 핵 1개당 DNA 상대량의 변화를, (나)는 t_1과 t_2 중 한 시점에서 관찰되는 세포를 나타낸 것이다.

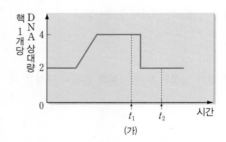

(가) (나)

이에 대한 설명으로 옳은 것만을 [보기]에서 있는 대로 고른 것은?(단, 돌연변이는 고려하지 않는다.)

[보기]
ㄱ. t_1과 t_2 사이에서 염색 분체의 분리가 일어난다.
ㄴ. (나)는 t_2일 때 관찰되는 세포이다.
ㄷ. 이 동물의 G_1기 세포와 t_1일 때 관찰되는 세포의 염색체 수는 같다.

① ㄱ ② ㄴ ③ ㄱ, ㄷ
④ ㄴ, ㄷ ⑤ ㄱ, ㄴ, ㄷ

2 | 생식세포의 형성과 유전적 다양성

351

표는 어떤 동물의 감수 분열 과정에서 관찰되는 세포 (가)~(라)의 세포당 DNA양과 염색체 수를 상댓값으로 나타낸 것이다. ⊙과 ⊙은 각각 DNA양과 염색체 수 중 하나이고, (가)~(라) 중 2개는 중기 세포이다.

구분	(가)	(나)	(다)	(라)
⊙	2	2	4	4
⊙	1	2	4	2

이에 대한 설명으로 옳은 것만을 [보기]에서 있는 대로 고른 것은?(단, 돌연변이는 고려하지 않는다.)

[보기]
ㄱ. G_1기 세포와 (가)는 $\frac{\text{⊙}}{\text{⊙}}$이 같다.
ㄴ. (나)에서 염색 분체가 관찰된다.
ㄷ. 감수 분열 시 (다) → (라) → (나) → (가)의 순서로 나타난다.

① ㄱ   ② ㄷ   ③ ㄱ, ㄴ
④ ㄴ, ㄷ   ⑤ ㄱ, ㄴ, ㄷ

352 수능모의평가기출 변형   필수 유형 ⟫ ✦80쪽 빈출 자료 ②

그림 (가)는 어떤 동물의 세포가 분열하는 동안 핵 1개당 DNA 상대량의 변화를, (나)는 구간 Ⅰ과 Ⅱ 중 한 시점에서 관찰되는 세포를 나타낸 것이다. 이 동물의 특정 형질에 대한 유전자형은 Aa이고, A와 a는 대립유전자이며 ⊙에 A가 존재한다.

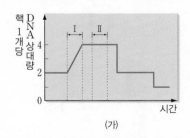
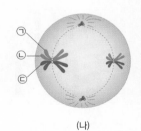

(가)   (나)

이에 대한 설명으로 옳은 것만을 [보기]에서 있는 대로 고른 것은?(단, 돌연변이는 고려하지 않는다.)

[보기]
ㄱ. 구간 Ⅰ에는 핵막을 가진 세포가 있다.
ㄴ. (나)에서 ⊙에 a가, ⊙에 A가 각각 존재한다.
ㄷ. (나)는 구간 Ⅱ에서 관찰된다.

① ㄱ   ② ㄴ   ③ ㄱ, ㄷ
④ ㄴ, ㄷ   ⑤ ㄱ, ㄴ, ㄷ

353

오른쪽 그림은 어떤 동물($2n=?$)의 세포 분열 과정의 어느 한 시점에서 관찰되는 세포 X에 들어 있는 모든 염색체를 나타낸 것이다. 이 동물의 특정 형질에 대한 유전자형은 Rr이고, R와 r는 대립유전자이다. 이에 대한 설명으로 옳은 것만을 [보기]에서 있는 대로 고른 것은?(단, 돌연변이는 고려하지 않는다.)

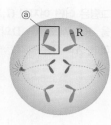

[보기]
ㄱ. ⓐ에는 유전자 r가 있다.
ㄴ. X는 감수 2분열 후기 세포이다.
ㄷ. 이 동물의 세포 1개당 체세포 분열 중기 세포의 염색 분체 수는 6이다.

① ㄱ   ② ㄴ   ③ ㄱ, ㄷ
④ ㄴ, ㄷ   ⑤ ㄱ, ㄴ, ㄷ

[354~355] 그림은 분열 중인 세포 A~C를 나타낸 것이다. A~C는 각각 동물 (가)($2n=4$)와 동물 (나)($2n=?$)의 세포 중 하나이다. 물음에 답하시오.

A   B   C

354

이에 대한 설명으로 옳은 것만을 [보기]에서 있는 대로 고른 것은?(단, 돌연변이는 고려하지 않는다.)

[보기]
ㄱ. A~C 중 (가)의 세포는 A와 B이다.
ㄴ. 세포 1개당 염색 분체 수는 (가)의 체세포 분열 중기 세포와 B가 같다.
ㄷ. (나)의 감수 1분열 전기 세포에는 4개의 2가 염색체가 존재한다.

① ㄴ   ② ㄷ   ③ ㄱ, ㄴ
④ ㄱ, ㄷ   ⑤ ㄴ, ㄷ

355 ✏서술형

A가 세포 분열을 계속하여 2개의 딸세포를 형성할 때 세포당 DNA양과 염색체 수는 각각 어떻게 변하는지 그 까닭과 함께 설명하시오.

356

그림은 어떤 여자의 G_1기 세포 ㉠으로부터 일어나는 세포 분열 과정을, 표는 세포 A~D의 핵상과 핵 1개당 DNA 상대량을 나타낸 것이다. A~D는 각각 ㉠~㉣ 중 하나이다.

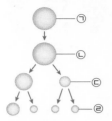

구분	핵상	핵 1개당 DNA 상대량
A	?	4
B	?	1
C	$2n$	2
D	?	2

이에 대한 설명으로 옳은 것만을 [보기]에서 있는 대로 고른 것은?(단, ㉡과 ㉢은 중기 세포이고, 돌연변이는 고려하지 않는다.)

【 보기 】
ㄱ. A에는 23개의 2가 염색체가 존재한다.
ㄴ. $\dfrac{핵\ 1개당\ DNA\ 상대량}{세포\ 1개당\ 염색체\ 수}$ 은 A가 D의 2배이다.
ㄷ. C로부터 B가 형성되는 과정에서 1회의 DNA 복제와 연속 2회의 핵분열이 일어났다.

① ㄱ   ② ㄷ   ③ ㄱ, ㄴ
④ ㄱ, ㄷ   ⑤ ㄴ, ㄷ

357

그림 (가)~(다)는 $2n=4$인 동물의 체세포 분열 과정과 감수 분열 과정의 일부를 순서 없이 나타낸 것이다.

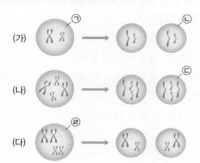

이에 대한 설명으로 옳은 것만을 [보기]에서 있는 대로 고른 것은?

【 보기 】
ㄱ. 세포 1개당 DNA양은 ㉠이 ㉡의 2배이다.
ㄴ. ㉢과 ㉣은 모두 핵상이 $2n$이다.
ㄷ. (가)는 감수 1분열, (다)는 감수 2분열 과정이다.

① ㄱ   ② ㄷ   ③ ㄱ, ㄴ
④ ㄴ, ㄷ   ⑤ ㄱ, ㄴ, ㄷ

358

그림은 어떤 생물($2n$)에서 일어나는 연속적인 세포 분열 과정에서 시간에 따른 핵 1개당 DNA 상대량의 변화를 나타낸 것이다. A~D는 각 시점에서 관찰되는 세포이며, A~D 중 한 세포에 2가 염색체가 존재한다.

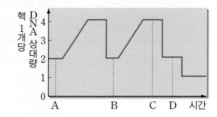

이에 대한 설명으로 옳은 것만을 [보기]에서 있는 대로 고른 것은?(단, 돌연변이는 고려하지 않는다.)

【 보기 】
ㄱ. A, B, D는 모두 핵상이 같다.
ㄴ. 2가 염색체가 존재하는 세포는 C이다.
ㄷ. C는 $\dfrac{염색\ 분체\ 수}{염색체\ 수}$가 2이다.

① ㄱ   ② ㄷ   ③ ㄱ, ㄴ
④ ㄴ, ㄷ   ⑤ ㄱ, ㄴ, ㄷ

359

그림은 유전자형이 AaBb인 어떤 생물($2n=4$)에서 생식세포 ㉠~㉣의 형성 과정을 나타낸 것이다. A와 B는 각각 a와 b의 대립유전자이고, 서로 다른 염색체에 존재한다. ㉠의 유전자형은 Ab이다.

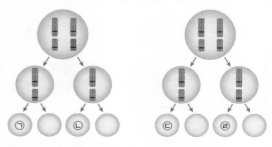

이에 대한 설명으로 옳은 것만을 [보기]에서 있는 대로 고른 것은?(단, 돌연변이는 고려하지 않는다.)

【 보기 】
ㄱ. ㉡의 유전자형은 aB이다.
ㄴ. ㉠~㉣의 유전자형은 모두 다르다.
ㄷ. 이 생물에서 형성되는 생식세포의 염색체 조합은 4가지이다.

① ㄱ   ② ㄴ   ③ ㄱ, ㄷ
④ ㄴ, ㄷ   ⑤ ㄱ, ㄴ, ㄷ

1등급 완성 문제

» 바른답·알찬풀이 51쪽

360 정답률 25%

그림 (가)는 분열하는 세균 집단 Q의 세포당 DNA양에 따른 세포 수를, (나)는 Q의 세포 주기를 나타낸 것이다. ㉠~㉢은 각각 G_1기, G_2기, M기 중 하나이며, 물질 @는 방추사의 형성을 억제한다.

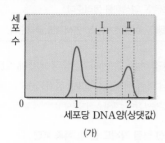
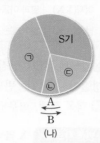

(가) (나)

이에 대한 설명으로 옳은 것만을 [보기]에서 있는 대로 고른 것은?(단, 돌연변이는 고려하지 않는다.)

[보기]
ㄱ. 구간 Ⅰ에는 간기의 세포가 있다.
ㄴ. 세포 주기는 A 방향으로 진행된다.
ㄷ. Q에 @를 처리하면 구간 Ⅱ에 존재하는 세포의 수가 @를 처리하기 전보다 증가한다.

① ㄱ ② ㄴ ③ ㄱ, ㄷ ④ ㄴ, ㄷ ⑤ ㄱ, ㄴ, ㄷ

361 정답률 25%

그림은 유전자형이 AaBbDD인 어떤 사람이 가지고 있는 염색체 중 하나를, 표는 이 사람의 세포 ㉠~㉢에서 유전자 a, B, D의 DNA 상대량을 나타낸 것이다. ㉠~㉢ 중 2개는 중기 세포이다.

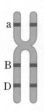

세포	DNA 상대량		
	a	B	D
㉠	?	1	2
㉡	0	?	2
㉢	?	2	2

이에 대한 설명으로 옳은 것만을 [보기]에서 있는 대로 고른 것은?(단, A, a, B, b, D 1개당 DNA 상대량은 같으며, 돌연변이는 고려하지 않는다.)

[보기]
ㄱ. ㉠에는 2가 염색체가 존재한다.
ㄴ. ㉡과 ㉢은 모두 감수 2분열 중기 세포이다.
ㄷ. 세포당 $\dfrac{\text{B의 수}}{\text{a의 수}}$는 ㉠과 ㉢이 같다.

① ㄴ ② ㄷ ③ ㄱ, ㄴ ④ ㄴ, ㄷ ⑤ ㄱ, ㄴ, ㄷ

362 정답률 35%

그림 (가)는 어떤 생물의 세포 분열 일부에서 시간에 따른 핵 1개당 ㉠을, (나)는 t_1과 t_2 중 한 시점에서 관찰되는 세포를 나타낸 것이다. ㉠은 염색체 수와 DNA양 중 하나이다.

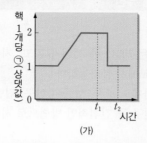

(가) (나)

이에 대한 설명으로 옳은 것만을 [보기]에서 있는 대로 고른 것은?(단, 돌연변이는 고려하지 않는다.)

[보기]
ㄱ. ㉠은 염색체 수이다.
ㄴ. 이 생물의 G_2기 세포는 핵 1개당 ㉠이 2이다.
ㄷ. 핵 1개당 $\dfrac{\text{DNA양}}{\text{염색체 수}}$은 t_1일 때의 세포와 t_2일 때의 세포에서 같다.

① ㄴ ② ㄷ ③ ㄱ, ㄴ
④ ㄱ, ㄷ ⑤ ㄴ, ㄷ

서술형 문제

363 정답률 30%

자료는 생물 (가)와 (나)의 세포 분열에 대한 설명을, 그림은 (가)와 (나) 중 한 생물의 어떤 세포에 존재하는 염색체를 모두 나타낸 것이다.

• (가)의 체세포 분열 전기 세포에는 4개의 염색 분체가 존재한다.
• (나)의 감수 1분열 중기 세포에는 ㉠개의 2가 염색체가 존재한다.

(1) (가)의 생식세포의 염색체 수를 쓰시오.

(2) 그림은 (가)와 (나) 중 어떤 생물의 세포인지 쓰시오.

(3) ㉠을 쓰고, 그렇게 판단한 까닭을 설명하시오.

11 Ⅳ 유전
사람의 유전

1 | 사람의 유전과 상염색체 유전

1 사람의 유전 연구

① 사람의 유전 연구가 어려운 까닭: 한 세대가 길고, 자손의 수가 적으며, 인위적인 교배가 불가능하다. ┌유전자와 환경이 형질에 미치는 영향을 알 수 있다.

② 사람의 유전 연구 방법: 가계도 조사, 쌍둥이 연구, 집단 조사, 염색체 및 유전자 연구 등 간접적인 방법으로 사람의 유전 현상을 연구한다.

2 상염색체 유전 형질을 결정하는 유전자가 상염색체에 있어 형질이 나타나는 빈도가 성별과 관계없이 같다.

예 귓불 모양, 이마선 모양, 혀 말기

① 대립유전자의 종류가 2가지인 경우: 대립 형질(우성과 열성)이 뚜렷이 구분되고, 일반적으로 우열의 원리와 분리의 법칙에 따라 유전된다.

구분	귓불 모양	이마선 모양	보조개	눈꺼풀	혀 말기
우성	분리형	M자형	있음.	쌍꺼풀	가능
열성	부착형	일자형	없음.	외까풀	불가능

빈출 자료 ① **상염색체 유전 형질 가계도 분석: 귓불 모양**

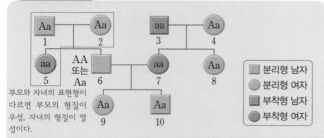

┌부모와 자녀의 표현형이 다르면 부모의 형질이 우성, 자녀의 형질이 열성이다.

■ 분리형 남자
● 분리형 여자
■ 부착형 남자
● 부착형 여자

- 귓불 모양에 대해 분리형인 부모(1과 2) 사이에서 부착형인 자녀(5)가 태어났다. ···→ 분리형(A)이 우성, 부착형(a)이 열성이다.
- 부착형인 사람(3, 5, 7)은 모두 유전자형이 열성 동형 접합성(aa)이다.
- 부착형 자녀를 둔 분리형인 부모(1, 2, 4)는 모두 유전자형이 이형 접합성(Aa)이다.
- 부모 중 한 사람이 부착형일 때 분리형인 자녀(8, 9, 10)는 모두 유전자형이 이형 접합성(Aa)이다.

필수 유형 가계도를 분석하여 대립유전자의 우열 관계와 염색체 상의 위치를 파악하거나 자손에서 특정 형질이 나타날 확률을 구하는 문제가 자주 출제된다. ✏ 88쪽 375번

② 대립유전자의 종류가 3가지인 경우(복대립 유전)

- ABO식 혈액형: 대립유전자 A, B, O에 의해 결정된다.
  → 대립유전자 A와 B 사이에는 우열이 없으며, O는 A와 B 모두에 대해 열성이다.(A=B>O)

표현형	A형		B형		AB형	O형
유전자형	AA	AO	BB	BO	AB	OO

2 | 성염색체 유전

1 사람의 성 결정 방식 성염색체 구성에 의해 결정된다. → 정자의 성염색체에 의해 성이 결정된다.

여자(XX)	딸과 아들에게 모두 X 염색체를 물려준다.
남자(XY)	딸에게는 X 염색체를, 아들에게는 Y 염색체를 물려준다.

2 성염색체 유전 형질을 결정하는 유전자가 성염색체에 있어 형질이 나타나는 빈도가 남녀에서 다르다.(반성유전)

예 적록 색맹, 혈우병 적록 색맹이 나타날 확률은 여자보다 남자에서 높다.

빈출 자료 ② **X 염색체 유전 형질 가계도 분석: 적록 색맹**

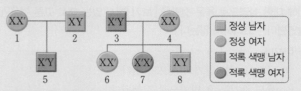

■ 정상 남자
● 정상 여자
■ 적록 색맹 남자
● 적록 색맹 여자

- 적록 색맹에 대해 정상인 부모(1과 2) 사이에서 적록 색맹인 자녀(5)가 태어났다. ···→ 정상(X)이 우성, 적록 색맹(X′)이 열성이다.
- 정상 남자(2, 8)의 유전자형은 XY, 적록 색맹 남자(3, 5)의 유전자형은 X′Y, 적록 색맹 여자(7)의 유전자형은 X′X′이다.
- 1과 4는 각각 5와 7에게 X′을 물려주었으므로 1과 4의 유전자형이 모두 XX′이며, 6은 아버지(3)로부터 X′을 물려받았으므로 유전자형이 XX′이다.

필수 유형 적록 색맹 유전 가계도에서 가족 구성원의 유전자형을 파악하거나 적록 색맹 대립유전자의 전달 경로를 묻는 문제가 출제된다. ✏ 89쪽 381번

3 | 다인자 유전

1 다인자 유전

① 하나의 형질이 여러 쌍의 대립유전자에 의해 결정된다.

② 대립 형질이 뚜렷이 구분되지 않고 표현형이 다양하며, 환경의 영향을 받아 연속적인 변이를 나타낸다.

예 사람의 피부색, 키, 몸무게

- 피부색 유전: 사람의 피부색은 서로 다른 염색체에 존재하는 3쌍의 대립유전자(A와 a, B와 b, C와 c)에 의해 결정되며, A, B, C의 개수가 많을수록 피부색이 짙어진다고 가정하면 표현형은 총 7가지(A, B, C의 개수가 0개~6개)이다.

2 단일 인자 유전과 다인자 유전의 비교

구분	대립유전자	표현형 분포
단일 인자 유전	한 쌍	대립 형질이 뚜렷하게 구분
다인자 유전	여러 쌍	표현형이 다양

[364~368] 사람의 유전에 대한 설명으로 옳은 것은 ○표, 옳지 않은 것은 ×표 하시오.

364 사람의 유전 현상은 주로 직접 교배를 통해 연구한다.
　　　　　　　　　　　　　　　　　　　　　（　　　）

365 특정 형질 유전에서 부모와 자녀의 표현형이 다르면 부모의 형질이 우성이다.　　　　　　　　　（　　　）

366 열성 형질을 나타내는 사람의 유전자형은 이형 접합성이다.　　　　　　　　　　　　　　　（　　　）

367 ABO식 혈액형에서 대립유전자 A와 B를 모두 갖는 사람의 혈액형은 A형이다.　　　　　　　　（　　　）

368 키나 몸무게는 여러 쌍의 대립유전자에 의해 결정된다.
　　　　　　　　　　　　　　　　　　　　　（　　　）

369 그림은 사람의 어떤 유전병에 대한 가계도를 나타낸 것이다. 이 유전병을 결정하는 유전자는 상염색체에 있다.

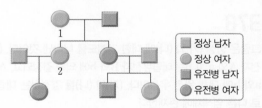

■	정상 남자
●	정상 여자
■	유전병 남자
●	유전병 여자

1과 2의 유전병 유전자형을 각각 쓰시오.(단, 우성 대립유전자는 T, 열성 대립유전자는 t이다.)

[370~372] 사람의 성 결정 방식과 성염색체 유전에 대한 설명이다. (　　) 안에 들어갈 알맞은 말을 고르시오.

370 아버지는 성염색체 중 ㉠(X , Y) 염색체는 딸에게, ㉡(X , Y) 염색체는 아들에게 물려준다.

371 적록 색맹 유전의 경우, 정상인 아버지로부터 태어나는 딸은 항상 (정상, 적록 색맹)이다.

372 어머니는 자녀에게 ㉠(X , Y) 염색체를 물려주므로 어머니가 적록 색맹이면 자녀 중 ㉡(딸, 아들)은 항상 적록 색맹이다.

---

1 | 사람의 유전과 상염색체 유전

373

다음은 사람의 유전에 대한 학생 A~C의 의견이다.

제시한 의견이 옳은 학생만을 있는 대로 고른 것은?

① B　　　　　　② C　　　　　　③ A, B
④ A, C　　　　　⑤ A, B, C

374

그림은 어떤 가족의 유전 형질 ㉠에 대한 가계도를 나타낸 것이다. ㉠은 대립유전자 A와 a에 의해 결정되며, A는 a에 대해 완전 우성이다.

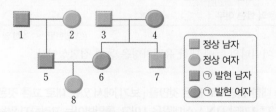

■	정상 남자
●	정상 여자
■	㉠ 발현 남자
●	㉠ 발현 여자

이에 대한 설명으로 옳은 것만을 [보기]에서 있는 대로 고른 것은?(단, 돌연변이는 고려하지 않는다.)

[보기]

ㄱ. ㉠ 발현은 열성이다.
ㄴ. ㉠을 결정하는 유전자는 상염색체에 있다.
ㄷ. 4와 5는 모두 a를 가지고 있다.

① ㄱ　　　　　　② ㄴ　　　　　　③ ㄱ, ㄷ
④ ㄴ, ㄷ　　　　　⑤ ㄱ, ㄴ, ㄷ

375

필수 유형 〉 🔗 86쪽 빈출 자료 ①

그림은 귓불 모양에 대한 가계도를 나타낸 것이다. 특정 모양의 귓불이 나타날 확률은 남자와 여자에서 같다.

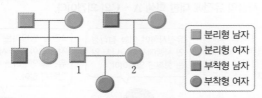

■ 분리형 남자
● 분리형 여자
■ 부착형 남자
● 부착형 여자

이에 대한 설명으로 옳은 것만을 [보기]에서 있는 대로 고른 것은?(단, 돌연변이는 고려하지 않는다.)

[보기]
ㄱ. 분리형이 부착형에 대해 우성이다.
ㄴ. 1과 2 사이에서 아이가 1명 더 태어날 때, 이 아이가 분리형일 확률은 $\frac{1}{2}$이다.
ㄷ. 이 가계도에서 귓불 모양에 대한 유전자형을 정확히 알 수 없는 사람은 모두 2명이다.

① ㄱ ② ㄷ ③ ㄱ, ㄴ
④ ㄱ, ㄷ ⑤ ㄴ, ㄷ

376

다음은 어떤 가족의 유전 형질 ㉠에 대한 자료이다.

- ㉠의 발현은 대립유전자 T와 T*에 의해 결정되며, T는 T*에 대해 완전 우성이다.
- 표는 이 가족 구성원의 성별과 ㉠의 발현 여부를 나타낸 것이다.

구분	아버지	어머니	자녀 1	자녀 2	자녀 3
성별	남	여	여	남	여
㉠의 발현 여부	○	×	×	○	○

(○: 발현됨, ×: 발현 안 됨.)

- 어머니의 ㉠에 대한 유전자형은 동형 접합성이다.

이에 대한 설명으로 옳은 것만을 [보기]에서 있는 대로 고른 것은?(단, T와 T* 1개당 DNA 상대량은 1이고, 돌연변이는 고려하지 않는다.)

[보기]
ㄱ. ㉠을 결정하는 유전자는 상염색체에 있다.
ㄴ. 자녀 3의 체세포 1개당 T의 DNA 상대량은 1이다.
ㄷ. 자녀 4가 태어날 때, 이 아이가 ㉠ 발현인 딸일 확률은 $\frac{1}{2}$이다.

① ㄱ ② ㄴ ③ ㄱ, ㄴ
④ ㄴ, ㄷ ⑤ ㄱ, ㄴ, ㄷ

377

오른쪽 표는 영희네 가족의 각 구성원에서 어떤 유전병을 결정하는 대립유전자 T와 T*의 DNA 상대량을 나타낸 것이다. 아버지와 오빠는 표현형이 다르다. 이에 대한 설명으로 옳은 것만을 [보기]에서 있는 대로 고른 것은?(단, T와 T* 1개당 DNA 상대량은 같고, 돌연변이는 고려하지 않는다.)

구분	DNA 상대량	
	T	T*
어머니	1	1
아버지	1	1
오빠	0	㉠
영희	㉡	1

[보기]
ㄱ. ㉠은 2, ㉡은 1이다.
ㄴ. T는 우성 대립유전자이다.
ㄷ. 이 유전병은 상염색체 유전 형질이다.

① ㄴ ② ㄷ ③ ㄱ, ㄴ
④ ㄱ, ㄷ ⑤ ㄱ, ㄴ, ㄷ

378

그림은 형질 (가)와 (나)에 대한 가계도를 나타낸 것이다. (가)는 대립유전자 A와 a, (나)는 대립유전자 B와 b에 의해 결정되고, A와 B는 각각 a와 b에 대해 완전 우성이다. (가)와 (나)를 결정하는 대립유전자는 서로 다른 염색체에 존재한다.

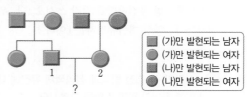

■ (가)만 발현되는 남자
● (가)만 발현되는 여자
■ (나)만 발현되는 남자
● (나)만 발현되는 여자

이에 대한 설명으로 옳은 것만을 [보기]에서 있는 대로 고른 것은?(단, 돌연변이는 고려하지 않는다.)

[보기]
ㄱ. (가)만 발현되는 사람의 (가)에 대한 유전자형은 모두 동형 접합성이다.
ㄴ. 1과 2 사이에서 (가)와 (나)가 모두 발현되는 아이가 태어날 수 있다.
ㄷ. 2의 동생이 태어날 때, 이 아이에게서 (가)와 (나)가 모두 발현될 확률은 $\frac{3}{8}$이다.

① ㄱ ② ㄴ ③ ㄱ, ㄷ
④ ㄴ, ㄷ ⑤ ㄱ, ㄴ, ㄷ

379

그림은 영희네 가족의 ABO식 혈액형에 대한 가계도를 나타낸 것이다. ABO식 혈액형은 대립유전자 A, B, O에 의해 결정된다.

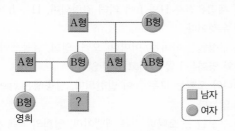

이에 대한 설명으로 옳은 것만을 [보기]에서 있는 대로 고른 것은?(단, 돌연변이는 고려하지 않는다.)

[보기]
ㄱ. 영희와 어머니는 ABO식 혈액형에 대한 유전자형이 같다.
ㄴ. 영희의 남동생이 A형일 확률은 $\frac{1}{2}$이다.
ㄷ. 영희의 외할아버지와 외할머니는 모두 대립유전자 O를 가진다.

① ㄱ   ② ㄴ   ③ ㄷ   ④ ㄱ, ㄷ   ⑤ ㄴ, ㄷ

380 수능모의평가기출 변형

다음은 어떤 가족의 유전 형질 ㉠과 ABO식 혈액형에 대한 자료이다.

- ㉠은 ㉠ 발현 대립유전자 T와 정상 대립유전자 T*에 의해 결정되며, T와 T*의 우열 관계는 분명하다.
- ㉠의 유전자와 ABO식 혈액형 유전자는 같은 염색체에 존재한다.
- 가족 구성원 1, 3, 5의 ABO식 혈액형은 모두 B형이고, 6은 A형이다. 1의 ABO식 혈액형에 대한 유전자형은 동형 접합성이다.

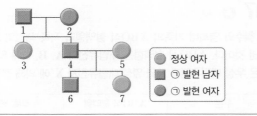

이에 대한 설명으로 옳은 것만을 [보기]에서 있는 대로 고른 것은?(단, 돌연변이와 교차는 고려하지 않는다.)

[보기]
ㄱ. 2의 ABO식 혈액형에 대한 유전자형은 이형 접합성이다.
ㄴ. 6은 2로부터 T를 물려받았다.
ㄷ. 7의 동생이 태어날 때, 이 아이가 ㉠ 발현이면서 AB형일 확률은 25 %이다.

① ㄱ   ② ㄴ   ③ ㄱ, ㄷ   ④ ㄴ, ㄷ   ⑤ ㄱ, ㄴ, ㄷ

2 | 성염색체 유전

381   필수 유형   ● 86쪽 빈출 자료 ②

그림은 적록 색맹에 대한 가계도를 나타낸 것이다. 적록 색맹은 우성 대립유전자 X와 열성 대립유전자 X′에 의해 결정된다.

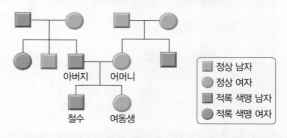

이에 대한 설명으로 옳지 않은 것은?(단, 돌연변이는 고려하지 않는다.)

① 적록 색맹은 정상에 대해 열성이다.
② 여동생은 보인자이다.
③ 철수는 어머니로부터 X′을 물려받았다.
④ 이 가계도에서 유전자형을 정확히 알 수 없는 사람은 1명이다.
⑤ 철수의 동생이 1명 더 태어날 때, 이 아이가 정상 남자일 확률은 $\frac{1}{4}$이다.

382

표는 철수네 가족의 어떤 유전 형질에 대한 표현형을 나타낸 것이다. 이 형질은 우성 대립유전자 R와 열성 대립유전자 r에 의해 결정되며, 누나와 형은 각각 R와 r 중 1가지만 가진다.

구분	아버지	어머니	누나	형	철수
표현형	×	○	×	○	○

(○: 발현됨, ×: 발현 안 됨.)

이에 대한 설명으로 옳은 것만을 [보기]에서 있는 대로 고른 것은?(단, 돌연변이는 고려하지 않는다.)

[보기]
ㄱ. '발현됨.'이 열성 형질이다.
ㄴ. 철수는 아버지로부터 r를 물려받았다.
ㄷ. 철수의 여동생이 태어날 때, 이 아이의 표현형이 '발현 안 됨.'일 확률은 $\frac{1}{2}$이다.

① ㄱ   ② ㄷ   ③ ㄱ, ㄴ
④ ㄴ, ㄷ   ⑤ ㄱ, ㄴ, ㄷ

[383~384] 다음은 사람의 어떤 유전병에 대한 자료이다. 물음에 답하시오.

- 유전병은 우열 관계가 분명한 대립유전자 H와 H*에 의해 결정된다.
- 그림은 유전병에 대한 가계도를 나타낸 것이다.

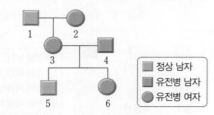

□ 정상 남자
■ 유전병 남자
● 유전병 여자

- 표는 가족 구성원의 H* 유무를 나타낸 것이다.

구성원	1	2	3	4	5	6
H*의 유무	○	×	○	×	○	×

(○: 있음, ×: 없음.)

383

이에 대한 설명으로 옳은 것만을 [보기]에서 있는 대로 고른 것은?(단, 돌연변이는 고려하지 않는다.)

[보기]
ㄱ. 이 유전병은 상염색체 유전 형질이다.
ㄴ. 1과 5는 모두 H를 가지지 않는다.
ㄷ. 3은 2로부터 H를 물려받았다.

① ㄱ   ② ㄷ   ③ ㄱ, ㄴ
④ ㄱ, ㄷ   ⑤ ㄴ, ㄷ

384

6의 동생이 태어날 때, 이 아이가 유전병을 가진 남자일 확률은?

① $\frac{1}{8}$ ② $\frac{1}{4}$ ③ $\frac{1}{2}$ ④ $\frac{3}{4}$ ⑤ 1

385 ✍ 서술형

다음은 어떤 유전병에 대한 설명이다.

- 아버지가 정상이면 딸은 항상 정상이다.
- 어머니가 유전병을 나타내면 아들은 항상 유전병을 나타낸다.

이 유전병을 나타낼 확률은 남자와 여자 중 누가 더 높은지 그 까닭과 함께 설명하시오.

386

다음은 영희네 가족의 유전 형질 ⊙과 적록 색맹에 대한 자료이다.

- ⊙은 대립유전자 H와 h에 의해 결정되며, H는 h에 대해 완전 우성이다.
- 가족 구성원은 아버지, 어머니, 오빠, 영희, 남동생이며, 아버지와 영희는 h를 가지고 있지 않다.
- 어머니와 오빠는 모두 ⊙이 발현되며, 남동생은 ⊙이 발현되지 않는다.
- 가족 구성원 중 오빠만 적록 색맹이며, 영희의 적록 색맹에 대한 유전자형은 이형 접합성이다.

이에 대한 설명으로 옳은 것만을 [보기]에서 있는 대로 고른 것은?(단, 돌연변이는 고려하지 않는다.)

[보기]
ㄱ. H와 h는 X 염색체에 있다.
ㄴ. 아버지는 ⊙이 발현되지 않는다.
ㄷ. 영희와 ⊙이 발현되고 적록 색맹인 남자 사이에서 아이가 태어날 때, 이 아이에게서 ⊙이 발현되고 적록 색맹이 나타나지 않을 확률은 $\frac{1}{4}$이다.

① ㄱ   ② ㄴ   ③ ㄱ, ㄷ
④ ㄴ, ㄷ   ⑤ ㄱ, ㄴ, ㄷ

387 ✍ 서술형

표는 철수와 영희네 가족의 ABO식 혈액형과 적록 색맹의 표현형을 나타낸 것이다. ABO식 혈액형은 대립유전자 A, B, O에 의해, 적록 색맹은 우성 대립유전자 X와 열성 대립유전자 X′에 의해 결정된다.

구분		ABO식 혈액형	적록 색맹
철수네 가족	아버지	AB형	정상
	어머니	B형	정상
	철수(아들)	A형	정상
영희네 가족	아버지	A형	적록 색맹
	어머니	B형	정상
	영희(딸)	B형	정상

철수와 영희 사이에서 O형인 아들이 태어날 확률과 적록 색맹인 딸이 태어날 확률 중 어느 것이 높은지 그 까닭과 함께 설명하시오.(단, 돌연변이는 고려하지 않는다.)

388

그림은 어떤 학급에서 미맹과 피부색을 조사한 결과를 나타낸 것이다.

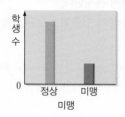 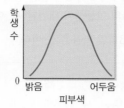

이에 대한 설명으로 옳은 것만을 [보기]에서 있는 대로 고른 것은?

[보기]

ㄱ. 미맹은 우열 관계가 분명한 대립유전자에 의해 결정된다.

ㄴ. 피부색은 여러 쌍의 대립유전자에 의해 결정된다.

ㄷ. 미맹은 피부색보다 환경의 영향을 많이 받는 형질이다.

① ㄱ   ② ㄷ   ③ ㄱ, ㄴ

④ ㄴ, ㄷ   ⑤ ㄱ, ㄴ, ㄷ

389

다음은 사람의 피부색 유전을 이해하기 위해 가정한 내용이다.

• 피부색은 서로 다른 상염색체에 존재하는 3쌍의 대립유전자(A와 a, B와 b, D와 d)에 의해 결정된다.

• 피부색의 표현형은 유전자형에서 A, B, D의 개수에 의해서만 결정되며, A, B, D의 개수가 많을수록 피부색은 어둡다.

• 남자 (가)와 여자 (나)의 유전자형은 모두 AaBbDd이다.

이에 대한 설명으로 옳은 것만을 [보기]에서 있는 대로 고른 것은?(단, 돌연변이는 고려하지 않는다.)

[보기]

ㄱ. 피부색의 표현형은 모두 6가지이다.

ㄴ. 피부색의 유전자형이 AaBbDd인 사람과 aaBBDd인 사람의 표현형은 같다.

ㄷ. (가)와 (나) 사이에서 아이가 태어날 때, 이 아이의 유전자형이 AABBDD일 확률은 $\frac{1}{64}$ 이다.

① ㄱ   ② ㄷ   ③ ㄱ, ㄴ

④ ㄱ, ㄷ   ⑤ ㄴ, ㄷ

390

다음은 남자 (가)와 여자 (나)에 대한 자료이다. 대립유전자 A, B, D는 형질 ㉠을, 2쌍의 대립유전자(E와 e, F와 f)는 형질 ㉡을 결정한다. ㉠을 결정하는 대립유전자 사이의 우열 관계는 모두 분명하며, ㉡의 표현형은 E와 F의 개수에 의해서만 결정되고, E와 F의 개수가 다르면 표현형이 다르다.

• (가)의 유전자형은 ABEeFf이고, (나)의 유전자형은 ADEeFf이다.

• (가)에서 A와 B, (나)에서 A와 D는 각각 상동 염색체의 같은 위치에 존재한다.

• (가)와 (나)의 ㉠에 대한 표현형은 같다.

• (가)에서 A, E, F는 서로 다른 염색체에 존재한다.

이에 대한 설명으로 옳은 것만을 [보기]에서 있는 대로 고른 것은?(단, 제시된 유전자만 고려하며, 돌연변이는 고려하지 않는다.)

[보기]

ㄱ. ㉠은 복대립 유전 형질, ㉡은 다인자 유전 형질이다.

ㄴ. ㉠을 결정하는 대립유전자 A는 B와 D에 대해 각각 우성이다.

ㄷ. (가)와 (나) 사이에서 태어나는 자손에서 나타날 수 있는 ㉡의 표현형은 최대 4가지이다.

① ㄱ   ② ㄷ   ③ ㄱ, ㄴ   ④ ㄴ, ㄷ   ⑤ ㄱ, ㄴ, ㄷ

391

다음은 사람의 유전 형질 ㉠에 대한 자료이다.

• ㉠은 서로 다른 상염색체에 존재하는 3쌍의 대립유전자 A와 a, B와 b, D와 d에 의해 결정된다.

• ㉠의 표현형은 유전자형에서 대문자로 표시되는 대립유전자의 개수에 의해서만 결정되며, 이 대립유전자의 개수가 다르면 ㉠의 표현형이 다르다.

이에 대한 설명으로 옳은 것만을 [보기]에서 있는 대로 고른 것은?(단, 돌연변이는 고려하지 않는다.)

[보기]

ㄱ. ㉠은 다인자 유전 형질이다.

ㄴ. ㉠의 유전자형이 AaBbDD인 사람과 AaBBDd인 사람의 표현형은 같다.

ㄷ. ㉠의 유전자형이 AaBbdd인 부모 사이에서 아이가 태어날 때, 이 아이의 ㉠에 대한 표현형이 부모와 같을 확률은 $\frac{1}{8}$ 이다.

① ㄱ   ② ㄷ   ③ ㄱ, ㄴ   ④ ㄴ, ㄷ   ⑤ ㄱ, ㄴ, ㄷ

1등급 완성 문제

» 바른답·알찬풀이 57쪽

392 정답률 35%

그림은 어떤 유전병에 대한 가계도를 나타낸 것이다. 이 유전병은 우열 관계가 분명한 2가지 대립유전자에 의해 결정되며, D의 유전자형은 이형 접합성이다.

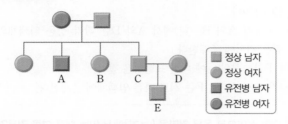

정상 남자
정상 여자
유전병 남자
유전병 여자

이 유전병이 ㉠X 염색체 유전 형질이 아님을 확인할 수 있는 근거와, 표현형이 정상인 ㉡E의 유전자형이 C와 같을 확률을 옳게 짝 지은 것은?(단, 돌연변이는 고려하지 않는다.)

	㉠	㉡		㉠	㉡
①	A가 태어난 것	$\frac{1}{4}$	②	A가 태어난 것	$\frac{1}{2}$
③	B가 태어난 것	$\frac{1}{3}$	④	C가 태어난 것	$\frac{1}{2}$
⑤	C가 태어난 것	$\frac{2}{3}$			

393 정답률 30%

그림은 어떤 유전병과 ABO식 혈액형에 대한 가계도를 나타낸 것이다. ABO식 혈액형을 결정하는 대립유전자는 A, B, O이고, 유전병을 결정하는 대립유전자는 H와 h이며, H는 h에 대해 완전 우성이다. 유전병 유전자와 ABO식 혈액형 유전자는 같은 염색체에 존재하며, 같은 염색체에 존재하는 유전자는 감수 분열 시 항상 같은 생식세포로 들어간다.

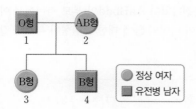

정상 여자
유전병 남자

이에 대한 설명으로 옳은 것만을 [보기]에서 있는 대로 고른 것은?(단, 돌연변이는 고려하지 않는다.)

[보기]
ㄱ. 유전병은 정상에 대해 열성이다.
ㄴ. 3에서 O와 h가 같은 염색체에 존재한다.
ㄷ. 4의 여동생이 태어날 때, 이 아이가 유전병을 나타내면서 B형일 확률은 $\frac{1}{8}$ 이다.

① ㄴ　　　　② ㄷ　　　　③ ㄱ, ㄴ
④ ㄱ, ㄷ　　　⑤ ㄴ, ㄷ

394 정답률 25%

다음은 어떤 가족의 유전 형질 ㉠~㉢에 대한 자료이다.

- ㉠은 대립유전자 A와 A*에 의해, ㉡은 대립유전자 B와 B*에 의해, ㉢은 대립유전자 C와 C*에 의해 각각 결정되며, 각 대립유전자 사이의 우열 관계는 분명하다. A와 B는 각각 A*와 B*에 대해 완전 우성이다.
- ㉠~㉢을 결정하는 대립유전자는 모두 같은 염색체에 존재한다.
- 그림은 ㉠~㉢ 중 ㉠과 ㉡의 발현 여부만을 나타낸 가계도이다.

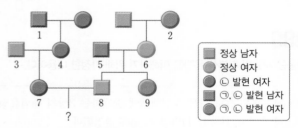

정상 남자
정상 여자
㉡ 발현 여자
㉠, ㉡ 발현 남자
㉠, ㉡ 발현 여자

- 가족 구성원 1, 3, 5, 9에서는 모두 ㉢이 발현되었고, 2, 6, 7, 8에서는 모두 ㉢이 발현되지 않았다.
- 가족 구성원 2, 5, 6에서 체세포 1개당 C의 DNA 상대량은 서로 같다.

이에 대한 설명으로 옳은 것만을 [보기]에서 있는 대로 고른 것은?(단, 돌연변이는 고려하지 않는다.)

[보기]
ㄱ. 대립유전자 C는 C*에 대해 우성이다.
ㄴ. 4의 ㉠~㉢에 대한 유전자형은 모두 이형 접합성이다.
ㄷ. 7과 8 사이에서 아이가 태어날 때, 이 아이에게서 ㉠~㉢ 중 ㉢만 발현될 확률은 $\frac{1}{4}$ 이다.

① ㄱ　　　　② ㄷ　　　　③ ㄱ, ㄴ
④ ㄴ, ㄷ　　　⑤ ㄱ, ㄴ, ㄷ

395 정답률 30%

그림은 유전 형질 (가)와 (나)에 대한 가계도를 나타낸 것이다. (가)는 대립유전자 R와 r, (나)는 대립유전자 T와 t에 의해 결정되며, R와 T는 각각 r와 t에 대해 완전 우성이다. 3은 r만 가지고, 4는 R만 가진다.

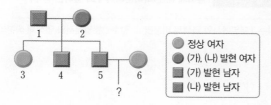

- ⬤ 정상 여자
- ⬤ (가), (나) 발현 여자
- ⬛ (가) 발현 남자
- ⬛ (나) 발현 남자

5와 6 사이에서 아이가 태어날 때, 이 아이가 (가)와 (나) 중 (가)만 발현된 딸일 확률은?(단, 돌연변이는 고려하지 않는다.)

① $\frac{1}{8}$ ② $\frac{1}{4}$ ③ $\frac{1}{2}$

④ $\frac{3}{8}$ ⑤ $\frac{3}{4}$

396 정답률 35% ⭐신유형

표는 영희네 가족에서 ABO식 혈액형을 결정하는 대립유전자 A, B, O의 DNA 상대량을 나타낸 것이다. 남동생은 응집원 B를 가진다.

구분	DNA 상대량				
	어머니	아버지	오빠	영희	남동생
A	1	ⓒ	0	1	?
B	ⓐ	ⓓ	0	0	?
O	ⓑ	?	?	1	?

이에 대한 설명으로 옳은 것만을 [보기]에서 있는 대로 고른 것은?(단, A, B, O의 1개당 DNA 상대량은 같으며, 돌연변이는 고려하지 않는다.)

[보기]
ㄱ. ⓐ+ⓑ+ⓒ+ⓓ=3이다.
ㄴ. 남동생은 아버지로부터 대립유전자 O를 물려받았다.
ㄷ. 영희의 여동생이 태어날 때, 이 아이가 응집원 B를 가질 확률은 $\frac{1}{2}$이다.

① ㄱ ② ㄷ ③ ㄱ, ㄴ
④ ㄴ, ㄷ ⑤ ㄱ, ㄴ, ㄷ

서술형 문제

397 정답률 35%

그림은 어떤 유전병에 대한 가계도를 나타낸 것이다. 이 유전병은 우열 관계가 분명한 2가지 대립유전자에 의해 결정되며, 대립유전자는 적록 색맹을 결정하는 유전자와 같은 염색체에 존재한다.

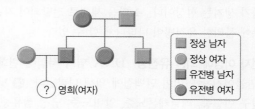

- ⬛ 정상 남자
- ⬤ 정상 여자
- ⬛ 유전병 남자
- ⬤ 유전병 여자

(1) 영희의 표현형을 그렇게 판단한 까닭과 함께 설명하시오.

(2) 영희의 남동생이 태어날 때, 이 아이가 유전병에 대해 정상일 확률을 쓰시오.

398 정답률 25%

다음은 유전 형질 (가)에 대한 자료이다.

- (가)는 대립유전자 T와 T*에 의해 결정되며, T와 T*의 우열 관계는 분명하다.
- 그림은 어떤 가족의 유전 형질 (가)에 대한 가계도를 나타낸 것이다.

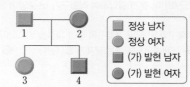

- ⬛ 정상 남자
- ⬤ 정상 여자
- ⬛ (가) 발현 남자
- ⬤ (가) 발현 여자

- 가족 구성원 2는 T만 가지며, 1~4의 체세포 1개당 T의 DNA 상대량의 합은 T*의 3배이다.(T와 T* 각각의 1개당 DNA 상대량은 1이며, 돌연변이는 고려하지 않는다.)

(1) T와 T* 중 우성 대립유전자를 쓰고, 그렇게 판단한 까닭을 설명하시오.

(2) (가)를 결정하는 유전자는 상염색체와 X 염색체 중 어느 것에 있는지를 그렇게 판단한 까닭과 함께 설명하시오.

12 ^{Ⅳ 유전} 사람의 유전병

꼭 알아야 할 핵심 개념
- ☑ 유전자 이상에 의한 유전병
- ☑ 염색체 수와 구조 이상에 의한 유전병

1 | 유전자 이상에 의한 유전병

1 돌연변이 유전자나 염색체에 변화가 일어나 유전 정보에 변화가 생기는 현상이다. ➡ 다음 세대로 전달되어 자손에서 생존에 불리한 유전병이 나타나게 할 수 있다.

2 유전자 이상에 의한 유전병 DNA 염기 서열에 변화가 생겨 만들어진 돌연변이 단백질에 의해 나타난다. **예** 낫 모양 적혈구 빈혈증, 페닐케톤뇨증, 알비노증, 낭성 섬유증, 헌팅턴 무도병
└ 페닐알라닌 분해 효소 유전자의 이상으로 체내에 페닐알라닌이 축적되는 유전병이다.
- 낫 모양 적혈구 빈혈증: 헤모글로빈 유전자의 이상으로 돌연변이 헤모글로빈이 만들어지고, 산소 농도가 낮을 때 돌연변이 헤모글로빈이 길게 결합하여 정상 적혈구가 낫 모양으로 변형되는 유전병이다.

빈출 자료 ① 낫 모양 적혈구의 형성

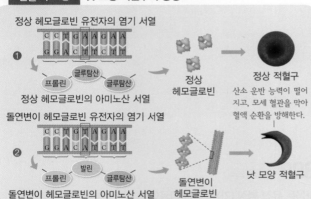

❶ 정상 헤모글로빈 유전자의 염기 서열에 따라 정상 헤모글로빈이 만들어진다. → 정상 적혈구가 된다.
❷ 헤모글로빈 유전자의 특정 위치에 있는 A-T 염기쌍이 T-A 염기쌍으로 바뀌었다.(DNA 염기 서열 이상) → 헤모글로빈의 아미노산 서열에서 글루탐산이 발린으로 바뀌어 돌연변이 헤모글로빈이 만들어진다.(아미노산의 종류가 바뀌어 비정상 헤모글로빈 형성) → 돌연변이 헤모글로빈이 길게 결합하여 적혈구가 낫 모양이 된다.

필수 유형 정상 적혈구와 낫 모양 적혈구의 형성 과정을 비교하여 낫 모양 적혈구 빈혈증의 원인이나 특징을 묻는 문제가 출제된다. 🔗 95쪽 408번

2 | 염색체 이상에 의한 유전병

1 염색체 수 이상에 의한 유전병
염색체 수 이상과 구조 이상은 모두 핵형 분석을 통해 확인할 수 있다.
① 원인: 감수 분열 시 염색체 비분리 현상이 일어나면 염색체 수에 이상이 있는 생식세포가 만들어진다.
② 대표적인 유전병 ─ 18번 염색체가 3개인 에드워드 증후군도 있다.

유전병	다운 증후군	터너 증후군	클라인펠터 증후군
특징	21번 염색체가 3개	성염색체가 X	성염색체가 XXY

$2n+1=45+XY$(남자)
$2n+1=45+XX$(여자)　　$2n-1=44+X$　　$2n+1=44+XXY$

빈출 자료 ② 염색체 비분리(비분리가 1회 일어난 경우)

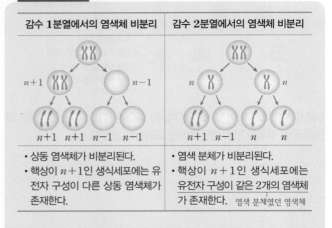

감수 1분열에서의 염색체 비분리	감수 2분열에서의 염색체 비분리
• 상동 염색체가 비분리된다. • 핵상이 $n+1$인 생식세포에는 유전자 구성이 다른 상동 염색체가 존재한다.	• 염색 분체가 비분리된다. • 핵상이 $n+1$인 생식세포에는 유전자 구성이 같은 2개의 염색체가 존재한다. ─ 염색 분체였던 염색체

필수 유형 염색체 비분리에 의해 형성된 생식세포의 특징을 묻거나 염색체 비분리 시기를 파악하는 문제가 자주 출제된다. 🔗 96쪽 411번

2 염색체 구조 이상에 의한 유전병

① 염색체 구조 이상의 종류

결실	염색체 일부가 떨어져 없어지는 현상
중복	염색체에 어떤 부분과 같은 부분이 삽입되어 그 부분이 반복되는 현상
역위	염색체 일부가 떨어졌다가 거꾸로 붙는 현상
전좌	한 염색체의 일부가 상동 염색체가 아닌 다른 염색체에 붙는 현상

결실　ABCDE → ABDE　　중복　ABCDE → ABBCDE

역위　ABCDE → ACBDE

전좌　ABCDE / VWXYZ → VCDE / ABWXYZ

② 대표적인 유전병: 고양이 울음 증후군(5번 염색체의 결실)
만성 골수성 백혈병(9번 염색체와 22번 염색체 사이의 전좌)

빈출 자료 ③ 염색체 구조 이상과 수 이상

그림은 어떤 동물($2n=4$)의 세포에 있는 염색체를 모두 나타낸 것이다. (가)와 (나)는 감수 분열 결과 형성된 돌연변이 세포이다.

▲ 정상 세포　　　　(가)　　　　(나)

- (가)에는 [g]와 [CD] 부위가 상호 전좌된 염색체가, (나)에는 [CD] 부위에 역위가 일어난 염색체가 존재한다.
- (나)에 있는 [ABCD]와 [aBDC]는 상동 염색체 쌍이다. ⋯ (나)가 형성될 때 감수 1분열에서 염색체 비분리가 일어났다.

필수 유형 정상 세포와 비교하여 돌연변이 세포의 염색체 구조 이상과 수 이상을 묻는 문제가 자주 출제된다. 🔗 99쪽 424번

[399~400] 돌연변이와 유전병에 대한 설명으로 옳은 것은 ○표, 옳지 않은 것은 ×표 하시오.

399 돌연변이가 일어나면 DNA의 유전 정보에 변화가 생긴다.
(   )

400 낫 모양 적혈구 빈혈증 환자의 헤모글로빈은 정상 헤모글로빈과 일부 아미노산이 다르다. (   )

[401~403] 오른쪽 그림은 사람의 정자 형성 과정에서 일어날 수 있는 염색체 비분리를 나타낸 것이다. ( ) 안에 들어갈 알맞은 말을 쓰시오.(단, 제시된 염색체 비분리 이외의 다른 돌연변이는 고려하지 않는다.)

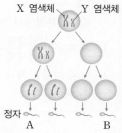

401 감수 (㉠)분열에서 염색체 비분리가 일어났으므로 정자 A는 핵상이 (㉡), 정자 B는 핵상이 (㉢)이다.

402 정자 A가 정상 난자와 수정하여 태어난 아이의 염색체 구성은 (㉠)이고, 이 아이에게서 나타나는 유전병은 (㉡)이다.

403 정자 B가 정상 난자와 수정하여 태어난 아이의 염색체 구성은 (㉠)이고, 이 아이에게서 나타나는 유전병은 (㉡)이다.

[404~406] 염색체 이상에 대한 설명이다. ( ) 안에 들어갈 알맞은 말을 고르시오.

404 유전자형이 Aa인 개체의 감수 (1, 2)분열 과정에서 염색체 비분리가 일어나면 유전자형이 aa인 생식세포가 형성될 수 있다.

405 고양이 울음 증후군은 5번 염색체의 일부가 (중복, 결실)되어 나타난다.

406 염색체 구조 이상 중 염색체의 일부가 떨어졌다가 거꾸로 붙는 현상은 ㉠(역위, 전좌)이고, 한 염색체의 일부가 상동 염색체가 아닌 다른 염색체에 붙는 현상은 ㉡(역위, 전좌)이다.

---

1   유전자 이상에 의한 유전병

407

다음은 낫 모양 적혈구가 형성되는 과정을 나타낸 것이다.

> 헤모글로빈 유전자를 구성하는 DNA의 염기 서열이 달라진다.
>
> ∨
>
> ㉠ 돌연변이 헤모글로빈이 만들어진다.
>
> ∨
>
> ㉡ 적혈구가 낫 모양이 된다.

이에 대한 설명으로 옳은 것만을 [보기]에서 있는 대로 고른 것은?

[보기]
ㄱ. 낫 모양 적혈구 빈혈증은 염색체 이상에 의한 유전병이다.
ㄴ. ㉠은 아미노산 서열이 정상 헤모글로빈과 다르다.
ㄷ. ㉡은 산소 농도가 낮을 때 돌연변이 헤모글로빈이 비정상적으로 길게 결합하기 때문이다.

① ㄱ   ② ㄷ   ③ ㄱ, ㄴ
④ ㄴ, ㄷ   ⑤ ㄱ, ㄴ, ㄷ

408   필수 유형   94쪽 빈출 자료 ①

그림은 낫 모양 적혈구 빈혈증이 나타나는 원인을 나타낸 것이다.

정상 헤모글로빈 유전자의 염기 서열   돌연변이 헤모글로빈 유전자의 염기 서열

CCTGAAGAA → CCTGTAGAA
GGACTTCTT → GGACATCTT

프롤린 — 글루탐산 — 글루탐산   프롤린 — 발린 — 글루탐산

정상 헤모글로빈의 아미노산 서열   돌연변이 헤모글로빈의 아미노산 서열

이에 대한 설명으로 옳은 것만을 [보기]에서 있는 대로 고른 것은?

[보기]
ㄱ. 헤모글로빈 유전자를 구성하는 DNA에 돌연변이가 일어났다.
ㄴ. 유전자의 염기 서열이 변하면 단백질의 아미노산 서열이 변할 수 있다.
ㄷ. 낫 모양 적혈구 빈혈증 여부는 핵형 분석을 통해 확인할 수 있다.

① ㄱ   ② ㄴ   ③ ㄷ
④ ㄱ, ㄴ   ⑤ ㄴ, ㄷ

409

다음은 페닐케톤뇨증(가)과 헌팅턴 무도병(나)의 특징을 설명한 것이다.

- 정상인 부모 사이에서 (가)를 나타내는 딸이 태어날 수 있다.
- (나)를 나타내는 아버지로부터 (나)를 나타내지 않는 딸이 태어날 수 있다.
- 부모가 모두 (나)를 나타내지 않으면 자녀도 항상 (나)를 나타내지 않는다.

이에 대한 설명으로 옳은 것만을 [보기]에서 있는 대로 고른 것은?

[보기]
ㄱ. (가)는 정상에 대해 열성이다.
ㄴ. (나)는 남자와 여자에게서 모두 나타날 수 있다.
ㄷ. (가)와 (나)는 모두 핵형 분석을 통해 확인할 수 있다.

① ㄱ   ② ㄷ   ③ ㄱ, ㄴ
④ ㄴ, ㄷ   ⑤ ㄱ, ㄴ, ㄷ

410

다음은 정상 대립유전자와 유전병 (가)를 결정하는 돌연변이 대립유전자의 염기 서열 일부와 각 대립유전자로부터 만들어지는 단백질의 아미노산 서열 일부를 나타낸 것이다. ⓐ~ⓓ는 서로 다른 아미노산이고, 정상 대립유전자는 7번 염색체에 존재한다.

정상 대립유전자	···ATCATCTTTGGTGTT···
▽	
정상 단백질	···ⓐ-ⓐ-ⓑ-ⓒ-ⓓ···
돌연변이 대립유전자	···ATCATCGGTGTT···
▽	
돌연변이 단백질	···ⓐ-ⓐ-ⓒ-ⓓ···

이에 대한 설명으로 옳은 것만을 [보기]에서 있는 대로 고른 것은?(단, 제시된 염기 서열 이외의 염기 서열은 모두 정상이다.)

[보기]
ㄱ. (가)를 나타낼 확률은 남자가 여자보다 높다.
ㄴ. (가)를 나타내는 환자는 정상인보다 염색체 수가 적다.
ㄷ. (가)는 유전자의 일부 염기가 없어져 단백질의 일부 아미노산이 결실됨으로써 나타난다.

① ㄱ   ② ㄷ   ③ ㄱ, ㄴ
④ ㄴ, ㄷ   ⑤ ㄱ, ㄴ, ㄷ

411

필수 유형   94쪽 빈출 자료 ②

오른쪽 그림은 어떤 남자의 감수 분열 과정과 일부 정자의 핵상을 나타낸 것이다. 감수 분열 과정에서 염색체 비분리는 1회 일어났으며, 정자 ⓑ에 Y 염색체가 1개 존재한다. 이에 대한 설명으로 옳은 것만을 [보기]에서 있는 대로 고른 것은?(단, 제시된 염색체 비분리 이외의 돌연변이는 고려하지 않는다.)

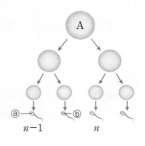

[보기]
ㄱ. 감수 2분열에서 염색 분체의 비분리가 일어났다.
ㄴ. 세포당 $\dfrac{\text{상염색체 수}}{\text{성염색체 수}}$ 는 A보다 ⓑ가 크다.
ㄷ. ⓐ와 정상 난자가 수정되면 터너 증후군을 나타내는 아이가 태어난다.

① ㄱ   ② ㄷ   ③ ㄱ, ㄴ
④ ㄴ, ㄷ   ⑤ ㄱ, ㄴ, ㄷ

412

그림 (가)~(다)는 세 사람의 감수 분열 과정과 일부 생식세포의 핵상을 나타낸 것이다. (가)와 (나)는 난자 형성 과정, (다)는 정자 형성 과정이고, 세포당 염색체 수는 ㉠>㉡>㉢이며, (가)~(다)에서 성염색체의 비분리가 각각 1회씩 일어났다.

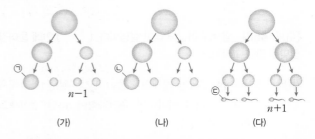

(가)   (나)   (다)

이에 대한 설명으로 옳은 것만을 [보기]에서 있는 대로 고른 것은?(단, 제시된 염색체 비분리 이외의 돌연변이는 고려하지 않는다.)

[보기]
ㄱ. (다)에서는 상동 염색체의 비분리가 일어났다.
ㄴ. $\dfrac{\text{상염색체 수}}{\text{X 염색체 수}}$ 는 ㉠이 ㉡의 절반이다.
ㄷ. ㉢과 정상 난자가 수정되면 터너 증후군을 나타내는 아이가 태어난다.

① ㄱ   ② ㄴ   ③ ㄱ, ㄷ
④ ㄴ, ㄷ   ⑤ ㄱ, ㄴ, ㄷ

[413~414] 그림은 철수네 가족 구성원의 체세포에 있는 대립유전자 A와 a의 DNA 상대량을 나타낸 것이다. 철수는 정자 ㉠과 난자 ㉡의 수정으로 태어났으며, ㉠과 ㉡ 중 하나가 형성될 때에만 염색체 비분리가 1회 일어났다. A와 a는 21번 염색체에 존재한다. 물음에 답하시오.

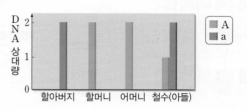

413 ✎서술형

염색체 비분리는 감수 1분열과 감수 2분열 중 어느 시기에 일어났는지 쓰고, 그렇게 판단한 까닭을 가족 구성원의 유전자형을 바탕으로 설명하시오.

414

이에 대한 설명으로 옳은 것만을 [보기]에서 있는 대로 고른 것은?(단, 제시된 염색체 비분리 이외의 돌연변이는 고려하지 않는다.)

【 보기 】
ㄱ. 철수는 다운 증후군을 나타낸다.
ㄴ. ㉠이 형성될 때 상동 염색체의 비분리가 일어났다.
ㄷ. $\dfrac{\text{X 염색체 수}}{\text{상염색체 수}}$ 는 ㉡ > 철수의 체세포 > ㉠이다.

① ㄱ ② ㄷ ③ ㄱ, ㄴ ④ ㄱ, ㄷ ⑤ ㄴ, ㄷ

415

표는 철수네 가족의 적록 색맹에 대한 표현형과 체세포의 핵상을 나타낸 것이다. 염색체 비분리는 철수가 태어날 때 부모 중 한 사람에게서만 1회 일어났다.

구성원	표현형	핵상
아버지	정상	$2n$
어머니	적록 색맹	$2n$
철수(아들)	정상	?

이에 대한 설명으로 옳은 것만을 [보기]에서 있는 대로 고른 것은?(단, 제시된 염색체 비분리 이외의 돌연변이는 고려하지 않는다.)

【 보기 】
ㄱ. 철수의 성염색체 구성은 XXY이다.
ㄴ. 철수는 어머니로부터 열성 대립유전자를 물려받았다.
ㄷ. 아버지의 감수 2분열에서 염색체의 비분리가 일어났다.

① ㄱ ② ㄷ ③ ㄱ, ㄴ ④ ㄴ, ㄷ ⑤ ㄱ, ㄴ, ㄷ

416

다음은 어떤 가족의 유전에 대한 자료이다.

- 정상인 부모 사이에서 태어난 (가)와 (나)는 모두 적록 색맹이다.
- (가)는 터너 증후군, (나)는 클라인펠터 증후군의 염색체 이상을 나타낸다.
- (가)는 염색체 비분리로 형성된 정자 ㉠과 정상 난자의 수정으로, (나)는 정상 정자와 염색체 비분리로 형성된 난자 ㉡의 수정으로 태어났다.
- 아버지와 어머니의 생식세포 형성 과정에서 성염색체의 비분리가 각각 1회씩 일어났다.

이에 대한 설명으로 옳은 것만을 [보기]에서 있는 대로 고른 것은?(단, 제시된 염색체 비분리 이외의 돌연변이는 고려하지 않는다.)

【 보기 】
ㄱ. ㉠에는 적록 색맹 대립유전자가 있다.
ㄴ. ㉠과 ㉡의 성염색체 수의 합은 2이다.
ㄷ. ㉡이 형성될 때 감수 2분열에서 성염색체의 비분리가 일어났다.

① ㄱ ② ㄴ ③ ㄱ, ㄷ
④ ㄴ, ㄷ ⑤ ㄱ, ㄴ, ㄷ

417

표는 철수네 가족의 적록 색맹에 대한 표현형을, 그림은 가족 구성원 중 한 사람의 핵형 분석 결과를 나타낸 것이다. 염색체 비분리는 세 자녀가 태어날 때 부모 중 한 사람에게서만 1회 일어났다.

구성원	표현형
어머니	적록 색맹
아버지	정상
누나	?
철수	적록 색맹
여동생	적록 색맹

이에 대한 설명으로 옳은 것만을 [보기]에서 있는 대로 고른 것은?(단, 제시된 염색체 비분리 이외의 돌연변이는 고려하지 않는다.)

【 보기 】
ㄱ. 누나는 적록 색맹이다.
ㄴ. 여동생은 터너 증후군을 나타낸다.
ㄷ. 체세포 1개당 적록 색맹 대립유전자의 DNA 상대량은 누나, 철수, 여동생이 모두 같다.

① ㄱ ② ㄴ ③ ㄱ, ㄷ
④ ㄴ, ㄷ ⑤ ㄱ, ㄴ, ㄷ

418

그림 (가)는 영희네 가족의 혈우병 가계도를, (나)는 감수 분열 과정을 나타낸 것이다. 혈우병은 X 염색체 유전 형질이다.

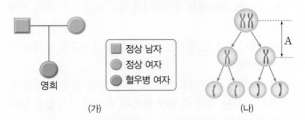

이에 대한 설명으로 옳은 것만을 [보기]에서 있는 대로 고른 것은?(단, 영희 부모 중 한 사람에게서만 감수 분열 시 염색체 비분리가 1회 일어났으며, 이외의 돌연변이는 고려하지 않는다.)

[보기]
ㄱ. 영희는 터너 증후군을 나타낸다.
ㄴ. 혈우병 대립유전자의 DNA 상대량은 영희와 어머니가 같다.
ㄷ. 영희는 정상 정자와 A 과정에서 염색체의 비분리가 일어나 형성된 난자의 수정으로 태어났다.

① ㄱ   ② ㄷ   ③ ㄱ, ㄴ
④ ㄴ, ㄷ   ⑤ ㄱ, ㄴ, ㄷ

419

그림은 어떤 남자의 생식세포 형성 과정을, 표는 세포 ㉠~㉢의 핵상과 X 염색체 수를 나타낸 것이다. 이 남자의 생식세포 형성 과정에서 염색체 비분리는 1회 일어났으며, ㉠~㉢은 I ~ III을 순서 없이 나타낸 것이다. I은 중기 세포이다.

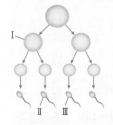

세포	핵상	X 염색체 수
㉠	$n+1$	2
㉡	n	0
㉢	ⓐ	1

이에 대한 설명으로 옳은 것만을 [보기]에서 있는 대로 고른 것은?(단, 제시된 염색체 비분리 이외의 돌연변이는 고려하지 않는다.)

[보기]
ㄱ. ⓐ는 $n+1$이다.
ㄴ. 감수 2분열에서 염색체의 비분리가 일어났다.
ㄷ. III의 총 염색체 수와 ㉠의 상염색체 수는 같다.

① ㄱ   ② ㄴ   ③ ㄱ, ㄷ
④ ㄴ, ㄷ   ⑤ ㄱ, ㄴ, ㄷ

420

그림은 어떤 유전병에 대한 철수네 가족의 가계도를, 표는 철수 부모가 대립유전자 A와 A*를 가지는지의 여부를 나타낸 것이다. 이 유전병은 우열 관계가 분명한 대립유전자 A와 A*에 의해 결정되며, 철수만 염색체 수에 이상이 있다.

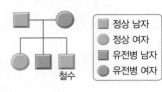

구성원	대립유전자	
	A	A*
아버지	○	×
어머니	×	○

(○: 있음, ×: 없음.)

이에 대한 설명으로 옳은 것만을 [보기]에서 있는 대로 고른 것은?(단, 부모 중 한 사람에게서만 감수 분열 시 염색체 비분리가 1회 일어났으며, 이외의 돌연변이는 고려하지 않는다.)

[보기]
ㄱ. A는 상염색체에 존재하는 우성 대립유전자이다.
ㄴ. 누나, 형, 철수는 모두 A*를 가진다.
ㄷ. 정자 형성 시 감수 1분열에서 염색체의 비분리가 일어났다.

① ㄱ   ② ㄷ   ③ ㄱ, ㄴ
④ ㄴ, ㄷ   ⑤ ㄱ, ㄴ, ㄷ

421

다음은 영희네 가족의 유전병 (가)에 대한 자료이다.

- (가)는 우열 관계가 분명한 대립유전자 T와 T*에 의해 결정된다.
- 표는 가족 구성원의 (가)에 대한 표현형을 나타낸 것이다.

구성원	1(아버지)	2(어머니)	3(언니)	4(영희)	5(남동생)
표현형	유전병	정상	유전병	정상	유전병

- 1~5의 핵형은 모두 정상이며, 체세포 1개당 T의 DNA 상대량은 4가 5의 2배이다.
- 3은 정자 ⓐ와 난자 ⓑ의 수정으로 태어났으며, T와 T* 중 1가지만 가진다. ⓐ와 ⓑ가 형성될 때 염색체의 비분리는 각각 1회씩 일어났다.

이에 대한 설명으로 옳은 것만을 [보기]에서 있는 대로 고른 것은?(단, 제시된 염색체 비분리 이외의 돌연변이는 고려하지 않는다.)

[보기]
ㄱ. 체세포 1개당 T*의 DNA 상대량은 5가 3의 절반이다.
ㄴ. ⓐ가 형성될 때 염색 분체의 비분리가 일어났다.
ㄷ. ⓑ에는 성염색체가 존재하지 않는다.

① ㄱ   ② ㄷ   ③ ㄱ, ㄴ
④ ㄴ, ㄷ   ⑤ ㄱ, ㄴ, ㄷ

422 수능모의평가기출 변형

그림은 어떤 가족의 자녀 (가)와 (나)의 체세포에 있는 1쌍의 상염색체와 성염색체를 각각 나타낸 것이다. A와 a는 대립유전자이며, 자녀 (나)는 염색체 구조 이상이 1회 일어나 형성된 난자 ⓐ와 정상 정자의 수정으로 태어났다.

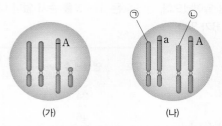

이에 대한 설명으로 옳은 것만을 [보기]에서 있는 대로 고른 것은?(단, 제시된 염색체 구조 이상 이외의 돌연변이는 고려하지 않는다.)

【 보기 】
ㄱ. ㉠과 ㉡은 상동 염색체이다.
ㄴ. (가)는 아버지로부터 A가 있는 염색체를 물려받았다.
ㄷ. ⓐ가 형성될 때 일어난 염색체 구조 이상은 전좌이다.

① ㄱ　　　　② ㄴ　　　　③ ㄷ
④ ㄱ, ㄷ　　　⑤ ㄴ, ㄷ

423 ★신유형

그림은 어떤 염색체에서 총 3회의 구조 돌연변이가 일어난 결과를 나타낸 것이다. A~G는 서로 다른 유전자가 존재하는 염색체 부위이다. 철수의 체세포 (가)에는 정상 염색체가, 체세포 (나)에는 돌연변이 염색체가 존재한다.

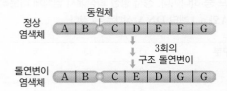

이에 대한 설명으로 옳은 것만을 [보기]에서 있는 대로 고른 것은?(단, 제시된 염색체 구조 이상 이외의 돌연변이는 고려하지 않는다.)

【 보기 】
ㄱ. 염색체 수는 (가)와 (나)가 다르다.
ㄴ. 철수는 돌연변이 염색체를 부모로부터 물려받았다.
ㄷ. 돌연변이 염색체가 형성될 때 중복, 역위, 결실이 모두 일어났다.

① ㄴ　　　　② ㄷ　　　　③ ㄱ, ㄴ
④ ㄱ, ㄷ　　　⑤ ㄱ, ㄴ, ㄷ

424

필수 유형 ▶ 94쪽 빈출 자료 ③

그림 (가)는 어떤 사람의 정상 체세포를, (나)와 (다)는 이 사람에게서 돌연변이가 1회씩 일어난 체세포를 각각 나타낸 것이다. (가)~(다)에는 각각 2쌍의 상동 염색체만을 나타내었다.

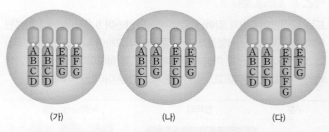

이에 대한 설명으로 옳은 것만을 [보기]에서 있는 대로 고른 것은?(단, 제시된 염색체 구조 이상 이외의 돌연변이는 고려하지 않는다.)

【 보기 】
ㄱ. (가)와 (나)의 핵상은 다르다.
ㄴ. (나)에는 전좌가 일어난 염색체가 있다.
ㄷ. (다)에는 염색체의 일부가 떨어졌다가 거꾸로 붙은 염색체가 있다.

① ㄴ　　　　② ㄷ　　　　③ ㄱ, ㄴ
④ ㄱ, ㄷ　　　⑤ ㄱ, ㄴ, ㄷ

[425~426] 표는 유전병 A~C를 가지고 있는 환자의 핵형 분석에서 알아낸 특징을 나타낸 것이다. A~C는 각각 터너 증후군, 고양이 울음 증후군, 낫 모양 적혈구 빈혈증 중 하나이다. 물음에 답하시오.

유전병	핵형 분석에서 알아낸 특징
A	정상인과 핵형이 같다.
B	정상인과 비교해 ⓐ가 일어난 5번 염색체를 가진다.
C	㉠

425

이에 대한 설명으로 옳은 것만을 [보기]에서 있는 대로 고른 것은?(단, 제시된 유전병 이외의 돌연변이는 고려하지 않는다.)

【 보기 】
ㄱ. A는 유전자 이상에 의해 나타난다.
ㄴ. '중복'이 ⓐ에 해당한다.
ㄷ. B는 고양이 울음 증후군이다.

① ㄱ　　　　② ㄴ　　　　③ ㄱ, ㄷ
④ ㄴ, ㄷ　　　⑤ ㄱ, ㄴ, ㄷ

426 ✔서술형

C에 해당하는 유전병을 쓰고, ㉠에 들어갈 알맞은 특징을 설명하시오.

1등급 완성 문제

≫ 바른답·알찬풀이 63쪽

427 정답률 35% ★신유형

표는 돌연변이 (가)가 일어난 염색체와 돌연변이 (나)가 일어나 합성된 단백질의 아미노산 서열을 정상인 경우와 비교하여 나타낸 것이다. (가)와 (나)는 각각 유전자 이상과 염색체 이상 중 하나이다. A~F는 염색체의 서로 다른 부위이고, ㉠~㉢은 서로 다른 아미노산이다.

구분	염색체	아미노산 서열
정상	A B C D E F	┈ ㉠ ㉡ ㉢ ┈
돌연변이	A C B D E F (가)	㉠ ㉡ ㉢ (나)

돌연변이 (가), (나)에 대한 설명으로 옳은 것만을 [보기]에서 있는 대로 고른 것은?

[보기]
ㄱ. (가)는 염색체 구조 이상 중 역위이다.
ㄴ. (나)는 DNA의 염기 서열에 변화가 생겨 일어난다.
ㄷ. 핵형 분석을 통해 돌연변이 여부를 확인할 수 있는 것은 (나)이다.

① ㄷ ② ㄱ, ㄴ ③ ㄱ, ㄷ
④ ㄴ, ㄷ ⑤ ㄱ, ㄴ, ㄷ

428 정답률 40%

표는 사람의 유전병 ㉠~㉢의 특징을 나타낸 것이다. (가)~(다)는 각각 고양이 울음 증후군, 알비노증, 낫 모양 적혈구 빈혈증 중 하나이다.

유전병	특징
㉠	5번 염색체의 일부가 ⓐ되어 나타난다.
㉡	돌연변이 헤모글로빈이 만들어져 적혈구가 낫 모양이 된다.
㉢	멜라닌 색소를 합성하지 못한다.

이에 대한 설명으로 옳은 것만을 [보기]에서 있는 대로 고른 것은?

[보기]
ㄱ. '결실'이 ⓐ에 해당한다.
ㄴ. ㉡은 헤모글로빈 유전자의 염기 서열에 변화가 생겨 나타나는 유전병이다.
ㄷ. 핵형 분석을 통해 ㉢의 발현 여부를 확인할 수 없다.

① ㄱ ② ㄷ ③ ㄱ, ㄴ
④ ㄴ, ㄷ ⑤ ㄱ, ㄴ, ㄷ

429 정답률 25%

사람의 유전 형질 (가)는 서로 다른 상염색체에 있는 2쌍의 대립유전자 A와 a, B와 b에 의해 결정된다. 그림은 어떤 사람의 G_1기 세포 I로부터 정자가 형성되는 과정을, 표는 세포 ㉠~㉣의 염색체 수와 A, b의 DNA 상대량을 나타낸 것이다. 정자 형성 과정에서 염색체 비분리는 1회만 일어났으며, ㉠~㉣은 I~IV를 순서 없이 나타낸 것이고, III에는 B가 있다.

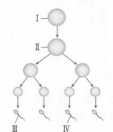

세포	염색체 수	DNA 상대량 A	DNA 상대량 b
㉠	24	?	2
㉡	46	ⓐ	1
㉢	23	?	?
㉣	?	0	ⓑ

이에 대한 설명으로 옳은 것만을 [보기]에서 있는 대로 고른 것은?(단, A, a, B, b 각각의 1개당 DNA 상대량은 1이고, II는 중기 세포이며, 제시된 염색체 비분리 이외의 돌연변이는 고려하지 않는다.)

[보기]
ㄱ. ⓐ+ⓑ=3이다.
ㄴ. a의 DNA 상대량은 I이 IV의 2배이다.
ㄷ. IV가 형성될 때 감수 2분열에서 염색 분체의 비분리가 일어났다.

① ㄱ ② ㄷ ③ ㄱ, ㄴ
④ ㄴ, ㄷ ⑤ ㄱ, ㄴ, ㄷ

430 정답률 30%

표는 어떤 G_1기 세포(2n) 하나의 감수 분열 과정에서 볼 수 있는 세포 ㉠~㉣에 존재하는 대립유전자 A와 a의 DNA 상대량을 나타낸 것이다. ㉠~㉣은 각각 정자, G_1기 세포, 감수 1분열 중기 세포, 감수 2분열 중기 세포 중 하나이다. 정자 형성 과정에서 염색체 비분리는 1회 일어났으며, A와 a 1개당 DNA 상대량은 같다.

구분		㉠	㉡	㉢	㉣
DNA 상대량	A	2	2	1	0
	a	0	2	1	2

이에 대한 설명으로 옳은 것만을 [보기]에서 있는 대로 고른 것은?

[보기]
ㄱ. 상동 염색체의 비분리가 일어났다.
ㄴ. 세포당 염색체 수는 ㉠과 ㉣이 같다.
ㄷ. G_1기 세포 하나로부터 형성된 4개의 정자 중 A와 a의 DNA 상대량의 합이 1인 것이 있다.

① ㄱ ② ㄷ ③ ㄱ, ㄴ
④ ㄴ, ㄷ ⑤ ㄱ, ㄴ, ㄷ

431 정답률 25% 수능기출 변형

다음은 어떤 가족의 유전 형질 ㉠에 대한 자료이다.

- ㉠을 결정하는 데 관여하는 3개의 유전자는 모두 상염색체에 있으며, 3개의 유전자는 각각 대립유전자 A와 a, B와 b, D와 d를 갖는다.
- ㉠의 표현형은 유전자형에서 대문자로 표시되는 대립유전자의 개수에 의해서만 결정되며, 이 대립유전자의 개수가 다르면 표현형이 다르다.
- 표 (가)는 이 가족 구성원의 ㉠에 대한 유전자형에서 대문자로 표시되는 대립유전자의 개수를, (나)는 아버지로부터 형성된 정자 Ⅰ~Ⅲ에 존재하는 유전자 A, a, B, D의 DNA 상대량을 나타낸 것이다. Ⅰ~Ⅲ 중 1개는 세포 P의 감수 1분열에서 염색체 비분리가 1회, 나머지 2개는 세포 Q의 감수 2분열에서 염색체 비분리가 1회 일어나 형성된 정자이다. P와 Q는 모두 G_1기 세포이다.

구성원	대문자로 표시되는 대립유전자의 개수
아버지	3
어머니	3
자녀 1	8

(가)

정자	DNA 상대량			
	A	a	B	D
Ⅰ	0	?	1	0
Ⅱ	1	1	1	1
Ⅲ	2	?	?	?

(나)

- Ⅰ~Ⅲ 중 1개의 정자와 정상 난자가 수정되어 자녀 1이 태어났다. 자녀 1을 제외한 나머지 가족 구성원의 핵형은 모두 정상이다.

이에 대한 설명으로 옳은 것만을 [보기]에서 있는 대로 고른 것은?(단, A, a, B, b, D, d 각각의 1개당 DNA 상대량은 1이며, 제시된 염색체 비분리 이외의 돌연변이와 교차는 고려하지 않는다.)

[보기]
ㄱ. Ⅰ은 감수 1분열에서 염색체의 비분리가 일어나 형성된 정자이다.
ㄴ. 자녀 1의 체세포 1개당 $\frac{\text{B의 DNA 상대량}}{\text{A의 DNA 상대량}}$은 $\frac{2}{3}$이다.
ㄷ. 자녀 1의 동생이 태어날 때, 이 아이에게서 나타날 수 있는 ㉠의 표현형은 최대 7가지이다.

① ㄱ   ② ㄷ   ③ ㄱ, ㄴ
④ ㄴ, ㄷ   ⑤ ㄱ, ㄴ, ㄷ

서술형 문제

432 정답률 30%

표 (가)는 돌연변이 유형 A와 B에 해당하는 예를, (나)는 어떤 정상 부모에게서 태어난 적록 색맹 자녀 ㉠~㉢의 특징을 나타낸 것이다. ㉠~㉢ 중 두 자녀가 태어날 때 부모에게서 성염색체 비분리가 일어났다.

유형	예
A	알비노증, 페닐케톤뇨증, 헌팅턴 무도병
B	다운 증후군, 터너 증후군, 에드워드 증후군

(가)

구분	㉠	㉡	㉢
상염색체 수	44	44	44
성염색체 구성	XY	XX	XXY

(나)

(1) 적록 색맹은 A와 B 중 어느 유형에 속하는지 쓰시오.

(2) ㉠~㉢ 중 성염색체 비분리로 태어난 두 자녀를 쓰시오.

(3) ㉡이 적록 색맹이 된 까닭을 부모의 염색체 비분리와 생식세포를 포함하여 설명하시오.

433 정답률 25%

다음은 어떤 남자의 정자 형성 과정에 대한 자료이다.

- 하나의 모세포로부터 감수 분열을 통해 세포 ㉠~㉣이 형성되었다.
- ㉠은 감수 2분열 중기 세포이고, ㉡~㉣은 모두 정자이다.
- ㉠의 감수 2분열 결과 ㉢과 ㉣이 형성되었다.
- 그림은 ㉠에 존재하는 21번 염색체 모두와 ㉡에 존재하는 21번과 성염색체 모두와 유전자를 나타낸 것이다. A, B, b, D는 유전자이며, 정자 형성 과정에서 염색체의 구조 이상과 21번 염색체의 비분리가 각각 1회씩 일어났다.

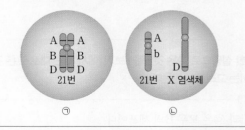

(1) 제시된 자료로 알 수 있는 이 남자의 유전자형을 쓰시오.

(2) ㉡이 형성될 때 일어난 염색체 이상을 설명하시오.

(3) ㉢과 ㉣의 염색체 수를 순서에 상관없이 쓰시오.

실전 대비 평가 문제 »바른답·알찬풀이 64쪽

434

다음은 생명체의 유전 정보와 관련된 용어에 대한 설명이다. ㉠~㉣은 각각 DNA, 염색체, 유전자, 유전체 중 하나이다.

> • 하나의 ㉠에 많은 수의 ㉡이 존재한다.
> • ㉢은 한 생명체에 존재하는 모든 ㉣을 구성하는 ㉠에 저장된 유전 정보이다.

이에 대한 설명으로 옳은 것만을 [보기]에서 있는 대로 고른 것은?

[보기]
> ㄱ. ㉠에 뉴클레오솜이 존재한다.
> ㄴ. ㉡에 단백질의 아미노산 서열 정보가 저장되어 있다.
> ㄷ. ㉢은 유전체이다.

① ㄱ   ② ㄷ   ③ ㄱ, ㄴ   ④ ㄱ, ㄷ   ⑤ ㄴ, ㄷ

435

다음은 서로 다른 동물 종의 개체 A와 B에 대한 자료이다.

> • A의 감수 1분열 중기 세포의 염색 분체 수는 8이다.
> • B의 감수 2분열 중기 세포의 염색체 수는 4이다.
> • A와 B는 성별이 서로 다르며, A와 B가 각각 속한 동물 종의 성염색체 구성은 모두 암컷이 XX, 수컷이 XY이다.
> • 그림은 A와 B 중 한 개체의 세포 ㉠과 ㉡에 존재하는 염색체를 모두 나타낸 것이다.

㉠   ㉡

이에 대한 설명으로 옳은 것만을 [보기]에서 있는 대로 고른 것은?(단, 돌연변이는 고려하지 않는다.)

[보기]
> ㄱ. ㉠과 ㉡은 모두 B의 세포이다.
> ㄴ. A는 부계로부터 물려받은 X 염색체를 가진다.
> ㄷ. 세포당 $\frac{상염색체 \; 수}{성염색체 \; 수}$ 는 B의 체세포 분열 중기 세포와 ㉠이 같다.

① ㄱ   ② ㄷ   ③ ㄱ, ㄴ   ④ ㄴ, ㄷ   ⑤ ㄱ, ㄴ, ㄷ

436

표는 철수네 가족에서 어떤 형질을 결정하는 대립유전자 T와 t의 DNA 상대량을, 그림은 철수의 염색체 중 T가 존재하는 염색체와 이를 일부 확대하여 나타낸 것이다.

구분	DNA 상대량	
	T	t
아버지	2	㉠
어머니	0	2
철수(아들)	1	㉡

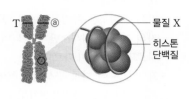

물질 X
히스톤 단백질

이에 대한 설명으로 옳지 않은 것은?(단, T와 t 1개당 DNA 상대량은 같고, 돌연변이는 고려하지 않는다.)

① ㉠+㉡=1이다.
② X는 DNA이다.
③ ⓐ에는 t가 존재한다.
④ T와 t는 상염색체에 존재한다.
⑤ X와 히스톤 단백질은 뉴클레오솜을 구성한다.

437

그림은 어떤 동물 종(2n=?)의 개체 Ⅰ과 Ⅱ의 세포 (가)~(다)에 존재하는 모든 염색체를 나타낸 것이다. Ⅰ의 유전자형은 AAbb, Ⅱ의 유전자형은 AaBb이고, (가)와 (나)는 서로 다른 개체의 세포이다. ㉠은 대립유전자이고, 이 동물 종의 성염색체 구성은 암컷이 XX, 수컷이 XY이다.

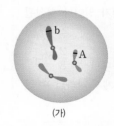  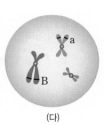

(가)   (나)   (다)

이에 대한 설명으로 옳은 것만을 [보기]에서 있는 대로 고른 것은?(단, 돌연변이는 고려하지 않는다.)

[보기]
> ㄱ. (가)에는 ㉠이 존재한다.
> ㄴ. (다)는 Ⅱ의 세포이다.
> ㄷ. (나)와 (다)로부터 각각 형성된 생식세포가 수정되어 자손이 태어날 때, 이 자손이 수컷일 확률은 $\frac{1}{2}$ 이다.

① ㄱ   ② ㄷ   ③ ㄱ, ㄴ
④ ㄴ, ㄷ   ⑤ ㄱ, ㄴ, ㄷ

438

표는 어떤 가족에서 아버지를 제외한 구성원의 체세포 1개당 대립유전자 A와 a, B와 b의 DNA 상대량을, 그림은 어머니와 아버지 중 한 사람의 세포에 존재하는 염색체 1개와 유전자를 나타낸 것이다. ㉠과 ㉡은 각각 딸과 아들 중 하나이고, ⓐ와 ⓑ는 서로 다르다.

구분	DNA 상대량			
	A	a	B	b
어머니	2	0	1	1
㉠	1	1	1	0
㉡	ⓐ	ⓑ	0	2

이에 대한 설명으로 옳은 것만을 [보기]에서 있는 대로 고른 것은?(단, A, a, B, b 1개당 DNA 상대량은 모두 같고, 돌연변이는 고려하지 않는다.)

[보기]
ㄱ. ⓐ는 0, ⓑ는 2이다.
ㄴ. 그림의 염색체는 어머니의 것이다.
ㄷ. 체세포 1개당 $\frac{\text{상염색체 수}}{\text{X 염색체 수}}$ 는 ㉡이 ㉠의 2배이다.

① ㄴ   ② ㄷ   ③ ㄱ, ㄴ
④ ㄱ, ㄷ   ⑤ ㄴ, ㄷ

439

그림은 유전자형이 Aa이고, 성염색체 구성이 XX인 어떤 동물($2n$)의 세포 ㉠으로부터 일어나는 감수 분열 과정을, 표는 세포 ⓐ~ⓒ가 갖는 대립유전자 A와 a의 DNA 상대량을 나타낸 것이다. ⓐ~ⓒ는 각각 세포 ㉠~㉣ 중 하나이고, ㉡과 ㉢은 모두 중기 세포이다.

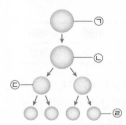

세포	DNA 상대량	
	A	a
ⓐ	?	2
ⓑ	1	1
ⓒ	?	1

이에 대한 설명으로 옳은 것만을 [보기]에서 있는 대로 고른 것은?(단, A와 a 1개당 DNA 상대량은 같고, 돌연변이는 고려하지 않는다.)

[보기]
ㄱ. ⓐ에서 2가 염색체가 관찰된다.
ㄴ. ㉠~㉣ 중 표에 없는 세포는 ㉣이다.
ㄷ. 세포 1개당 $\frac{\text{염색체 수}}{\text{DNA양}}$ 는 ⓑ와 ⓒ가 같다.

① ㄱ   ② ㄷ   ③ ㄱ, ㄴ
④ ㄱ, ㄷ   ⑤ ㄴ, ㄷ

440

다음은 사람의 ABO식 혈액형과 유전병 X에 대한 자료이다.

- ABO식 혈액형을 결정하는 대립유전자는 A, B, O이고, X를 결정하는 대립유전자는 T와 t이다. T는 t에 대해 완전 우성이다.
- 두 형질을 결정하는 유전자는 같은 염색체에 존재하며, 같은 염색체에 존재하는 대립유전자는 감수 분열 시 항상 같은 생식세포로 들어간다.
- 그림은 어떤 가족의 ABO식 혈액형과 유전병 X에 대한 가계도를 나타낸 것이다.

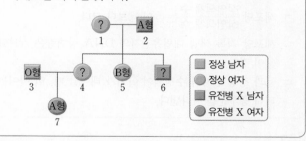

이에 대한 설명으로 옳은 것만을 [보기]에서 있는 대로 고른 것은?(단, 돌연변이는 고려하지 않는다.)

[보기]
ㄱ. X에 대한 유전자형을 정확히 모르는 사람은 모두 1명이다.
ㄴ. 1은 4에게 B와 T가 모두 존재하는 염색체를 물려주었다.
ㄷ. 3과 4 사이에서 유전병 X를 나타내는 아들이 태어날 때, 이 아들은 항상 A형이다.

① ㄱ   ② ㄴ   ③ ㄱ, ㄷ   ④ ㄴ, ㄷ   ⑤ ㄱ, ㄴ, ㄷ

441

다음은 사람의 유전 형질 (가)에 대한 자료이다.

- (가)는 상염색체에 존재하는 1쌍의 대립유전자에 의해 결정된다. 대립유전자에는 D, E, F가 있으며, 각 대립유전자 사이의 우열 관계는 분명하다.
- 유전자형이 DE인 아버지와 DF인 어머니 사이에서 자녀 ⓐ가 태어날 때, ⓐ의 (가)에 대한 표현형은 최대 3가지이다.
- 유전자형이 DE인 아버지와 EF인 어머니 사이에서 자녀 ⓑ가 태어날 때, ⓑ의 (가)에 대한 표현형이 아버지와 같을 확률은 $\frac{3}{4}$이다.

ⓐ의 (가)에 대한 표현형이 어머니와 같을 확률은?(단, 돌연변이는 고려하지 않는다.)

① $\frac{1}{2}$ ② $\frac{1}{3}$ ③ $\frac{2}{3}$ ④ $\frac{1}{4}$ ⑤ $\frac{3}{4}$

442

다음은 적록 색맹인 어떤 남자의 감수 분열에 대한 자료이다.

- 하나의 모세포로부터 4개의 정자 ㉠~㉣이 형성되었다.
- 세포당 $\dfrac{\text{X 염색체 수}}{\text{상염색체 수}}$ 는 ㉠>㉡>㉢이다.
- ㉠~㉣의 형성 과정에서 염색체 비분리는 1회만 일어났다.

이에 대한 설명으로 옳은 것만을 [보기]에서 있는 대로 고른 것은?(단, 제시된 염색체 비분리 이외의 돌연변이는 고려하지 않는다.)

[보기]
ㄱ. 세포당 $\dfrac{\text{성염색체 수}}{\text{상염색체 수}}$ 는 ㉠이 ㉣보다 크다.
ㄴ. 세포당 적록 색맹 대립유전자의 DNA 상대량은 ㉠보다 ㉡이 적다.
ㄷ. ㉢과 정상 난자가 수정되어 아이가 태어날 때, 이 아이는 터너 증후군을 나타낸다.

① ㄱ　　　　② ㄴ　　　　③ ㄱ, ㄷ
④ ㄴ, ㄷ　　　⑤ ㄱ, ㄴ, ㄷ

443

그림 (가)는 유전자형이 Hh인 어떤 남자의 정자 형성 과정을, (나)는 세포 Ⅲ에 있는 21번 염색체를 모두 나타낸 것이다. (가)에서 염색체 비분리는 1회만 일어났고, Ⅰ은 중기 세포이다.

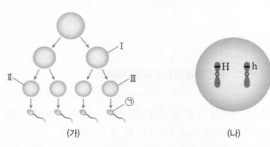

(가)　　　　　　　(나)

이에 대한 설명으로 옳은 것만을 [보기]에서 있는 대로 고른 것은?(단, 제시된 염색체 비분리 이외의 돌연변이는 고려하지 않는다.)

[보기]
ㄱ. (가)에서 염색 분체의 비분리가 일어났다.
ㄴ. 세포당 $\dfrac{\text{성염색체 수}}{\text{상염색체 수}}$ 는 Ⅱ가 Ⅰ보다 크다.
ㄷ. ㉠과 정상 난자가 수정되어 아이가 태어날 때, 이 아이는 다운 증후군을 나타낸다.

① ㄱ　　　　② ㄷ　　　　③ ㄱ, ㄴ
④ ㄴ, ㄷ　　　⑤ ㄱ, ㄴ, ㄷ

444

그림은 어떤 동물(2n=6)의 세포 Ⅰ로부터 정자가 형성되는 과정을, 표는 이 동물의 세포 ㉠~㉣에서 유전자 A, a, B, b의 DNA 상대량을 나타낸 것이다. Ⅰ~Ⅳ는 각각 ㉠~㉣ 중 하나이며, 정자 형성 과정에서 염색체 비분리는 1회만 일어났다. A는 a와, B는 b와 각각 대립유전자이며, 이 동물의 성염색체 구성은 XY이다.

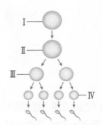

세포	DNA 상대량			
	A	a	B	b
㉠	2	?	2	0
㉡	2	0	2	2
㉢	1	?	1	1
㉣	0	?	0	2

이에 대한 설명으로 옳은 것만을 [보기]에서 있는 대로 고른 것은?(단, A, a, B, b의 1개당 DNA 상대량은 모두 같으며, 제시된 염색체 비분리 이외의 돌연변이는 고려하지 않는다.)

[보기]
ㄱ. ㉠~㉣에는 모두 a가 없다.
ㄴ. Ⅲ에는 1쌍의 상동 염색체가 들어 있다.
ㄷ. Ⅰ~Ⅳ 중 $\dfrac{\text{상염색체 수}}{\text{성염색체 수}}$ 는 Ⅳ가 가장 크다.

① ㄴ　　② ㄷ　　③ ㄱ, ㄴ　　④ ㄱ, ㄷ　　⑤ ㄴ, ㄷ

445

다음은 사람의 어떤 유전병에 대한 자료이다.

- 우열 관계가 분명한 대립유전자 T와 T*에 의해 결정된다.
- 표는 어떤 가족 구성원 1~5의 표현형을 나타낸 것이다. 1~5의 핵형은 모두 정상이다.

구성원	1(아버지)	2(어머니)	3(딸)	4(딸)	5(아들)
표현형	유전병	정상	유전병	정상	유전병

- 체세포 1개당 T의 DNA 상대량은 4>1>3이다.
- 3은 정자 ⓐ와 난자 ⓑ의 수정으로 태어났다. ⓐ와 ⓑ가 형성될 때 염색체 비분리는 각각 1회씩 일어났다.

이에 대한 설명으로 옳은 것만을 [보기]에서 있는 대로 고른 것은?(단, 제시된 염색체 비분리 이외의 돌연변이는 고려하지 않는다.)

[보기]
ㄱ. 1과 5의 유전병에 대한 유전자형이 같다.
ㄴ. ⓐ에는 X 염색체가 존재한다.
ㄷ. 세포당 $\dfrac{\text{상염색체 수}}{\text{성염색체 수}}$ 는 ⓐ보다 ⓑ가 작다.

① ㄱ　　② ㄴ　　③ ㄱ, ㄷ　　④ ㄴ, ㄷ　　⑤ ㄱ, ㄴ, ㄷ

[446~447] 그림은 어떤 동물(2n)의 분열 조직에 물질 X를 처리하기 전과 처리한 후의 세포당 DNA양에 따른 세포 수를 나타낸 것이다. 물음에 답하시오.

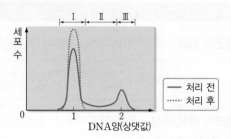

446

Ⅰ ~ Ⅲ 중 S기 세포가 있는 구간을 있는 대로 쓰시오.

447

위 자료를 통해 알 수 있는 X의 기능을 다음 제시된 용어 중 2개를 포함하여 그렇게 판단한 까닭과 함께 설명하시오.

> S기, M기, G₁기, G₂기

[448~449] 표 (가)는 유전자형이 AaBb인 어떤 동물(2n=4)에서 G₁기 세포 P로부터 생식세포가 형성되는 과정에서 관찰되는 세포 ㉠~㉢에 존재하는 대립유전자 A와 b의 DNA 상대량을, 그림 (나)는 ㉠~㉢ 중 한 세포에 있는 염색체를 모두 나타낸 것이다. 물음에 답하시오.(단, A, a, B, b 각각의 1개당 DNA 상대량은 1이고, 돌연변이와 교차는 고려하지 않는다.)

세포	DNA 상대량	
	A	b
P	1	1
㉠	0	2
㉡	1	0
㉢	2	2

(가)

(나)

448

㉠~㉢ 중 핵상이 n인 세포를 있는 대로 쓰시오.

449

㉠~㉢ 중 (나)에 해당하는 세포를 쓰고, 그렇게 판단한 까닭을 세포당 대립유전자의 DNA 상대량과 관련지어 설명하시오.

[450~451] 그림은 어떤 가족의 유전 형질 (가)와 (나)에 대한 가계도를 나타낸 것이다. (가)는 대립유전자 D와 d에 의해, (나)는 대립유전자 E와 e에 의해 결정되며, D와 E는 각각 d와 e에 대해 완전 우성이다. 물음에 답하시오.(단, (가)와 (나)를 결정하는 대립유전자 중 하나는 상염색체에, 다른 하나는 성염색체에 존재하며, 돌연변이는 고려하지 않는다.)

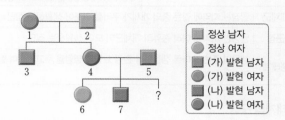

450

(가)와 (나) 중 상염색체 유전 형질을 쓰시오.

451

4와 5의 (가)와 (나)에 대한 유전자형을 각각 쓰고, 7의 동생이 태어날 때, 이 아이에게서 (가)와 (나)가 모두 발현될 확률을 설명하시오.

452

표는 영희네 가족 구성원에서 대립유전자 T와 T*에 의해 결정되는 유전 형질 (가)의 발현 여부를, 그림은 이 가족의 체세포 1개당 T와 T*의 DNA 상대량을 나타낸 것이다. T와 T* 사이의 우열 관계는 분명하고, 이 가족의 핵형은 모두 정상이다. 영희는 염색체 비분리가 각각 1회씩 일어난 정자와 난자 ⓐ의 수정으로 태어났다.

구성원	(가)의 발현 여부
아버지	○
어머니	×
영희(딸)	×

(○: 발현됨, ×: 발현 안 됨.)

난자 ⓐ가 형성될 때 염색체 비분리가 일어난 시기를 대립유전자를 포함하여 설명하시오.(단, T와 T* 각각의 1개당 DNA 상대량은 1이며, 제시된 염색체 비분리 이외의 돌연변이는 고려하지 않는다.)

13 생태계의 구성과 기능(1)

Ⅴ 생태계와 상호 작용

꼭 알아야 할 핵심 개념
- ☑ 생태계 구성 요소 간의 관계
- ☑ 개체군의 생장 곡선
- ☑ 개체군 내 상호 작용

1 | 생태계의 구성

1 개체군, 군집, 생태계의 관계

└ 독립적으로 생명 활동을 하는 하나의 생명체

개체군	일정한 지역에 같은 종의 개체가 무리를 이루어 생활하는 집단
군집	일정한 지역에 여러 종류의 개체군이 모여 생활하는 집단
생태계	생물이 주변의 다른 생물이나 환경 요인과 영향을 주고받으며 살아가는 체계

2 생태계의 구성

비생물적 요인		생물을 둘러싸고 있는 모든 환경 요인
생물적 요인 생태계에 존재하는 모든 생물	생산자	광합성을 하여 무기물로부터 유기물을 합성하는 생물
	소비자	다른 생물을 먹어서 양분을 얻는 생물
	분해자	다른 생물의 사체나 배설물에 포함된 유기물을 무기물로 분해하여 에너지를 얻는 생물

3 생태계 구성 요소 간의 관계
생태계를 구성하는 요소들은 서로 영향을 주고받는다.

빈출 자료 ① 생태계 구성 요소 간의 관계

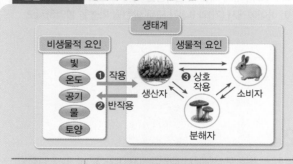

❶ 작용	비생물적 요인이 생물적 요인에 영향을 주는 것 예 • 음지 식물은 양지 식물보다 빛이 약한 곳에서도 잘 자란다. ⋯ 빛 • 추운 지방에 사는 포유류는 더운 지방에 사는 포유류보다 몸의 말단부가 작고 몸집이 크다. ⋯ 온도 • 파충류의 몸 표면은 비늘로 덮여 있고, 조류와 파충류의 알은 단단한 껍데기로 싸여 있다. ⋯ 물
❷ 반작용	생물적 요인이 비생물적 요인에 영향을 주는 것 예 • 낙엽이 분해되면 토양이 비옥해진다. • 지렁이가 흙 속에서 이동하면 토양의 통기성이 높아진다.
❸ 상호 작용	생물적 요인이 서로 영향을 주고받는 것 예 • 메뚜기의 개체 수 증가로 벼의 수확량이 줄어들었다. • 뿌리혹박테리아가 질소를 고정하여 콩과식물에게 공급한다.

필수 유형 생태계 구성 요소 간의 관계와 각 사례를 구분하는 문제가 자주 출제된다. ✐ 108쪽 465번

2 | 개체군

1 개체군의 밀도
개체군이 서식하는 공간의 단위 면적당 개체 수

$$개체군의 \ 밀도(D) = \frac{개체군을 \ 구성하는 \ 개체 \ 수(N)}{개체군이 \ 서식하는 \ 공간의 \ 면적(S)}$$

개체군의 밀도는 개체의 출생과 이입에 의해 증가하며, 사망과 이출에 의해 감소한다.

2 개체군의 생장 곡선
개체군의 개체 수 증가(생장)를 시간에 따라 그래프로 나타낸 것

빈출 자료 ② 개체군의 생장 곡선

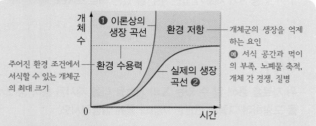

❶ 이론상의 생장 곡선: 이상적인 환경 조건에서는 개체군의 개체 수가 기하급수적으로 증가한다. ⋯ J자 모양의 생장 곡선을 나타낸다.

❷ 실제의 생장 곡선: 일반적인 환경 조건에서는 개체군의 개체 수가 증가할수록 환경 저항이 커진다. ⋯ S자 모양의 생장 곡선을 나타낸다.

필수 유형 이론상의 생장 곡선과 실제의 생장 곡선을 구분하고, 구간별 환경 저항의 유무와 개체군 밀도를 비교하는 문제가 출제된다. ✐ 109쪽 468번

3 개체군의 생존 곡선
개체군에서 동시에 출생한 개체들의 시간에 따른 생존 개체 수 비율을 그래프로 나타낸 것

Ⅰ형	적은 수의 자손을 낳지만, 어린 개체의 사망률이 낮다. 예 사람, 코끼리	
Ⅱ형	연령대에 따른 사망률이 비교적 일정하다. 예 히드라, 조류	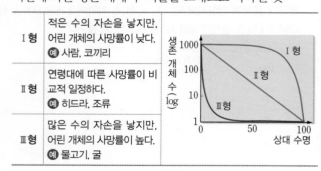
Ⅲ형	많은 수의 자손을 낳지만, 어린 개체의 사망률이 높다. 예 물고기, 굴	

4 개체군의 연령 피라미드
개체군의 연령별 개체 수 비율(연령 분포)을 차례로 쌓아 올려 그림으로 나타낸 것

발전형	안정형	쇠퇴형
생식 전 연령층의 개체 수가 많다.	생식 전 연령층 ≒ 생식 연령층	생식 전 연령층의 개체 수가 적다.

5 개체군의 주기적 변동

① 돌말 개체군의 단기적 변동: 계절에 따른 환경 요인의 영향으로 개체군의 크기가 1년을 주기로 변동한다.

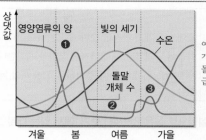

여름에 영양염류가 다량 유입되면 돌말의 개체 수가 급증할 수 있다.

❶ 이른 봄	영양염류가 풍부한 상태에서 빛의 세기가 강해지고 수온이 상승함. → 돌말의 개체 수 증가 → 증가한 돌말에 의해 영양염류가 감소함. → 돌말의 개체 수 감소	
❷ 늦은 봄 ~여름	영양염류가 고갈됨. → 수온이 높고 빛의 세기가 강해도 돌말의 개체 수가 적음.	
❸ 초가을	영양염류의 증가로 돌말의 개체 수가 증가하다가 수온이 낮아지고 빛의 세기가 약해져 돌말의 개체 수가 감소함.	

② 눈신토끼와 스라소니 개체군의 장기적 변동: 포식과 피식 관계에 의해 개체군의 크기가 약 10년을 주기로 변동한다.

피식자의 개체 수 증감에 따라 포식자의 개체 수가 증감한다.

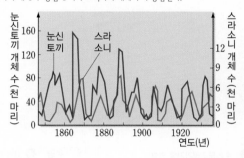

6 개체군 내 상호 작용
개체군의 구성원은 종내 경쟁을 피하고 질서를 유지하기 위해 다양한 상호 작용을 한다.

빈출 자료 ③ 개체군 내 상호 작용

텃세	각 개체가 자신의 생활 구역을 확보하여 다른 개체의 접근을 막는다. 개체군의 밀도를 조절할 수 있다. 예 은어, 호랑이, 물개	
순위제	힘의 서열에 따라 순위를 정하여 먹이나 배우자를 차지한다. 예 닭, 큰뿔양, 일본원숭이	불필요한 경쟁을 줄일 수 있다.
리더제	경험이 많은 한 개체가 리더가 되어 개체군의 행동을 지휘한다. 예 기러기, 코끼리	리더를 제외한 나머지 개체들 간에는 서열이 없다.
사회 생활	각 개체가 역할을 나누어 수행하는 분업화된 체제를 형성한다. 예 꿀벌, 개미	
가족 생활	혈연관계의 개체들이 모여서 생활한다. 먹이를 공유하고 어린 개체를 효과적으로 기를 수 있다. 예 사람, 고릴라, 사자	

필수 유형 개체군 내 상호 작용의 종류에 따른 특징을 묻는 문제가 자주 출제된다.
🔗 111쪽 477번

[453~454] 생태계의 구성에 대한 설명이다. ( ) 안에 들어갈 알맞은 말을 쓰시오.

453 ( )은/는 일정한 지역에 같은 종의 개체가 무리를 이루어 생활하는 집단이다.

454 생태계는 빛, 온도, 물 등의 (㉠) 요인과 생태계에 존재하는 모든 생물인 (㉡) 요인으로 구성된다.

[455~457] 그림은 생태계 구성 요소 간의 관계를 나타낸 것이다. 각 설명에 해당하는 기호를 쓰시오.

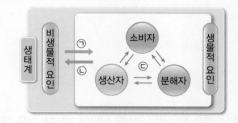

455 음지 식물은 양지 식물보다 보상점과 광포화점이 낮아 빛이 약한 곳에서 잘 자랄 수 있다.

456 지렁이가 흙 속을 파헤치며 이동하여 토양의 통기성이 높아진다.

457 메뚜기의 개체 수 증가로 벼의 수확량이 감소한다.

[458~459] 개체군의 특성에 대한 설명으로 옳은 것은 ○표, 옳지 않은 것은 ×표 하시오.

458 일반적인 환경에서는 환경 저항을 받지 않으므로 J자 모양의 생장 곡선을 나타낸다. ( )

459 돌말 개체군의 크기는 계절에 따른 환경 요인의 영향으로 1년을 주기로 변동한다. ( )

460 다음은 개체군 내 상호 작용의 예이다.

> (가) 늑대 개체군에서 우두머리 늑대는 무리의 이동이나 사냥감을 결정한다.
> (나) 여왕개미는 생식, 병정개미는 방어, 일개미는 먹이 획득을 담당한다.

(가)와 (나)에 해당하는 상호 작용을 각각 쓰시오.

기출 분석 문제

>> 바른답·알찬풀이 69쪽

1 | 생태계의 구성

461

다음 (   ) 안에 공통으로 들어갈 알맞은 말을 쓰시오.

> 생물이 주변의 다른 생물이나 환경 요인과 밀접한 관계를 맺으며 살아가는 체계를 (   )(이)라고 한다. (   )은/는 비생물적 요인과 생물적 요인으로 구성된다.

[462~463] 그림은 생태계의 구성을 나타낸 것이다. ㉠은 개체군과 군집 중 하나이고, A~C는 각각 생산자, 소비자, 분해자 중 하나이다. 물음에 답하시오.

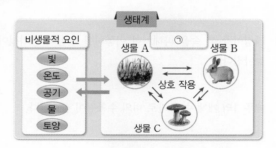

462 ✔서술형

㉠이 무엇인지 쓰고, 그렇게 판단한 까닭을 설명하시오.

463

이에 대한 설명으로 옳은 것만을 [보기]에서 있는 대로 고른 것은?

[보기]
ㄱ. 생물은 환경과 밀접한 영향을 주고받는다.
ㄴ. 생태계는 생물 A, B, C로만 이루어져 있다.
ㄷ. 생물 B는 유기물을 섭취하여 에너지를 얻는다.

① ㄱ   ② ㄴ   ③ ㄱ, ㄴ
④ ㄱ, ㄷ   ⑤ ㄴ, ㄷ

464

표는 생태계를 구성하는 요소 간의 관계와 그 예를 나타낸 것이다. (가)와 (나)는 각각 작용과 반작용 중 하나이다.

구분	예
(가)	숲에 나무가 우거지면 숲의 습도는 높아진다.
(나)	가을에 낮의 길이가 짧아지면 국화가 개화한다.
상호 작용	㉠토끼풀의 개체 수가 증가하면 ㉡토끼의 개체 수도 증가한다.

이에 대한 설명으로 옳은 것만을 [보기]에서 있는 대로 고른 것은?

[보기]
ㄱ. (가)에서 숲의 습도는 비생물적 요인이다.
ㄴ. (나)는 반작용이다.
ㄷ. ㉠과 ㉡은 모두 소비자이다.

① ㄱ   ② ㄴ   ③ ㄱ, ㄴ
④ ㄱ, ㄷ   ⑤ ㄴ, ㄷ

465 수능모의평가기출 변형   필수 유형 💎 106쪽 빈출 자료 ①

그림은 생태계를 구성하는 요소 간의 관계를 나타낸 것이다.

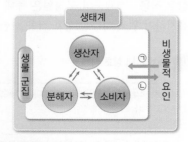

이에 대한 설명으로 옳은 것만을 [보기]에서 있는 대로 고른 것은?

[보기]
ㄱ. 생물적 요인이 서로 영향을 주고받는 것은 상호 작용이다.
ㄴ. 불가사리의 개체 수 증가로 홍합의 개체 수가 감소하는 것은 ㉠에 해당한다.
ㄷ. 강수량 감소에 의해 옥수수의 생장이 저해되는 것은 ㉡에 해당한다.

① ㄱ   ② ㄴ   ③ ㄱ, ㄷ
④ ㄴ, ㄷ   ⑤ ㄱ, ㄴ, ㄷ

466

그림 (가)와 (나)는 어떤 식물에서 양엽과 음엽의 단면 구조를 순서 없이 나타낸 것이다.

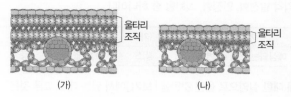

(가)　　　(나)

이에 대한 설명으로 옳은 것만을 [보기]에서 있는 대로 고른 것은?

[보기]
ㄱ. (가)와 (나)의 잎 두께에 영향을 주는 환경 요인은 빛의 세기이다.
ㄴ. (가)는 (나)보다 광합성이 활발하게 일어나는 울타리 조직이 발달하였다.
ㄷ. (가)와 (나)의 울타리 조직 두께가 다른 것은 작용의 예에 해당한다.

① ㄱ　　　② ㄴ　　　③ ㄱ, ㄷ
④ ㄴ, ㄷ　　　⑤ ㄱ, ㄴ, ㄷ

467

(가)~(다)는 환경 요인이 생물에 영향을 미치는 예를, 그림은 위도가 서로 다른 지역에 서식하는 펭귄 A와 B를 나타낸 것이다. A와 B는 서로 다른 종이다.

(가) 파충류의 몸 표면은 비늘로 덮여 있다.
(나) 북극여우는 사막여우보다 귀가 작고 몸집이 크다.
(다) 홍조류는 갈조류보다 수심이 깊은 곳까지 분포한다.

A　　B

이에 대한 설명으로 옳은 것만을 [보기]에서 있는 대로 고른 것은?

[보기]
ㄱ. (가)~(다)는 모두 작용의 예이다.
ㄴ. 펭귄 A는 B보다 더 추운 지역에 서식한다.
ㄷ. (가)~(다) 중 그림에서와 동일한 환경 요인이 생물에 영향을 미친 예는 (다)이다.

① ㄱ　　　② ㄴ　　　③ ㄱ, ㄴ
④ ㄱ, ㄷ　　　⑤ ㄴ, ㄷ

◆ 학교 시험에서 출제율이 70% 이상인 문제들을 엄선하여 수록하였습니다.

2 | 개체군

468 수능모의평가기출 변형　　필수 유형 ➤ 106쪽 빈출 자료 ②

그림은 어떤 개체군의 생장 곡선을 나타낸 것이다.

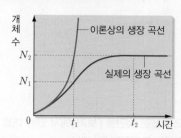

이에 대한 설명으로 옳은 것만을 [보기]에서 있는 대로 고른 것은?(단, 이 개체군에서 이입과 이출은 없다.)

[보기]
ㄱ. t_1일 때 N_1과 N_2의 차이는 환경 저항 때문이다.
ㄴ. 실제의 생장 곡선에서 개체군의 밀도는 t_2일 때보다 t_1일 때가 낮다.
ㄷ. 실제의 생장 곡선에서 t_2일 때 개체 사이에 경쟁이 일어나지 않는다.

① ㄱ　　　② ㄷ　　　③ ㄱ, ㄴ
④ ㄴ, ㄷ　　　⑤ ㄱ, ㄴ, ㄷ

469 수능기출 변형

그림 (가)는 식물 개체군 A, (나)는 식물 개체군 B의 시간에 따른 개체 수를 나타낸 것이다. A는 지역 ㉠에, B는 지역 ㉡에 서식하며, ㉠의 면적은 ㉡의 2배이다.

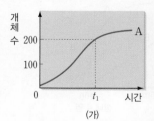　　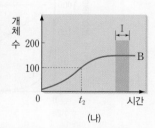

(가)　　　(나)

이에 대한 설명으로 옳은 것만을 [보기]에서 있는 대로 고른 것은?

[보기]
ㄱ. A와 B를 구성하는 식물 종 수는 동일하다.
ㄴ. 구간 Ⅰ에서 B는 환경 저항을 받지 않는다.
ㄷ. $\dfrac{t_2\text{에서 B의 개체군 밀도}}{t_1\text{에서 A의 개체군 밀도}}$ 는 1보다 작다.

① ㄱ　　　② ㄴ　　　③ ㄱ, ㄷ
④ ㄴ, ㄷ　　　⑤ ㄱ, ㄴ, ㄷ

470

그림은 먹이의 양이 서로 다른 두 조건 A와 B에서 각각 배양한 종 ⓐ의 생장 곡선을 나타낸 것이다.

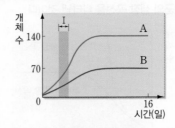

이에 대한 설명으로 옳은 것만을 [보기]에서 있는 대로 고른 것은?(단, 제시된 조건 이외에는 고려하지 않는다.)

[보기]
ㄱ. A와 B에서 모두 환경 저항이 작용한다.
ㄴ. A와 B 중 먹이의 양이 더 많은 조건은 A이다.
ㄷ. 구간 Ⅰ에서 증가한 ⓐ의 개체 수는 A에서가 B에서보다 많다.

① ㄱ ② ㄴ ③ ㄱ, ㄷ
④ ㄴ, ㄷ ⑤ ㄱ, ㄴ, ㄷ

471

그림은 개체군 A~C의 생존 곡선을 나타낸 것이다.

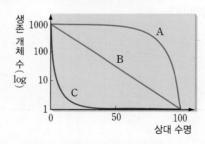

이에 대한 설명으로 옳은 것만을 [보기]에서 있는 대로 고른 것은?

[보기]
ㄱ. A는 B보다 초기 사망률이 낮다.
ㄴ. A에서는 C에서보다 태어나는 자손의 수가 많다.
ㄷ. A~C 중 사람과 생존 곡선의 형태가 가장 비슷한 개체군은 C이다.

① ㄱ ② ㄴ ③ ㄷ
④ ㄱ, ㄴ ⑤ ㄱ, ㄷ

472

표는 이입과 이출이 없는 개체군 (가)~(다)에서 시간이 지남에 따라 예상되는 개체 수 변화를 나타낸 것이다. (가)~(다)의 연령 피라미드는 각각 발전형, 안정형, 쇠퇴형 중 하나이다.

개체군	(가)	(나)	(다)
예상되는 개체 수 변화	감소	변화 없음.	증가

이에 대한 설명으로 옳은 것만을 [보기]에서 있는 대로 고른 것은?

[보기]
ㄱ. (가)의 연령 피라미드는 발전형이다.
ㄴ. $\dfrac{\text{생식 연령층의 개체 수}}{\text{생식 전 연령층의 개체 수}}$ 는 (나)보다 (다)에서 작다.
ㄷ. 각 개체군에서 생식 전 연령층의 비율은 (나)가 가장 높다.

① ㄴ ② ㄷ ③ ㄱ, ㄴ
④ ㄱ, ㄷ ⑤ ㄴ, ㄷ

473

그림은 시간에 따른 눈신토끼와 스라소니의 개체 수 변동을 나타낸 것이다. A와 B는 각각 눈신토끼와 스라소니 중 하나이다.

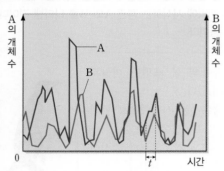

이에 대한 설명으로 옳은 것만을 [보기]에서 있는 대로 고른 것은?

[보기]
ㄱ. A는 B의 포식자이다.
ㄴ. 시간에 따른 개체 수 변동이 일어나는 까닭은 A와 B가 경쟁을 하기 때문이다.
ㄷ. t 시기에는 눈신토끼의 개체 수 증가로 스라소니의 개체 수가 증가한다.

① ㄱ ② ㄷ ③ ㄱ, ㄴ
④ ㄱ, ㄷ ⑤ ㄴ, ㄷ

[474~475] 그림은 계절에 따른 돌말의 개체 수와 환경 요인의 변화를 나타낸 것이다. 물음에 답하시오.

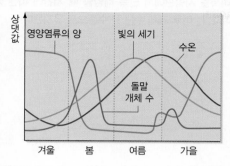

474

이에 대한 설명으로 옳은 것만을 [보기]에서 있는 대로 고른 것은?

[보기]
ㄱ. 돌말의 개체 수는 주기적으로 변동한다.
ㄴ. 초봄에 돌말의 개체 수가 급격히 증가한 까닭은 빛의 세기가 강해지고 수온이 높아졌기 때문이다.
ㄷ. 여름과 늦가을에 모두 돌말의 개체 수가 적게 유지되는 데 가장 큰 영향을 미치는 요인은 수온이다.

① ㄱ ② ㄷ ③ ㄱ, ㄴ
④ ㄴ, ㄷ ⑤ ㄱ, ㄴ, ㄷ

475 서술형

여름에 돌말 개체군의 서식지에 영양염류가 다량으로 유입될 경우 예상되는 변화를 돌말의 개체 수와 관련지어 설명하시오.

476

개체군과 이 개체군 내에서 주로 볼 수 있는 상호 작용을 옳게 짝 지은 것은?

① 사자 개체군 – 텃세 ② 꿀벌 개체군 – 가족생활
③ 은어 개체군 – 순위제 ④ 코끼리 개체군 – 리더제
⑤ 큰뿔양 개체군 – 사회생활

477 필수 유형 107쪽 빈출 자료 ③

다음은 개체군 내 상호 작용의 예 (가)~(다)를 나타낸 것이다.

(가) 개미 개체군에서 여왕개미, 병정개미, 일개미는 서로 다른 일을 한다.
(나) 우두머리 늑대는 리더가 되어 늑대 무리를 이끈다.
(다) 높은 순위의 닭이 낮은 순위의 닭보다 모이를 먼저 먹는다.

이에 대한 설명으로 옳은 것만을 [보기]에서 있는 대로 고른 것은?

[보기]
ㄱ. (가)는 사회생활의 예이다.
ㄴ. (나)와 (다)에서는 모두 힘의 강약에 따라 모든 개체들 간에 서열이 정해진다.
ㄷ. 기러기 개체군에서는 (다)에 나타난 개체군 내 상호 작용이 나타난다.

① ㄱ ② ㄴ ③ ㄱ, ㄷ
④ ㄴ, ㄷ ⑤ ㄱ, ㄴ, ㄷ

478 수능모의평가기출 변형

다음은 어떤 연못에서 개구리의 행동을 관찰한 자료이다.

수컷 개구리는 암컷을 차지하기 위해 오른쪽 그림과 같이 자신의 영역으로 들어온 다른 수컷 개구리와 싸워 자신의 영역을 지킨다.

위 자료에 나타난 개체군 내 상호 작용과 가장 관련이 깊은 것은?

① 스라소니는 눈신토끼를 잡아먹는다.
② 호랑이는 배설물로 자기 영역을 표시한다.
③ 여왕개미와 일개미는 서로 다른 일을 한다.
④ 우두머리 기러기는 리더가 되어 기러기 무리를 이끈다.
⑤ 큰뿔양은 비슷한 크기의 뿔을 가진 숫양끼리 뿔 치기를 통해 순위를 가린다.

1등급 완성 문제

» 바른답·알찬풀이 71쪽

479 정답률 35% 수능모의평가기출 변형

그림은 생태계를 구성하는 요소 간의 관계를 나타낸 것이다.

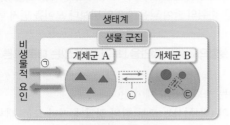

이에 대한 설명으로 옳은 것만을 [보기]에서 있는 대로 고른 것은?

[보기]
ㄱ. 영양염류의 양 감소로 돌말 개체군의 크기가 작아지는 것은 ㉠의 예에 해당한다.
ㄴ. ㉡의 예로는 텃세가 있다.
ㄷ. 벼멸구의 개체 수 증가로 쌀의 수확량이 감소하는 것은 ㉢의 예에 해당한다.

① ㄱ   ② ㄷ   ③ ㄱ, ㄴ
④ ㄴ, ㄷ   ⑤ ㄱ, ㄴ, ㄷ

480 정답률 30% 수능기출 변형

그림은 어떤 개체군의 생장 곡선 A와 B를 나타낸 것이다.

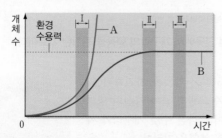

이에 대한 설명으로 옳은 것만을 [보기]에서 있는 대로 고른 것은?(단, 이 개체군에서 이입과 이출은 없다.)

[보기]
ㄱ. A는 실제의 생장 곡선이다.
ㄴ. B에서의 환경 저항은 구간 Ⅰ보다 구간 Ⅱ에서 크다.
ㄷ. B에서 이 개체군의 밀도는 구간 Ⅰ보다 구간 Ⅲ에서 크다.

① ㄱ   ② ㄴ   ③ ㄷ
④ ㄱ, ㄴ   ⑤ ㄴ, ㄷ

481 정답률 35%

그림은 물벼룩을 시험관에서 단독 배양할 때 시간에 따른 개체 수를 나타낸 것이다. t_3 이후 개체 수는 P 수준으로 유지된다.

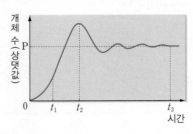

이에 대한 설명으로 옳은 것만을 [보기]에서 있는 대로 고른 것은?

[보기]
ㄱ. 환경 저항은 t_2일 때가 t_1일 때보다 크다.
ㄴ. $t_1 \sim t_2$ 구간에서 출생률은 사망률보다 크다.
ㄷ. t_3일 때 개체 간의 경쟁은 일어나지 않는다.

① ㄱ   ② ㄴ   ③ ㄷ
④ ㄱ, ㄴ   ⑤ ㄴ, ㄷ

482 정답률 25%

그림은 개체군의 생존 곡선 유형 A와 B를, 표는 어떤 동물 개체군 ㉠에서 같은 시기에 태어난 2000마리의 상대 수명에 따른 사망 개체 수를 나타낸 것이다.

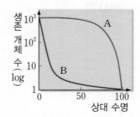

	상대 수명	사망 개체 수
t_1	1~33	1965
t_2	34~66	28
t_3	67~100	7

이에 대한 설명으로 옳은 것만을 [보기]에서 있는 대로 고른 것은?

[보기]
ㄱ. ㉠의 생존 곡선 유형은 A이다.
ㄴ. $t_1 \sim t_3$ 중 ㉠의 생존율은 t_1 시기에 가장 높다.
ㄷ. B 유형을 나타내는 동물 개체군은 많은 수의 자손을 낳지만, 어린 개체의 사망률이 높다.

① ㄱ   ② ㄷ   ③ ㄱ, ㄴ
④ ㄴ, ㄷ   ⑤ ㄱ, ㄴ, ㄷ

483 정답률 40%

그림은 어떤 생태계에서 포식과 피식 관계에 있는 종 A와 B의 시간에 따른 개체 수를 나타낸 것이다.

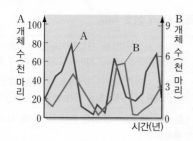

이에 대한 설명으로 옳은 것만을 [보기]에서 있는 대로 고른 것은?

[보기]
ㄱ. A는 피식자이다.
ㄴ. A와 B의 개체 수는 주기적으로 변동한다.
ㄷ. A의 개체 수 증감에 따라 B의 개체 수 증감이 나타난다.

① ㄱ   ② ㄴ   ③ ㄱ, ㄷ
④ ㄴ, ㄷ   ⑤ ㄱ, ㄴ, ㄷ

484 정답률 35%

표는 여러 동물에서 나타나는 상호 작용 A~C의 예이다.

구분	예
A	수컷 개구리는 암컷을 차지하기 위해 자신의 영역으로 들어온 다른 수컷 개구리와 싸워 자신의 영역을 지킨다.
B	높은 순위의 닭이 낮은 순위의 닭보다 모이를 먼저 먹는다.
C	혈연적으로 가까운 암사자들과 수사자는 무리를 지어 함께 생활한다.

이에 대한 설명으로 옳은 것만을 [보기]에서 있는 대로 고른 것은?

[보기]
ㄱ. A는 개체군 내 상호 작용이다.
ㄴ. 닭 개체군 내에서 각 개체는 세력권을 형성한다.
ㄷ. 개미 개체군에서 C와 같은 상호 작용이 나타난다.

① ㄱ   ② ㄴ   ③ ㄱ, ㄷ
④ ㄴ, ㄷ   ⑤ ㄱ, ㄴ, ㄷ

서술형 문제

485 정답률 35%

그림의 A와 B는 각각 어떤 개체군의 이론상의 생장 곡선과 실제의 생장 곡선 중 하나를 나타낸 것이다.

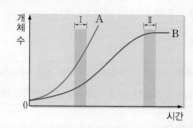

A와 B 중 실제의 생장 곡선의 기호를 쓰고, 실제의 생장 곡선의 구간 Ⅰ과 Ⅱ에서 이 개체군의 $\frac{출생률}{사망률}$의 크기를 개체 수와 관련지어 설명하시오.(단, 이 개체군에서 이입과 이출은 없다.)

486 정답률 30%

그림은 어떤 지역에서 일정 기간 동안 동물 개체군 A와 B의 생물량을 조사하여 나타낸 것이다. A와 B는 각각 스라소니와 눈신토끼 중 하나이다.

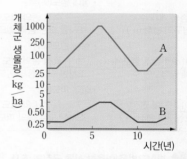

A와 B 중 스라소니 개체군의 기호를 쓰고, A와 B의 생물량이 주기적으로 변동하는 까닭을 설명하시오.

487 정답률 35% 수능모의평가기출 변형

그림은 어떤 하천에 서식하는 은어의 활동 범위를 나타낸 것이다.

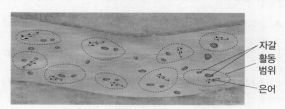

위 자료에 나타난 개체군 내 상호 작용을 쓰고, 이와 같은 상호 작용을 통해 얻을 수 있는 이점을 1가지만 설명하시오.

14 생태계의 구성과 기능(2)

1 군집

1 군집의 구성 군집은 여러 종류의 개체군으로 구성된다.

2 군집의 종류

육상 군집	주로 기온이나 강수량에 따라 삼림, 초원, 사막으로 나타난다.
수생 군집	담수 군집(하천, 강, 호수)과 해수 군집(바다)이 있다.

3 군집의 생태 분포 서식하는 지역의 환경 요인에 따라 나타나는 식물 군집의 분포이다.

수직 분포	고도에 따른 기온 차이에 의해 나타난다.
수평 분포	위도에 따른 기온과 강수량 차이에 의해 나타난다.

4 군집의 층상 구조 삼림 군집은 빛의 세기, 온도 등에 따라 수직적인 층상 구조가 나타난다. _{아래로 내려갈수록 빛의 세기가 감소한다.}

5 식물 군집의 조사 방법 _{중요치가 가장 큰 종이 그 군집의 우점종이다. 우점종은 생물량과 개체 수가 많고, 넓은 공간을 차지하여 군집을 대표하는 종이다.}
　① 방형구법: 조사할 지역에 방형구를 설치하고, 방형구 안에 있는 식물의 밀도, 빈도, 피도를 조사하는 방법이다.
　② 중요치: 상대 밀도, 상대 빈도, 상대 피도를 합한 값이다.

• 밀도= $\dfrac{\text{특정 종의 개체 수}}{\text{전체 방형구의 면적(m}^2)}$	• 상대 밀도(%)= $\dfrac{\text{특정 종의 밀도}}{\text{조사한 모든 종의 밀도의 합}} \times 100$
• 빈도= $\dfrac{\text{특정 종이 출현한 방형구 수}}{\text{전체 방형구의 수}}$	• 상대 빈도(%)= $\dfrac{\text{특정 종의 빈도}}{\text{조사한 모든 종의 빈도의 합}} \times 100$
• 피도= $\dfrac{\text{특정 종이 차지한 면적(m}^2)}{\text{전체 방형구의 면적(m}^2)}$	• 상대 피도(%)= $\dfrac{\text{특정 종의 피도}}{\text{조사한 모든 종의 피도의 합}} \times 100$

빈출 자료 ① 방형구법을 이용한 식물 군집의 조사

오른쪽 그림은 면적이 동일한 25개의 방형구를 이용하여 어떤 식물 군집을 구성하는 종 A~C를 나타낸 것이다. 방형구에 나타낸 각 도형은 식물 1개체를 의미한다.

■ 종 A
● 종 B
▲ 종 C

종	밀도	빈도	상대 밀도(%)	상대 빈도(%)
A	23/m²	$\dfrac{9}{25}=0.36$	$\dfrac{23}{50}\times100=46$	$\dfrac{0.36}{1.2}\times100=30$
B	16/m²	$\dfrac{15}{25}=0.6$	$\dfrac{16}{50}\times100=32$	$\dfrac{0.6}{1.2}\times100=50$
C	11/m²	$\dfrac{6}{25}=0.24$	$\dfrac{11}{50}\times100=22$	$\dfrac{0.24}{1.2}\times100=20$

필수 유형 방형구법을 이용하여 특정 식물 종의 상대 밀도와 상대 빈도를 구하는 문제가 출제된다. 🔗 117쪽 500번

6 군집 내 개체군 간의 상호 작용

종간 경쟁	먹이나 서식 공간 등 한정된 자원을 차지하기 위해 생태적 지위가 비슷한 개체군 사이에서 일어난다. _{공간 지위＋먹이 지위}
분서(생태 지위 분화)	생태적 지위가 비슷한 개체군들이 경쟁을 피하기 위해 먹이의 종류를 바꾸거나 활동 시기, 생활 공간 등을 달리한다.
기생	한 개체군(기생자)이 다른 개체군(숙주)에 피해를 주면서 함께 생활한다.
공생	서로 다른 두 개체군이 밀접한 관계를 맺으며 함께 생활한다. • 상리 공생: 두 개체군이 모두 이익을 얻는 경우 • 편리공생: 두 개체군 중 한쪽만 이익을 얻고, 다른 쪽은 이익도 손해도 없는 경우
포식과 피식	서로 다른 개체군 사이에서 나타나는 먹고 먹히는 관계이다.

빈출 자료 ② 군집 내 개체군 간의 상호 작용에 따른 개체 수

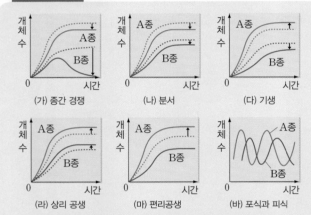

(가) 종간 경쟁　(나) 분서　(다) 기생
(라) 상리 공생　(마) 편리공생　(바) 포식과 피식

• (가) 종간 경쟁: A종만 살아남고 B종이 사라진다.(경쟁·배타 원리)
• (나) 분서: 두 종 모두 일정 수준의 개체 수를 유지한다.
• (다) 기생: 기생자인 A종의 개체 수는 증가하고, 숙주인 B종의 개체 수는 감소한다.
• (라) 상리 공생: 두 종 모두 개체 수가 증가한다.
• (마) 편리공생: 이익을 얻는 A종만 개체 수가 증가한다.
• (바) 포식과 피식: 피식자인 A종의 개체 수 증감에 따라 포식자인 B종의 개체 수가 증감한다.

필수 유형 두 종의 상호 작용에 따른 개체 수 변화 그래프를 해석하거나 두 종 사이의 손해, 이익 관계를 파악하는 문제가 출제된다. 🔗 117쪽 504번

7 식물 군집의 천이

① 1차 천이: 토양이 형성되지 않은 곳에서 시작되는 식물 군집의 천이 _{초기 단계에는 주로 토양과 수분의 영향을 받고, 천이가 진행될수록 빛의 영향을 많이 받는다.}

건성 천이	• 건조한 곳에서 시작되는 천이로, 지의류가 개척자이다. • 과정: 용암 대지 → 지의류 → 초원 → 관목림 → 양수림 → 혼합림 → 음수림(극상) _{마지막의 안정된 군집}
습성 천이	호수에서 시작되는 천이로, 습생 식물이 개척자이다.

② 2차 천이: 기존의 식물 군집이 산불, 홍수, 산사태 등으로 훼손된 후 다시 시작되는 천이 _{1차 천이에 비해 진행 속도가 빠르다.}

생산자의 광합성에 의해 생태계 내로 유입된다.

1 에너지 흐름 생태계에 공급되는 에너지의 근원은 태양의 빛에너지이며, 에너지는 먹이 사슬을 따라 흐르다가 열에너지 형태로 생태계 밖으로 빠져나간다.

① 생태 피라미드: 먹이 사슬에서 각 영양 단계에 속하는 생물의 개체 수, 생물량, 에너지양은 일반적으로 상위 영양 단계로 갈수록 줄어들어 피라미드 모양이 된다.

② 에너지 효율: 한 영양 단계에서 다음 영양 단계로 전달되는 에너지 비율 상위 영양 단계로 갈수록 증가하는 경향이 있다.

$$\text{에너지 효율(\%)} = \frac{\text{현 영양 단계가 보유한 에너지 총량}}{\text{전 영양 단계가 보유한 에너지 총량}} \times 100$$

2 물질의 생산과 소비

총생산량	생산자가 일정 기간 동안 광합성을 통해 생산한 유기물의 총량
순생산량	총생산량 중 생산자의 호흡에 사용되고 남은 유기물의 양

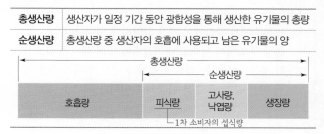

3 물질 순환 생태계에서 물질은 환경으로부터 생물 군집 내로 유입된 후 먹이 사슬을 따라 이동하고, 분해자에 의해 환경으로 돌아간다.

빈출 자료 ③ **탄소 순환과 질소 순환**

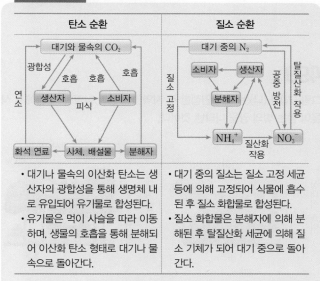

- 대기나 물속의 이산화 탄소는 생산자의 광합성을 통해 생명체 내로 유입되어 유기물로 합성된다.
- 유기물은 먹이 사슬을 따라 이동하며, 생물의 호흡을 통해 분해되어 이산화 탄소 형태로 대기나 물 속으로 돌아간다.

- 대기 중의 질소는 질소 고정 세균 등에 의해 고정되어 식물에 흡수된 후 질소 화합물로 합성된다.
- 질소 화합물은 분해자에 의해 분해된 후 탈질산화 세균에 의해 질소 기체가 되어 대기 중으로 돌아간다.

필수 유형 탄소 순환 과정에서 생물 구성 요소의 특징을 묻거나 질소 순환의 각 과정을 해석하는 문제가 자주 출제된다.

📄 121쪽 519번

4 에너지 흐름과 물질 순환 비교 생태계 내에서 에너지는 순환하지 않고 한 방향으로 흐르다가 생태계 밖으로 빠져나가지만, 물질은 생물과 비생물 환경 사이를 끊임없이 순환한다.

5 생태계 평형 생태계를 구성하는 생물 군집의 종류나 개체 수, 물질의 양, 에너지 흐름이 안정된 상태를 유지하는 것이다.

[488~489] 군집에 대한 설명으로 옳은 것은 ○표, 옳지 않은 것은 ×표 하시오.

488 고도에 따른 식물 군집의 분포를 수평 분포라고 한다.
( )

489 삼림 군집은 층상 구조를 이루는데, 아래로 내려갈수록 빛의 세기가 약해진다. ( )

[490~491] 군집 내 개체군 간의 상호 작용에 대한 설명이다. ( ) 안에 들어갈 알맞은 말을 쓰시오.

490 생태적 지위가 많이 겹치는 두 개체군 사이에 종간 경쟁이 심하게 일어나 한 개체군이 서식지에서 사라지는 것을 ( )(이)라고 한다.

491 공생하는 두 개체군이 모두 이익을 얻는 상호 작용은 (㉠), 한쪽만 이익을 얻는 상호 작용은 (㉡)이다.

[492~493] 식물 군집의 천이에 대한 설명이다. ( ) 안에 들어갈 알맞은 말을 쓰시오.

492 토양이 형성되지 않은 곳에서 시작되는 식물 군집의 천이를 ( )(이)라고 한다.

493 천이의 마지막 단계에서 식물 군집이 안정적으로 유지되는 상태를 ( )(이)라고 한다.

494 그림은 생태계에서의 질소 순환 과정을 나타낸 것이다. ㉠~㉢은 각각 질산화 작용, 질소 고정, 탈질산화 작용 중 하나이다.

㉠~㉢에 해당하는 작용을 각각 쓰시오.

495 다음은 에너지 흐름과 물질 순환에 대한 설명이다. ( ) 안에 들어갈 알맞은 말을 고르시오.

생태계에서 ㉠ (에너지, 물질)은/는 순환하지만, ㉡ (에너지, 물질)은/는 먹이 사슬을 따라 한 방향으로 흐르다가 생태계 밖으로 빠져나간다.

기출 분석 문제

» 바른답·알찬풀이 74쪽

1 | 군집

496

다음은 군집에 대한 설명이다.

> • 육상 군집은 ㉠이나 강수량의 차이로 삼림, 초원, ㉡으로 구분한다.
> • 군집의 수평 분포는 저위도에서 고위도로 갈수록 열대 우림 → ㉢ → ㉣ → 툰드라 순으로 나타난다. ㉢과 ㉣은 각각 침엽수림과 낙엽수림 중 하나이다.

이에 대한 설명으로 옳은 것만을 [보기]에서 있는 대로 고른 것은?

【 보기 】
> ㄱ. 기온은 ㉠에 해당한다.
> ㄴ. ㉡은 강수량이 많은 지역에 형성된다.
> ㄷ. ㉢은 침엽수림이다.

① ㄱ
② ㄴ
③ ㄷ
④ ㄱ, ㄴ
⑤ ㄴ, ㄷ

497

그림은 식물 군집의 수직 분포를 나타낸 것이다. A~D는 각각 관목대, 침엽수림대, 낙엽 활엽수림대, 상록 활엽수림대 중 하나이다.

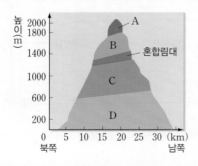

이에 대한 설명으로 옳은 것만을 [보기]에서 있는 대로 고른 것은?

【 보기 】
> ㄱ. A는 D보다 기온이 높은 지역에 형성된다.
> ㄴ. C는 낙엽 활엽수림대이다.
> ㄷ. A~D의 분포에 영향을 주는 주된 환경 요인은 강수량이다.

① ㄱ
② ㄴ
③ ㄱ, ㄷ
④ ㄴ, ㄷ
⑤ ㄱ, ㄴ, ㄷ

498

그림은 층상 구조가 발달한 어떤 식물 군집에서 높이에 따른 이산화 탄소 농도와 산소 농도 및 빛의 세기를 나타낸 것이다.

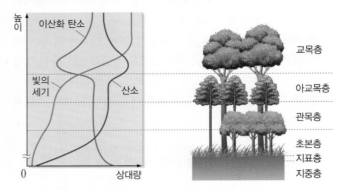

이에 대한 설명으로 옳은 것만을 [보기]에서 있는 대로 고른 것은?

【 보기 】
> ㄱ. 교목층에서 광합성이 가장 활발하게 일어난다.
> ㄴ. 층상 구조에서 아래로 내려갈수록 빛의 세기가 감소한다.
> ㄷ. 각 층을 구성하는 식물의 종류가 다른 주된 요인은 각 층에 따른 공기 중 수분 함량의 차이이다.

① ㄱ
② ㄴ
③ ㄷ
④ ㄱ, ㄴ
⑤ ㄴ, ㄷ

499

그림 (가)와 (나)는 각각 인접한 두 지역인 초원과 삼림의 각 층에서 식물이 받는 빛의 양을 나타낸 것이다.

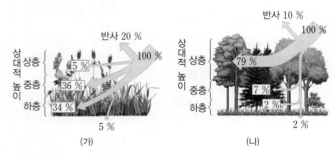

이에 대한 설명으로 옳은 것은?(단, 두 지역에 입사되는 빛의 양은 동일하며, 광합성량은 식물이 받는 빛의 양에 비례한다.)

① (가)에서는 상층의 광합성량이 가장 많을 것이다.
② 식물의 총광합성량은 (가)에서가 (나)에서보다 적을 것이다.
③ (나)에서는 하층으로 갈수록 광합성량이 증가할 것이다.
④ 수분의 증발 속도는 (가)보다 (나)의 토양에서 더 빠를 것이다.
⑤ (나)에서 상층의 식물을 제거하면 중층부 식물의 생장이 불리해질 것이다.

[500~501] 그림은 어떤 지역에 설치한 방형구의 모습을 나타낸 것으로, $20\,cm \times 20\,cm$ 정사각형 1개가 방형구 1개이다. 방형구에 나타낸 각 도형은 식물 1개체를 의미한다. 물음에 답하시오.

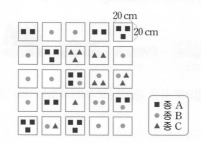

■ 종 A
● 종 B
▲ 종 C

500

필수 유형 🔗 114쪽 빈출 자료 ①

이에 대한 설명으로 옳은 것만을 [보기]에서 있는 대로 고른 것은?(단, 제시된 종 A~C만 고려한다.)

[보기]
ㄱ. 개체군의 밀도가 가장 높은 종은 A이다.
ㄴ. 상대 밀도는 종 B가 C보다 크다.
ㄷ. 상대 빈도의 크기는 종 B>A>C 순이다.

① ㄱ   ② ㄷ   ③ ㄱ, ㄴ
④ ㄴ, ㄷ   ⑤ ㄱ, ㄴ, ㄷ

501 ✍서술형

종 A~C의 피도가 같을 때 우점종을 쓰고, 그렇게 판단한 까닭을 설명하시오.

502

표는 면적이 동일한 서로 다른 지역 (가)~(다)에 서식하는 식물 종 A~D의 개체 수를 나타낸 것이다. B의 개체군 밀도는 (가)와 (나)에서 같다.

구분	A	B	C	D
(가)	5	3	5	2
(나)	4	㉠	5	6
(다)	14	10	0	6

이에 대한 설명으로 옳은 것만을 [보기]에서 있는 대로 고른 것은?

[보기]
ㄱ. ㉠은 3이다.
ㄴ. 식물 종 수는 (가)에서가 (다)에서보다 많다.
ㄷ. D의 상대 밀도는 (나)에서와 (다)에서가 같다.

① ㄱ   ② ㄷ   ③ ㄱ, ㄴ
④ ㄴ, ㄷ   ⑤ ㄱ, ㄴ, ㄷ

503 수능모의평가기출 변형

그림 (가)는 종 A와 B를 각각 단독 배양했을 때, (나)는 종 A와 B를 혼합 배양했을 때 시간에 따른 개체 수를 나타낸 것이다.

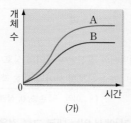 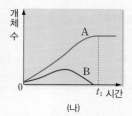

(가)   (나)

이에 대한 설명으로 옳은 것만을 [보기]에서 있는 대로 고른 것은?(단, (가)와 (나)에서 초기 개체 수와 배양 조건은 동일하다.)

[보기]
ㄱ. (가)에서 종 B는 이론상의 생장 곡선을 나타낸다.
ㄴ. (나)에서 경쟁·배타 원리가 적용되었다.
ㄷ. (나)에서 t_1일 때 종 A는 환경 저항을 받지 않는다.

① ㄱ   ② ㄴ   ③ ㄱ, ㄴ
④ ㄱ, ㄷ   ⑤ ㄴ, ㄷ

504 수능모의평가기출 변형

필수 유형 🔗 114쪽 빈출 자료 ②

표는 종 사이의 상호 작용을, 그림 (가)는 종 A와 B를 각각 단독 배양했을 때, (나)는 종 A와 B를 혼합 배양했을 때 시간에 따른 개체 수를 나타낸 것이다. ㉠과 ㉡은 각각 기생과 상리 공생 중 하나이다.

상호 작용	종 1	종 2
㉠	이익	ⓐ
㉡	ⓑ	손해

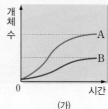 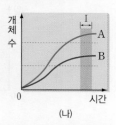

(가)   (나)

이에 대한 설명으로 옳은 것만을 [보기]에서 있는 대로 고른 것은?(단, (가)와 (나)에서 초기 개체 수와 배양 조건은 동일하다.)

[보기]
ㄱ. ⓐ와 ⓑ는 모두 '이익'이다.
ㄴ. (나)에서 종 A와 B 사이의 상호 작용은 ㉡이다.
ㄷ. (나)의 구간 Ⅰ에서 개체군 밀도는 종 A가 B보다 높다.

① ㄱ   ② ㄷ   ③ ㄱ, ㄴ
④ ㄱ, ㄷ   ⑤ ㄱ, ㄴ, ㄷ

505

표는 종 사이의 상호 작용이 각 종에 미치는 영향과 그 예를 나타낸 것이다. A~C는 각각 종간 경쟁, 편리공생, 포식과 피식 중 하나이다.

상호 작용	종 1	종 2	예
A	+	0	?
B	−	㉠	애기짚신벌레와 짚신벌레 사이의 상호 작용
C	㉡	+	스라소니와 눈신토끼 사이의 상호 작용

(+: 이익, −: 손해, 0: 상관 없음.)

이에 대한 설명으로 옳은 것만을 [보기]에서 있는 대로 고른 것은?

[보기]
ㄱ. ㉠과 ㉡은 모두 '−'이다.
ㄴ. B에서는 경쟁·배타 원리가 적용될 수 있다.
ㄷ. 빨판상어와 거북 사이의 상호 작용은 A의 예에 해당한다.

① ㄱ   ② ㄷ   ③ ㄱ, ㄴ
④ ㄴ, ㄷ   ⑤ ㄱ, ㄴ, ㄷ

506 ⭐신유형

그림 (가)는 어떤 지역의 식물 군집에서 일어나는 천이 과정을, (나)는 이 군집에서 종 ㉠과 ㉡의 어린 나무의 밀도를 나타낸 것이다. A~C는 각각 양수림, 음수림, 초원 중 하나이고, 종 ㉠과 ㉡은 각각 B와 C의 우점종 중 하나이다.

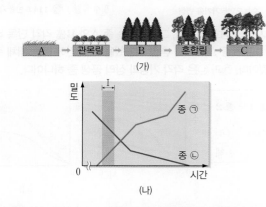

(가)

(나)

이에 대한 설명으로 옳은 것만을 [보기]에서 있는 대로 고른 것은?

[보기]
ㄱ. A의 우점종은 지의류이다.
ㄴ. B에서 구간 I의 밀도 변화가 나타날 수 있다.
ㄷ. 잎에서 울타리 조직의 평균 두께는 종 ㉠이 종 ㉡보다 두껍다.

① ㄱ   ② ㄴ   ③ ㄷ
④ ㄱ, ㄴ   ⑤ ㄴ, ㄷ

507 수능모의평가기출 변형

그림은 어떤 식물 군집의 천이 과정 일부를 나타낸 것이다. A와 B는 각각 양수림과 관목림 중 하나이다.

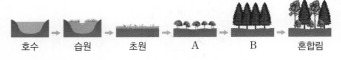

호수   습원   초원   A   B   혼합림

이에 대한 설명으로 옳은 것만을 [보기]에서 있는 대로 고른 것은?

[보기]
ㄱ. A의 우점종은 지의류이다.
ㄴ. B는 관목림이다.
ㄷ. 습성 천이를 나타낸 것이다.

① ㄱ   ② ㄴ   ③ ㄷ
④ ㄱ, ㄷ   ⑤ ㄴ, ㄷ

508

그림은 어떤 식물 군집에 산불이 난 후의 천이 과정에서 관찰된 식물 종 A~C의 생물량 변화를 나타낸 것이다. A~C는 각각 양수림, 음수림, 초원의 우점종 중 하나이다.

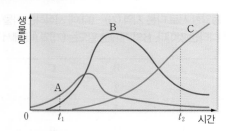

이에 대한 설명으로 옳은 것만을 [보기]에서 있는 대로 고른 것은?

[보기]
ㄱ. 소나무는 B가 될 수 있다.
ㄴ. 1차 천이를 나타낸 것이다.
ㄷ. 지표면에 도달하는 빛의 세기는 t_1일 때가 t_2일 때보다 강하다.

① ㄱ   ② ㄴ   ③ ㄱ, ㄴ
④ ㄱ, ㄷ   ⑤ ㄴ, ㄷ

[509~510] 그림 (가)와 (나)는 각각 서로 다른 지역에서 일어나는 식물 군집의 천이 과정을 나타낸 것이다. A~C는 각각 양수림, 음수림, 혼합림 중 하나이다. 물음에 답하시오.

509

A~C의 이름을 각각 쓰시오.

510 ✔서술형

(가)와 (나)는 각각 1차 천이와 2차 천이 중 하나이다. (가)와 (나)를 쓰고, 그렇게 판단한 까닭을 설명하시오.

---

2 | 에너지 흐름과 물질 순환

511

그림은 안정된 생태계에서 영양 단계에 따른 에너지의 이동량을 상댓값으로 나타낸 것이다. A~C는 각각 1차 소비자, 2차 소비자, 생산자 중 하나이며, A에서 B로 전달되는 에너지양은 B에서 C로 전달되는 에너지양의 5배이다.

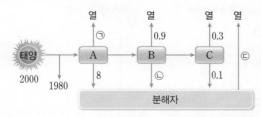

이에 대한 설명으로 옳은 것만을 [보기]에서 있는 대로 고른 것은?

┌─[보기]─────────────────────────┐
ㄱ. ⓒ과 ⓒ의 합은 ㉠보다 크다.
ㄴ. A는 빛에너지를 화학 에너지로 전환한다.
ㄷ. B에서 C로 유기물이 이동한다.
└─────────────────────────────┘

① ㄱ   ② ㄷ   ③ ㄱ, ㄴ
④ ㄴ, ㄷ   ⑤ ㄱ, ㄴ, ㄷ

512

표는 어떤 안정된 생태계에서 영양 단계 A~D의 생물량, 에너지양, 에너지 효율을 나타낸 것이다. A~D는 각각 생산자, 1차 소비자, 2차 소비자, 3차 소비자 중 하나이다.

영양 단계	생물량 (상댓값)	에너지양 (상댓값)	에너지 효율 (%)
A	12	30	15
B	387	㉠	10
C	810	2000	1
D	1.5	6	20

이에 대한 설명으로 옳지 않은 것은?

① ㉠은 200이다.
② A는 2차 소비자이다.
③ 상위 영양 단계로 갈수록 생물량은 증가한다.
④ 에너지는 C에서 B로 유기물의 형태로 전달된다.
⑤ 이 생태계로 유입된 태양의 빛에너지양(상댓값)은 200000이다.

513

그림은 어떤 생태계에서 각 영양 단계의 에너지양을 상댓값으로 나타낸 생태 피라미드이다.

이에 대한 설명으로 옳은 것만을 [보기]에서 있는 대로 고른 것은?

┌─[보기]─────────────────────────┐
ㄱ. ㉠은 생산자이다.
ㄴ. 상위 영양 단계로 갈수록 에너지양은 감소한다.
ㄷ. 에너지 효율은 1차 소비자보다 2차 소비자가 높다.
└─────────────────────────────┘

① ㄱ   ② ㄷ   ③ ㄱ, ㄴ
④ ㄴ, ㄷ   ⑤ ㄱ, ㄴ, ㄷ

514 수능모의평가기출 변형

그림은 어떤 군집에서 생산자의 총생산량, 순생산량, 호흡량의 관계를 나타낸 것이다. ㉠과 ㉡은 각각 순생산량과 호흡량 중 하나이다.

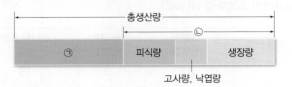

이에 대한 설명으로 옳은 것만을 [보기]에서 있는 대로 고른 것은?

[보기]
ㄱ. ㉠은 호흡량이다.
ㄴ. ㉡은 생산자가 광합성을 통해 생산한 유기물의 총량이다.
ㄷ. 생산자의 피식량은 1차 소비자의 호흡량과 같다.

① ㄱ 　　② ㄴ 　　③ ㄷ
④ ㄱ, ㄴ 　　⑤ ㄱ, ㄷ

[515~516] 그림은 어떤 식물 군집의 시간에 따른 유기물량을 나타낸 것이다. ㉠~㉢은 각각 순생산량, 총생산량, 생장량 중 하나이다. 물음에 답하시오.

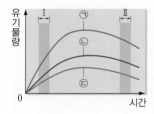

515

㉠~㉢의 이름을 각각 쓰시오.

516

이에 대한 설명으로 옳은 것만을 [보기]에서 있는 대로 고른 것은?

[보기]
ㄱ. 고사량은 ㉢에 포함된다.
ㄴ. 구간 I 에서 시간에 따라 호흡량이 증가한다.
ㄷ. 구간 II 에서 시간에 따라 생물량이 감소한다.

① ㄱ 　　② ㄴ 　　③ ㄱ, ㄷ
④ ㄴ, ㄷ 　　⑤ ㄱ, ㄴ, ㄷ

517 수능모의평가기출 변형

표는 동일한 면적을 차지하고 있는 식물 군집 I 과 II 에서 1년 동안 조사한 총생산량에서 각 영역의 백분율을 나타낸 것이다. I 과 II 의 총생산량은 같다.

(단위: %)

구분	식물 군집	
	I	II
호흡량	74.0	67.1
고사량, 낙엽량	19.7	24.7
㉠	6.0	8.0
피식량	0.3	0.2
합계	100.0	100.0

이에 대한 설명으로 옳은 것만을 [보기]에서 있는 대로 고른 것은?

[보기]
ㄱ. ㉠에는 초식 동물의 생장량이 포함된다.
ㄴ. I 의 호흡량은 생산자의 호흡량만 포함된다.
ㄷ. $\dfrac{호흡량}{순생산량}$ 은 I 에서가 II 에서보다 크다.

① ㄱ 　　② ㄷ 　　③ ㄱ, ㄴ
④ ㄴ, ㄷ 　　⑤ ㄱ, ㄴ, ㄷ

518

그림은 생태계에서 일어나는 탄소 순환과 질소 순환 과정의 일부를 나타낸 것이다.

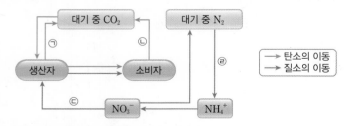

이에 대한 설명으로 옳은 것만을 [보기]에서 있는 대로 고른 것은?

[보기]
ㄱ. ㉠과 ㉡에 모두 세포 호흡이 관여한다.
ㄴ. ㉢은 질산화 작용이다.
ㄷ. 뿌리혹박테리아는 ㉣에 작용한다.

① ㄴ 　　② ㄷ 　　③ ㄱ, ㄴ
④ ㄱ, ㄷ 　　⑤ ㄱ, ㄴ, ㄷ

519

필수 유형 → 115쪽 빈출 자료 ③

그림은 생태계에서 탄소가 순환하는 과정을 나타낸 것이다. 생물 A~D는 각각 생산자, 분해자, 1차 소비자, 2차 소비자 중 하나이다.

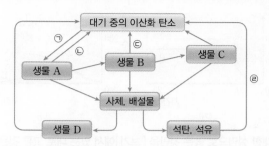

이에 대한 설명으로 옳지 <u>않은</u> 것은?

① A~D 중 소비자는 B와 C이다.
② ㉠ 과정이 일어나려면 태양의 빛에너지가 필요하다.
③ ㉡과 ㉢ 과정을 통해 유기물이 합성된다.
④ ㉣ 과정은 대기 중 이산화 탄소 농도를 증가시킨다.
⑤ D의 예로는 곰팡이가 있다.

[520~521] 그림은 생태계에서 일어나는 질소 순환 과정의 일부를 나타낸 것이다. 물음에 답하시오.

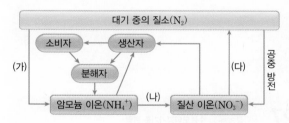

520
수능모의평가기출 변형

이에 대한 설명으로 옳은 것만을 [보기]에서 있는 대로 고른 것은?

[보기]
ㄱ. (가)는 식물이 대기 중의 질소를 흡수하여 직접 이용하는 과정이다.
ㄴ. 질산화 세균은 (나)에 관여한다.
ㄷ. (다)는 탈질산화 작용이다.

① ㄴ   ② ㄷ   ③ ㄱ, ㄴ
④ ㄴ, ㄷ   ⑤ ㄱ, ㄴ, ㄷ

521
🖊️서술형

과정 (가)의 이름을 쓰고, (가)가 일어나는 과정에 관여하는 세균과 관련지어 설명하시오.

522

그림은 질소 순환 과정의 일부를 나타낸 것이다. 생물 ⓐ~ⓒ는 각각 곰팡이, 질소 고정 세균, 식물 중 하나이며, 물질 ㉠과 ㉡은 각각 단백질과 NH_4^+ 중 하나이다.

이에 대한 설명으로 옳은 것만을 [보기]에서 있는 대로 고른 것은?

[보기]
ㄱ. 생물 ⓑ는 광합성을 한다.
ㄴ. ㉠은 NH_4^+이다.
ㄷ. 생물 ⓒ는 유기물을 무기물로 분해한다.

① ㄱ   ② ㄷ   ③ ㄱ, ㄴ
④ ㄴ, ㄷ   ⑤ ㄱ, ㄴ, ㄷ

523

그림 (가)는 평형이 유지되고 있는 안정된 생태계를, (나)는 (가)에서 1차 소비자의 개체 수가 일시적으로 증가한 후 평형 상태로 회복되기까지의 단계를 순서 없이 나타낸 것이다.

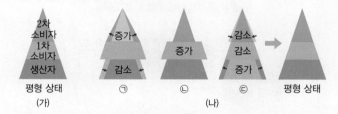

이에 대한 설명으로 옳은 것만을 [보기]에서 있는 대로 고른 것은?

[보기]
ㄱ. 생태계 평형 회복은 먹이 사슬을 통해 이루어진다.
ㄴ. (가)에서 상위 영양 단계로 갈수록 에너지양은 감소한다.
ㄷ. (나)에서 평형 회복 과정을 순서대로 나열하면 ㉡ → ㉢ → ㉠이다.

① ㄱ   ② ㄷ   ③ ㄱ, ㄴ
④ ㄴ, ㄷ   ⑤ ㄱ, ㄴ, ㄷ

1등급 완성 문제

» 바른답·알찬풀이 79쪽

524 정답률 35%

그림은 군집의 수평 분포를 나타낸 것이다. A~E는 각각 사막, 툰드라, 활엽수림, 침엽수림, 열대 우림 중 하나이다.

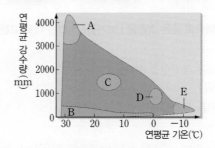

이에 대한 설명으로 옳은 것만을 [보기]에서 있는 대로 고른 것은?

[보기]
ㄱ. A보다 C가 위도가 낮은 지역에 형성된다.
ㄴ. 수직 분포에서는 주로 C보다 D가 고도가 높은 지역에 형성된다.
ㄷ. E는 툰드라이다.

① ㄱ ② ㄷ ③ ㄱ, ㄴ
④ ㄴ, ㄷ ⑤ ㄱ, ㄴ, ㄷ

525 정답률 35%

그림은 생물 간의 4가지 상호 작용을 분류하는 과정을 나타낸 것이다.

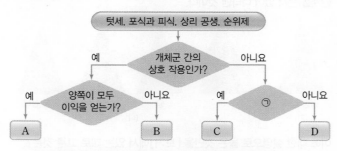

이에 대한 설명으로 옳은 것만을 [보기]에서 있는 대로 고른 것은?

[보기]
ㄱ. A는 상리 공생이다.
ㄴ. 경쟁·배타 원리는 B에서 적용된다.
ㄷ. '힘의 강약에 따라 서열이 정해지는가?'는 ㉠에 해당한다.

① ㄱ ② ㄷ ③ ㄱ, ㄴ
④ ㄱ, ㄷ ⑤ ㄴ, ㄷ

526 정답률 30% 수능기출 변형

그림 (가)는 종 A와 B를 각각 단독 배양했을 때, (나)는 종 A와 B를 혼합 배양했을 때 시간에 따른 개체 수를 나타낸 것이다.

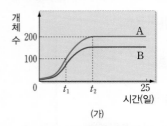 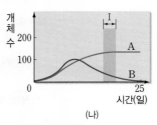

(가)   (나)

이에 대한 설명으로 옳은 것만을 [보기]에서 있는 대로 고른 것은?

[보기]
ㄱ. (가)에서 A의 환경 수용력은 200이다.
ㄴ. B를 단독 배양했을 때 t_1일 때가 t_2일 때보다 환경 저항이 크다.
ㄷ. 구간 I에서 A와 B 사이에 편리공생이 일어났다.

① ㄱ ② ㄷ ③ ㄱ, ㄴ
④ ㄴ, ㄷ ⑤ ㄱ, ㄴ, ㄷ

527 정답률 30% 수능모의평가기출 변형

표 (가)는 종 사이의 상호 작용을 나타낸 것이며, (나)는 상호 작용 A~C 중 하나의 예에 대한 설명이다. A~C는 각각 종간 경쟁, 기생, 상리 공생 중 하나이다.

(가)		
상호 작용	종 1	종 2
A	손해	손해
B	이익	㉠
C	?	손해

(나)

콩과식물의 뿌리에 사는 뿌리혹박테리아는 콩과식물에게 질소 화합물을 공급하고, 콩과식물은 뿌리혹박테리아에게 영양분을 공급한다.

이에 대한 설명으로 옳은 것만을 [보기]에서 있는 대로 고른 것은?

[보기]
ㄱ. A는 종간 경쟁이다.
ㄴ. ㉠은 '손해'이다.
ㄷ. (나)에서 콩과식물과 뿌리혹박테리아 사이의 상호 작용은 C에 해당한다.

① ㄱ ② ㄷ ③ ㄱ, ㄴ
④ ㄴ, ㄷ ⑤ ㄱ, ㄴ, ㄷ

528 정답률 25% 수능모의평가기출 변형

그림은 식물 군집 A의 시간에 따른 총생산량과 순생산량을 나타낸 것이다. ㉠과 ㉡은 각각 총생산량과 순생산량 중 하나이다.

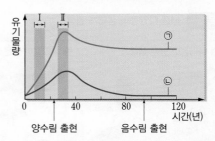

양수림 출현   음수림 출현

이에 대한 설명으로 옳은 것만을 [보기]에서 있는 대로 고른 것은?

[보기]
ㄱ. 낙엽의 유기물량은 ㉠과 ㉡에 모두 포함된다.
ㄴ. A의 호흡량은 구간 Ⅰ에서가 Ⅱ에서보다 적다.
ㄷ. 구간 Ⅱ에서 초식 동물의 호흡량은 ㉡보다 많다.

① ㄱ   ② ㄷ   ③ ㄱ, ㄴ
④ ㄴ, ㄷ   ⑤ ㄱ, ㄴ, ㄷ

529 정답률 40%

그림은 물질 순환 과정의 일부를 나타낸 것이다. 기체 A와 B는 각각 이산화 탄소(CO_2)와 질소(N_2) 중 하나이며, ㉠과 ㉡은 각각 생산자와 소비자 중 하나이다.

이에 대한 설명으로 옳은 것만을 [보기]에서 있는 대로 고른 것은?

[보기]
ㄱ. A는 이산화 탄소(CO_2)이다.
ㄴ. ㉠에서는 질소 동화 작용이 일어난다.
ㄷ. B는 뿌리혹박테리아에 의해 질산 이온(NO_3^-)으로 전환된다.

① ㄱ   ② ㄷ   ③ ㄱ, ㄴ
④ ㄴ, ㄷ   ⑤ ㄱ, ㄴ, ㄷ

서술형 문제

530 정답률 30%

그림은 어떤 지역에 25개의 방형구를 설치하여 조사한 식물 종 A~C의 분포를 나타낸 것이다. 이 지역에서 A~C의 피도는 모두 같다.

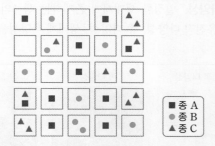

■ 종 A
● 종 B
▲ 종 C

이 지역의 우점종을 쓰고, 그렇게 판단한 까닭을 A~C의 상대 밀도, 상대 빈도, 상대 피도를 각각 비교하여 설명하시오.

531 정답률 30%

그림은 어떤 지역에서 천이가 일어날 때 시간에 따른 군집의 높이 변화를 나타낸 것이다. ㉠과 ㉡은 각각 양수림과 음수림 중 하나이다.

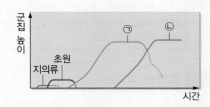

(1) 이 지역에서 일어난 천이는 1차 천이와 2차 천이 중 무엇인지 쓰시오.

(2) ㉠과 ㉡의 이름을 각각 쓰고, 시간이 지남에 따라 ㉠에서 ㉡으로 천이가 일어나는 까닭을 설명하시오.

532 정답률 35%

그림은 생태계의 탄소 순환 과정을 나타낸 것이다. A~C는 각각 소비자, 생산자, 분해자 중 하나이다.

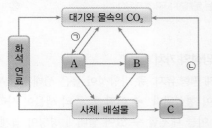

㉠과 ㉡은 각각 어떤 과정인지 A와 C의 이름을 포함하여 설명하시오.

생물 다양성과 보전

1 │ 생물 다양성

1 생물 다양성 일정한 생태계에 존재하는 생물의 다양한 정도로, 유전적 다양성, 종 다양성, 생태계 다양성을 모두 포함한다.

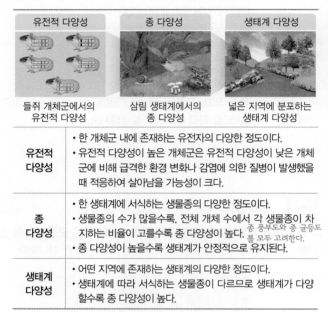

	유전적 다양성	종 다양성	생태계 다양성
	들쥐 개체군에서의 유전적 다양성	삼림 생태계에서의 종 다양성	넓은 지역에 분포하는 생태계 다양성

유전적 다양성	• 한 개체군 내에 존재하는 유전자의 다양한 정도이다. • 유전적 다양성이 높은 개체군은 유전적 다양성이 낮은 개체군에 비해 급격한 환경 변화나 감염에 의한 질병이 발생했을 때 적응하여 살아남을 가능성이 크다.
종 다양성	• 한 생태계에 서식하는 생물종의 다양한 정도이다. • 생물종의 수가 많을수록, 전체 개체 수에서 각 생물종이 차지하는 비율이 고를수록 종 다양성이 높다. _{종 풍부도와 종 균등도를 모두 고려한다.} • 종 다양성이 높을수록 생태계가 안정적으로 유지된다.
생태계 다양성	• 어떤 지역에 존재하는 생태계의 다양한 정도이다. • 생태계에 따라 서식하는 생물종이 다르므로 생태계가 다양할수록 종 다양성이 높다.

빈출 자료 ① 종 다양성의 비교

그림은 면적이 같은 세 지역 (가)~(다)에 분포하는 생물종을 조사하여 나타낸 것이다.

(가)　　　　(나)　　　　(다)

A B C D

• 종 다양성은 생물종의 수와 분포 비율을 모두 포함하는 개념으로, 많은 종의 생물이 고르게 분포할수록 종 다양성이 높다.
• 식물 종 수와 전체 개체 수는 (가)와 (나)에서 각각 4종의 식물이 20그루 분포하지만, (다)에서는 2종의 식물이 20그루 분포한다.
• (가)~(다) 중 식물 종 수가 가장 많고, 식물 종이 가장 균등하게 분포하는 지역은 (가)이다. ⋯→ 종 다양성은 (가)에서 가장 높다.

(필수 유형) 서식지 면적이 같은 서로 다른 지역에 분포하는 생물종의 다양성을 비교하는 문제가 자주 출제된다. 🔗 127쪽 546번

2 생물 다양성의 가치

① 생태계 평형 유지: 종 다양성이 높은 생태계는 복잡한 먹이 그물이 형성된다. ➡ 어떤 한 종의 생물이 사라져도 다른 종이 이를 대체할 수 있어 생태계 평형이 쉽게 깨지지 않는다.

빈출 자료 ② 생물 다양성과 생태계 평형

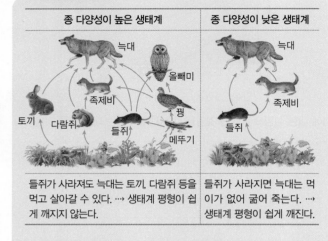

종 다양성이 높은 생태계	종 다양성이 낮은 생태계
들쥐가 사라져도 늑대는 토끼, 다람쥐 등을 먹고 살아갈 수 있다. ⋯→ 생태계 평형이 쉽게 깨지지 않는다.	들쥐가 사라지면 늑대는 먹이가 없어 굶어 죽는다. ⋯→ 생태계 평형이 쉽게 깨진다.

(필수 유형) 종 다양성이 다른 두 생태계의 안정성을 비교하거나 특정 생물종이 사라질 때 생태계의 변화를 예상하는 문제가 출제된다. 🔗 128쪽 550번

② 생물 자원: 사람이 생활에 이용하는 자원 중 생물로부터 얻은 것으로, 지구상의 다양한 생물은 소중한 자원으로 이용될 수 있다.

종류	예
의식주 재료	식량(벼, 밀, 옥수수), 의복 재료(목화, 누에고치), 주택 재료(나무, 풀)
의약품 원료	푸른곰팡이 – 페니실린(항생제), 버드나무 껍질 – 아스피린(해열·진통제), 주목 – 택솔(항암제)
관광과 휴식	습지·생태 공원 – 관광 자원, 휴양림 – 휴식 공간
유전자	병충해 저항성 유전자 – 새로운 농작물 개발에 활용

2 │ 생물 다양성의 보전

1 생물 다양성의 감소 원인 생물 다양성의 감소는 대부분 사람의 활동과 관련이 있다.

① 서식지 파괴
• 생물 다양성 감소의 가장 큰 원인이다.
• 과도한 개발과 농업의 확장, 도시 개발, 환경 파괴에 의해 일어나며, 생물에게 직접적으로 피해를 준다.
• 숲의 벌채, 습지의 매립, 농경지의 개간 등으로 서식지가 파괴되어 서식지 면적이 줄어들면 종 다양성이 감소한다.

② 서식지 단편화 _{서식지 단편화를 막기 위해 고가 도로나 터널을 이용하여 도로를 건설하거나 생태 통로를 설치한다.}
• 하나의 큰 서식지가 도로나 철도 등에 의해 여러 개의 작은 서식지로 나누어지는 것이다.
• 생물이 이동할 수 있는 범위가 좁아져 생존에 필요한 자원을 얻기 어렵고, 단편화된 서식지에서만 교배가 일어나 유전적 다양성이 감소한다.

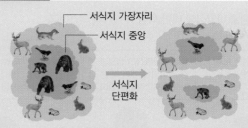

- 서식지 가장자리
- 서식지 중앙

서식지 단편화

- 서식지가 단편화되면 서식지 가장자리의 면적은 넓어지고 서식지 중앙의 면적은 크게 감소한다.
- 서식지 중앙에서 살아가는 생물종의 일부는 멸종하고, 가장자리에서 살아가는 생물종의 일부는 개체 수가 증가한다. ⋯➡ 서식지가 단편화되면 가장자리보다 중앙에서 살아가는 생물종이 더 큰 영향을 받는다.
- 서식지가 단편화되면 생물종의 이동이 제한되어 고립되므로 생물 다양성이 감소한다. ⋯➡ 생태 통로를 설치하여 생물의 이동 경로를 확보한다.

필수 유형 서식지 단편화가 생물 다양성에 미치는 영향을 파악하는 문제가 자주 출제된다. 🔗 128쪽 553번

③ 외래종(외래 생물) 도입
- 외래종은 새로운 환경에서 천적(포식자)이나 질병이 없는 경우 대량 번식할 수 있다. ➡ 외래종이 고유종의 서식지를 차지하고 먹이 사슬에 변화를 일으켜 생물 다양성을 감소시키거나 생태계 평형을 파괴한다. _특정 지역에 한정적으로 분포하는 생물종_
- 생태계 교란 외래종의 예: 뉴트리아, 큰입배스, 가시박 등
④ 불법 포획과 남획: 야생 동물의 밀렵, 희귀 식물의 채취와 같은 불법 포획과 남획은 특정 종을 멸종시킬 수 있다.
⑤ 환경 오염과 기후 변화
- 산성비는 하천, 호수, 토양을 산성화시키고, 담수나 바다에 유입된 유해 화학 물질과 중금속은 생물 농축을 일으켜 생태계 평형을 파괴하는 요인이 된다.
- 대기 중 이산화 탄소 농도 증가에 따른 지구 온난화는 생물 다양성 감소의 원인이 된다.

2 생물 다양성의 보전 대책

서식지 보호	한 종의 특정 서식지보다 군집 전체를 보호하는 것이 생물 다양성 보전에 효과적이다.
생태 통로 설치	도로를 건설할 때 야생 동물의 이동 통로인 생태 통로를 설치한다.
불법 포획과 남획 금지	희귀 생물의 불법 포획과 남획을 금지하여 생물종을 보호한다.
외래종 도입 방지	외래종의 무분별한 도입을 막고, 외래종을 도입하기 전 외래종이 기존 생태계에 미치는 영향을 검증하는 제도를 마련한다.
멸종 위기종 및 보호 구역 지정	멸종 위기종과 보전 가치가 있는 종을 천연기념물로 지정하고, 생태적으로 보전 가치가 있는 장소를 국립 공원으로 지정하여 보호한다.
협약 및 환경 윤리 인식	각종 국제 협약을 통해 생물 다양성 보전 활동을 펼치며, 생물의 생명권을 존중하는 의식을 가지도록 한다.
종자 은행	다양한 식물 종자의 수집과 저장을 통해 멸종을 방지하고, 유용한 유전자를 보존한다.

[533~535] 생물 다양성과 그 의미를 옳게 연결하시오.

533 종 다양성 •

• ㉠ 어떤 지역에 존재하는 생태계의 다양한 정도

534 유전적 다양성 •

• ㉡ 한 생태계에 서식하는 생물종의 다양한 정도

535 생태계 다양성 •

• ㉢ 한 개체군 내에 존재하는 유전자의 다양한 정도

[536~537] 생물 다양성에 대한 설명이다. (   ) 안에 들어갈 알맞은 말을 고르시오.

536 유전적 다양성이 높은 개체군은 환경이 급격히 변했을 때 살아남을 확률이 (낮다, 높다).

537 생물종의 수가 많을수록, 각 생물종이 균등하게 분포할수록 종 다양성이 (낮다, 높다).

538 그림은 생태계 (가)와 (나)의 먹이 그물을 나타낸 것이다.

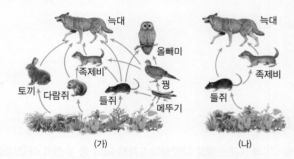

(가)와 (나) 중 생태계 평형이 더 안정적으로 유지되는 생태계의 기호를 쓰시오.

539 생물 다양성의 감소 원인을 있는 대로 고르시오.

(가) 환경 오염	(나) 외래종 도입
(다) 국립 공원 지정	(라) 생물 다양성 협약 채택

540 다음은 생물 다양성의 보전 대책에 대한 설명이다. (   ) 안에 들어갈 알맞은 말을 쓰시오.

- 도로를 건설할 때 (㉠)을/를 설치하면 서식지 단편화에 의한 영향을 감소시킬 수 있다.
- (㉡)은/는 다양한 식물 종자의 멸종을 방지하고, 유용한 유전자를 보존하는 역할을 한다.

기출 분석 문제

» 바른답·알찬풀이 81쪽

1 | 생물 다양성

541

표는 생물 다양성의 3가지 의미를 설명한 것이다. (가)~(다)는 각각 유전적 다양성, 종 다양성, 생태계 다양성 중 하나이다.

구분	의미
(가)	사막, 초원, 삼림, 강, 습지 등의 다양함을 의미한다.
(나)	어떤 생태계에 서식하는 생물종의 다양한 정도를 의미한다.
(다)	동일한 생물종에서 각 개체 간에 형질이 다르게 나타남을 의미한다.

이에 대한 설명으로 옳은 것만을 [보기]에서 있는 대로 고른 것은?

【 보기 】
ㄱ. (가)는 생태계 다양성이다.
ㄴ. (나)는 지구의 모든 지역에서 동일하다.
ㄷ. 사람마다 피부색이 다른 것은 (다)에 해당한다.

① ㄱ   ② ㄷ   ③ ㄱ, ㄴ
④ ㄱ, ㄷ   ⑤ ㄴ, ㄷ

542 수능기출 변형

그림 (가)와 (나)는 생물 다양성의 3가지 의미 중 유전적 다양성과 종 다양성을 순서 없이 나타낸 것이다.

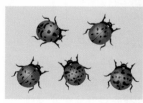 

(가)   (나)

이에 대한 설명으로 옳은 것만을 [보기]에서 있는 대로 고른 것은?

【 보기 】
ㄱ. (가)는 동물 종에서만 나타난다.
ㄴ. (나)는 한 생태계에 서식하는 생물종의 다양한 정도를 나타낸다.
ㄷ. 같은 종의 토끼에서 털색이 다양하게 나타나는 것은 (나)에 해당한다.

① ㄱ   ② ㄴ   ③ ㄷ
④ ㄱ, ㄴ   ⑤ ㄴ, ㄷ

543 수능모의평가기출 변형

다음은 생물 다양성에 대한 학생 A~C의 의견이다.

종 다양성은 개체군 내 다양성을 의미해.

생태계 다양성은 생물과 환경 사이의 관계에 대한 다양성을 포함하지는 않아.

같은 종의 달팽이에서 껍데기의 무늬와 색깔이 다양하게 나타나는 것은 유전적 다양성에 해당해.

학생 A   학생 B   학생 C

제시한 의견이 옳은 학생만을 있는 대로 고른 것은?

① A   ② B   ③ C
④ A, C   ⑤ B, C

544 수능기출 변형

오른쪽 그림은 어떤 지역에 살고 있는 뒤쥐의 대립유전자 Q와 q, R와 r의 구성을 나타낸 것이며, 표는 면적이 같은 서로 다른 지역 ㉠과 ㉡에 서식하고 있는 모든 식물 종 A~F의 개체 수를 나타낸 것이다.

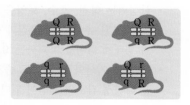

지역 \ 식물 종	A	B	C	D	E	F
㉠	50	30	28	33	51	60
㉡	110	29	7	0	30	0

이에 대한 설명으로 옳은 것만을 [보기]에서 있는 대로 고른 것은?(단, ㉠과 ㉡에서는 식물 종 A~F만 고려한다.)

【 보기 】
ㄱ. $\dfrac{㉡에서\ E의\ 개체군\ 밀도}{㉠에서\ F의\ 개체군\ 밀도} = \dfrac{1}{2}$이다.
ㄴ. 식물의 종 다양성은 ㉡에서가 ㉠에서보다 높다.
ㄷ. 뒤쥐의 대립유전자 구성이 다른 것은 생물 다양성 중 유전적 다양성에 해당한다.

① ㄱ   ② ㄷ   ③ ㄱ, ㄴ
④ ㄱ, ㄷ   ⑤ ㄴ, ㄷ

545

다음은 생물 다양성의 3가지 의미의 예를 나타낸 것이다.

> (가) 사람마다 눈동자의 색이 다르다.
> (나) 최근에 아마존 열대 우림에서는 400여 종 이상의 새로운 생물이 발견되었다.
> (다) 심해저에는 해령, 해산, 해구가 있고, 이곳에는 각각의 환경에 적응한 생물이 살고 있다.

(가)~(다)에 해당하는 생물 다양성의 의미를 옳게 짝 지은 것은?

	(가)	(나)	(다)
①	종 다양성	유전적 다양성	생태계 다양성
②	유전적 다양성	종 다양성	생태계 다양성
③	유전적 다양성	생태계 다양성	종 다양성
④	생태계 다양성	종 다양성	유전적 다양성
⑤	생태계 다양성	유전적 다양성	종 다양성

546

필수 유형 ⟩ 🔍 124쪽 빈출 자료 ①

그림은 면적이 같은 서로 다른 지역 (가)~(다)에 서식하는 식물 종 A~C를 나타낸 것이다.

(가)　　　　(나)　　　　(다)

🌲 종 A
🌲 종 B
🌲 종 C

이에 대한 설명으로 옳은 것만을 [보기]에서 있는 대로 고른 것은?(단, 제시된 A~C 이외의 종은 고려하지 않는다.)

[보기]
> ㄱ. 식물의 종 다양성은 (가)에서가 (나)에서보다 높다.
> ㄴ. 종 A의 개체군 밀도는 (가)에서가 (다)에서보다 낮다.
> ㄷ. (다)에서 종 A는 B와 한 개체군을 이룬다.

① ㄱ　　　　② ㄷ　　　　③ ㄱ, ㄴ
④ ㄴ, ㄷ　　　⑤ ㄱ, ㄴ, ㄷ

[547~548] 다음은 생물 다양성에 대한 자료이다. 물음에 답하시오.

> • 그림 (가)는 생물 다양성의 3가지 의미를, (나)는 털색이 다른 같은 종의 쥐를 나타낸 것이다. A~C는 각각 종 다양성, 생태계 다양성, 유전적 다양성 중 하나이다.
>
>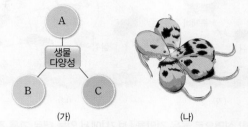
>
> (가)　　　　　　　　(나)
>
> • 그림 (나)는 A와 B의 예 중 하나이다.
> • B와 C는 각각 개체군에서 나타나는 생물 다양성과 군집에서 나타나는 생물 다양성 중 하나이다.

547

A~C가 무엇인지 각각 쓰시오.

548 📝서술형

B와 C가 높을수록 얻게 되는 이점을 다음 용어를 모두 포함하여 각각 설명하시오.

> 멸종, 생태계, 환경 변화

549

그림은 생물 다양성의 3가지 의미를 구분하는 과정을 나타낸 것이다.

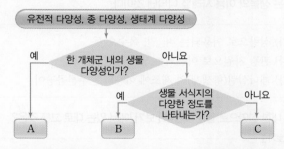

이에 대한 설명으로 옳은 것만을 [보기]에서 있는 대로 고른 것은?

[보기]
> ㄱ. A는 유전적 다양성이다.
> ㄴ. B는 생물과 비생물 사이의 관계에 대한 다양성을 포함한다.
> ㄷ. C는 동일한 생물종이라도 색, 크기, 모양 등의 형질이 각 개체 간에 다르게 나타나는 것을 의미한다.

① ㄱ　② ㄷ　③ ㄱ, ㄴ　④ ㄴ, ㄷ　⑤ ㄱ, ㄴ, ㄷ

550

필수 유형 ❱ 124쪽 빈출 자료 ②

그림은 서로 다른 지역 (가)와 (나)에서의 먹이 관계를 나타낸 것이다.

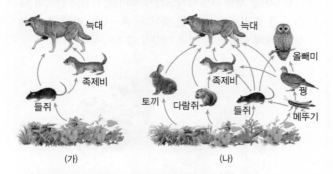

이에 대한 설명으로 옳은 것만을 [보기]에서 있는 대로 고른 것은?

[보기]

ㄱ. (가)에서가 (나)에서보다 종 다양성이 높다.
ㄴ. 들쥐가 사라질 경우 (나)에서보다 (가)에서가 생태계 평형이 깨지기 쉽다.
ㄷ. (나)에서 2차 소비자는 3종이다.

① ㄱ   ② ㄴ   ③ ㄷ
④ ㄱ, ㄴ   ⑤ ㄴ, ㄷ

551

다음은 생물의 이용 사례를 나타낸 것이다.

(가) 식량으로 이용되는 벼, 밀, 옥수수 등
(나) 관광 자원으로 이용되는 생태 공원, 습지 등
(다) 페니실린(항생제)의 제조에 이용되는 푸른곰팡이

이에 대한 설명으로 옳은 것만을 [보기]에서 있는 대로 고른 것은?

[보기]

ㄱ. (가)는 생물을 간접적으로 이용하는 사례이다.
ㄴ. 주목은 (다)의 푸른곰팡이와 같이 의약품의 원료로 이용된다.
ㄷ. (가)~(다)는 모두 생물 다양성이 중요하다는 것과 관련된다.

① ㄱ   ② ㄴ   ③ ㄱ, ㄷ
④ ㄴ, ㄷ   ⑤ ㄱ, ㄴ, ㄷ

---

2 | 생물 다양성의 보전

552

생물 다양성의 감소 원인에 대한 설명으로 옳은 것은?

① 생물 다양성 감소의 가장 큰 원인은 기후 변화이다.
② 외래종이 도입되지 않아 생물 다양성이 감소하고 있다.
③ 간척 사업이 진행되지 않아 생물 다양성이 감소하고 있다.
④ 생물 다양성 감소 원인은 대부분 사람의 활동과 관련이 있다.
⑤ 특정 종의 대규모 서식지는 다른 종이 멸종하는 원인이 된다.

553

필수 유형 ❱ 125쪽 빈출 자료 ③

그림은 대규모의 서식지가 소규모로 분할되는 모습을 나타낸 것이다.

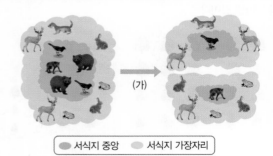

● 서식지 중앙   ● 서식지 가장자리

이에 대한 설명으로 옳은 것만을 [보기]에서 있는 대로 고른 것은?

[보기]

ㄱ. (가)는 서식지 단편화이다.
ㄴ. (가)에 의해 서식지 중앙에 서식하는 종의 일부가 사라졌다.
ㄷ. (가)가 일어난 후 전체 서식지에서 서식지 가장자리의 비율이 늘어났다.

① ㄱ   ② ㄷ   ③ ㄱ, ㄴ
④ ㄴ, ㄷ   ⑤ ㄱ, ㄴ, ㄷ

554

그림은 어떤 지역에 도로가 건설되기 전과 후의 모습을, 표는 도로 건설 전과 후에 이 지역에서 서식하는 종 A~C의 개체 수를 나타낸 것이다. 종 A~C는 모두 이 지역의 내부에서만 살 수 있다.

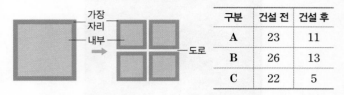

구분	건설 전	건설 후
A	23	11
B	26	13
C	22	5

이에 대한 설명으로 옳은 것만을 [보기]에서 있는 대로 고른 것은?(단, 종 다양성은 종 A~C만 고려한다.)

[보기]
ㄱ. 도로 건설 후 종 A~C의 서식지 면적이 증가했다.
ㄴ. 도로 건설로 인해 이 지역의 종 다양성이 높아졌다.
ㄷ. 서식지 단편화는 이 지역의 생물 다양성을 감소시킨 원인에 해당한다.

① ㄴ   ② ㄷ   ③ ㄱ, ㄴ
④ ㄱ, ㄷ   ⑤ ㄱ, ㄴ, ㄷ

555

그림은 보존되는 서식지의 면적에 따라 주어진 면적에서 원래 발견되었던 종의 비율을 나타낸 것이다.

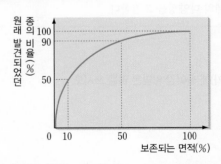

이에 대한 설명으로 옳은 것만을 [보기]에서 있는 대로 고른 것은?

[보기]
ㄱ. 서식지의 면적 감소는 종 다양성을 감소시키는 원인이 된다.
ㄴ. 보존되는 서식지의 면적이 감소할수록 사라지는 종의 비율이 증가한다.
ㄷ. 보존되는 서식지의 면적이 50 %로 감소하면, 그 서식지에서 발견되었던 종이 50 % 감소한다.

① ㄱ   ② ㄷ   ③ ㄱ, ㄴ
④ ㄴ, ㄷ   ⑤ ㄱ, ㄴ, ㄷ

556

표는 우리나라의 생태계 평형을 파괴하는 외래종(외래 생물)에 대한 내용이다.

구분	외래종	도입 배경
A	뉴트리아	모피 생산과 식용을 위해 도입
B	붉은귀거북	애완용으로 도입
C	가시박	오이, 호박 등의 접붙이기용으로 미국에서 도입
D	돼지풀	화물의 수출입과 사람의 빈번한 이동을 통해 미국에서 도입

이에 대한 설명으로 옳은 것만을 [보기]에서 있는 대로 고른 것은?(단, 제시된 외래종만 고려한다.)

[보기]
ㄱ. 외래종은 모두 생태계에서 소비자의 역할을 한다.
ㄴ. 외래종은 모두 의도적으로 외부에서 도입된 종이다.
ㄷ. A~D는 모두 생물 다양성을 감소시키는 원인이 되고 있다.

① ㄱ   ② ㄷ   ③ ㄱ, ㄴ
④ ㄴ, ㄷ   ⑤ ㄱ, ㄴ, ㄷ

557 ✏️ 서술형

그림은 생물 다양성을 위협하는 요소와 이 위협 요소에 의해 영향을 받은 종의 비율을 나타낸 것이다.

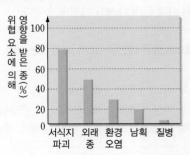

생물 다양성 감소에 가장 큰 영향을 미치는 요인을 쓰고, 이 요인에 의한 생물 다양성 감소를 해결할 수 있는 방안을 1가지만 설명하시오.

558

그림은 바위에 덮인 이끼층 (가)를 (나), (다)와 같이 나눈 다음, 6개월 후에 이끼 밑에 서식하는 소형 동물의 종 수 변화를 조사한 결과를 나타낸 것이다.

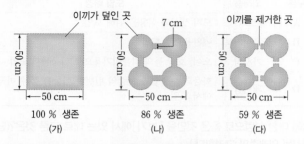

위 실험 결과를 근거로 종 다양성 감소를 줄일 수 있는 방법으로 적합한 것만을 [보기]에서 있는 대로 고른 것은?

【 보기 】
ㄱ. 특정 생물종만 서식할 수 있도록 서식지를 분할한다.
ㄴ. 산을 절개하여 도로를 만들 때 생태 통로를 설치한다.
ㄷ. 희귀종이 살고 있는 숲 전체를 서식지 보호 구역으로 지정하여 개발을 제한한다.

① ㄱ   ② ㄷ   ③ ㄱ, ㄴ
④ ㄴ, ㄷ   ⑤ ㄱ, ㄴ, ㄷ

559

다음은 어느 신문 기사의 일부를 나타낸 것이다.

강화도는 ㉠도요새, 오리, 저어새 등이 찾아오는 중요한 지역이다. 특히 천연기념물 제205호 저어새의 대부분이 강화도를 번식지로 삼고 있다. 그러나 ㉡양식장 개발이나 불법 포획 등으로 인해 저어새의 서식 환경이 악화되고 있으므로 ㉢국립 공원 지정 등의 대책을 마련해야 한다.

이에 대한 설명으로 옳은 것만을 [보기]에서 있는 대로 고른 것은?

【 보기 】
ㄱ. ㉠은 모두 한 개체군을 구성한다.
ㄴ. ㉡은 생물 다양성을 감소시키는 원인에 해당한다.
ㄷ. ㉢은 생물 다양성을 보전하기 위한 대책에 해당한다.

① ㄱ   ② ㄷ   ③ ㄱ, ㄴ
④ ㄴ, ㄷ   ⑤ ㄱ, ㄴ, ㄷ

560 서술형

그림은 생물 다양성을 보전하기 위해 도로 위에 만든 설치물 A를 나타낸 것이다.

A의 이름을 쓰고, A의 설치로 생물 다양성을 어떻게 보전할 수 있는지 설명하시오.

[561~562] 다음은 어떤 법률의 일부를 나타낸 것이다. 물음에 답하시오.

[제1장 총칙]
제1조(목적) 이 법은 　(가)　의 종합적·체계적인 보전과 생물 자원의 지속가능한 이용을 도모하고 「　(가)　 협약」의 이행에 관한 사항을 정함으로써 국민 생활을 향상시키고 국제 협력을 증진함을 목적으로 한다.
제2조(정의) 이 법에서 사용하는 용어의 뜻은 다음과 같다.
　1. '　(가)　'이란 육상 생태계 및 수생 생태계와 이들의 복합 생태계를 포함하는 모든 원천에서 발생한 생물체의 다양성을 말하며, ㉠종내(種內)·㉡종간(種間) 및 생태계의 다양성을 포함한다.

561

위 자료의 (가)에 들어갈 알맞은 말을 쓰시오.

562

이에 대한 설명으로 옳은 것만을 [보기]에서 있는 대로 고른 것은?

【 보기 】
ㄱ. ㉠은 종 다양성을 의미한다.
ㄴ. 환경 오염과 기후 변화는 모두 ㉡을 감소시키는 원인이다.
ㄷ. 이 법률의 제정은 생물 다양성을 보전하기 위한 대책에 해당한다.

① ㄱ   ② ㄴ   ③ ㄱ, ㄷ
④ ㄴ, ㄷ   ⑤ ㄱ, ㄴ, ㄷ

1등급 완성 문제

◆ 학교 시험 빈출 문제 중 내신 1등급을 결정하는 고난도 문제들을 수록하였습니다.

▶▶ 바른답·알찬풀이 **84**쪽

563 (정답률 30%)

표는 서로 다른 지역 ㉠~㉢에 서식하는 식물 종 A~E의 개체 수를 나타낸 것이다. ㉠의 면적은 ㉢과 같고, ㉡의 면적은 ㉠의 2배이다.

구분	A	B	C	D	E
㉠	10	0	9	12	9
㉡	17	0	18	12	13
㉢	19	9	2	12	0

이에 대한 설명으로 옳은 것만을 [보기]에서 있는 대로 고른 것은?(단, 제시된 A~E 이외의 종은 고려하지 않는다.)

[보기]
ㄱ. 종 다양성은 ㉠에서가 ㉢에서보다 높다.
ㄴ. C의 개체군 밀도는 ㉠에서가 ㉡에서보다 낮다.
ㄷ. D의 상대 밀도는 ㉡과 ㉢에서 같다.

① ㄱ ② ㄴ ③ ㄱ, ㄴ
④ ㄱ, ㄷ ⑤ ㄴ, ㄷ

564 (정답률 40%)

그림은 생산자, 1차 소비자, 2차 소비자로 구성된 어떤 생태계를 두 집단으로 나누어 한 집단은 2차 소비자를 그대로 두고, 다른 집단은 2차 소비자를 제거했을 때 시간이 지남에 따라 각 집단을 구성하는 생물종 수를 나타낸 것이다.

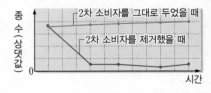

이에 대한 설명으로 옳은 것만을 [보기]에서 있는 대로 고른 것은?

[보기]
ㄱ. 먹이 관계의 변화가 생물 다양성에 영향을 미친다.
ㄴ. 1차 소비자의 개체 수가 많아지면 생물 다양성이 증가한다.
ㄷ. 최상위 소비자를 제거하면 생물 다양성을 보전할 수 있다.

① ㄱ ② ㄴ ③ ㄷ
④ ㄱ, ㄴ ⑤ ㄴ, ㄷ

565 (정답률 30%) ⭐신유형

그림은 서식지 분할 전후 생물종 A~E의 분포를, 표는 서식지 분할 전후 A~E의 개체 수를 나타낸 것이다.

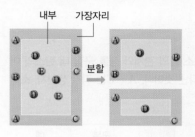

구분	전	후
A	200	200
B	200	180
C	160	120
D	80	40
E	40	0

이에 대한 설명으로 옳은 것만을 [보기]에서 있는 대로 고른 것은?

[보기]
ㄱ. 서식지가 분할된 후 $\dfrac{\text{내부 면적}}{\text{가장자리 면적}}$ 의 값이 감소하였다.
ㄴ. 서식지가 분할된 후 생물종의 수와 총 개체 수가 모두 감소하였다.
ㄷ. 가장자리보다 내부에 서식하는 생물종이 서식지 분할의 영향을 더 많이 받는다.

① ㄱ ② ㄷ ③ ㄱ, ㄴ
④ ㄴ, ㄷ ⑤ ㄱ, ㄴ, ㄷ

서술형 문제

566 (정답률 35%)

다음은 우포늪에 대한 설명이다.

> 경상남도 창녕군에 있는 우포늪은 우리나라 최대의 자연 늪 지로, 약 1억 4천만 년 전에 생성된 것으로 추정된다. 우포늪 은 원시적인 저층늪을 간직하고 있는데, 이곳에는 ㉠수생 식 물, 수서 곤충, 어류 등이 다양하게 서식하고 있다. 그런데 1970년대 초, ㉡제방이 설치되고 늪을 메워 개간해 논으로 활용하면서 우포늪이 본래의 모습을 잃어가자 2011년에는 ㉢천연기념물 제534호로 재지정되었다.

(1) 생물 다양성의 3가지 의미 중 ㉠과 가장 관련이 깊은 다양성 을 쓰시오.

(2) ㉡이 우포늪에 미친 영향과 ㉢을 통해 무엇을 이루고자 했는 지 생물 다양성과 관련지어 각각 설명하시오.

실전 대비 평가 문제 » 바른답·알찬풀이 85쪽

567

그림은 생태계를 구성하는 요소 간의 관계와 생물 군집 내 탄소의 이동을, 표는 A~C의 예를 나타낸 것이다. A~C는 각각 생산자, 소비자, 분해자 중 하나이다.

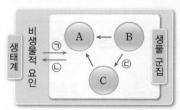

→ 구성 요소 사이의 상호 관계
→ 탄소의 이동

구분	예
A	곰팡이
B	?
C	사슴

이에 대한 설명으로 옳은 것만을 [보기]에서 있는 대로 고른 것은?

[보기]
ㄱ. B는 생산자이다.
ㄴ. 대기 오염의 정도에 따라 지의류의 분포가 달라지는 것은 ㉠에 해당한다.
ㄷ. ㉢ 과정에서 탄소는 유기물의 형태로 이동한다.

① ㄱ   ② ㄷ   ③ ㄱ, ㄴ
④ ㄴ, ㄷ   ⑤ ㄱ, ㄴ, ㄷ

568

그림은 어떤 지역에서 종 A와 B의 시간에 따른 개체 수를 나타낸 것이다. t_1일 때 B가 외부로부터 유입되었다.

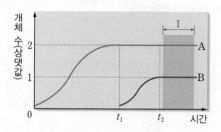

이에 대한 설명으로 옳은 것만을 [보기]에서 있는 대로 고른 것은?

[보기]
ㄱ. t_2일 때 A와 B는 모두 환경 저항을 받는다.
ㄴ. 구간 Ⅰ에서 A와 B는 종간 경쟁을 한다.
ㄷ. 환경 수용력은 A가 B의 2배이다.

① ㄴ   ② ㄷ   ③ ㄱ, ㄴ
④ ㄱ, ㄷ   ⑤ ㄱ, ㄴ, ㄷ

569

표는 어떤 지역의 식물 군집을 방형구법으로 조사한 결과이다.

구분	밀도 (개체 수/m²)	빈도	피도	상대 밀도(%)	상대 빈도(%)	상대 피도(%)
냉이	42	6	12	23.3	8.3	9.2
잔디	95	5	6	52.8	6.9	4.6
민들레	25	45	62	㉠	62.5	47.7
제비꽃	15	13	30	8.3	18.1	㉡
쑥	3	3	20	1.7	4.2	15.4

이에 대한 설명으로 옳은 것만을 [보기]에서 있는 대로 고른 것은?(단, 제시된 생물종만 고려하며, 상대 밀도, 상대 빈도, 상대 피도는 소수 둘째 자리에서 반올림한다.)

[보기]
ㄱ. ㉠+㉡=37이다.
ㄴ. 이 식물 군집의 우점종은 잔디이다.
ㄷ. 이 지역에서 개체 수가 가장 많은 종은 민들레이다.

① ㄱ   ② ㄴ   ③ ㄷ
④ ㄱ, ㄷ   ⑤ ㄴ, ㄷ

570

그림 (가)는 어떤 생태계에서 상호 작용 하는 종 A와 B의 시간에 따른 개체 수를, (나)는 (가)에서 나타나는 개체 수의 변화를 구간 Ⅰ~Ⅳ로 구분하여 나타낸 것이다.

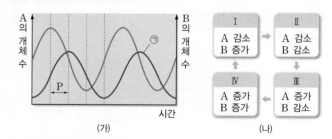

이에 대한 설명으로 옳은 것만을 [보기]에서 있는 대로 고른 것은?

[보기]
ㄱ. ㉠은 A의 포식자의 개체 수 변화이다.
ㄴ. (가)의 P 구간은 (나)의 Ⅲ에 해당한다.
ㄷ. A와 B 사이에는 경쟁·배타 원리가 적용된다.

① ㄱ   ② ㄷ   ③ ㄱ, ㄴ
④ ㄴ, ㄷ   ⑤ ㄱ, ㄴ, ㄷ

571

그림 (가)는 종 A와 B를 혼합 배양했을 때 시간에 따른 개체 수를, (나)는 서로 다른 종 사이의 상호 작용을 나타낸 것이다. (가)에서 종 A와 B 사이의 상호 작용은 (나)의 ㉠과 ㉡ 중 하나이며, ㉠과 ㉡은 각각 종간 경쟁과 상리 공생 중 하나이다. K는 A와 B를 단독 배양했을 때의 최대 개체 수이다.

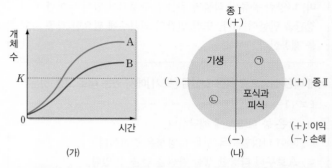

(가)   (나)

이에 대한 설명으로 옳은 것만을 [보기]에서 있는 대로 고른 것은?(단, 종 A와 B를 단독 배양했을 때와 혼합 배양했을 때의 배양 조건은 동일하며, 이입과 이출은 없다.)

[보기]
ㄱ. 종 A와 B는 모두 환경 저항을 받는다.
ㄴ. 종 A와 B 사이의 상호 작용은 ㉠이다.
ㄷ. 생태적 지위가 같은 두 종 사이에서 ㉡이 일어날 수 있다.

① ㄱ   ② ㄴ   ③ ㄱ, ㄷ
④ ㄴ, ㄷ   ⑤ ㄱ, ㄴ, ㄷ

572

그림은 어떤 식물 군집에서 산불이 일어나기 전과 후의 천이 과정 일부를 나타낸 것이다. A~C는 각각 초원, 양수림, 음수림 중 하나이다.

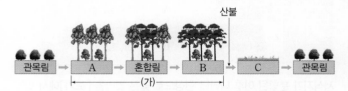

이에 대한 설명으로 옳은 것만을 [보기]에서 있는 대로 고른 것은?

[보기]
ㄱ. A는 음수림이다.
ㄴ. (가) 과정이 진행될수록 지표면에 도달하는 빛의 세기가 약해진다.
ㄷ. 산불이 일어난 후 개척자는 지의류이다.

① ㄱ   ② ㄴ   ③ ㄷ
④ ㄱ, ㄷ   ⑤ ㄴ, ㄷ

573

그림 (가)는 어떤 생태계에서 일어나는 에너지 흐름의 일부를, (나)는 이 생태계의 식물 군집에서 시간에 따른 유기물량을 나타낸 것이다. ㉠과 ㉡은 각각 호흡량과 총생산량 중 하나이다.

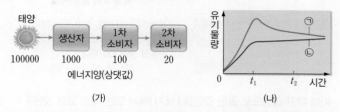

(가)   (나)

이에 대한 설명으로 옳은 것만을 [보기]에서 있는 대로 고른 것은?

[보기]
ㄱ. 1차 소비자의 생장량은 ㉡에 포함된다.
ㄴ. 에너지 효율은 2차 소비자가 1차 소비자의 2배이다.
ㄷ. 이 식물 군집에서 $\dfrac{순생산량}{호흡량}$ 은 t_1일 때가 t_2일 때보다 크다.

① ㄴ   ② ㄷ   ③ ㄱ, ㄴ
④ ㄱ, ㄷ   ⑤ ㄴ, ㄷ

574

그림은 안정된 생태계에서 에너지와 물질의 이동을 나타낸 것이다. X와 Y는 각각 물질과 에너지 중 하나이다.

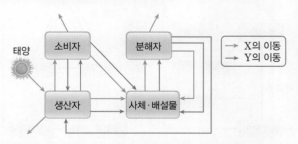

이에 대한 설명으로 옳은 것만을 [보기]에서 있는 대로 고른 것은?

[보기]
ㄱ. X의 근원은 태양의 빛에너지이다.
ㄴ. 소비자와 분해자에서 호흡으로 방출된 X의 총량은 생산자가 가진 X의 양보다 많다.
ㄷ. Y의 예로 탄소가 있으며, Y는 생태계에서 끊임없이 순환한다.

① ㄱ   ② ㄴ   ③ ㄱ, ㄷ
④ ㄴ, ㄷ   ⑤ ㄱ, ㄴ, ㄷ

575

그림은 생태계에서의 질소(N_2) 순환 과정 중 일부를, 표는 물질 X를 공업적으로 합성하는 방법에 대한 설명을 나타낸 것이다.

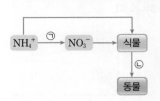

물질 X의 합성 방법

X는 약 200기압, 400 °C~500 °C, ⓐ촉매가 있는 조건에서 ⓑ다음 화학 반응을 통해 합성된다.

$$3H_2 + N_2 \longrightarrow 2X$$

이에 대한 설명으로 옳은 것만을 [보기]에서 있는 대로 고른 것은?

【 보기 】
ㄱ. ㉠은 질소 고정이다.
ㄴ. X는 ㉡에서 질소가 이동하는 주된 형태이다.
ㄷ. ⓐ는 ⓑ의 속도를 증가시키기 위해 사용된다.

① ㄱ   ② ㄷ   ③ ㄱ, ㄴ
④ ㄴ, ㄷ   ⑤ ㄱ, ㄴ, ㄷ

576

그림 (가)와 (나)는 생태계에서 2가지 물질의 순환 과정을 나타낸 것이다. ㉠과 ㉡은 각각 질소와 이산화 탄소 중 하나이다.

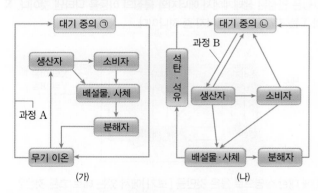

(가)   (나)

이에 대한 설명으로 옳은 것만을 [보기]에서 있는 대로 고른 것은?

【 보기 】
ㄱ. ㉠은 이산화 탄소, ㉡은 질소이다.
ㄴ. A에는 탈질산화 세균이 관여한다.
ㄷ. 빛에너지를 이용해 포도당을 합성하는 과정은 B에 해당한다.

① ㄱ   ② ㄴ   ③ ㄱ, ㄷ
④ ㄴ, ㄷ   ⑤ ㄱ, ㄴ, ㄷ

577

다음은 습지 A에 대한 자료이다.

> A는 강과 육지 사이에 위치하는 습지이다. ㉠A에는 340종의 식물, 62종의 조류, 28종의 어류 등 다양한 생물종이 서식하고 있다. A는 ㉡지구상에 존재하는 생태계 중 하나이며, 다양한 종류의 식물과 동물로 구성되어 있어 특이한 자연 경관을 만들어 낸다. 또한 인간의 의식주에 필요한 각종 자원을 제공한다.

이에 대한 설명으로 옳은 것만을 [보기]에서 있는 대로 고른 것은?

【 보기 】
ㄱ. ㉠은 종 다양성에 해당한다.
ㄴ. ㉡이 다양할수록 생물 다양성은 증가한다.
ㄷ. A로부터 다양한 생물 자원을 얻을 수 있다.

① ㄱ   ② ㄷ   ③ ㄱ, ㄴ
④ ㄴ, ㄷ   ⑤ ㄱ, ㄴ, ㄷ

578

그림은 서식지가 A에서 B로 분할되는 과정을, 표는 A와 B의 가장자리와 내부에 서식하는 종의 종류를 나타낸 것이다.

■ 가장자리
□ 내부

분할

A   B

서식지	가장자리에 서식하는 종	내부에 서식하는 종
A	㉠, ㉡, ㉢	㉣, ㉤
B	㉠, ㉡, ㉢	㉣

서식지가 분할된 이후 나타난 현상으로 옳은 것만을 [보기]에서 있는 대로 고른 것은?(단, 제시된 생물종만 고려한다.)

【 보기 】
ㄱ. 종 다양성이 감소하였다.
ㄴ. 내부 면적은 감소하였고, 가장자리 면적은 증가하였다.
ㄷ. 내부에 서식하던 종이 가장자리에 서식하던 종보다 더 큰 피해를 입었다.

① ㄱ   ② ㄴ   ③ ㄱ, ㄷ
④ ㄴ, ㄷ   ⑤ ㄱ, ㄴ, ㄷ

579

오른쪽 그림은 생태계 구성 요소 간의 관계를 나타낸 것이다. ㉠과 ㉡에 해당하는 예를 다음 용어를 모두 포함하여 각각 설명하시오.

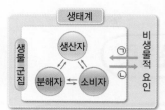

> 빛, 숲, 식물

[580~581] 그림은 3가지 유형의 생존 곡선 ㉠~㉢을 나타낸 것이다. 물음에 답하시오.

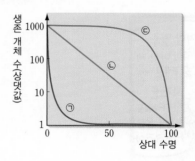

580

생존 곡선 유형이 ㉠~㉢에 해당하는 생물의 예를 1가지씩 쓰시오.

581

부모의 자손 보호 능력이 높은 종에서 나타나는 생존 곡선 유형의 기호를 쓰고, 그렇게 판단한 까닭을 설명하시오.

582

표는 생물 사이의 3가지 상호 작용에서 2가지 특징의 유무를 나타낸 것이다. A와 B는 각각 텃세와 상리 공생 중 하나이다.

특징＼상호 작용	A	기생	B
서로 다른 개체군 사이에서 일어난다.	있음.	있음.	없음.
(가)	있음.	없음.	−

A와 B의 이름을 각각 쓰고, (가)에 들어갈 알맞은 특징을 1가지만 설명하시오.

583

그림은 서로 다른 동물 종 A~E의 생태적 지위를 나타낸 것이다.

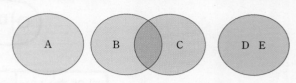

A~E 중 경쟁·배타 원리가 적용될 확률이 가장 높은 두 종의 기호를 각각 쓰시오.

584

표는 동일한 면적을 차지하고 있는 식물 군집 (가)와 (나)에서 1년 동안 조사한 총생산량에서 각 영역의 백분율을 나타낸 것이다.

(단위: %)

구분	식물 군집	
	(가)	(나)
호흡량	74.0	67.0
고사량, 낙엽량	19.7	24.7
생장량	6.0	8.1
A	0.3	0.2
합계	100.0	100.0

(1) A의 이름을 쓰시오.

(2) (가)와 (나)에서 $\dfrac{순생산량}{총생산량}$의 값을 각각 쓰시오.

585

그림은 식물 군집 (가)와 (나)를 나타낸 것이다.

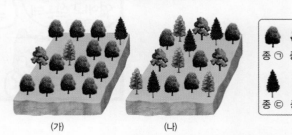

(가)와 (나) 중 식물의 종 다양성이 더 높은 군집의 기호를 쓰고, 그렇게 판단한 까닭을 설명하시오.(단, 제시된 ㉠~㉣ 이외의 종은 고려하지 않는다.)

어떤 초능력

글 / 그림 우쿠쥐

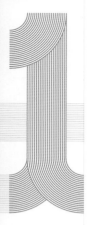

기출 분석 문제집

1등급
만들기

생명과학 I
585제

빠른답 체크 후 틀
바른답 · 알찬풀이
꼭 확인하세요.

빠른답 체크
Speed Check

◀ 이곳을 열면 정답을 바로 확인할 수 있습니다.

기출 분석 문제집

1등급 만들기

❶ **핵심 개념 잡기**
　시험 출제 원리를 꿰뚫는 핵심 개념을 잡는다!

❷ **1등급 도전하기**
　선별한 고빈출 문제로 실전 감각을 키운다!

❸ **1등급 달성하기**
　응용 및 고난도 문제로 1등급 노하우를 터득한다!

1등급 만들기로, 실전에서 완벽한 1등급 달성!

- **국어** 문학, 독서
- **수학** 고등 수학(상), 고등 수학(하),
　　　수학Ⅰ, 수학Ⅱ, 확률과 통계, 미적분, 기하
- **사회** 통합사회, 한국사, 한국지리, 세계지리,
　　　생활과 윤리, 윤리와 사상, 사회·문화,
　　　정치와 법, 경제, 세계사, 동아시아사
- **과학** 통합과학, 물리학Ⅰ, 화학Ⅰ, 생명과학Ⅰ, 지구과학Ⅰ,
　　　물리학Ⅱ, 화학Ⅱ, 생명과학Ⅱ, 지구과학Ⅱ

고등 도서안내

개념서

비주얼 개념서

룩 LOOK

이미지 연상으로 필수 개념을 쉽게 익히는
비주얼 개념서

국어　문법
영어　분석독해

내신 필수 개념서

개념 학습과 유형 학습으로
내신 잡는 필수 개념서

사회　통합사회, 한국사, 한국지리, 사회·문화,
　　　생활과 윤리, 윤리와 사상
과학　통합과학, 물리학Ⅰ, 화학Ⅰ,
　　　생명과학Ⅰ, 지구과학Ⅰ

기본서

문학

손쉬운

작품 이해에서 문제 해결까지
손쉬운 비법을 담은 문학 입문서

현대 문학, 고전 문학

수학

수학중심

개념과 유형을 한 번에 잡는 강력한
개념 기본서

고등 수학(상), 고등 수학(하),
수학Ⅰ, 수학Ⅱ, 확률과 통계, 미적분, 기하

유형중심

체계적인 유형별 학습으로 실전에서 더욱 강력한
문제 기본서

고등 수학(상), 고등 수학(하),
수학Ⅰ, 수학Ⅱ, 확률과 통계, 미적분

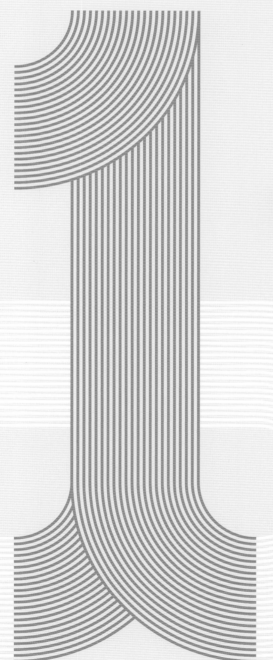

1등급 만들기

생명과학 Ⅰ
585제

바른답·알찬풀이

Mirae N 에듀

바른답·알찬풀이

1등급 만들기

생명과학 I

585제

바른답·알찬풀이

I 생명 과학의 이해

개념 확인 문제
9쪽

001 동화   002 생장   003 항상성
004 A: 단백질, B: 핵산   005 ×   006 ○
007 ○   008 (라) → (가) → (마) → (다) → (바) → (나)
009 ㉠ 조작, ㉡ 종속

001
답 동화

동화 작용은 저분자 물질로부터 고분자 물질을 합성하는 과정으로, 에너지를 흡수하는 흡열 반응이다. 이화 작용은 고분자 물질을 저분자 물질로 분해하는 과정으로, 에너지를 방출하는 발열 반응이다.

002
답 생장

발생은 하나의 수정란이 세포 분열을 통해 세포 수를 늘리고, 조직과 기관을 형성하여 하나의 개체가 되는 과정이며, 생장은 어린 개체가 세포 분열을 통해 세포 수를 늘려감으로써 자라는 과정이다.

003
답 항상성

항상성은 생물이 몸에서 감지된 자극에 반응함으로써 내부와 외부의 환경 변화에 대처하여 체내의 상태를 일정하게 유지하려는 성질이다. 물을 많이 마시면 오줌양이 증가하는 것은 혈장 삼투압을 일정하게 유지하기 위한 것으로, 생물의 특성 중 항상성에 해당한다.

004
답 A: 단백질, B: 핵산

바이러스인 박테리오파지는 유전 물질인 핵산과 이를 둘러싸고 있는 단백질 껍질로 이루어져 있다. A는 바이러스의 껍질을 이루는 단백질, B는 바이러스의 유전 물질인 핵산이다.

005
답 ×

바이러스는 세포로 이루어져 있지 않으므로 세포 분열을 하지 못한다.

006
답 ○

바이러스는 단백질 껍질 속에 유전 물질인 핵산(DNA 또는 RNA)이 들어 있는 단순한 구조로 되어 있다.

007
답 ○

바이러스는 효소를 가지고 있지 않아 숙주 세포 밖에서는 증식할 수 없으며, 입자 상태(핵산과 단백질 결정체)로 존재한다.

008
답 (라) → (가) → (마) → (다) → (바) → (나)

연역적 탐구 방법은 자연 현상을 관찰하면서 생긴 의문에 대한 답을 찾기 위해 가설을 설정하고, 체계적인 검증을 통해 결론을 얻는 탐구 방법이다. 연역적 탐구 방법의 과정은 관찰 및 문제 인식(라) → 가설 설정(가) → 탐구 설계(마) → 탐구 수행(다) → 결과 정리 및 분석(바) → 결론 도출(나) 순이다.

009
답 ㉠ 조작, ㉡ 종속

연역적 탐구 방법의 과정에서 가설을 검증하기 위해 실험에서 의도적으로 변화시킨 요인은 조작 변인이고, 조작 변인의 영향을 받아 변하는 요인은 종속변인이다.

기출 분석 문제
10~15쪽

010 물질대사   011 ④   012 ⑤   013 ⑤   014 ②
015 ④   016 ④   017 ④   018 ②   019 ⑤   020 ④
021 ⑤   022 ④   023 해설 참조   024 ④
025 A: 박테리오파지, B: 세균   026 ①   027 ②   028 ⑤
029 ⑤   030 ③   031 ③   032 ④   033 ⑤   034 ③
035 ③   036 B   037 ⑤   038 해설 참조

010
답 물질대사

붉은가슴벌새는 체내에 저장된 지방을 분해하여 비행에 필요한 에너지를 얻는데, 이와 같이 영양소를 분해하여 에너지를 얻는 과정은 세포 호흡이다. 세포 호흡은 물질대사 중 이화 작용에 해당한다.

011 필수 유형
답 ④

자료 분석하기   화성 생명체 탐사 실험

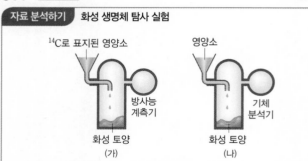

- (가)와 (나) 실험의 전제 조건: 모든 생명체는 물질대사를 한다.
- (가): 화성 토양에 이화 작용(세포 호흡)을 하는 생명체가 있는지 알아보기 위한 실험이다. ➡ 세포 호흡을 하는 생명체가 있다면 ^{14}C로 표지된 영양소가 세포 호흡에 사용되어 $^{14}CO_2$가 발생할 것이다. ➡ 실험 결과 방사성 기체가 검출되지 않았다.
- (나): 화성 토양에 이화 작용(세포 호흡)을 하는 생명체가 있는지 알아보기 위한 실험이다. ➡ 세포 호흡을 하는 생명체가 있다면 기체 조성이나 비율이 변할 것이다. ➡ 실험 결과 기체 조성이나 비율이 변하지 않았다.
- (가)와 (나)의 결론: 화성 토양에는 물질대사를 하는 생명체가 존재하지 않는다.

ㄴ, ㄷ. (가)와 (나)는 모두 화성 토양에 세포 호흡(이화 작용)을 하는 생명체가 있는지 알아보기 위한 실험이다. 만약 화성 토양에 세포 호흡을 하는 생명체가 존재한다면 (가)에서는 ^{14}C로 표지된 영양소가 분해되어 방사성 기체($^{14}CO_2$)가 발생하고, (나)에서는 기체의 조성이나 비율이 변할 것이다. 따라서 (가)와 (나)는 모두 '생명체는 물질대사를 한다.'라는 것을 전제로 한 실험이다.

오답 피하기 ㄱ. (가)는 이화 작용을 하는 생명체가 있는지 알아보기 위한 실험이다.

012

답 ⑤

하나의 수정란이 세포 분열을 통해 세포 수를 늘리고, 조직과 기관을 형성하여 하나의 개체가 되는 과정은 발생이다.

> **개념 더하기** **생물의 특성**
>
> - 세포로 이루어져 있다.
> - 체내에서 물질이 합성되고 분해되는 물질대사가 일어난다.
> - 자극에 반응하고, 체내 상태를 일정하게 유지하는 항상성이 있다.
> - 하나의 수정란이 하나의 개체가 되는 발생을 하고, 어린 개체가 세포 분열을 통해 자라는 생장을 한다.
> - 자신과 닮은 개체를 만드는 생식을 하고, 어버이의 형질이 자손에게 전달되는 유전이 일어난다.
> - 서식 환경에 적합한 특성을 갖도록 변화하는 적응을 하고, 오랜 시간 환경에 적응한 결과 새로운 종으로 분화하는 진화를 한다.

013

답 ⑤

(가)는 파리지옥이 파리에 의한 접촉 자극을 받아들여 반응한 것이고, (나)는 지렁이가 빛 자극을 받아들여 반응한 것이다. 따라서 (가)와 (나) 모두 생물의 특성 중 자극에 대한 반응에 해당한다.

014

답 ②

매미의 알이 어린 매미가 되는 과정은 생물의 특성 중 발생에 해당한다.
② 개구리의 수정란이 올챙이를 거쳐 어린 개구리가 되기까지의 과정은 발생이다.

오답 피하기 ① 더울 때 땀을 흘려 체온을 일정하게 유지하는 것은 생물의 특성 중 항상성에 해당한다.
③ 적록 색맹인 어머니로부터 적록 색맹인 아들이 태어나는 것은 생물의 특성 중 어버이의 형질이 자손에게 전달되는 유전에 해당한다.
④ 뜨거운 물체에 손이 닿으면 자신도 모르게 급히 손을 떼는 행동은 생물의 특성 중 자극에 대한 반응에 해당한다.
⑤ 사막에 사는 선인장은 수분이 부족한 사막 환경에 적응하여 진화한 결과 잎이 가시로 변했으며, 이는 생물의 특성 중 적응과 진화에 해당한다.

015

답 ④

어머니의 혈우병 유전자가 아들에게 전달되어 아들이 혈우병을 나타내는 것은 생물의 특성 중 유전에 해당한다.

016

답 ④

(가) 미모사의 잎에 다른 물체가 닿으면 잎이 오므라드는 것은 생물의 특성 중 자극에 대한 반응에 해당한다. (나) 옥수수가 빛에너지를 흡수하여 양분을 합성하는 과정은 광합성으로, 물질대사 중 동화 작용에 해당한다. (다) 가랑잎벌레의 몸 형태가 주변의 잎과 비슷한 것은 포식자의 눈에 잘 띄지 않도록 적응하여 진화한 결과이다.

017

답 ④

사막여우와 북극여우의 귀와 몸집의 크기가 서로 다른 것은 여우가 체온을 일정하게 유지하기 위해 서식 환경에 적응하여 진화한 결과이다. 갈라파고스 군도의 각 섬에 사는 핀치의 부리 모양과 크기가 조금씩 다른 것은 핀치가 먹이 환경에 적응하여 진화한 결과이다.

018

답 ②

생물의 특성 중 세포로 구성, 물질대사, 자극에 대한 반응, 항상성, 발생과 생장은 모두 개체 유지를 위한 특성이고, 생식과 유전, 적응과 진화는 모두 종족 유지를 위한 특성이다.

019

답 ⑤

곤충의 입 모양이 먹이의 섭취 방법에 따라 서로 다른 것은 각각의 먹이 환경에 적응하여 진화한 결과이다. 따라서 생물의 특성 중 적응과 진화에 해당한다.
⑤ 공업 암화로 인해 흰색 나방에 비해 검은색 나방의 비율이 높아진 것은 나방이 어두운 서식 환경에 적응하여 진화한 결과이다.

오답 피하기 ① 아메바가 분열법으로 증식하는 것은 생식에 해당한다.
② 사람이 땀을 많이 흘리면 오줌양이 감소하는 것은 혈장 삼투압을 일정하게 유지하기 위한 것으로, 생물의 특성 중 항상성에 해당한다.
③ 효모가 포도당을 분해하여 에너지를 얻는 것은 물질대사 중 이화 작용에 해당한다.
④ 거북이 여러 개의 세포로 이루어진 다세포 생물이라는 것은 생물은 세포로 이루어진 정교하고 복잡한 체제라는 것을 의미한다.

020

답 ④

새의 발 모양이 먹이의 종류나 서식지에 따라 서로 다른 것은 각각의 환경에서 그에 맞는 먹이를 찾고 서식지에서 활동하기 좋게 변화된 것이다. 따라서 생물의 특성 중 적응과 진화에 해당한다.
④ 항생제를 투여해도 항생제에 죽지 않는 세균이 출현하는 것은 생물의 특성 중 적응과 진화에 해당한다.

오답 피하기 ① 사람의 체내에서 녹말이 포도당으로 소화되는 것은 물질대사 중 이화 작용에 해당한다.
② 참나무가 빛에너지를 흡수하여 양분을 합성하는 것은 광합성으로, 물질대사 중 동화 작용에 해당한다.
③ 미맹인 부모 사이에서 태어난 자녀가 모두 미맹인 것은 생물의 특성 중 유전에 해당한다.
⑤ 개구리의 수정란이 올챙이를 거쳐 어린 개구리가 되기까지의 과정이 발생이고, 어린 개구리가 성체 개구리가 되기까지의 과정이 생장이다. 따라서 생물의 특성 중 발생과 생장에 해당한다.

021

답 ⑤

ㄴ. 강아지 로봇(가)과 강아지(나)는 모두 자극에 반응한다.
ㄷ. 생명체인 강아지(나)는 생식을 통해 자신과 닮은 자손을 만들 수 있다.

오답 피하기 ㄱ. 강아지 로봇(가)과 강아지(나)는 모두 에너지를 소모하지만, 강아지 로봇(가)은 생명체가 아니므로 물질대사가 일어나지 않는다.

022

답 ④

긴팔원숭이가 나뭇가지를 잘 잡을 수 있는 갈고리 모양의 손을 가진 것(㉠)은 서식 환경에 적응하여 진화한 결과이며, 세포 호흡(㉡)은 물질대사 중 이화 작용에 해당한다. 따라서 생물의 특성 중 ㉠은 적응과 진화, ㉡은 물질대사에 해당한다.

023

(가)는 화성 토양에 동화 작용(광합성)을 하는 생명체가 있는지 알아보기 위한 실험으로, 광합성을 하는 생명체가 있다면 $^{14}CO_2$를 이용해 유기물이 합성되고, 가열에 의해 유기물이 연소되어 방사성 기체가 발생할 것이다. (나)는 화성 토양에 이화 작용(세포 호흡)을 하는 생명체가 있는지 알아보기 위한 실험으로, 세포 호흡을 하는 생명체가 있다면 ^{14}C로 표지된 영양소가 세포 호흡에 이용되어 $^{14}CO_2$가 발생할 것이다.

예시 답안 화성 토양에는 물질대사를 하는 생명체가 존재하지 않는다.

채점 기준	배점(%)
화성 토양에 생명체가 존재하지 않는다는 것을 물질대사와 관련지어 옳게 설명한 경우	100
화성 토양에 생명체가 존재하지 않는다고만 설명한 경우	50

024
답 ④

④ ABO식 혈액형이 B형인 부모 사이에서 O형인 자녀가 태어나는 것은 어버이의 형질이 자손에게 전달되는 유전에 해당한다.

오답 피하기 ① 음식을 짜게 먹으면 물을 많이 마시는 것은 혈장 삼투압을 일정하게 유지하기 위한 것으로, 항상성에 해당한다.

② 장구벌레가 번데기 시기를 거쳐 모기가 되는 과정은 발생이다.

③ 거미가 진동을 감지하여 먹이에게 다가가는 것은 자극에 대한 반응에 해당한다.

⑤ 수생 식물의 잎에서 일어나는 광합성은 물질대사 중 동화 작용에 해당한다.

025
답 A: 박테리오파지, B: 세균

박테리오파지는 세균을 숙주로 하는 바이러스로, 유전 물질인 핵산(DNA)과 이를 둘러싸고 있는 단백질 껍질로 이루어져 있다. A가 B의 안으로 자신의 DNA를 주입하고 있으므로 A는 박테리오파지, B는 세균이다.

026 필수 유형
답 ①

자료 분석하기 바이러스(박테리오파지)의 증식

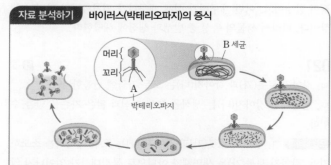

박테리오파지(A)는 자신의 DNA를 숙주 세포인 세균(B) 안으로 주입한다.
➡ 세균의 효소로 자신의 DNA를 복제하고 단백질 껍질을 만들어 증식한다. ➡ 증식한 박테리오파지는 세균을 뚫고 밖으로 나온다.

ㄱ. 박테리오파지(A)는 단백질 껍질 속에 핵산(DNA)이 들어 있는 머리 부분과 세균 표면에 부착할 수 있는 꼬리 부분으로 이루어져 있다.

오답 피하기 ㄴ. 박테리오파지(A)는 세포로 이루어져 있지 않으며, 세균(B)은 세포로 이루어진 단세포 원핵생물이다.

ㄷ. 박테리오파지(A)는 세균(B) 안에서 세균의 효소를 이용하여 자신의 DNA(유전 물질)를 복제하고 단백질 껍질을 합성하여 새로운 박테리오파지를 만들어 증식한 다음, 세균 밖으로 나온다.

027
답 ②

ㄷ. 박테리오파지는 세포로 이루어져 있지 않아 세포막을 갖지 않지만, 식물 세포는 인지질 2중층과 단백질로 구성된 세포막으로 둘러싸여 있다. 따라서 '세포막을 갖는다.'는 식물 세포에만 있는 특성(ⓒ)에 해당한다.

오답 피하기 ㄱ. 박테리오파지는 핵산과 이를 둘러싸고 있는 단백질 껍질로 이루어져 있으며, 식물 세포에는 효소와 같은 다양한 단백질이 존재한다. 따라서 '단백질을 갖는다.'는 박테리오파지와 식물 세포의 공통된 특성(ⓛ)에 해당한다.

ㄴ. 박테리오파지는 숙주 세포 안에서만 증식할 수 있으므로 스스로 물질대사를 할 수 없지만, 식물 세포에서는 광합성, 세포 호흡과 같은 물질대사가 일어난다. 따라서 '스스로 물질대사를 한다.'는 식물 세포에만 있는 특성(ⓒ)에 해당한다.

개념 더하기 바이러스의 특성

생물적 특성	• 유전 물질인 핵산을 가지고 있다. • 살아 있는 숙주 세포 안에서 물질대사를 하고, 증식할 수 있다. • 증식 과정에서 유전 현상이 나타나고, 돌연변이가 일어나 다양한 환경에 적응하며 진화한다.
비생물적 특성	• 세포로 이루어져 있지 않으며, 숙주 세포 밖에서는 입자 상태로 존재한다. • 스스로 물질대사를 할 수 없다.

028
답 ⑤

ㄱ. 바이러스인 박테리오파지(가)와 단세포 원핵생물인 대장균(나)은 모두 유전 물질인 핵산을 가지고 있다.

ㄴ. 박테리오파지(가)는 살아 있는 숙주 세포 안에서만 숙주 세포의 효소를 이용하여 자신의 DNA(유전 물질)를 복제하고 단백질 껍질을 만들어 증식한다.

ㄷ. 대장균(나)은 효소를 가지고 있어 스스로 물질대사를 할 수 있다.

029
답 ⑤

ㄱ. 바이러스(가)는 살아 있는 숙주 세포 안에서만 숙주 세포의 효소를 이용하여 자신의 핵산(유전 물질)을 복제하여 증식하는데, 이 과정에서 돌연변이가 일어나 새로운 종류가 나타날 수 있다.

ㄴ. 바이러스(가)는 핵산과 단백질 껍질로 이루어져 있으며, 동물 세포(나)에는 효소와 같은 다양한 단백질이 존재한다.

ㄷ. 동화 작용은 저분자 물질로부터 고분자 물질을 합성하는 과정으로, 동물 세포(나)에서는 단백질 합성, 글리코젠 합성 등과 같은 동화 작용이 일어난다.

030
답 ③

학생 A: 생명 과학은 생물이 나타내는 여러 가지 생명 현상을 탐구하여 생명의 본질을 밝히고, 그 연구 성과를 인류 복지 향상에 이용하는 종합적인 학문이다.

학생 C: 생명 과학은 분자 수준의 생명체 구성 물질에서부터 지구에 이르기까지 생명 현상과 관련된 다양한 범위의 대상을 연구하는 학문이다.

오답 피하기 학생 B: 생명 과학은 과학뿐만 아니라 다른 영역의 학문과도 통합적으로 연계되어 발전하고 있다.

031
답 ⑤

ㄱ. (가)는 푸른곰팡이가 세균의 증식을 억제하는 물질을 생성할 것이라는 가설을 설정하고, 체계적인 검증을 통해 결론을 이끌어 냈으므로 연역적 탐구 방법이다. (나)는 침팬지를 관찰하여 얻은 자료를 종합하고 분석하여 결론을 이끌어 냈으므로 귀납적 탐구 방법이다.

ㄴ. '푸른곰팡이가 세균의 증식을 억제하는 물질을 생성할 것이다.'가 가설이므로 (가)에만 가설 설정 단계가 있다.

ㄷ. 가설을 검증하기 위해 ㉠은 의도적으로 푸른곰팡이를 접종했으므로 실험군이고, ㉡은 실험군과 비교하기 위해 푸른곰팡이를 접종하지 않았으므로 대조군이다.

032
답 ④

(가)는 가설 설정 단계가 없으므로 귀납적 탐구 방법이고, (나)는 가설 설정 단계가 있으므로 연역적 탐구 방법이다.

ㄴ. 다윈의 진화론은 갈라파고스 군도에 살고 있는 생물의 특성을 관찰하고 자료를 수집하여 분석한 결과 자연 선택에 의한 진화의 원리를 밝혀냈으므로, 귀납적 탐구 방법(가)을 이용한 예이다.

ㄷ. 대조 실험은 실험 결과의 타당성을 높이기 위해 대조군을 설정하여 실험군과 비교하는 것으로, 연역적 탐구 방법(나)의 탐구 설계 및 수행 단계에서 이루어진다.

오답 피하기 ㄱ. 자연 현상을 관찰하면서 생긴 의문에 대한 잠정적인 답은 가설이며, 귀납적 탐구 방법(가)에는 가설 설정 단계가 없다.

033
답 ⑤

ㄱ. 이 실험은 소화 효소 X가 녹말을 분해하는지 알아보기 위한 것이므로 녹말 용액에 X를 첨가하지 않은 A는 대조군, X를 첨가한 B는 실험군이다.

ㄴ, ㄷ. 소화 효소 X의 첨가 여부는 조작 변인이며, 조작 변인을 제외한 나머지 독립변인은 A와 B에서 일정하게 유지해야 하는 통제 변인이다. 따라서 A와 B는 같은 온도에서 반응시켜야 한다.

개념 더하기 대조 실험과 변인

• 대조 실험: 실험 결과의 타당성을 높이기 위해 대조군을 설정하여 실험군과 비교하는 것

대조군	실험군과 비교하기 위해 실험 조건(검증하려는 요인)을 변화시키지 않은 집단
실험군	가설을 검증하기 위해 실험 조건을 의도적으로 변화시킨 집단

• 변인: 실험에 관계되는 요인

독립변인	실험 결과에 영향을 주는 요인 • 조작 변인: 가설을 검증하기 위해 의도적으로 변화시키는 요인 • 통제 변인: 실험에서 일정하게 유지해야 하는 요인
종속변인	조작 변인의 영향을 받아 변하는 요인 ➡ 실험 결과에 해당

034
필수 유형
답 ③

자료 분석하기 연역적 탐구 방법의 사례

> [실험 과정]
> (가) 50마리의 건강한 양을 25마리씩 집단 A와 B로 나눈다.
> (나) A와 B 중 A의 양에게만 탄저병 백신을 주사한다.
> (다) 일정 시간이 지난 후 A와 B의 양에게 모두 탄저균을 주사한다.
>
> [실험 결과]
> A의 양에서는 탄저병이 나타나지 않았고, B의 양 중 20마리는 탄저병으로 사망하였다.

• 실험군은 가설을 검증하기 위해 실험 조건을 의도적으로 변화시킨 집단이고, 대조군은 실험군과 비교하기 위해 실험 조건을 변화시키지 않은 집단이다. ➡ 탄저병 백신을 주사한 집단 A는 실험군이고, 탄저병 백신을 주사하지 않은 집단 B는 대조군이다.
• 통제 변인은 실험에서 일정하게 유지해야 하는 요인이고, 조작 변인은 가설을 검증하기 위해 의도적으로 변화시키는 요인이다. ➡ 탄저균 주사 여부는 통제 변인이고, 탄저병 백신 주사 여부는 조작 변인이다.
• 종속변인은 조작 변인의 영향을 받아 변하는 요인으로, 실험 결과에 해당한다. ➡ 탄저병의 발병 여부는 종속변인이다.

ㄱ. 이 실험은 탄저병 백신의 효과를 알아보기 위한 것이므로 탄저병 백신을 주사한 집단 A는 실험군, 탄저병 백신을 주사하지 않은 집단 B는 대조군이다.

ㄷ. 탄저병의 발병 여부는 이 실험의 결과에 해당하므로 종속변인은 탄저병의 발병 여부이다.

오답 피하기 ㄴ. 탄저균은 집단 A와 B에 모두 주사했으므로 탄저균 주사 여부는 이 실험에서 일정하게 유지해야 하는 통제 변인이다.

035
답 ③

ㄱ. 이 실험은 구더기가 파리로부터 발생하는지 알아보기 위한 것이므로 입구를 천으로 막은 병 A는 실험군이고, 입구를 막지 않고 그대로 둔 병 B는 대조군이다.

ㄷ. 이 실험은 가설을 설정하고 이 가설을 검증하기 위해 대조 실험을 수행하였으므로 연역적 탐구 방법이 사용되었다.

오답 피하기 ㄴ. 조작 변인은 대조군과 달리 실험군에서 의도적으로 변화시키는 요인이므로, 병 입구를 천으로 막았는지의 여부이다. 구더기의 발생 여부는 이 실험의 결과에 해당하므로 종속변인이다.

036
답 B

A는 가설 설정, B는 탐구 설계 및 수행, C는 결과 정리 및 분석이다. 대조군을 설정하고 변인을 통제하는 것은 탐구 설계 및 수행(B) 단계에서 이루어진다.

037
답 ⑤

고기에 배즙을 넣으면 고기가 왜 연해지는지 알아보기 위해서는 배즙에 고기를 연하게 하는 성분이 있다는 가설을 설정한 후 대조 실험을 설계하여 수행해야 한다. (가)는 결론 도출, (나)는 결과 정리 및 분석, (다)는 탐구 설계 및 수행, (라)는 가설 설정 단계에 해당하므로 철수가 수행한 탐구 과정의 순서는 (라) → (다) → (나) → (가)이다.

038

이 실험은 배즙에 단백질을 분해하는 효소가 들어 있는지를 알아보기 위한 것이므로 달걀흰자에 배즙을 넣은 시험관 A가 실험군, 달걀흰자에 배즙을 넣지 않은 시험관 B가 대조군이다. 이 실험에서 의도적으로 변화시킨 배즙의 첨가 여부는 조작 변인이고, 아미노산의 검출 여부는 이 실험의 결과에 해당하므로 종속변인이다.

예시 답안 실험군: 시험관 A, 대조군: 시험관 B, 조작 변인: 배즙의 첨가 여부, 통제 변인: 반응 온도, 첨가 물질의 양 등 배즙의 첨가 여부 이외의 나머지 요인, 배즙에 의한 단백질 분해 여부를 알아보기 위한 실험이므로 배즙을 넣은 시험관 A가 실험군, 배즙을 넣지 않은 시험관 B가 대조군이다. 또, 가설을 검증하기 위해 의도적으로 변화시킨 배즙의 첨가 여부가 조작 변인이므로 배즙의 첨가 여부 이외에는 일정하게 유지해야 하는 통제 변인이다.

채점 기준	배점(%)
실험군, 대조군, 조작 변인, 통제 변인을 모두 쓰고, 그렇게 판단한 까닭을 옳게 설명한 경우	100
실험군, 대조군, 조작 변인, 통제 변인만 옳게 쓴 경우	30

1등급 완성 문제

16~17쪽

039 ②　　040 ④　　041 ⑤　　042 ④　　043 ③　　044 ②
045 해설 참조　　046 해설 참조　　047 해설 참조

039
답 ②

자료 분석하기 생물의 특성

생물의 특성은 개체 유지를 위한 특성과 종족 유지를 위한 특성으로 구분한다.
- **개체 유지를 위한 특성**: 하나의 생물이 살아 있는 상태를 유지하는 것과 관련된 특성으로, 세포로 구성, 물질대사(A), 자극에 대한 반응, 항상성, 발생과 생장이 해당된다.
- **종족 유지를 위한 특성**: 생물종을 보존하여 생명의 연속성을 유지하는 것과 관련된 특성으로, 생식(B)과 유전, 적응과 진화가 해당된다.

ㄴ. 물질대사(A)는 에너지를 흡수하는 동화 작용과 에너지를 방출하는 이화 작용으로 구분한다.

오답 피하기 ㄱ. ㉠은 개체 유지를 위한 특성, ㉡은 종족 유지를 위한 특성이다.

ㄷ. B는 생식이며, '살충제를 살포하면 살충제 저항성 모기가 증가한다.'는 생물의 특성 중 적응과 진화에 해당한다.

040
답 ④

ㄴ. 줄박각시 나방의 체내에서 지방을 분해하여 비행에 필요한 에너지를 얻는 것(㉡)은 생물의 특성 중 물질대사(이화 작용)에 해당한다.

ㄷ. 줄박각시 나방은 몸이 많은 수의 세포로 이루어진 다세포 생물이고, 번데기는 어린 줄박각시 나방이 되기 전의 단계이므로 세포로 이루어져 있다.

오답 피하기 ㄱ. 줄박각시 나방의 애벌레가 번데기를 거쳐 어린 줄박각시 나방이 되는 과정은 발생이다. 따라서 ㉠은 생물의 특성 중 발생에 해당한다. 생식은 생물이 종족을 유지하기 위해 자신과 닮은 개체를 만드는 현상이다.

041
답 ⑤

A는 고분자 물질을 저분자 물질로 분해하는 이화 작용, B는 저분자 물질로부터 고분자 물질을 합성하는 동화 작용이다.

ㄱ. 동물 세포에서도 이화 작용(A)과 동화 작용(B)이 모두 일어난다.

ㄴ. 이화 작용(A)은 에너지가 방출되는 발열 반응이며, 동화 작용(B)은 에너지가 흡수되는 흡열 반응이다.

ㄷ. 물과 이산화 탄소를 이용하여 포도당을 합성하는 과정은 광합성이며, 광합성은 동화 작용(B)에 해당한다.

개념 더하기 물질대사의 구분

구분	동화 작용	이화 작용
물질 전환	저분자 물질로부터 고분자 물질을 합성한다.	고분자 물질을 저분자 물질로 분해한다.
에너지 출입	흡수(흡열 반응)	방출(발열 반응)
예	광합성, 단백질 합성	세포 호흡, 소화

042
답 ④

ㄱ. 담배 모자이크병에 걸린 담뱃잎을 갈아서 얻은 추출물을 세균 여과기에 걸러 얻은 여과액을 건강한 담뱃잎에 발라 준 결과 담뱃잎(㉠)에서 담배 모자이크병이 나타났다. 이 여과액에 들어 있는 병원체 A는 세균보다 크기가 작아 세균 여과기를 통과할 수 있는 바이러스이다.

ㄷ. 바이러스(A)는 살아 있는 숙주 세포 안에서만 물질대사를 하고 증식할 수 있으므로 A는 담배 모자이크병이 나타난 담뱃잎(㉠)의 세포 안에서 자신의 핵산(유전 물질)을 복제하고 단백질 껍질을 만들어 증식할 수 있다.

오답 피하기 ㄴ. 바이러스(A)는 유전 물질인 핵산을 가지고 있다.

043
답 ③

ㄱ. 박테리오파지, 정자, 짚신벌레는 모두 핵산을 가지며, 정자와 짚신벌레는 모두 세포로 이루어져 있고, 짚신벌레만 분열을 통해 증식하므로 ㉠은 '분열을 통해 증식한다.', ㉡은 '세포로 이루어져 있다.', ㉢은 '핵산을 갖는다.'이다. 따라서 A는 짚신벌레, B는 정자, C는 박테리오파지이므로 ⓐ는 '○', ⓑ는 '×'이다.

ㄴ. 짚신벌레(A)는 몸이 하나의 세포로 이루어진 단세포 생물로, 스스로 물질대사를 할 수 있다.

오답 피하기 ㄷ. 박테리오파지(C)는 세포로 이루어져 있지 않으므로 세포막을 갖지 않는다.

044

답 ②

탐구를 수행할 때 대조군을 설정하여 실험군과 비교하는 대조 실험을 하면 실험 결과의 타당성을 높일 수 있다. 이 실험 과정에는 대조군이 설정되어 있지 않으며, 이 실험에서 검증하려는 요인은 '세균 X가 폐렴을 일으키는가?'이므로 세균 X를 접종한 생쥐를 실험군, 세균 X를 접종하지 않은 생쥐를 대조군으로 설정하는 것이 필요하다.

045

서술형 해결 전략

STEP 1 문제 포인트 파악
서식 환경에 따라 다른 여우의 모습을 통해 생물의 특성을 파악해야 한다.

STEP 2 관련 개념 모으기
❶ 북극여우와 사막여우의 서식 환경은?
 ➡ 북극여우는 추운 지역에, 사막여우는 더운 지역에 산다.
❷ 생물의 특성은?
 ➡ 생물의 특성은 세포로 구성, 물질대사, 자극에 대한 반응, 항상성, 발생과 생장, 생식과 유전, 적응과 진화로 구분한다.
❸ 생물의 특성 중 적응과 진화의 특징은?
 ➡ 적응은 생물이 서식 환경에 적합한 몸의 형태와 기능, 생활 습성 등을 가지도록 변화하는 것이며, 진화는 생물이 오랜 시간 여러 세대를 거치면서 환경에 적응한 결과 집단의 유전자 구성이 변화하여 새로운 종으로 분화되는 것이다.

예시 답안 북극여우는 추운 환경에, 사막여우는 더운 환경에 적응한 결과 각 서식 환경에 적합한 모습을 가지게 된 것이다. 이는 생물의 특성 중 적응과 진화에 해당한다.

채점 기준	배점(%)
북극여우와 사막여우의 모습이 차이 나는 까닭을 서식 환경과 관련지어 설명하고, 해당되는 생물의 특성을 모두 옳게 설명한 경우	100
생물의 특성만 옳게 쓴 경우	30

046

서술형 해결 전략

STEP 1 문제 포인트 파악
바이러스의 생물적 특성과 비생물적 특성을 알아야 한다.

STEP 2 관련 개념 모으기
❶ 바이러스의 생물적 특성은?
 ➡ 유전 물질인 핵산을 가지고 있으며, 살아 있는 숙주 세포 안에서 물질대사를 하고 증식할 수 있다. 증식 과정에서 유전 현상이 나타나고, 돌연변이가 일어나 다양한 환경에 적응하며 진화한다.
❷ 바이러스의 비생물적 특성은?
 ➡ 세포로 이루어져 있지 않으며, 숙주 세포 밖에서는 입자 상태(핵산과 단백질 결정체)로 존재한다. 스스로 물질대사를 할 수 없다.

예시 답안 바이러스는 살아 있는 숙주 세포 안에서만 물질대사를 하고 증식할 수 있으므로, 바이러스가 출현하기 이전에 이미 세포 구조의 생명체가 지구에 존재했다고 볼 수 있다.

채점 기준	배점(%)
바이러스는 살아 있는 숙주 세포 안에서만 물질대사와 증식이 가능하다는 것을 포함하여 옳게 설명한 경우	100
물질대사와 증식 중 1가지만 포함하여 옳게 설명한 경우	60

047

서술형 해결 전략

STEP 1 문제 포인트 파악
귀납적 탐구 방법과 연역적 탐구 방법의 차이점을 알아야 한다.

STEP 2 관련 개념 모으기
❶ 귀납적 탐구 방법이란?
 ➡ 자연 현상을 관찰하여 얻은 자료를 종합하고 분석하는 과정에서 규칙성을 발견하고, 이로부터 일반적인 원리나 법칙을 이끌어 내는 탐구 방법이다.
❷ 연역적 탐구 방법이란?
 ➡ 자연 현상을 관찰하면서 생긴 의문에 대한 답을 찾기 위해 가설을 설정하고, 체계적인 검증을 통해 결론을 얻는 탐구 방법이다.

(가)는 '현미에 각기병을 예방하는 물질이 들어 있을 것이다.'라는 가설을 설정하고 이 가설을 검증하기 위해 대조 실험을 설계하여 수행했으므로 연역적 탐구 방법을 사용했다. (나)는 가설 설정 단계 없이 갈라파고스 군도의 여러 섬에 사는 핀치를 관찰하여 얻은 자료를 종합하고 분석하여 결론을 이끌어 냈으므로 귀납적 탐구 방법을 사용했다.

예시 답안 (가) 연역적 탐구 방법, (나) 귀납적 탐구 방법, 연역적 탐구 방법(가)은 가설을 설정하고 체계적인 검증을 통해 결론을 이끌어 내며, 귀납적 탐구 방법(나)은 가설 설정 단계 없이 관찰을 통해 얻은 자료를 종합하여 결론을 이끌어 낸다.

채점 기준	배점(%)
(가)와 (나)에서 사용한 탐구 방법을 쓰고, 연역적 탐구 방법과 귀납적 탐구 방법의 차이점을 가설 설정과 관련지어 옳게 설명한 경우	100
(가)와 (나)에서 사용한 탐구 방법만 옳게 쓴 경우	30

🏆 실전 대비 평가 문제

18~19쪽

048 ③ **049** ⑤ **050** ① **051** ③ **052** ④ **053** ⑤
054 자극에 대한 반응 **055** 해설 참조
056 실험군: 집단 A, 대조군: 집단 B **057** 해설 참조

048

답 ③

(가)의 A는 화성 토양에 동화 작용(광합성)을 하는 생명체가 있는지를 알아보기 위한 실험이고, B는 화성 토양에 이화 작용(세포 호흡)을 하는 생명체가 있는지를 알아보기 위한 실험이다. (나)는 반응물의 에너지양이 생성물의 에너지양보다 많으므로 에너지를 방출하는 이화 작용이 일어날 때의 에너지 변화이다.

ㄱ. A는 동화 작용, B는 이화 작용을 하는 생명체가 있는지 알아보기 위한 실험이므로 모두 '생명체는 물질대사를 한다.'라는 것을 전제로 한다.
ㄷ. B는 이화 작용을 하는 생명체가 있는지 알아보기 위한 실험이므로, 화성 토양에 생명체가 있다면 B에서 (나)와 같은 에너지 변화가 나타날 것이다.

오답 피하기 ㄴ. 화성 토양에 동화 작용(광합성)을 하는 생명체가 있다면 A에서 ^{14}C를 포함한 유기물이 합성되고, 이를 가열하면 방사성 기체가 발생할 것이다.

049

답 ⑤

항생제인 페니실린이 있는 환경에서 페니실린 내성 세균의 비율이 증가한 것은 생물의 특성 중 적응과 진화에 해당한다.

⑤ 초식 동물이 몸집이 비슷한 육식 동물보다 소화관 길이가 긴 것은 섭취하는 먹이의 종류가 달라 이에 적응하여 진화한 결과이다.

오답 피하기 ① 효모가 출아법으로 증식하는 것은 생물의 특성 중 생식에 해당한다.

② 사람이 물을 많이 마시면 오줌양이 증가하는 것은 혈장 삼투압을 일정하게 유지하기 위한 것으로, 생물의 특성 중 항상성에 해당한다.

③ 소나무가 빛에너지를 흡수하여 양분을 합성하는 광합성은 생물의 특성 중 물질대사(동화 작용)에 해당한다.

④ 강낭콩이 발아하여 뿌리, 줄기, 잎을 가진 개체가 되는 것은 생물의 특성 중 발생에 해당한다.

050

답 ①

ㄱ. 뿌리혹박테리아는 단세포 생물이며, 체내에서 질소(저분자 물질)를 질소 화합물(고분자 물질)로 합성하는 과정은 물질대사 중 동화 작용에 해당한다.

오답 피하기 ㄴ. 운동 시 포도당이 소모되어 혈당량이 낮아지면 혈당량을 높이기 위해 글루카곤을 분비하여 혈당량을 정상 범위 내에서 유지하는 것은 생물의 특성 중 항상성에 해당한다.

ㄷ. 크고 단단한 종자를 먹는 핀치가 크고 두꺼운 부리를 가지며 턱의 근육이 발달한 것은 먹이 환경에 적응하여 진화한 결과이다. 따라서 생물의 특성 중 적응과 진화에 해당한다.

051

답 ③

자료 분석하기 단세포 생물과 바이러스의 특성 비교

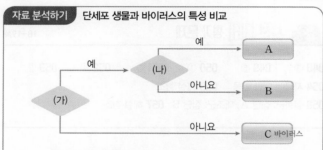

- (가)는 '스스로 물질대사를 할 수 있다.'이므로 스스로 물질대사를 할 수 없는 바이러스는 C에 해당한다. ➡ A와 B는 각각 아메바와 세균 중 하나이고, C는 바이러스이다.
- (나)는 A와 B를 구분하는 특성이고, A와 B는 각각 단세포 생물인 아메바와 세균 중 하나이므로 '유전 물질이 존재한다.'는 (나)에 해당하지 않는다.

A와 B는 각각 아메바와 세균 중 하나이고, C는 바이러스이다.

ㄷ. 아메바와 세균은 모두 물질대사가 일어나는 단세포 생물이므로 자신의 효소로 단백질을 합성할 수 있다.

오답 피하기 ㄱ. 세포 분열을 통해 생장하는 것은 다세포 생물의 특성으로, 아메바, 세균과 같은 단세포 생물은 세포 분열을 통해 생장하지 않는다.

ㄴ. 아메바와 세균은 단세포 생물로 모두 핵산을 가지고 있으므로 '유전 물질이 존재한다.'는 아메바와 세균을 구분하는 특성인 (나)에 해당하지 않는다.

052

답 ④

ㄴ. 생명 과학은 과학뿐만 아니라 다른 학문 분야와 많은 영향을 주고받으며 발달하고 있다.

ㄷ. 정보학, 공학은 모두 생명 과학과 연계된 학문이므로, 그 연구 성과는 각각 생명 과학의 발달에 기여할 수 있다.

오답 피하기 ㄱ. 유전학은 생명 과학의 한 분야이므로 생명 과학과 연계된 다른 학문 분야(A)가 아니다. A는 의학, 농학, 축산학 등이 될 수 있다.

053

답 ⑤

ㄱ. 이 실험은 탄수화물과 지방의 섭취가 줄어들면 체중이 감소하는지를 알아보기 위한 것이므로 '탄수화물과 지방의 섭취가 줄어들면 체중이 감소할 것이다.'는 가설 ⊙에 해당한다.

ㄴ. 집단 A에는 단백질, 지방, 탄수화물이 고르게 함유된 사료를 주고, 집단 B에는 탄수화물과 지방을 빼고 그만큼의 단백질이 더 함유된 사료를 주었으므로 집단 A는 대조군, 집단 B는 실험군이다.

ㄷ. 철수는 가설을 설정하고 대조 실험을 통해 이를 검증하였으므로 이 실험에는 연역적 탐구 방법이 사용되었다.

054

답 자극에 대한 반응

눈으로 들어오는 빛의 양을 줄이기 위해 동공의 크기가 작아지는 것은 생물의 특성 중 자극에 대한 반응에 해당한다.

055

단세포 생물인 대장균(A)과 바이러스인 박테리오파지(B)는 모두 유전 물질인 핵산을 가지고 있다. 대장균(A)은 효소를 가지고 있어 스스로 물질대사를 할 수 있다. 박테리오파지(B)는 살아 있는 숙주 세포(대장균) 안에서만 숙주 세포의 효소를 이용하여 자신의 DNA를 복제하고 단백질 껍질을 만들어 증식할 수 있다.

예시 답안 • 공통점: A와 B는 모두 유전 물질인 핵산을 가지고 있다.
• 차이점: A는 스스로 물질대사를 할 수 있지만, B는 A 안에서만 A의 효소를 이용하여 물질대사를 할 수 있다.

채점 기준	배점(%)
A와 B의 공통점과 차이점을 모두 옳게 설명한 경우	100
A와 B의 공통점과 차이점 중 1가지만 옳게 설명한 경우	50

056

답 실험군: 집단 A, 대조군: 집단 B

집단 A는 가설을 검증하기 위해 핵을 제거한 실험군이고, 집단 B는 실험군의 결과와 비교하기 위한 대조군이다.

057

예시 답안 이 실험에서 조작 변인은 핵의 제거 여부이며, 종속변인은 아메바의 생존 여부이므로 이 실험은 아메바의 생존과 핵의 기능의 연관성을 알아보기 위한 것이다. 따라서 이 실험의 가설은 '아메바에서 핵을 제거하면 아메바는 죽을 것이다.'이다.

채점 기준	배점(%)
가설을 쓰고, 그렇게 판단한 까닭을 옳게 설명한 경우	100
가설만 옳게 쓴 경우	50

Ⅱ 사람의 물질대사

02 생명 활동과 에너지

개념 확인 문제   21쪽

058 ○   **059** ○   **060** ×

061 ⊙ 산소, ⓒ 이산화 탄소   **062** ○   **063** ×

064 ATP   **065** 분해

058
답 ○

물질대사는 생명체 내에서 일어나는 화학 반응으로, 저분자 물질로부터 고분자 물질을 합성하는 동화 작용과 고분자 물질을 저분자 물질로 분해하는 이화 작용으로 구분한다.

059
답 ○

물질대사는 반응이 단계적으로 일어나며, 각 단계에는 생체 촉매인 효소가 관여한다.

060
답 ×

동화 작용에서는 에너지가 흡수되어 생성물의 에너지양이 반응물의 에너지양보다 많고, 이화 작용에서는 에너지가 방출되어 생성물의 에너지양이 반응물의 에너지양보다 적다.

061
답 ⊙ 산소, ⓒ 이산화 탄소

세포 호흡은 세포에서 포도당과 같은 영양소를 분해하여 생명 활동에 필요한 에너지를 얻는 과정이다. 세포 호흡에서 포도당은 산소와 반응하여 이산화 탄소와 물로 분해되면서 에너지를 방출한다. 따라서 ⊙은 산소, ⓒ은 이산화 탄소이다.

062
답 ○

⊙은 아데노신(아데닌＋리보스)에 3개의 인산기가 결합된 화합물이므로 ATP이고, ⓒ은 ATP에서 인산기 1개가 떨어져 나가 아데노신(아데닌＋리보스)에 2개의 인산기가 결합된 화합물이므로 ADP이다.

063
답 ×

(가)는 ATP(⊙)가 ADP(ⓒ)와 무기 인산(P_i)으로 분해되는 반응이므로 에너지가 방출되고, (나)는 ADP(ⓒ)와 무기 인산(P_i)이 ATP(⊙)로 합성되는 반응이므로 에너지가 흡수된다.

064
답 ATP

생명 활동에 직접 사용되는 에너지 저장 물질은 ATP이다. ATP에서 인산기와 인산기 사이의 결합에는 일반적인 화학 결합보다 많은 에너지가 저장되어 있어 이를 고에너지 인산 결합이라고 한다.

065
답 분해

ATP가 분해될 때 방출된 에너지는 화학 에너지, 기계적 에너지, 열에너지 등으로 전환되어 근육 운동, 물질 합성, 물질 운반, 체온 유지 등 여러 생명 활동에 사용된다.

---

066 ③	**067** ⑤	**068** 해설 참조	**069** ②	**070** ④
071 해설 참조		**072** ③	**073** ①	**074** ①	**075** ④
076 ④	**077** ATP	**078** ③	**079** ④	**080** ⑤	**081** ⑤
082 ②	**083** 해설 참조			

066
답 ③

③ 광합성은 빛에너지를 이용하여 저분자 물질인 이산화 탄소와 물로부터 고분자 물질인 포도당을 합성하는 과정으로, 동화 작용의 대표적인 예이다.

오답 피하기 ① 물질대사는 반응이 단계적으로 일어나며, 각 단계마다 특정한 효소가 관여한다.

② 물질대사는 생명체 내에서 일어나는 모든 화학 반응이다.

④ 동화 작용은 저분자 물질로부터 고분자 물질을 합성하는 과정으로, 에너지가 흡수되는 흡열 반응이다.

⑤ 간세포에서 포도당으로부터 글리코젠을 합성하는 동화 작용이 일어난다.

개념 더하기 물질대사의 구분

- 물질대사는 동화 작용과 이화 작용으로 구분한다.
- 동화 작용: 저분자 물질로부터 고분자 물질을 합성하는 과정으로, 에너지를 흡수하는 흡열 반응이다. ➡ 흡수된 에너지가 생성물에 저장된다.
- 이화 작용: 고분자 물질을 저분자 물질로 분해하는 과정으로, 에너지를 방출하는 발열 반응이다. ➡ 반응물이 가진 에너지가 방출된다.
- 반응 경로에 따른 에너지의 흡수와 방출은 그림과 같다.

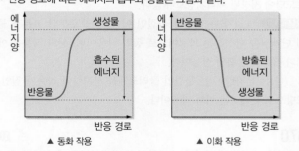

▲ 동화 작용   ▲ 이화 작용

---

067 [필수 유형]
답 ⑤

자료 분석하기 물질대사의 종류

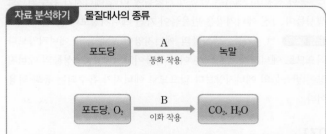

- A는 저분자 물질인 포도당으로부터 고분자 물질인 녹말이 합성되는 과정이다. ➡ A는 동화 작용으로, 에너지가 흡수되는 흡열 반응이다.
- B는 고분자 물질인 포도당이 산소와 반응하여 저분자 물질인 이산화 탄소와 물로 분해되는 과정이다. ➡ B는 이화 작용으로, 에너지가 방출되는 발열 반응이다.
- 세포에서 일어나는 물질대사에는 반드시 효소가 관여한다. ➡ A와 B에는 모두 효소가 관여한다.

ㄱ. A는 저분자 물질인 포도당으로부터 고분자 물질인 녹말을 합성하는 과정이므로 동화 작용이다.

ㄴ. B는 고분자 물질인 포도당이 산소와 반응하여 저분자 물질인 이산화 탄소와 물로 분해되는 과정이므로 이화 작용이며, 이화 작용은 에너지가 방출되는 발열 반응이다.

ㄷ. A와 B는 모두 생명체 내에서 일어나는 물질대사로, 물질대사에는 모두 생체 촉매인 효소가 관여한다.

068

물질대사는 세포 호흡, 소화, 글리코젠 분해 등과 같이 고분자 물질을 저분자 물질로 분해하는 이화 작용과 광합성, 단백질 합성, 글리코젠 합성 등과 같이 저분자 물질로부터 고분자 물질을 합성하는 동화 작용으로 구분한다.

예시 답안 ⊙ 이화 작용, ⓒ 동화 작용, 이화 작용(⊙)은 고분자 물질을 저분자 물질로 분해하는 과정이고, 동화 작용(ⓒ)은 저분자 물질로부터 고분자 물질을 합성하는 과정이다.

채점 기준	배점(%)
⊙과 ⓒ을 쓰고, ⊙과 ⓒ의 차이점을 물질 전환과 관련지어 옳게 설명한 경우	100
⊙과 ⓒ만 옳게 쓴 경우	30

069
답 ②

ㄴ. (나)는 고분자 물질인 글리코젠을 저분자 물질인 포도당으로 분해하는 과정이므로 이화 작용이다. 이화 작용은 에너지가 방출되는 발열 반응이므로, 반응물인 글리코젠에 저장된 에너지양이 생성물인 포도당에 저장된 에너지양보다 많다.

오답 피하기 ㄱ. (가)는 저분자 물질인 아미노산으로부터 고분자인 단백질을 합성하는 과정이므로 동화 작용이며, 동화 작용은 에너지가 흡수되는 흡열 반응이다.

ㄷ. (나)는 분자량이 큰 물질인 글리코젠을 분자량이 작은 물질인 포도당으로 분해하는 이화 작용이다.

070
답 ④

ㄴ. 식물 세포에서 일어나는 광합성은 빛에너지를 흡수하여 유기물을 합성하는 과정이므로 동화 작용(나)에 해당한다.

ㄷ. 동화 작용(나)에서는 반응이 진행됨에 따라 에너지가 흡수되므로 생성물이 가진 에너지양은 반응물이 가진 에너지양보다 많다.

오답 피하기 ㄱ. (가)는 생성물의 에너지양이 반응물의 에너지양보다 적으므로 에너지가 방출되는 이화 작용이고, (나)는 생성물의 에너지양이 반응물의 에너지양보다 많으므로 에너지가 흡수되는 동화 작용이다.

071

예시 답안 (가)에서는 에너지가 방출되고, (나)에서는 에너지가 흡수되는 것과 같이 물질대사가 일어날 때는 에너지 출입이 반드시 일어나기 때문이다.

채점 기준	배점(%)
(가)와 (나)에서의 에너지 출입과 관련지어 옳게 설명한 경우	100
에너지 출입이 일어나기 때문이라고만 설명한 경우	50

072
답 ③

(가)는 고분자 물질인 포도당을 저분자 물질인 이산화 탄소와 물로 분해하는 이화 작용이며, (나)는 저분자 물질인 아미노산으로부터 고분자 물질인 단백질을 합성하는 동화 작용이다.

ㄱ. (가)는 이화 작용이다.

ㄴ. 효소의 주성분은 단백질이므로 효소가 합성될 때 (나)와 같은 동화 작용이 일어난다.

오답 피하기 ㄷ. 이화 작용(가)에서는 에너지가 방출되고, 동화 작용(나)에서는 에너지가 흡수된다.

073
답 ①

(가)는 이산화 탄소와 물로부터 포도당을 합성하는 광합성이고, (나)는 산소를 사용하여 포도당을 이산화 탄소와 물로 분해하는 세포 호흡이다.

ㄱ. 동화 작용은 저분자 물질로부터 고분자 물질을 합성하는 과정으로, 에너지가 흡수되는 흡열 반응이다. 광합성(가)은 동화 작용에 해당하므로 에너지가 흡수된다.

오답 피하기 ㄴ. 광합성(가)은 엽록체에서, 세포 호흡(나)은 세포질과 미토콘드리아에서 일어나므로 사람의 근육 세포에서 광합성(가)은 일어나지 않고, 세포 호흡(나)만 일어난다.

ㄷ. 물질대사는 반응이 단계적으로 일어나며, 각 단계마다 특정한 효소가 관여한다. 광합성(가)과 세포 호흡(나)은 서로 다른 물질대사이므로 서로 다른 종류의 효소가 관여한다.

074
답 ①

ㄱ. 세포 호흡은 산소를 사용하여 포도당을 물과 이산화 탄소로 분해하는 과정이므로 ⓐ는 산소, ⓑ는 이산화 탄소이다.

오답 피하기 ㄴ. 세포 호흡은 주로 미토콘드리아에서 일어나며, 세포질에서도 일부 과정이 진행된다. 따라서 이 세포 소기관은 미토콘드리아이다. 미토콘드리아는 동물 세포뿐만 아니라 식물 세포 등 다른 생물의 세포에도 있다.

ㄷ. 세포 호흡 과정에서 방출된 에너지의 일부는 ATP에 화학 에너지 형태로 저장된다. 간세포에서 일어나는 이화 작용은 에너지를 방출하는 발열 반응이므로, ATP에 저장된 화학 에너지가 사용되지 않는다.

개념 더하기 세포 호흡과 에너지

• 세포 호흡: 세포에서 영양소를 분해하여 생명 활동에 필요한 에너지(ATP)를 얻는 과정으로, 세포질과 미토콘드리아에서 일어난다.

$$포도당 + 산소 \longrightarrow 이산화 탄소 + 물 + 에너지$$

• 세포 호흡에서 영양소(포도당)의 분해로 이산화 탄소와 물이 생성되며, 그 과정에서 에너지가 방출된다.

• 세포 호흡 과정에서 방출된 에너지의 일부는 ATP에 화학 에너지의 형태로 저장되고, 나머지는 열에너지로 방출된다.

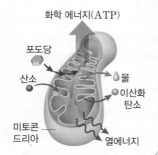

---

075 필수 유형

답 ④

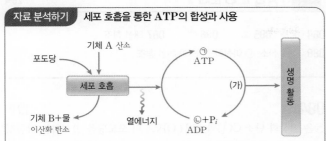

- 세포 호흡은 세포에서 산소를 사용해 영양소를 이산화 탄소와 물로 분해하여 에너지를 얻는 과정이다. ➡ A는 산소, B는 이산화 탄소이다.
- 세포 호흡 과정에서 방출된 에너지의 일부는 ATP에 저장되고, ATP가 ADP와 무기 인산(P_i)으로 분해될 때 에너지가 방출된다. 이때 방출된 에너지는 생명 활동에 사용된다. ➡ ㉠은 ATP, ㉡은 ADP이다.

세포 호흡 과정에서 방출된 에너지의 일부는 ATP에 화학 에너지 형태로 저장되고, 나머지는 열에너지로 방출된다. 따라서 ㉠은 ATP이고, ㉡은 ADP이다.

ㄴ. 세포 호흡은 산소를 사용하여 포도당을 이산화 탄소와 물로 분해하는 과정이므로 A는 산소, B는 이산화 탄소이다.

ㄷ. 세포 호흡에서 포도당의 분해로 방출된 에너지의 일부는 ATP(㉠)에 저장되며, ATP가 ADP(㉡)와 무기 인산(P_i)으로 분해되는 과정(가)에서 방출된 에너지는 여러 생명 활동에 사용된다. 글리코젠 합성은 에너지가 흡수되는 동화 작용으로 동화 작용이 일어날 때 (가)에서 방출된 에너지가 사용된다.

오답 피하기 ㄱ. 분자당 저장된 에너지양은 ATP(㉠)가 ADP(㉡)보다 더 많으므로 $\dfrac{㉠(ATP)에\ 저장된\ 에너지양}{㉡(ADP)에\ 저장된\ 에너지양}$은 1보다 크다.

076

답 ④

ㄴ. 세포 호흡은 생명 활동에 필요한 에너지를 얻는 과정이므로 식물 세포와 동물 세포에서 모두 일어난다.

ㄷ. 세포 호흡에서 포도당은 단계적으로 분해되며, 이 과정에서 방출되는 에너지 중 일부가 ATP의 합성에 사용된다.

오답 피하기 ㄱ. 세포 호흡은 고분자 물질인 포도당이 산소와 반응하여 저분자 물질인 이산화 탄소와 물로 분해되는 과정이므로 물질대사 중 이화 작용에 해당한다.

077

답 ATP

생명 활동에 직접 사용되는 에너지 저장 물질은 ATP이며, ATP는 아데닌(가)과 리보스(나)로 구성된 아데노신에 3개의 인산기가 결합한 화합물이다. 따라서 X는 ATP이다.

078

답 ③

ㄱ. (가)는 염기인 아데닌, (나)는 5탄당인 리보스이다.

ㄷ. ATP가 ADP와 무기 인산으로 분해될 때 ATP의 제일 끝부분의 인산기가 분리되면서 에너지가 방출되는데, 이 에너지는 여러 생명 활동에 사용된다.

오답 피하기 ㄴ. ㉠은 고에너지 인산 결합으로, 화학 에너지 형태로 에너지가 저장되어 있다.

079

답 ④

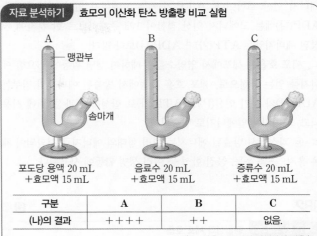

구분	A	B	C
(나)의 결과	++++	++	없음.

(+: 많을수록 기체 발생량이 많음.)

- 산소가 없을 때 효모는 알코올 발효를 한다. ➡ A와 B에서 효모의 알코올 발효에 의해 이산화 탄소가 발생하고, 이산화 탄소가 맹관부에 모여 맹관부 쪽 수면의 높이가 낮아진다.
- C에는 포도당이 없어 효모의 알코올 발효가 일어나지 않아 이산화 탄소가 발생하지 않는다.
- KOH 용액은 이산화 탄소를 흡수한다. ➡ A와 B의 발효관에서 용액의 일부를 뽑아내고, KOH 용액을 넣으면 맹관부에 모인 이산화 탄소가 KOH 용액에 흡수되어 감소하므로 맹관부 쪽 수면의 높이가 다시 높아진다.

효모는 산소가 없을 때 포도당을 에탄올과 이산화 탄소로 분해하는 알코올 발효를 하며, 이 과정에서 발생한 이산화 탄소는 맹관부 쪽에 모이게 된다. 따라서 ㉠은 이산화 탄소이다.

ㄴ. (나)의 결과 A와 B에서 기체가 발생한 것은 효모의 알코올 발효가 일어났기 때문이다. 효모의 알코올 발효는 고분자 물질을 저분자 물질로 분해하는 이화 작용에 해당한다.

ㄷ. KOH 용액은 이산화 탄소를 흡수하므로 (다)에서 KOH 용액을 발효관에 넣으면 A와 B의 맹관부에 모인 이산화 탄소(㉠)가 감소하여 맹관부 쪽 수면의 높이가 다시 높아진다.

오답 피하기 ㄱ. ㉠은 이산화 탄소이다.

080

답 ⑤

ATP에 저장된 화학 에너지는 기계적 에너지, 열에너지, 화학 에너지, 소리 에너지 등 여러 가지 형태의 에너지로 전환되어 생장, 정신 활동, 발성, 체온 유지, 근육 운동, 물질 합성 등 여러 생명 활동에 사용된다. 모세 혈관에서 폐포로 이산화 탄소가 이동하는 것은 이산화 탄소의 분압 차에 따른 확산이다. 확산은 물질이 농도가 높은 쪽에서 낮은 쪽으로 스스로 이동하는 현상으로, ATP에 저장된 에너지가 사용되지 않는다.

081

답 ⑤

(가)는 아데닌과 리보스에 3개의 인산기가 결합된 구조이므로 ATP이고, (나)는 ATP에서 1개의 인산기가 떨어져 나간 형태이므로 ADP이다. 따라서 ㉠은 에너지를 흡수하여 ADP(나)와 무기 인산(P_i)을 ATP(가)로 합성하는 과정이며, ㉡은 ATP(가)를 ADP(나)와 무기 인산(P_i)으로 분해하면서 에너지를 방출하는 과정이다.

ㄱ. 인산기와 인산기 사이의 결합은 많은 에너지가 저장되어 있는 고에너지 인산 결합이다. ATP(가)에는 고에너지 인산 결합이 2개, ADP(나)에는 고에너지 인산 결합이 1개 존재하므로 한 분자에 저장된 에너지양은 ATP(가)가 ADP(나)보다 많다.

ㄴ. 세포 호흡은 세포에서 영양소를 분해하여 생명 활동에 필요한 에너지를 얻는 과정으로, 세포 호흡 과정에서 방출된 에너지의 일부는 ADP(나)와 무기 인산(P_i)을 ATP(가)로 합성하는 과정(㉠)에 사용되고, 나머지는 열에너지로 방출된다.

ㄷ. ㉡ 과정에서 방출된 에너지는 여러 형태의 에너지로 전환되어 체온 유지, 근육 운동, 물질 합성 등 여러 생명 활동에 사용된다.

082
답 ②

자료 분석하기 │ 광합성과 세포 호흡

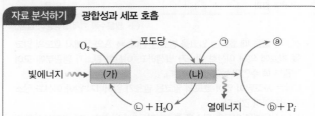

- (가)는 빛에너지를 흡수하여 물(H_2O)과 이산화 탄소(CO_2)로부터 포도당을 합성하는 광합성이다. ➡ ㉡은 CO_2이다.
- (나)는 산소(O_2)를 사용하여 포도당을 이산화 탄소(CO_2)와 물(H_2O)로 분해하는 세포 호흡이다. ➡ ㉠은 O_2이다.
- 세포 호흡 과정에서 방출되는 에너지의 일부는 ADP와 무기 인산(P_i)을 ATP로 합성하는 데 사용된다. ➡ ⓐ는 ATP, ⓑ는 ADP이다.

(가)는 광합성, (나)는 세포 호흡이다.
② ⓐ는 ATP, ⓑ는 ADP이다.

오답 피하기 ① ㉠은 O_2, ㉡은 CO_2이다.
③ 광합성(가)은 엽록체에서 일어나고, 세포 호흡(나)은 주로 미토콘드리아에서 일어난다.
④ 세포 호흡(나) 과정에서 방출되는 에너지 중 일부는 ADP와 무기 인산을 ATP로 합성하는 데 사용되고, 나머지는 열에너지로 방출된다.
⑤ 광합성(가)은 물질을 합성하는 동화 작용, 세포 호흡(나)은 물질을 분해하는 이화 작용에 해당한다.

083

물질대사는 생명체 내에서 일어나는 모든 화학 반응으로, 동화 작용과 이화 작용으로 구분한다. 광합성은 물질을 합성하는 동화 작용이고, 세포 호흡은 물질을 분해하는 이화 작용이다. 광합성 과정에서는 빛에너지가 포도당의 화학 에너지로 전환되며, 세포 호흡 과정에서는 포도당의 화학 에너지가 ATP의 화학 에너지로 전환된다.

예시 답안 • 공통점: 광합성(가)과 세포 호흡(나)은 모두 물질대사이다.
• 차이점: 광합성(가)은 엽록체에서 일어나는 동화 작용이고, 세포 호흡(나)은 주로 미토콘드리아에서 일어나는 이화 작용이다.

채점 기준	배점(%)
(가)와 (나)의 공통점과 차이점을 모두 옳게 설명한 경우	100
(가)와 (나)의 공통점과 차이점 중 1가지만 옳게 설명한 경우	50

084 ① **085** ② **086** ② **087** 해설 참조
088 (1) ㉠ 산소, ㉡ 이산화 탄소 (2) 해설 참조

084
답 ①

㉠은 이산화 탄소(CO_2)와 물(H_2O)로부터 포도당을 합성하는 광합성이며, ㉡은 산소(O_2)를 사용하여 포도당을 이산화 탄소(CO_2)와 물(H_2O)로 분해하는 세포 호흡이다. 광합성(㉠)은 동화 작용에, 세포 호흡(㉡)은 이화 작용에 해당한다. (나)는 생성물의 에너지양이 반응물의 에너지양보다 많으므로 반응이 일어날 때 에너지가 흡수되는 동화 작용이 일어날 때의 에너지 변화이다.

ㄱ. 광합성(㉠)은 태양의 빛에너지를 포도당의 화학 에너지로 전환하는 과정이다.

오답 피하기 ㄴ. 세포 호흡(㉡)은 이화 작용에 해당하므로 반응이 일어날 때 에너지가 방출되며, 생성물인 이산화 탄소(CO_2)와 물(H_2O)의 에너지양이 반응물인 포도당의 에너지양보다 적다.

ㄷ. 광합성(㉠)은 엽록체에서 일어나며, 세포 호흡(㉡)은 주로 미토콘드리아에서 일어난다. 따라서 동물 세포에서 세포 호흡(㉡)은 일어나지만 광합성(㉠)은 일어나지 않는다.

085
답 ②

㉠은 포도당이 글리코젠으로 합성되는 과정이므로 동화 작용, ㉡은 글리코젠이 포도당으로 분해되는 과정이므로 이화 작용이다.

ㄴ. 동화 작용(㉠)과 이화 작용(㉡)에는 모두 효소가 관여한다.

오답 피하기 ㄱ. 동화 작용(㉠)에서 에너지가 흡수되고, 이화 작용(㉡)에서 에너지가 방출된다.

ㄷ. 생명 활동에 직접 사용되는 에너지 저장 물질은 ATP이다.

086
답 ②

자료 분석하기 │ ATP의 합성과 분해

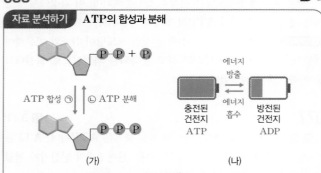

- (가)에서 ㉠은 에너지를 흡수하여 ADP와 무기 인산을 ATP로 합성하는 반응이고, ㉡은 ATP를 ADP와 무기 인산으로 분해하면서 에너지를 방출하는 반응이다. ➡ ㉠은 ATP 합성, ㉡은 ATP 분해이다.
- (나)에서 충전된 건전지가 방전될 때 에너지가 방출되고, 방전된 건전지가 충전될 때 에너지가 흡수된다. ➡ 충전된 건전지는 ATP, 방전된 건전지는 ADP를 비유한 것이다.

ㄷ. ADP와 무기 인산이 ATP로 합성될 때 에너지가 흡수되고, ATP가 ADP와 무기 인산으로 분해될 때 에너지가 방출된다. 따라서 충전된 건전지는 ATP, 방전된 건전지는 ADP를 비유한 것이다.

오답 피하기 ㄱ. 포도당이 글리코젠으로 합성되는 과정은 동화 작용이며, 동화 작용이 일어날 때 ATP의 분해로 방출된 에너지가 사용된다. 따라서 포도당이 글리코젠으로 합성될 때 ATP가 ADP와 무기인산으로 분해되는 ㉡이 일어난다.

ㄴ. 모세 혈관에서 폐포로 CO_2가 이동하는 과정은 확산에 의해 일어나므로 에너지가 사용되지 않는다.

087

서술형 해결 전략

STEP 1 문제 포인트 파악
물질대사의 종류와 특징을 알아야 한다.

STEP 2 관련 개념 모으기

❶ 물질대사의 종류는?
➡ 물질대사에는 저분자 물질로부터 고분자 물질을 합성하는 동화 작용과 고분자 물질을 저분자 물질로 분해하는 이화 작용이 있다.

❷ 동화 작용과 이화 작용의 공통점은?
➡ 효소가 관여하며, 에너지의 출입이 일어난다.

❸ 동화 작용과 이화 작용의 대표적인 예는?
➡ 동화 작용에는 광합성, 단백질 합성, 글리코젠 합성 등이 있고, 이화 작용에는 세포 호흡, 소화, 글리코젠 분해 등이 있다.

예시 답안 (1) 효소가 관여한다.(또는 에너지의 출입이 일어난다.)
(2) (가), (다), 이화 작용은 고분자 물질을 저분자 물질로 분해하는 반응이기 때문이다.

	채점 기준	배점(%)
(1)	(가)~(다)의 공통점을 옳게 설명한 경우	100
(2)	(가)~(다) 중 이화 작용에 해당하는 것을 모두 쓰고, 그렇게 판단한 까닭을 옳게 설명한 경우	100
	(가)~(다) 중 이화 작용에 해당하는 것만 옳게 쓴 경우	40

088

서술형 해결 전략

STEP 1 문제 포인트 파악
세포 호흡에서 일어나는 에너지 전환 과정을 알아야 한다.

STEP 2 관련 개념 모으기

❶ 세포 호흡에서 포도당을 분해하는 데 필요한 기체와 포도당의 분해로 방출되는 기체는?
➡ 포도당을 분해하는 데 필요한 기체는 산소이고, 포도당의 분해로 방출되는 기체는 이산화 탄소이다.

❷ 세포 호흡에서 포도당이 분해될 때 방출된 에너지의 전환 과정은?
➡ 세포 호흡 과정에서 포도당이 산소와 반응하여 이산화 탄소와 물로 분해되면서 에너지가 방출되는데, 에너지의 일부는 ATP에 화학 에너지 형태로 저장되고, 나머지는 열에너지로 방출된다.

(1) 세포 호흡은 산소를 사용하여 포도당을 이산화 탄소와 물로 분해하는 과정이므로 ㉠은 산소, ㉡은 이산화 탄소이다.
(2) **예시 답안** 세포 호흡 과정에서 포도당이 분해되어 방출된 에너지 일부는 ATP에 화학 에너지 형태로 저장되고, 나머지는 열에너지로 방출된다.

채점 기준	배점(%)
ATP의 화학 에너지와 열에너지를 모두 포함하여 옳게 설명한 경우	100
ATP로 전환된다고만 설명한 경우	40

03 기관계의 통합적 작용과 건강

개념 확인 문제 27쪽

089 ×	090 ○	091 ㉠ 폐포, ㉡ 조직 세포
092 되지 않는다	093 ×	094 ○
095 (가) 소화계, (나) 순환계, (다) 배설계		096 기초 대사량

089
답 ×

소장 융털의 모세 혈관으로 흡수된 수용성 영양소는 간을 거쳐 심장으로 운반되지만, 소장 융털의 암죽관으로 흡수된 지용성 영양소는 림프관을 거쳐 심장으로 운반된다. 심장으로 운반된 영양소는 혈액에 의해 온몸의 조직 세포로 운반된다.

090
답 ○

소화계에서 흡수된 영양소와 호흡계에서 흡수된 산소는 순환계를 통해 온몸의 조직 세포로 운반되어 세포 호흡에 사용된다.

091
답 ㉠ 폐포, ㉡ 조직 세포

숨을 들이쉴 때 폐로 들어온 산소는 폐포(㉠)에서 모세 혈관으로 확산하고, 세포 호흡 결과 생성된 이산화 탄소는 조직 세포(㉡)에서 모세 혈관으로 확산한다.

092
답 되지 않는다

폐와 조직 세포에서의 기체 교환은 기체의 분압 차에 따른 확산에 의해 일어나므로 에너지가 소모되지 않는다.

093
답 ×

탄수화물은 탄소, 수소, 산소로 이루어져 있으므로, 탄수화물이 분해되면 이산화 탄소와 물이 생성된다. 질소 노폐물인 암모니아는 질소를 포함하고 있는 단백질이 분해될 때에만 생성된다.

094
답 ○

독성이 강한 암모니아는 간에서 독성이 약한 요소로 전환된 후 콩팥(배설계)에서 오줌을 통해 몸 밖으로 나간다.

095
답 (가) 소화계, (나) 순환계, (다) 배설계

(가)는 세포 호흡에 필요한 영양소를 소화하여 흡수하는 소화계이다. (나)는 소화계(가)에서 흡수한 영양소와 호흡계에서 흡수한 산소를 온몸의 조직 세포로 운반하고, 세포 호흡 결과 생성된 이산화 탄소 등의 노폐물을 호흡계와 배설계로 운반하는 순환계이다. (다)는 혈액에서 질소 노폐물, 여분의 물 등을 걸러 오줌을 생성하여 몸 밖으로 내보내는 배설계이다. 소화계, 호흡계, 배설계는 순환계를 중심으로 서로 유기적으로 연결되어 통합적으로 작용한다.

096
답 기초 대사량

1일 대사량은 우리 몸이 하루 동안 생활하는 데 필요로 하는 에너지양으로, 기초 대사량, 활동 대사량, 음식물 섭취 시의 에너지 소모량을 합한 값이다.

097 ②	098 ①	099 ⑤	100 ④	101 ①
102 해설 참조		103 ②	104 ③	105 ③	106 ⑤
107 ③	108 ③	109 ⑤	110 해설 참조	111 ②
112 ⑤	113 해설 참조		114 ⑤	115 ③

097

답 ②

A는 지용성 영양소가 흡수되는 암죽관, B는 수용성 영양소가 흡수되는 모세 혈관이다.

ㄷ. 소장 융털의 암죽관(A)과 모세 혈관(B)으로 흡수된 영양소는 심장으로 이동한 후 혈액을 통해 온몸의 조직 세포로 운반된다.

오답피하기 ㄱ. 포도당, 아미노산, 무기염류, 수용성 바이타민 등과 같은 수용성 영양소는 소장 융털의 모세 혈관(B)으로 흡수된다.

ㄴ. 지방산, 모노글리세리드, 지용성 바이타민 등과 같은 지용성 영양소는 소장 융털의 암죽관(A)으로 흡수된다.

098

답 ①

자료 분석하기 호흡계와 소화계

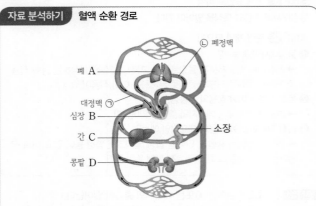

폐포에서의 기체 교환

- ㉠은 폐포에서 모세 혈관으로 이동하고, ㉡은 모세 혈관에서 폐포로 이동한다. ➡ ㉠은 세포 호흡에 필요한 산소, ㉡은 세포 호흡 결과 생성된 이산화 탄소이다.
- A에서 기체 교환이 일어난다. ➡ A는 폐포로 이루어진 폐이며, 폐는 기관, 기관지와 함께 호흡계에 속한다.
- B는 간이며, 간은 소화계에 속한다. ➡ 간(B)에서는 세포 호흡 과정에서 생성된 질소 노폐물인 암모니아가 요소로 전환된다.

ㄴ. ㉠은 폐포에서 모세 혈관으로 이동하므로 산소이고, ㉡은 모세 혈관에서 폐포로 이동하므로 이산화 탄소이다. 세포 호흡에서 포도당은 산소(㉠)와 반응하여 물과 이산화 탄소로 분해된다.

오답피하기 ㄱ. 폐포로 이루어진 A는 폐이며, 폐는 호흡계에 속한다.

ㄷ. B는 소화계에 속하는 간이며, 음식물 속의 단백질이 분해되는 과정은 위와 소장에서 일어난다.

개념 더하기 기체 교환

- 폐와 조직 세포에서의 기체 교환은 기체의 분압 차에 따른 확산으로 일어난다.

기체 분압의 크기	O_2 분압	폐포 > 모세 혈관 > 조직 세포
	CO_2 분압	폐포 < 모세 혈관 < 조직 세포

- 산소는 폐포 → 모세 혈관 → 조직 세포 방향으로 확산하고, 이산화 탄소는 조직 세포 → 모세 혈관 → 폐포 방향으로 확산한다.

099

답 ⑤

(가)는 호흡계, (나)는 소화계이고, A는 폐, B는 소장이다.

ㄱ. 폐(A)에서 세포 호흡에 필요한 산소를 흡수하고, 세포 호흡 결과 생성된 이산화 탄소를 몸 밖으로 내보내는 기체 교환이 일어난다.

ㄴ. 소장(B)에서 녹말은 포도당, 단백질은 아미노산, 지방은 지방산과 모노글리세리드로 최종 분해된 후 소장의 융털로 흡수된다.

ㄷ. 호흡계(가)에서 흡수된 산소 중 일부는 순환계를 통해 소화계(나)로 운반된다.

100

답 ④

자료 분석하기 혈액 순환 경로

- 조직 세포 쪽 모세 혈관을 지나 심장으로 들어오는 ㉠은 산소가 적고 이산화 탄소가 많은 정맥혈이 흐르고, 폐(A)를 지나 심장으로 들어오는 ㉡은 산소가 많고 이산화 탄소가 적은 동맥혈이 흐른다. ➡ ㉠은 대정맥, ㉡은 폐정맥이다.
- A는 폐, B는 심장, C는 간, D는 콩팥이다. ➡ 폐(A)는 호흡계, 심장(B)은 순환계, 간(C)은 소화계, 콩팥(D)은 배설계에 속한다.

ㄴ. 단백질의 분해로 생성된 질소 노폐물인 암모니아는 주로 간(C)에서 요소로 전환되며, 요소는 콩팥(D)에서 물과 함께 걸러져 오줌의 형태로 몸 밖으로 나간다.

ㄷ. 대정맥(㉠)은 온몸의 조직 세포에 산소를 전달하고 심장으로 들어오는 혈액이 흐르므로 산소의 양이 적은 정맥혈이 흐르며, 폐정맥(㉡)은 폐에서 산소를 받아 심장으로 들어오는 혈액이 흐르므로 산소의 양이 많은 동맥혈이 흐른다. 따라서 혈액의 단위 부피당 산소의 양은 대정맥(㉠)에서가 폐정맥(㉡)에서보다 적다.

오답피하기 ㄱ. 폐(A)는 호흡계에 속하며, 심장(B)은 순환계에 속한다.

101

답 ①

조직 세포에서 세포 호흡에 사용되는 ⓐ는 산소이며, 세포 호흡 결과 생성되는 ⓑ는 이산화 탄소이다. 따라서 (가)는 이산화 탄소(ⓑ)를 몸 밖으로 내보내고 산소를 흡수하는 호흡계이며, (나)는 세포 호흡에 필요한 포도당을 흡수하는 소화계이다.

ㄱ. 호흡계(가)를 통해 몸속으로 들어온 산소(ⓐ)는 포도당을 분해하여 ATP를 생성하는 세포 호흡에 사용된다.

오답피하기 ㄴ. 이산화 탄소(ⓑ)가 순환계에서 호흡계(가)로 이동하는 원리는 기체의 분압 차에 의한 확산이므로 ATP가 소모되지 않는다.

ㄷ. 포도당과 같은 수용성 영양소는 소화계(나)에 속하는 소장 융털의 모세 혈관으로 흡수되어 심장으로 이동한 후 혈액을 통해 온몸의 조직 세포로 운반된다.

102

호흡계는 세포 호흡에 필요한 산소를 흡수하고, 세포 호흡 결과 생성된 이산화 탄소를 몸 밖으로 내보낸다. 소화계는 세포 호흡에 필요한 영양소를 소화하여 흡수한다.

예시답안 (가) 호흡계, (나) 소화계, 호흡계(가)에서는 산소를 흡수하고 이산화 탄소를 몸 밖으로 내보내며, 소화계(나)에서는 음식물 속의 영양소를 소장에서 흡수 가능한 형태로 분해하고 흡수한다.

채점 기준	배점(%)
(가)와 (나)의 이름을 쓰고, (가)와 (나)에서 일어나는 작용을 모두 옳게 설명한 경우	100
(가)와 (나)의 이름만 옳게 쓴 경우	30

103　답 ②

② 단백질이 세포 호흡에 의해 분해되어 생성된 암모니아는 독성이 강하므로 간에서 독성이 약한 요소로 전환된 후 콩팥에서 오줌을 통해 몸 밖으로 나간다.

오답피하기 ① 세포 호흡 결과 생성된 물은 주로 콩팥에서 오줌을 통해 몸 밖으로 나가고, 일부는 폐에서 날숨을 통해 수증기 형태로 몸 밖으로 나간다.

③ 세포 호흡 결과 생성된 이산화 탄소는 호흡계인 폐에서 날숨을 통해 몸 밖으로 나간다.

④ 탄수화물과 지방은 모두 탄소, 수소, 산소로 이루어져 있어 세포 호흡에 의해 분해되면 이산화 탄소와 물이 생성된다.

⑤ 단백질은 탄소, 수소, 산소 외에 질소를 포함하고 있어 세포 호흡에 의해 분해되면 이산화 탄소, 물과 함께 암모니아가 생성된다.

104　필수 유형　답 ③

자료 분석하기　노폐물의 생성과 배설

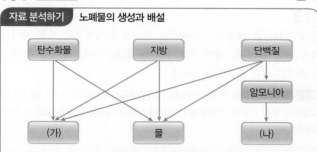

• 탄수화물, 지방, 단백질의 분해 과정에서 모두 이산화 탄소와 물이 생성된다. ➡ (가)는 이산화 탄소이다. ➡ 이산화 탄소(가)는 폐에서 날숨을 통해 몸 밖으로 나간다.
• 질소를 포함하고 있는 단백질의 분해 과정에서만 질소 노폐물인 암모니아가 생성된다.
• 암모니아는 간에서 독성이 약한 요소로 전환된다. ➡ (나)는 요소이다.

(가)는 이산화 탄소, (나)는 요소이다.

ㄱ. 이산화 탄소(가)는 폐에서 날숨을 통해 몸 밖으로 나간다.

ㄴ. 암모니아는 독성이 강하므로 간에서 독성이 약한 요소(나)로 전환된 후 콩팥에서 오줌을 통해 몸 밖으로 나간다.

오답피하기 ㄷ. 질소를 포함하고 있는 영양소는 세포 호흡에 사용되었을 때 질소 노폐물인 암모니아를 생성한다. 따라서 질소를 포함하고 있는 물질은 단백질이다.

개념 더하기　노폐물의 생성과 배설 과정

노폐물	노폐물 생성	배설 경로
물	탄수화물, 지방, 단백질이 분해될 때 생성된다.	주로 콩팥에서 오줌을 통해 몸 밖으로 나가고, 일부는 폐에서 날숨을 통해 수증기 형태로 몸 밖으로 나간다.
이산화 탄소		폐에서 날숨을 통해 몸 밖으로 나간다.
암모니아	단백질이 분해될 때에만 생성된다.	간에서 요소로 전환된 후 콩팥에서 오줌을 통해 몸 밖으로 나간다.

105　답 ③

실험 결과 시험관 Ⅲ과 Ⅳ에서 용액의 색깔이 파란색으로 변한 것은 요소가 요소 분해 효소에 의해 염기성을 띠는 암모니아와 이산화 탄소로 분해되었기 때문이다.

ㄱ. 오줌에도 요소가 들어 있으므로 오줌에 생콩즙을 넣으면 암모니아가 생성된다. 따라서 시험관 Ⅲ과 Ⅳ에는 모두 요소가 분해되어 생성된 암모니아가 들어 있다.

ㄴ. 요소 용액에 증류수를 넣은 시험관 Ⅴ에서는 BTB 용액의 색깔이 거의 변하지 않았고, 요소 용액에 생콩즙을 넣은 시험관 Ⅳ에서는 요소가 암모니아와 이산화 탄소로 분해되어 BTB 용액의 색깔이 파란색으로 변하였다. 이를 통해 생콩즙에는 요소를 암모니아와 이산화 탄소로 분해하는 요소 분해 효소가 들어 있음을 알 수 있다.

오답피하기 ㄷ. 시험관 Ⅲ과 Ⅳ의 실험 결과를 통해 오줌 속에 요소가 포함되어 있다는 것을 알 수 있다.

106　필수 유형　답 ⑤

자료 분석하기　기관계의 통합적 작용

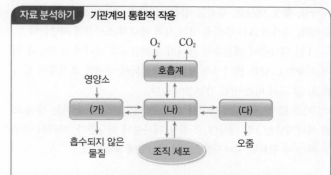

• (가)는 세포 호흡에 필요한 영양소를 소화하여 흡수한다. ➡ (가)는 소화계이다.
• (나)는 각 기관계와 조직 세포를 연결하며 물질 운반을 담당한다. ➡ (나)는 순환계이다.
• (다)는 세포 호흡 결과 생성된 요소 등의 질소 노폐물과 여분의 물을 오줌을 통해 몸 밖으로 내보낸다. ➡ (다)는 배설계이다.

(가)는 소화계, (나)는 순환계, (다)는 배설계이다.

ㄱ. 소화계(가)에서는 소화, 세포 호흡 등과 같은 이화 작용이 일어난다.

ㄴ. 순환계(나)는 소화계에서 흡수한 영양소와 호흡계에서 흡수한 산소를 온몸의 조직 세포로 운반한다.

ㄷ. 콩팥은 배설계(다)에 속하는 기관이다.

107   답 ③

A는 순환계, B는 소화계, C는 호흡계, D는 배설계이다.

③ 혈액 속의 요소는 배설계(D)에서 여분의 물과 함께 걸러져 오줌을 통해 몸 밖으로 나간다.

오답 피하기 ① 입, 위, 소장, 대장, 간, 이자 등의 소화 기관은 소화계(B)에 속한다.

② 소화계(B)에서 소화되어 흡수된 영양소는 순환계(A)를 통해 온몸의 조직 세포로 운반된다.

④ 세포 호흡에 필요한 산소는 호흡계(C)에서 들숨을 통해 체내로 들어온다.

⑤ 배설계(D)는 오줌을 생성할 뿐만 아니라 몸 밖으로 내보내는 오줌 양을 조절함으로써 체내 수분량 조절에도 관여한다.

108   답 ③

A는 조직 세포에서 세포 호흡 결과 생성된 이산화 탄소를 호흡계(B)로 운반하는 순환계이다. 호흡계(B)는 이산화 탄소를 날숨을 통해 몸 밖으로 내보낸다. 영양소의 소화와 흡수는 소화계에서 일어나므로 C는 소화계이고, 요소와 같은 질소 노폐물을 몸 밖으로 내보내는 D는 배설계이다.

ㄱ. A는 물질을 운반하는 순환계이다.

ㄷ. 질소 노폐물(㉠)에는 암모니아, 요소 등이 있으며, 암모니아는 간에서 독성이 약한 요소로 전환된 후 콩팥에서 오줌을 통해 몸 밖으로 나간다.

오답 피하기 ㄴ. 소화계(C)에서 흡수되지 않은 물질은 대변으로 항문을 통해 몸 밖으로 나간다.

109   답 ⑤

ㄱ. 1일 대사량은 우리 몸이 하루에 필요로 하는 에너지양으로, 기초 대사량, 활동 대사량, 음식물 섭취 시의 에너지 소모량을 모두 합한 값이다. 따라서 A는 음식물 섭취 시의 에너지 소모량에 해당한다.

ㄴ. 1일 대사량이 적을수록 에너지 섭취량보다 에너지 소모량이 적어 사용하고 남은 에너지가 체내에 축적되어 체지방 축적량이 증가하고, 그 결과 비만이 될 가능성이 높다.

ㄷ. 기초 대사량 이외에 공부나 운동 등 다양한 활동을 하는 데 필요한 에너지양은 1일 대사량 중 활동 대사량에 해당한다. 따라서 공부를 하는 데 필요한 에너지양은 1일 대사량에 포함된다.

110

고혈압, 당뇨병, 고지질 혈증, 지방간은 대사성 질환이다.

예시 답안 물질대사의 이상으로 발생하는 대사성 질환이다.

채점 기준	배점(%)
4가지 질환의 공통점을 물질대사와 관련지어 옳게 설명한 경우	100
4가지 질환의 공통점을 대사성 질환이라고만 쓴 경우	70

111   답 ②

대사성 질환은 물질대사의 이상으로 발생하는 질환으로, 운동 부족, 영양 과다 등으로 인한 비만이 지속될 경우 나타날 수 있다. 파상풍과 결핵은 병원체에 의한 감염성 질병이고, 혈우병은 유전병이다.

112   답 ⑤

(가)는 에너지 소모량이 에너지 섭취량(음식물로부터 얻는 에너지양)보다 많은 것, (나)는 에너지 섭취량이 에너지 소모량보다 많은 것이다.

ㄱ. 하루에 소모하는 에너지양에는 기초 대사량이 포함되므로 ㉠은 기초 대사량이다. 기초 대사량은 체온 조절, 심장 박동, 혈액 순환, 호흡 운동과 같은 기본적인 생명 현상을 유지하는 데 필요한 최소한의 에너지양이다.

ㄴ. (가)는 에너지 소모량이 에너지 섭취량보다 많은 영양 부족 상태, (나)는 에너지 섭취량이 에너지 소모량보다 많은 영양 과다 상태이다.

ㄷ. 영양 과다(나) 상태가 지속되면 사용하고 남은 에너지가 체내에 축적되어 비만이 될 수 있으며, 비만으로 인해 대사성 질환에 걸릴 가능성이 높아진다.

개념 더하기   에너지 균형

- 건강하게 생활하기 위해서는 음식물을 통한 에너지 섭취량과 활동을 통한 에너지 소모량이 균형을 이루어야 한다.

영양 부족	에너지 섭취량 < 에너지 소모량	체중 감소, 영양실조, 면역력 약화, 성장 장애 등
영양 과다	에너지 섭취량 > 에너지 소모량	체지방 축적량 증가, 체중 증가 등

- 영양 과다 상태가 지속되면 물질대사에 이상이 생겨 발생하는 질환인 대사성 질환에 걸릴 가능성이 높아진다.

113

대사성 질환을 예방하기 위해서는 식사를 규칙적으로 하고 과식을 하지 않으며, 걷기, 계단 오르기 등 일상생활에서 활동량을 늘리는 등 올바른 생활 습관을 가져야 한다.

예시 답안 (나), 야식을 먹으면 과도한 영양 섭취로 에너지 섭취량이 에너지 소모량보다 많게 되므로 체지방 축적량이 증가하여 대사성 질환에 걸릴 수 있기 때문이다.

채점 기준	배점(%)
(나)를 쓰고, 그 까닭을 에너지 균형의 관점에서 옳게 설명한 경우	100
(나)만 옳게 쓴 경우	30

114   답 ⑤

(가)는 혈액의 흐름이 정상인 사람, (나)는 혈액 속에 콜레스테롤이 과다하게 들어 있는 고지질 혈증을 나타내는 사람의 혈관이다.

ㄱ. 콜레스테롤이 혈관 벽에 쌓여 혈관이 좁아지게 되면 혈액의 흐름이 원만하지 못하므로 혈류 속도는 (가)에서보다 (나)에서 느리다.

ㄴ. 동맥 경화는 혈관 벽에 콜레스테롤이나 중성 지방이 쌓여 혈관이 좁아지고 딱딱하게 굳어지는 증상이므로, (가)에서보다 (나)에서 동맥 경화가 나타날 가능성이 높다.

ㄷ. (나)는 고지질 혈증의 증상을 나타내는 사람의 혈관이다.

115

답 ③

ㄷ. 1일 평균 섭취하는 3대 영양소의 총 질량은 민수가 760 g

$(=\dfrac{6888\ kJ}{16.8\ kJ/g}+\dfrac{3780\ kJ}{37.8\ kJ/g}+\dfrac{4200\ kJ}{16.8\ kJ/g})$이고, 선호가 380 g

$(=\dfrac{4200\ kJ}{16.8\ kJ/g}+\dfrac{1890\ kJ}{37.8\ kJ/g}+\dfrac{1344\ kJ}{16.8\ kJ/g})$이다.

오답 피하기 ㄱ. 영희가 단백질로부터 얻는 에너지 섭취량(3360 kJ)은
탄수화물, 지방, 단백질을 합쳐서 얻는 1일 평균 에너지 섭취량인
7686 kJ(=1680 kJ+2646 kJ+3360 kJ)의 절반(3843 kJ)보다
적다.

ㄴ. 영희가 1일 평균 섭취하는 단백질의 질량은 200 g$(=\dfrac{3360\ kJ}{16.8\ kJ/g})$

이고, 민수가 1일 평균 섭취하는 지방의 질량은 100 g$(=\dfrac{3780\ kJ}{37.8\ kJ/g})$

이다.

1등급 완성 문제

32~33쪽

116 ⑤	**117** ⑤	**118** ④	**119** ③	**120** ③	**121** ⑤
122 해설 참조		**123** (1) ㉠ (2) 해설 참조		**124** 해설 참조	

116

답 ⑤

A는 순환계, B는 소화계, C는 배설계이다.

ㄱ. ㉠은 포도당이 산소(O_2)와 반응하여 이산화 탄소(CO_2)와 물(H_2O)
로 분해되는 세포 호흡으로 이화 작용에 해당한다. 세포 호흡은 생명
활동에 필요한 에너지를 얻는 과정이므로 순환계(A), 소화계(B), 배
설계(C)에서 모두 일어난다.

ㄴ. ㉡은 저분자 물질인 아미노산이 고분자 물질인 단백질로 합성되
므로 동화 작용이다. 단백질이 합성될 때 ATP의 분해로 방출된 에
너지가 사용된다.

ㄷ. ㉢은 고분자 물질인 지방이 저분자 물질인 지방산과 모노글리세
리드로 분해되는 지방의 소화로 이화 작용에 해당한다. 따라서 ㉢은
소화계(B)에 속하는 소장에서 일어난다.

117

답 ⑤

(가)는 소장 융털의 암죽관을 통해 흡수된 지용성 영양소이므로 지방
이고, (나)는 소장 융털의 모세 혈관을 통해 흡수된 수용성 영양소이
므로 아미노산이다.

ㄱ. 지방(가)은 지방산과 모노글리세리드로 구성된 영양소이다.

ㄴ. B는 지방, 포도당, 아미노산의 분해로 생긴 물질이며, 폐와 콩팥
을 통해 몸 밖으로 나가므로 물이다. 물(B)은 주로 콩팥에서 오줌을
통해 몸 밖으로 나가고, 일부는 폐에서 날숨을 통해 수증기 형태로
몸 밖으로 나간다.

ㄷ. C는 암모니아로부터 생성된 물질이므로 요소이며, 암모니아는
간에서 독성이 약한 요소(C)로 전환된다.

118

답 ④

자료 분석하기 기관계의 통합적 작용

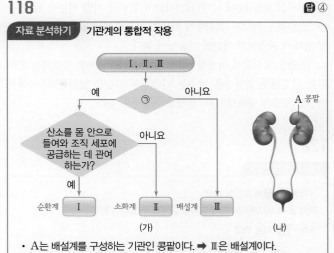

- A는 배설계를 구성하는 기관인 콩팥이다. ➡ Ⅲ은 배설계이다.
- 산소를 몸 안으로 들여와 조직 세포에 공급하는 데 관여하는 기관계는 호
흡계와 순환계이다. ➡ Ⅰ은 순환계, Ⅱ는 소화계이다.

ㄴ. 암모니아는 간에서 요소로 전환되며, 간은 소화계(Ⅱ)에 속하는
기관이다.

ㄷ. 콩팥(A)을 구성하는 세포에서 세포 호흡이 일어나며, 세포 호흡
결과 물과 이산화 탄소가 생성된다.

오답 피하기 ㄱ. 질소 노폐물과 물을 걸러 내는 기관계는 배설계이므로
'질소 노폐물과 물을 걸러 내는가?'는 ㉠에 해당하지 않는다.

119

답 ③

(가)는 오줌을 통해 노폐물을 몸 밖으로 내보내는 배설계, (나)는 호
흡계에서 흡수한 산소를 조직 세포로 운반하는 순환계, (다)는 음식
물 속의 영양소를 분해하고 흡수하는 소화계이다.

ㄱ. 단백질 분해 과정에서 생성된 암모니아는 순환계(나)를 통해 간
으로 운반되어 간에서 요소로 전환된다. 간은 소화계(다)에 속하므로
㉠에는 암모니아의 이동이 포함된다.

ㄷ. 소화계(다)에서 일어나는 영양소의 소화는 이화 작용에 해당한다.

오답 피하기 ㄴ. 소장은 소화계(다)에 속한다.

120

답 ③

㉠은 소화계, ㉡은 순환계이며, ⓐ는 산소, ⓑ는 이산화 탄소이다.

ㄱ. A는 폐동맥, B는 폐정맥이다. 소화계(㉠)에서 흡수된 포도당은
순환계를 통해 온몸의 조직 세포로 운반되므로 순환계에 속하는 기
관인 혈관 A와 B에는 모두 포도당이 존재한다.

ㄷ. 순환계(㉡)의 모세 혈관과 조직 세포 사이에서 산소(ⓐ)와 이산화
탄소(ⓑ)는 확산에 의해 이동한다.

오답 피하기 ㄴ. C는 콩팥 정맥, D는 콩팥 동맥이다. 콩팥에서 요소가
걸러지므로 단위 부피당 요소의 양은 콩팥 동맥(D)의 혈액이 콩팥 정
맥(C)의 혈액보다 많다.

121

답 ⑤

A는 고혈압, B는 고지질 혈증, C는 당뇨병이다.

ㄱ. 고혈압(A), 고지질 혈증(B), 당뇨병(C)은 모두 물질대사에 이상
이 생겨 발생하는 대사성 질환이다.

ㄴ. 고지질 혈증(B)이 나타나는 사람의 혈액에 지방 성분이 많이 들어 있는 것은 에너지 섭취량이 에너지 소모량보다 많은 에너지 불균형 상태가 지속되기 때문일 가능성이 높다.

ㄷ. 비만은 체지방이 비정상적으로 많은 상태로, 내장 지방에서 분비되는 물질들은 혈당량을 낮추는 인슐린의 기능을 방해한다. 따라서 비만인 사람은 당뇨병(C)이 발생할 가능성이 높다.

122

서술형 해결 전략

STEP 1 문제 포인트 파악
폐와 조직 세포에서의 기체 교환을 설명할 수 있어야 한다.

STEP 2 자료 파악

(가)　　　　　(나)

• ㉠은 (가)에서는 폐포에서 모세 혈관으로 이동하고, (나)에서는 모세 혈관에서 조직 세포로 이동한다. ➡ ㉠은 산소이다.
• ㉡은 (가)에서는 모세 혈관에서 폐포로 이동하고, (나)에서는 조직 세포에서 모세 혈관으로 이동한다. ➡ ㉡은 이산화 탄소이다.

STEP 3 관련 개념 모으기
❶ 폐와 조직 세포에서의 기체 교환 원리는?
➡ 기체의 분압 차에 따른 확산이다.
❷ 폐와 조직 세포에서 기체의 이동 방향은?
➡ 폐로 들어온 산소는 폐포에서 모세 혈관으로 이동한 후 혈액을 따라 조직 세포로 이동하고, 세포 호흡 결과 생성된 이산화 탄소는 조직 세포에서 혈액을 따라 이동한 후 모세 혈관에서 폐포로 이동한다.

예시 답안 ㉠ 산소, ㉡ 이산화 탄소, 폐로 들어온 산소(㉠)는 폐포에서 모세 혈관으로 확산한 후 혈액을 따라 온몸의 조직 세포로 운반된다.

채점 기준	배점(%)
㉠과 ㉡의 이름을 쓰고, ㉠이 폐포에서 조직 세포로 이동하는 과정을 기체 교환 원리와 관련지어 옳게 설명한 경우	100
㉠과 ㉡의 이름만 옳게 쓴 경우	30

123

서술형 해결 전략

STEP 1 문제 포인트 파악
영양소가 세포 호흡에 사용되어 생성되는 노폐물의 배설 경로를 알아야 한다.

STEP 2 관련 개념 모으기
❶ 탄수화물, 지방, 단백질이 분해될 때 생성되는 노폐물은?
➡ 물, 이산화 탄소가 공통적으로 생성되며, 단백질의 경우 물, 이산화 탄소 이외에 암모니아도 생성된다.
❷ 세포 호흡 결과 생성된 노폐물의 배설 경로는?
➡ 이산화 탄소는 폐(호흡계)에서 날숨을 통해 몸 밖으로 나간다. 물은 주로 콩팥(배설계)에서 오줌을 통해 몸 밖으로 나가고, 일부는 폐(호흡계)에서 날숨을 통해 수증기 형태로 몸 밖으로 나간다. 암모니아는 간(소화계)에서 요소로 전환된 후 콩팥(배설계)에서 오줌을 통해 몸 밖으로 나간다.

(1) ㉠은 단백질이 분해될 때에만 생성되므로 질소 노폐물인 암모니아이고, ㉡은 이산화 탄소이다.
(2) **예시 답안** 암모니아(㉠)는 소화계(간)에서 요소로 전환된 후 배설계(콩팥)에서 오줌을 통해 몸 밖으로 나가고, 이산화 탄소(㉡)는 호흡계(폐)에서 날숨을 통해 몸 밖으로 나간다.

채점 기준	배점(%)
㉠과 ㉡의 배설 경로를 기관계와 관련지어 모두 옳게 설명한 경우	100
㉠과 ㉡의 배설 경로 중 1가지만 옳게 설명한 경우	50

124

서술형 해결 전략

STEP 1 문제 포인트 파악
생콩즙을 사용하여 오줌 속에 요소가 들어 있음을 확인하는 실험의 결과를 분석할 수 있어야 한다.

STEP 2 관련 개념 모으기
❶ BTB 용액은?
➡ 산성에서는 노란색, 중성에서는 초록색, 염기성에서는 파란색을 나타내는 지시약이다.
❷ 생콩즙에 들어 있는 효소와 요소의 관계는?
➡ 생콩즙에 들어 있는 요소 분해 효소(유레이스)는 요소를 염기성을 띠는 암모니아와 이산화 탄소로 분해한다.

예시 답안 생콩즙에 들어 있는 요소 분해 효소에 의해 오줌 속의 요소가 암모니아와 이산화 탄소로 분해되어 용액이 염기성으로 변했기 때문에 BTB 용액의 색깔이 초록색에서 파란색으로 변한다. 이 실험 결과를 통해 오줌 속에는 요소가 들어 있음을 알 수 있다.

채점 기준	배점(%)
BTB 용액의 색깔이 변한 까닭을 생콩즙에 들어 있는 효소와 관련지어 옳게 설명하고, 이 실험 결과를 통해 알 수 있는 사실을 옳게 설명한 경우	100
BTB 용액의 색깔이 변한 까닭과 이 실험 결과를 통해 알 수 있는 사실 중 1가지만 옳게 설명한 경우	50

실전 대비 평가 문제　　　34~35쪽

| 125 ② | 126 ① | 127 ④ | 128 ⑤ | 129 ④ | 130 ③ |

131 해설 참조　　132 1일 대사량　　133 해설 참조

125　　답 ②

ㄷ. 효소는 물질대사가 체온 범위의 낮은 온도에서도 빠르게 일어날 수 있게 하는 생체 촉매이다.

오답 피하기 ㄱ. (가)는 저분자 물질로부터 고분자 물질을 합성하는 동화 작용이고, (나)는 고분자 물질을 저분자 물질로 분해하는 이화 작용이다.
ㄴ. 동화 작용(가)에서는 에너지가 흡수되고, 이화 작용(나)에서는 에너지가 방출된다.

126

답 ①

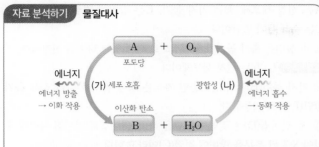

- (가)는 에너지를 방출하므로 이화 작용인 세포 호흡이며, (나)는 에너지를 흡수하므로 동화 작용인 광합성이다.
- 세포 호흡은 산소(O_2)를 사용하여 포도당을 물(H_2O)과 이산화 탄소로 분해하여 에너지를 얻는 과정이다. ➡ A는 포도당, B는 이산화 탄소이다.

ㄱ. A는 포도당, B는 이산화 탄소이다.

오답 피하기 ㄴ. 사람의 체내에서 포도당(A)과 같은 수용성 영양소는 소장 융털의 모세 혈관으로 흡수된 후 간을 거쳐 심장으로 운반된다.

ㄷ. 세포 호흡(가)은 주로 미토콘드리아에서 일어나므로 식물 세포와 동물 세포에서 모두 일어나지만, 광합성(나)은 엽록체에서 일어나므로 엽록체가 없는 동물 세포에서는 일어나지 않는다.

127

답 ④

ㄱ. 고분자 물질인 녹말이 저분자 물질인 포도당으로 분해되는 과정(ⓐ)은 물질대사 중 이화 작용에 해당한다.

ㄴ. 포도당을 분해하여 에너지를 얻는 과정인 세포 호흡에 필요한 기체는 O_2이고, 세포 호흡 결과 생성되는 기체는 CO_2이다. 따라서 ㉠은 O_2, ㉡은 CO_2이다.

오답 피하기 ㄷ. 세포 호흡 과정에서 방출된 에너지의 일부는 ATP 합성에 사용되고, 나머지는 열에너지로 방출된다.

128

답 ⑤

ㄱ, ㄴ. 미토콘드리아에서 세포 호흡이 일어날 때 방출된 에너지 중 일부는 ADP와 무기 인산으로부터 ATP를 합성하는 데 사용된다. 따라서 ㉠은 ATP, ㉡은 ADP이며, 미토콘드리아에서 세포 호흡을 통해 ATP가 합성되는 (가) 과정이 일어난다.

ㄷ. (나)는 ATP(㉠)가 ADP(㉡)와 무기 인산으로 분해되는 과정으로, ATP의 맨 끝에 있는 인산기 하나가 떨어져 나가면서 고에너지 인산 결합의 수가 감소한다.

- ATP: 생명 활동에 직접 사용되는 에너지 저장 물질로, 아데노신(아데닌＋리보스)에 3개의 인산기가 결합된 화합물이다.
- ATP가 ADP와 무기 인산으로 분해될 때 에너지가 방출되며, 이 에너지는 여러 형태의 에너지로 전환되어 다양한 생명 활동에 사용된다.
- ADP가 무기 인산 한 분자와 결합하여 ATP로 합성되며, ATP에 세포 호흡 과정에서 방출된 에너지 중 일부가 저장된다.

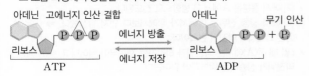

129

답 ④

지방과 단백질이 세포 호흡으로 분해된 결과 공통으로 생성되는 노폐물은 이산화 탄소(CO_2)와 물이다. 따라서 ㉠은 물, ㉡은 요소이다.

ㄴ. 물(㉠)은 주로 콩팥(배설계)에서 오줌을 통해 몸 밖으로 나가고, 일부는 폐(호흡계)에서 날숨을 통해 몸 밖으로 나간다.

ㄷ. 단백질이 분해될 때 질소 노폐물인 암모니아가 생성되며, 암모니아는 간에서 독성이 약한 요소로 전환된다. 간은 소화계에 속하는 기관이므로, 소화계에는 요소(㉡)를 생성하는 기관이 있다.

오답 피하기 ㄱ. A 과정은 지방이 지방산으로 분해되는 과정이므로, 소화계에 속하는 소장에서 일어난다.

130

답 ③

(가)는 소화계, (나)는 순환계, (다)는 호흡계, (라)는 배설계이다.

ㄱ. 소화계(가)에서 흡수된 영양소와 호흡계(다)에서 흡수된 산소는 순환계(나)를 통해 온몸의 조직 세포로 운반된다.

ㄷ. 기관지는 폐와 코를 연결하는 기관으로, 호흡계(다)에 속한다.

오답 피하기 ㄴ. 소화계(가)에서 흡수되지 않은 물질은 소화계(가)를 구성하는 기관인 대장과 항문을 통해 몸 밖으로 나간다.

131

예시 답안 ㉠ 광합성, ㉡ 세포 호흡, 광합성(㉠)에서는 빛에너지가 포도당의 화학 에너지로 전환되고, 세포 호흡(㉡)에서는 포도당의 화학 에너지가 ATP의 화학 에너지와 열에너지로 전환된다.

채점 기준	배점(%)
㉠과 ㉡을 쓰고, ㉠과 ㉡에서 일어나는 에너지 전환 과정을 옳게 설명한 경우	100
㉠과 ㉡만 옳게 쓴 경우	30

132

답 1일 대사량

우리 몸이 하루에 필요로 하는 에너지양을 1일 대사량이라고 한다.

- 1일 대사량: 우리 몸이 하루에 필요로 하는 에너지양으로, 기초 대사량, 활동 대사량, 음식물 섭취 시의 에너지 소모량을 합한 값이다.
- 기초 대사량: 기본적인 생명 현상을 유지하는 데 필요한 최소한의 에너지양
- 활동 대사량: 기초 대사량 이외에 공부나 운동 등 다양한 활동을 하는 데 필요한 에너지양
- 음식물 섭취 시의 에너지 소모량: 음식물이 소화, 흡수, 운반, 저장되는 과정에 필요한 에너지양

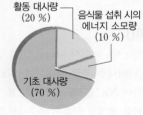

133

예시 답안 체지방 축적량이 증가하면서 체중이 증가하고 대사성 질환에 걸릴 수 있다.

채점 기준	배점(%)
체지방 축적량과 체중의 증가, 대사성 질환 발생을 모두 포함하여 옳게 설명한 경우	100
대사성 질환에 걸릴 수 있다고만 설명한 경우	40

Ⅲ 항상성과 몸의 조절

04 자극의 전달(1)

개념 확인 문제   37쪽

134 A: 신경 세포체   **135** C: 축삭 돌기
136 B: 가지 돌기   **137** A: 구심성 뉴런, B: 연합 뉴런,
C: 원심성 뉴런   **138** ㉢   **139** ㉡   **140** ㉠

134
답 A: 신경 세포체
A는 핵과 세포질로 이루어져 있으며, 뉴런의 생장과 물질대사에 관여하는 신경 세포체이다.

135
답 C: 축삭 돌기
C는 다른 세포나 뉴런으로 신호를 전달하는 축삭 돌기이다.

136
답 B: 가지 돌기
B는 신경 세포체(A)에서 뻗어 나온 짧은 돌기로, 다른 세포나 뉴런으로부터 오는 신호를 받아들이는 가지 돌기이다.

137
답 A: 구심성 뉴런, B: 연합 뉴런, C: 원심성 뉴런
A는 감각기에서 받아들인 신호를 중추 신경계로 전달하는 구심성 뉴런, B는 구심성 뉴런에서 전달받은 신호를 통합하여 원심성 뉴런으로 적절한 반응 명령을 내리는 연합 뉴런, C는 중추 신경계에서 내린 반응 명령을 반응기로 전달하는 원심성 뉴런이다.

138
답 ㉢
구간 ㉢에서는 Na$^+$ 통로가 닫히고, K$^+$ 통로가 열려 K$^+$이 세포 안에서 밖으로 확산하여 막전위가 하강하는 재분극이 일어난다.

139
답 ㉡
구간 ㉡에서는 뉴런이 역치 이상의 자극을 받아 Na$^+$ 통로가 열려 Na$^+$이 세포 밖에서 안으로 확산하여 막전위가 상승하는 탈분극이 일어난다.

140
답 ㉠
구간 ㉠은 뉴런이 자극을 받기 전이므로 약 −70 mV의 휴지 전위를 나타내는 분극 상태이며, Na$^+$−K$^+$ 펌프가 에너지(ATP)를 소모하여 Na$^+$을 세포 밖으로, K$^+$을 세포 안으로 이동시켜 뉴런의 세포막을 경계로 안쪽은 음(−)전하를, 바깥쪽은 양(+)전하를 띤다.

기출 분석 문제
37~38쪽

141 ⑤   **142** ③   **143** (가), 원심성 뉴런   **144** ③   **145** ④
146 ⑤   **147** B, C   **148** 해설 참조

141
답 ⑤
A는 신경 세포체, B는 가지 돌기, C는 랑비에 결절, D는 말이집, E는 축삭 돌기 말단이다.
⑤ 이 뉴런은 축삭 돌기가 말이집으로 싸여 있는 말이집 신경이다.
오답 피하기 ① A는 신경 세포체이다.
② 가지 돌기(B)에서 받아들인 자극은 축삭 돌기를 따라 축삭 돌기 말단(E)으로 이동한다.
③, ④ 말이집(D)은 절연체 역할을 하며, 말이집과 말이집 사이에 축삭이 노출된 부분을 랑비에 결절(C)이라고 한다.

142 필수 유형
답 ③

자료 분석하기   뉴런의 종류와 자극 전달 경로

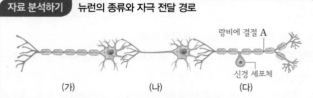

- (가)의 가지 돌기와 (나)의 축삭 돌기 말단이 시냅스를 이룬다. ➡ 흥분은 (나)에서 (가)로 전달된다.
- (다)는 신경 세포체가 축삭 돌기의 한쪽 옆에 붙어 있는 구심성 뉴런이다.
- 흥분은 (다) → (나) → (가) 순으로 전달되므로 (가)는 원심성 뉴런, (나)는 연합 뉴런, (다)는 구심성 뉴런이다.
- (가)와 (다)는 말이집 신경이고, (나)는 민말이집 신경이다. ➡ (가)와 (다)에서는 도약전도가 일어나고, (나)에서는 도약전도가 일어나지 않는다.

ㄷ. (가)는 원심성 뉴런, (나)는 연합 뉴런, (다)는 구심성 뉴런이므로 A 지점에 역치 이상의 자극을 주면 흥분은 (다) → (나) → (가) 순으로 전달된다.
오답 피하기 ㄱ. (가)는 연합 뉴런(나)으로부터 흥분을 전달받아 반응기로 전달하는 원심성 뉴런이다.
ㄴ. (나)는 축삭 돌기가 말이집으로 싸여 있지 않은 민말이집 신경이므로 (나)에서 흥분이 전도될 때 도약전도가 일어나지 않는다.

143
답 (가), 원심성 뉴런
원심성 뉴런(가)은 중추 신경계에서 내린 반응 명령을 반응기로 전달하며, 축삭 돌기가 길게 발달되어 그 끝이 반응기에 분포되어 있다.

144 필수 유형
답 ③

자료 분석하기   흥분의 발생

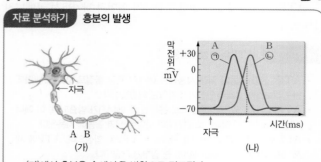

- (가)에서 흥분은 A에서 B 방향으로 전도된다.
- (나)에서 활동 전위는 ㉠에서가 ㉡에서보다 먼저 발생했다. ➡ ㉠은 A, ㉡은 B에서의 막전위 변화이다.
- t일 때 ㉠(A)에서는 막전위가 하강하는 재분극이 일어나고, ㉡(B)에서는 막전위가 상승하는 탈분극이 일어난다.

ㄱ. 흥분은 A에서 B 방향으로 전도되고, 활동 전위는 ㉠에서가 ㉡에서보다 먼저 발생했으므로 ㉠은 A, ㉡은 B에서의 막전위 변화이다.

ㄴ. t일 때 ㉠(A)에서는 막전위가 하강하는 재분극이 일어나므로 K^+이 K^+ 통로를 통해 세포 안에서 밖으로 확산한다.

오답피하기 ㄷ. t일 때 ㉠(A)에서는 K^+이 유출되어 막전위가 하강하는 재분극이 일어나고, ㉡(B)에서는 Na^+이 유입되어 막전위가 상승하는 탈분극이 일어난다.

145
답 ④

역치 이상의 자극을 받은 지점에서는 Na^+이 유입되어 막전위가 상승하는 탈분극이 먼저 일어난 후, K^+이 유출되어 막전위가 하강하는 재분극이 일어난다. 따라서 자극을 받은 후 막 투과도가 먼저 높아지는 ㉠은 Na^+, ㉠보다 늦게 막 투과도가 높아지는 ㉡은 K^+이다.

ㄴ. K^+(㉡)의 막 투과도는 t_1일 때보다 t_2일 때가 크다.

ㄷ. 막전위 변화와 관계없이 Na^+(㉠)의 농도는 항상 세포 안에서보다 밖에서 높다.

오답피하기 ㄱ. 뉴런이 자극을 받기 전에도 Na^+(㉠)은 Na^+-K^+ 펌프를 통해 세포 밖으로 이동한다.

146
답 ⑤

구간 ㉠은 분극 상태이며, 구간 ㉡에서는 탈분극, ㉢에서는 재분극이 일어난다. (나)에서는 Na^+이 Na^+ 통로를 통해 세포 밖에서 안으로 확산하므로, (나)는 탈분극이 일어날 때 나타나는 이온의 이동이다.

ㄱ. 뉴런이 자극을 받기 전인 분극(㉠) 상태일 때 뉴런의 세포막에 있는 Na^+-K^+ 펌프가 ATP를 소모하여 Na^+을 세포 밖으로, K^+을 세포 안으로 이동시킨다.

ㄴ. 탈분극(㉡)이 일어날 때 (나)와 같은 이온의 이동이 일어난다.

ㄷ. 재분극(㉢)이 일어날 때 K^+이 K^+ 통로를 통해 세포 안에서 밖으로 확산하여 막전위가 하강한다.

147
답 B, C

탈분극은 Na^+이 Na^+ 통로를 통해 세포 밖에서 안으로 확산하여 막전위가 상승하는 현상이므로, 구간 A~F 중 B와 C에서 탈분극이 일어난다. 구간 A와 F는 분극 상태이며, 구간 D에서는 재분극, E에서는 과분극이 일어난다.

148

구간 D에서는 K^+이 K^+ 통로를 통해 세포 안에서 밖으로 확산하여 막전위가 하강하는 재분극이 일어난다. Na^+-K^+ 펌프의 작용으로 막전위 변화와 관계없이 K^+의 농도는 항상 세포 밖에서보다 안에서 높고, Na^+의 농도는 항상 세포 안에서보다 밖에서 높다. 따라서 ㉠은 K^+이고, ㉡은 Na^+이다.

예시 답안 ㉠ K^+, 구간 D에서는 K^+(㉠)이 K^+ 통로를 통해 세포 안에서 밖으로 확산하여 막전위가 하강하는 재분극이 일어난다.

채점 기준	배점(%)
㉠과 K^+을 쓰고, 구간 D에서 K^+이 세포 안에서 밖으로 확산하여 재분극이 일어난다고 모두 옳게 설명한 경우	100
㉠과 K^+만 옳게 쓴 경우	30

149
답 ②

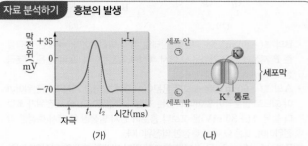

자료 분석하기   흥분의 발생

- (가)에서 t_1일 때 막전위가 상승하는 탈분극이 일어나고, t_2일 때 막전위가 하강하는 재분극이 일어난다. ➡ t_1일 때 Na^+이 Na^+ 통로를 통해 세포 안으로, t_2일 때 K^+이 K^+ 통로를 통해 세포 밖으로 이동한다.
- (나)에서 K^+ 통로를 통한 K^+의 이동 방식은 확산이다. ➡ 재분극이 일어나는 t_2일 때 X에서 K^+이 K^+ 통로를 통해 ㉠에서 ㉡으로 확산하므로 ㉠은 K^+ 농도가 높은 세포 안, ㉡은 K^+ 농도가 낮은 세포 밖이다.

ㄴ. (나)에서 K^+이 K^+ 통로를 통해 세포 안(㉠)에서 세포 밖(㉡)으로 이동하는 방식은 농도 차이에 의한 확산이다.

오답피하기 ㄱ. 구간 I 은 분극 상태이고, 이 구간에서는 뉴런의 세포막에 있는 Na^+-K^+ 펌프가 에너지(ATP)를 소모하여 Na^+을 세포 밖으로, K^+을 세포 안으로 이동시킨다.

ㄷ. ㉠은 세포 안, ㉡은 세포 밖이다. 탈분극이 일어나는 t_1일 때 X에서 Na^+이 Na^+ 통로를 통해 농도가 높은 세포 밖(㉡)에서 농도가 낮은 세포 안(㉠)으로 이동한다.

150
답 ①

구간 A에서는 탈분극, B에서는 재분극이 일어난다. Na^+의 막 투과도가 높아지면 탈분극이 일어나고, K^+의 막 투과도가 높아지면 재분극이 일어난다. 따라서 지점 P에서 활동 전위가 발생할 때 막 투과도가 먼저 높아지는 ㉠은 Na^+, ㉠보다 늦게 막 투과도가 높아지는 ㉡은 K^+이다.

ㄱ. 구간 A에서 Na^+(㉠)이 Na^+ 통로를 통해 세포 밖에서 안으로 확산하여 막전위가 상승하는 탈분극이 일어난다.

오답피하기 ㄴ. 구간 B에서 K^+(㉡)이 K^+ 통로를 통해 세포 안에서 밖으로 확산하여 막전위가 하강하는 재분극이 일어난다.

ㄷ. 자극을 주고 경과한 시간이 1 ms일 때 Na^+(㉠)의 막 투과도는 K^+(㉡)의 막 투과도보다 크다.

개념 더하기   흥분의 발생

분극	뉴런이 자극을 받지 않을 때 뉴런의 세포막을 경계로 안쪽은 음$(-)$전하를, 바깥쪽은 양$(+)$전하를 띠는 현상이다.
탈분극	뉴런이 자극을 받으면 Na^+ 통로가 열려 Na^+이 세포 밖에서 안으로 확산하여 막전위가 상승하는 현상이다.
재분극	Na^+ 통로가 닫히고, K^+ 통로가 열려 K^+이 세포 안에서 밖으로 확산하여 막전위가 하강하는 현상이다.

151

자료 분석하기 흥분 전도와 막전위 변화

신경	\(t_1\)일 때 측정한 막전위 (mV)		
	ⅠQ₂	ⅡQ₁	ⅢQ₃
A	+30	−54	−60
B	−44	−80	+2

(가)   (나)

- B의 Ⅱ(−80 mV)는 과분극 상태일 때의 막전위이다. ➡ Ⅱ는 자극을 준 P 지점과 가장 가까운 Q₁에서 측정한 막전위이며, A의 Q₁은 재분극 상태이다.
- A의 Ⅲ(−60 mV)은 Ⅱ보다 흥분이 나중에 발생한 지점의 막전위이어 야 되므로 탈분극이 일어나고 있는 지점의 막전위이다. ➡ 막전위가 Ⅲ보 다 높은 Ⅰ(+30 mV)은 Ⅲ보다 흥분이 먼저 발생한 Q₂에서 측정한 막 전위이며, Ⅲ은 Q₃에서 측정한 막전위이다.
- B의 Ⅰ(−44 mV)은 Ⅲ보다 흥분이 먼저 발생한 지점의 막전위이어야 되므로 B의 Q₂에서는 재분극이 일어나고 있다.

ㄱ. Ⅲ은 Q₃에서 측정한 막전위이다.

오답 피하기 ㄴ. \(t_1\)일 때 A의 Q₃에서 측정한 막전위는 −60 mV로, 탈분극이 일어나고 있다.

ㄷ. \(t_1\)일 때 B의 Q₂에서 측정한 막전위는 −44 mV로, 재분극이 일 어나고 있다. 재분극은 탈분극 시 열렸던 Na⁺ 통로가 닫히고, K⁺ 통로가 열려 세포 안에 있던 K⁺이 세포 밖으로 확산하면서 막전위 가 하강하여 일어난다.

152

서술형 해결 전략

STEP 1 문제 포인트 파악
뉴런에서의 흥분 발생과 전도 과정을 자극을 받은 신경에서 측정한 막전위 와 막전위 변화 그래프를 통해 파악해야 한다.

STEP 2 자료 파악

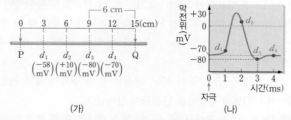

(가)   (나)

- (가)에서 막전위가 휴지 전위(−70 mV)보다 낮은 \(d_3\)(−80 mV)은 과 분극 상태이므로 흥분은 \(d_3 → d_2\) 방향으로 전도된다. ➡ \(d_1\)과 \(d_2\)는 탈분 극이나 재분극이 일어난 상태이다.
- 흥분은 \(d_4 → d_3 → d_2 → d_1\) 방향으로 전도되므로 P와 Q 지점 중 역치 이상의 자극을 준 지점은 Q이다.
- Q에서 \(d_3\)까지 흥분이 전도되는 데 5−3=2 ms가 걸리므로 흥분 전도 속도는 6 cm÷2 ms=3 cm/ms이다.
- \(d_4\)는 (나)에서 4 ms일 때이므로 흥분이 이미 지나간 분극 상태, \(d_3\)는 (나)에서 3 ms일 때이므로 과분극 상태, \(d_2\)는 (나)에서 2 ms일 때이므 로 재분극 상태, \(d_1\)은 (나)에서 1 ms일 때이므로 탈분극 상태이다.

STEP 3 관련 개념 모으기
❶ 흥분의 발생 과정은?
➡ 분극 상태의 뉴런이 자극을 받으면 탈분극 → 재분극 순으로 흥분이 발생한다.

❷ 뉴런의 한 지점에 역치 이상의 자극을 주었을 때의 막전위 변화는?
➡ 역치 이상의 자극을 받은 뉴런의 한 지점에서는 막전위가 휴지 전위 (분극) → 상승(탈분극) → 하강(재분극) → 휴지 전위(분극)의 순서로 변 한다.

❸ 탈분극과 재분극 시 이온의 이동은?
➡ 탈분극 시에는 Na⁺ 통로가 열려 Na⁺이 세포 밖에서 안으로 확산하 여 막전위가 상승하고, 재분극 시에는 K⁺ 통로가 열려 K⁺이 세포 안에 서 밖으로 확산하여 막전위가 하강한다.

(1) (가)에서 \(d_3\)(−80 mV)은 과분극 상태이므로 흥분은 \(d_3\)에서 \(d_2\) 로 전도되므로 자극을 준 지점은 Q이다. (나)에서 흥분이 도달한 지 점의 막전위가 −80 mV가 되는 데 3 ms가 걸리므로 Q에서 \(d_3\)까 지 흥분이 전도되는 데 5−3=2 ms가 걸린다. 따라서 이 신경에서 흥분이 1 ms당 전도되는 거리는 6÷2=3 cm이다.

(2) **예시 답안** 탈분극, Na⁺이 Na⁺ 통로를 통해 세포 밖에서 안으로 확산하여 탈분극이 일어난다.

채점 기준	배점(%)
탈분극을 쓰고, Na⁺이 Na⁺ 통로를 통해 세포 밖에서 안으로 확산 한다고 모두 옳게 설명한 경우	100
Na⁺이 Na⁺ 통로를 통해 세포 밖에서 안으로 확산한다고만 설명한 경우	60
탈분극만 옳게 쓴 경우	30

05 자극의 전달(2)

개념 확인 문제   41쪽

153 흥분 전달   **154** ㉠ 시냅스 이전 뉴런, ㉡ 시냅스 이후 뉴런
155 ㉠ A, ㉡ B   **156** ㉠ 근육 원섬유, ㉡ 액틴, ㉢ 마이오신
157 ○   **158** ○

153

흥분 전달은 한 뉴런의 흥분이 시냅스를 통해 다른 세포나 뉴런으로 이동하는 과정이다.

154

시냅스 소포는 축삭 돌기 말단에 있으며, 시냅스 이전 뉴런의 축삭 돌기 말단에 있는 시냅스 소포에서 방출된 신경 전달 물질이 시냅스 이후 뉴런을 탈분극시키므로 A는 시냅스 이전 뉴런, B는 시냅스 이 후 뉴런이다.

155

흥분은 시냅스 이전 뉴런(A)의 축삭 돌기 말단에서 시냅스 이후 뉴 런(B)의 신경 세포체나 가지 돌기 쪽으로만 전달된다.

156

근육 원섬유(㉠)는 가는 액틴(㉡) 필라멘트와 굵은 마이오신(㉢) 필라 멘트가 일부분씩 겹쳐 배열되어 있는 근육 원섬유 마디가 반복적으 로 나타난다.

157 답 ○

㉠은 H대, ㉡은 I대, ㉢은 A대이다. 근육 수축 시 액틴 필라멘트와 마이오신 필라멘트의 겹치는 부분이 늘어나 근육 원섬유 마디의 길이가 짧아지고, H대(㉠)와 I대(㉡)의 길이도 모두 짧아진다.

158 답 ○

A대는 마이오신 필라멘트가 있어 어둡게 보이는 부분으로, 근육 수축 시 A대(㉢)의 길이는 변화가 없다.

기출 분석 문제
41~42쪽

159 ⑤   **160** ①   **161** ③   **162** ⑤   **163** ③   **164** X
165 해설 참조

159 필수 유형 답 ⑤

자료 분석하기 흥분 전달 과정

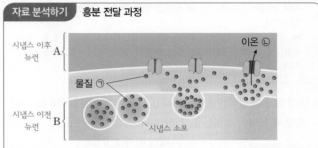

- B는 시냅스 소포가 세포막과 융합하여 물질 ㉠을 분비하고 있으므로 시냅스 이전 뉴런이고, A는 시냅스 이후 뉴런이다.
- ㉠은 시냅스 소포에 들어 있는 신경 전달 물질이다.
- 신경 전달 물질(㉠)이 시냅스 이후 뉴런의 세포막에 있는 수용체와 결합하면 Na^+ 통로가 열려 Na^+(㉡)이 시냅스 이후 뉴런으로 확산한다.
  ➡ 시냅스 이후 뉴런이 탈분극되고 활동 전위가 발생한다.

ㄱ. ㉠은 신경 전달 물질로, 아세틸콜린, 도파민 등이 해당된다.

ㄴ. 신경 전달 물질(㉠)이 시냅스 이후 뉴런(A)의 세포막에 있는 수용체와 결합하면 Na^+ 통로가 열려 Na^+(㉡)이 시냅스 이후 뉴런으로 확산하여 탈분극이 일어난다.

ㄷ. 흥분은 시냅스 이전 뉴런(B)의 축삭 돌기 말단에서 시냅스 이후 뉴런(A)의 신경 세포체나 가지 돌기 쪽으로만 전달된다.

160 답 ①

시냅스에서 흥분은 시냅스 이전 뉴런의 축삭 돌기 말단에서 시냅스 이후 뉴런의 신경 세포체나 가지 돌기 쪽으로만 전달되므로 A의 경우 P 지점에 역치 이상의 자극을 주면 시냅스 이전 뉴런에 있는 Q 지점에서 활동 전위가 발생하지 않는다. 따라서 활동 전위가 발생하지 않은 Ⅱ는 A에서의 막전위 변화이다. B와 C의 경우 P 지점에 역치 이상의 자극을 주면 흥분이 전도되어 Q 지점에서 활동 전위가 발생한다. 따라서 활동 전위가 발생한 Ⅰ은 B 또는 C에서의 막전위 변화이다.

ㄱ. ⓐ는 가지 돌기, ⓑ는 축삭 돌기 말단이고, 신경 전달 물질이 들어 있는 시냅스 소포는 가지 돌기(ⓐ)보다 축삭 돌기 말단(ⓑ)에 많다.

오답 피하기 ㄴ. Ⅱ는 A에서의 막전위 변화이다.

ㄷ. 구간 ㉠에서는 막전위가 하강하는 재분극이 일어난다. Na^+-K^+ 펌프의 작용으로 막전위 변화와 관계없이 K^+의 농도는 항상 세포 밖에서보다 안에서 높으므로 ㉠에서 K^+은 세포 안에서 밖으로 확산한다.

161 답 ③

A에 역치 이상의 자극을 주면 A와 B에서 활동 전위가 발생하므로 흥분은 A에서 B로 전달되고, C에 역치 이상의 자극을 주면 A~D에서 모두 활동 전위가 발생하므로 A~D 중 C가 맨 앞에 위치한다. 따라서 흥분 전달 방향은 C → D → A → B이다.

ㄷ. D가 흥분하면 A와 B에서 모두 탈분극이 일어나 활동 전위가 발생한다.

오답 피하기 ㄱ. 뉴런의 연결 순서는 C - D - A - B이다.

ㄴ. B에서 A로 흥분이 전달되지 않으므로 B가 흥분하면 B에서 A로 신경 전달 물질이 분비되지 않는다.

162 답 ⑤

㉠은 마이오신 필라멘트가 있어 어둡게 보이는 부분인 A대, ㉡은 액틴 필라멘트만 있어 밝게 보이는 부분인 I대이다.

ㄴ. I대(㉡)에는 가는 액틴 필라멘트가 있다.

ㄷ. 골격근을 구성하는 근육 섬유는 하나의 긴 세포에 여러 개의 핵이 있는 다핵 세포이다.

오답 피하기 ㄱ. A대에는 굵은 마이오신 필라멘트가 있으며, 골격근이 수축하거나 이완할 때 마이오신 필라멘트의 길이는 변하지 않으므로 A대(㉠)의 길이도 변화가 없다.

163 필수 유형 답 ③

자료 분석하기 근육 수축 시 근육 원섬유 마디의 변화

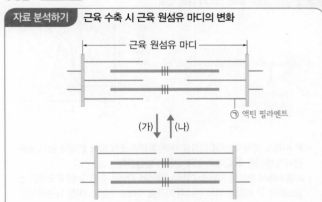

- (가) 과정에서 근육 원섬유 마디의 길이가 짧아졌다. ➡ (가)는 근육(골격근)이 수축하는 과정이다.
- (나) 과정에서 근육 원섬유 마디의 길이가 길어졌다. ➡ (나)는 근육(골격근)이 이완하는 과정이다.
- 근육 원섬유 마디를 구성하는 ㉠의 굵기가 가늘고, 근육이 수축하는 과정(가)에서 ㉠이 굵은 마이오신 필라멘트 사이로 미끄러져 들어간다. ➡ ㉠은 액틴 필라멘트이다.

ㄱ, ㄷ. 근육 수축은 액틴 필라멘트가 마이오신 필라멘트 사이로 미끄러져 들어가면서 일어나므로 (가)는 근육이 수축하는 과정, (나)는 근육이 이완하는 과정이다. ㉠은 액틴 필라멘트이다.

오답 피하기 ㄴ. 근육이 수축하는 과정(가)에서 마이오신 필라멘트가 있어 어둡게 보이는 부분인 A대의 길이는 변화가 없다.

164

답 X

무릎뼈 바로 아래를 고무망치로 친 후 ㉠의 길이가 짧아졌으므로 근육 원섬유의 길이가 짧아져 근육 수축이 일어났다. 다리가 올라갈 때 X는 수축하고, Y는 이완하므로 (나)는 X를 구성하는 근육 원섬유에서의 길이 변화이다.

165

근육이 수축하거나 이완할 때 근육 원섬유 마디를 구성하는 A대의 길이는 변화가 없으므로 ㉡은 A대이고, ㉠은 I대이다.

예시 답안 ㉠ I대, ㉡ A대, I대(㉠)는 액틴 필라멘트로만 구성되어 있고, A대(㉡)는 액틴 필라멘트와 마이오신 필라멘트로 구성되어 있다.

채점 기준	배점(%)
㉠ I대, ㉡ A대라고 쓰고, ㉠은 액틴 필라멘트로만 구성되어 있고, ㉡은 액틴 필라멘트와 마이오신 필라멘트로 구성되어 있다고 모두 옳게 설명한 경우	100
㉠ I대, ㉡ A대라고만 옳게 쓴 경우	30

1등급 완성 문제

43쪽

166 ⑤ **167** ⑤ **168** ④ **169** 해설 참조 **170** 해설 참조

166

답 ⑤

자료 분석하기 흥분 전도와 흥분 전달

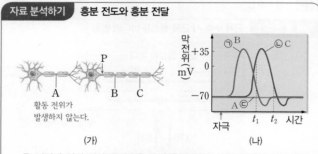

- P 지점에 역치 이상의 자극을 주면 흥분이 전도되어 B에서 먼저 활동 전위가 발생한 후 C에서 활동 전위가 발생한다.
- 시냅스에서 흥분은 시냅스 이전 뉴런에서 시냅스 이후 뉴런 쪽으로만 전달되므로 P 지점에 역치 이상의 자극을 주어도 시냅스 이전 뉴런에 있는 A에서는 활동 전위가 발생하지 않는다.
- 활동 전위가 먼저 발생한 ㉠은 B, 활동 전위가 나중에 발생한 ㉡은 C, 활동 전위가 발생하지 않은 ㉢은 A에서의 막전위 변화이다.
- t_1일 때 ㉠은 재분극, ㉡은 탈분극, ㉢은 분극 상태이고, t_2일 때 ㉠과 ㉢은 분극, ㉡은 재분극 상태이다.

ㄱ. ㉠은 B, ㉡은 C, ㉢은 A에서의 막전위 변화이다.

ㄴ. Na^+의 막 투과도는 Na^+ 통로가 열려 Na^+이 세포 밖에서 안으로 확산하면서 탈분극이 일어날 때 높아진다. 따라서 t_1일 때 Na^+의 막 투과도는 탈분극 상태인 C에서가 분극 상태인 A에서보다 크다.

ㄷ. t_2일 때 분극 상태인 A에서 뉴런의 세포막에 있는 $Na^+ - K^+$ 펌프가 에너지(ATP)를 소모하여 Na^+을 세포 밖으로, K^+을 세포 안으로 이동시킨다.

167

답 ⑤

자료 분석하기 골격근의 수축

시점	X의 길이
ⓐ	2.4 μm
ⓑ	3.2 μm

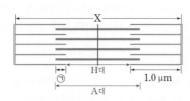

- 근육 수축은 액틴 필라멘트가 마이오신 필라멘트 사이로 미끄러져 들어가 근육 원섬유 마디(X)의 길이가 짧아지면서 일어난다.
  ➡ X의 길이가 ⓐ일 때가 ⓑ일 때보다 0.8 μm 짧으므로 ⓐ일 때가 ⓑ일 때보다 근육이 더 수축한 상태이다.
- 근육 수축 시 A대의 길이는 변화가 없으므로 ⓐ와 ⓑ일 때 A대의 길이는 모두 1.6 μm이다.
- ⓑ일 때: X의 길이는 3.2 μm, A대의 길이는 1.6 μm이므로 액틴 필라멘트만 있는 부분의 길이는 1.6 μm이다.
  ➡ ㉠의 길이는 1.0−0.8=0.2 μm이고, H대의 길이는 3.2−2.0 =1.2 μm이다.
- ⓐ일 때: X의 길이는 ⓑ일 때보다 0.8 μm 짧아진 2.4 μm이고, A대의 길이는 1.6 μm이다. 따라서 ⓑ일 때보다 ㉠의 길이는 0.4 μm 길어지고, H대의 길이와 액틴 필라멘트만 있는 부분의 길이는 모두 0.8 μm 짧아진다.
  ➡ ㉠의 길이는 0.2+0.4=0.6 μm이고, H대의 길이는 1.2−0.8 =0.4 μm, 액틴 필라멘트만 있는 부분의 길이는 1.6−0.8=0.8 μm 이다.

ㄱ. ⓐ일 때 ㉠의 길이는 ⓑ일 때보다 0.4 μm 길어지므로 0.6 μm이다.

ㄴ. ⓑ일 때 H대의 길이는 1.2 μm이다.

ㄷ. ⓐ일 때 X에서 $\dfrac{\text{A대의 길이}(1.6\,\mu m)}{\text{액틴 필라멘트만 있는 부분의 길이}(0.8\,\mu m)}=2$ 이다.

개념 더하기 근육 수축의 원리

- 액틴 필라멘트가 마이오신 필라멘트 사이로 미끄러져 들어가 근육 수축이 일어나며, 이 과정에서 에너지(ATP)가 소모된다.
- 근육 수축 시 액틴 필라멘트와 마이오신 필라멘트의 길이는 변화가 없고, 액틴 필라멘트와 마이오신 필라멘트의 겹치는 부분이 늘어나 근육 원섬유 마디의 길이가 짧아진다.
- 근육 수축 시 A대의 길이는 변화가 없지만, I대와 H대의 길이는 모두 짧아진다.

168

답 ④

ㄱ. X의 길이가 t_2일 때가 t_1일 때보다 0.6 μm 짧으므로 t_2일 때가 t_1일 때보다 근육이 더 수축한 상태이다. t_1에서 t_2가 되면서 ㉠의 길이는 0.3 μm 짧아지며, ㉡의 길이는 0.3 μm 길어지고, ㉢의 길이는 0.6 μm 짧아지므로 (가)는 ㉢, (나)는 ㉡, (다)는 ㉠이다.

ㄷ. A대에는 굵은 마이오신 필라멘트가 있으며, 근육이 수축하거나 이완할 때 마이오신 필라멘트의 길이는 변하지 않으므로 A대의 길이는 변화가 없다. 따라서 t_1일 때나 t_2일 때 모두 A대의 길이는 (나)(ⓒ)+(가)(ⓒ)+(나)(ⓒ)의 길이 합과 같으므로 1.6 μm이다.

오답 피하기 ㄴ. t_1에서 t_2가 되면서 (다)(㉠)의 길이는 0.3 μm 짧아지므로 t_1에서는 $0.3+0.3=0.6$ μm이다. 따라서 ⓐ는 0.6이다.

169

서술형 해결 전략

STEP 1 문제 포인트 파악
시냅스에서 일어나는 흥분 전달 과정을 설명할 수 있어야 한다.

STEP 2 자료 파악

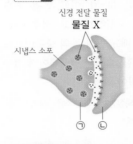
신경 전달 물질
물질 X
시냅스 소포
㉠ ㉡

- ㉠에 시냅스 소포가 있으므로 ㉠은 시냅스 이전 뉴런의 축삭 돌기 말단이고, ㉡은 시냅스 이후 뉴런의 신경 세포체나 가지 돌기이다.
- X는 시냅스 이전 뉴런의 축삭 돌기 말단(㉠)에 있는 시냅스 소포에 들어 있고, 시냅스 틈으로 분비되어 시냅스 이후 뉴런으로 흥분을 전달하는 신경 전달 물질이다.

STEP 3 관련 개념 모으기
❶ 시냅스란?
➡ 한 뉴런의 축삭 돌기 말단과 다른 뉴런의 신경 세포체나 가지 돌기가 좁은 틈을 두고 접해 있는 부위이다.
❷ 시냅스에서 흥분이 전달되는 방향은?
➡ 흥분은 시냅스 이전 뉴런의 축삭 돌기 말단에서 시냅스 이후 뉴런의 신경 세포체나 가지 돌기 쪽으로만 전달된다.

예시 답안 신경 전달 물질, 신경 전달 물질(X)은 시냅스 이전 뉴런(㉠)에서 시냅스 이후 뉴런(㉡)으로 흥분을 전달한다.

채점 기준	배점(%)
신경 전달 물질을 쓰고, 신경 전달 물질이 시냅스 이전 뉴런에서 시냅스 이후 뉴런으로 흥분을 전달한다고 모두 옳게 설명한 경우	100
신경 전달 물질만 옳게 쓴 경우	30

170

서술형 해결 전략

STEP 1 문제 포인트 파악
근육 원섬유 마디의 수축과 이완 과정을 설명할 수 있어야 한다.

STEP 2 자료 파악

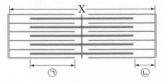
X
㉠ ㉡

시점	X의 길이	㉠의 길이
t_1	2.2 μm	0.7 μm
t_2	? 2.8 μm	0.4 μm

- ㉠은 액틴 필라멘트와 마이오신 필라멘트가 겹치는 부분이고, ㉡은 액틴 필라멘트만 있는 부분이다.
- X가 수축할 때 ㉠의 길이는 길어지고 ㉡의 길이는 짧아지는 반면, X가 이완할 때 ㉠의 길이는 짧아지고 ㉡의 길이는 길어진다.
- t_1에서 t_2가 되면서 ㉠의 길이가 0.3 μm 짧아졌으므로 X는 이완해 X의 길이가 0.6 μm 길어진다. 따라서 t_2일 때 X의 길이는 $2.2+0.6=2.8$ μm이다.

STEP 3 관련 개념 모으기
❶ 근육 수축의 원리는?
➡ 액틴 필라멘트가 마이오신 필라멘트 사이로 미끄러져 들어가 근육 원섬유 마디의 길이가 짧아지면서 근육 수축이 일어난다.
❷ 근육 원섬유 마디의 길이가 짧아질 경우 H대, I대, A대의 길이 변화는?
➡ 근육 수축 시 근육 원섬유 마디의 길이가 짧아지므로 H대와 I대의 길이는 모두 짧아지고, A대의 길이는 변화가 없다.

예시 답안 2.8 μm, X가 수축할 때 ㉡의 길이는 짧아지고 X가 이완할 때 ㉡의 길이는 길어진다.

채점 기준	배점(%)
2.8 μm를 쓰고, X가 수축할 때 ㉡의 길이는 짧아지고 X가 이완할 때 ㉡의 길이는 길어진다고 모두 옳게 설명한 경우	100
X가 수축할 때 ㉡의 길이는 짧아지고 X가 이완할 때 ㉡의 길이는 길어진다고만 설명한 경우	60
2.8 μm만 옳게 쓴 경우	40

06 신경계

개념 확인 문제
45쪽

171 ㉠ 말초, ㉡ 원심성 **172** ㉠ 후근, ㉡ 전근
173 B: 간뇌 **174** D: 연수 **175** C: 중간뇌 **176** 척수
177 ○ **178** ×

171
답 ㉠ 말초, ㉡ 원심성
말초 신경계는 기능에 따라 감각기에서 받아들인 자극을 중추 신경계로 전달하는 구심성 신경(감각 신경)과 중추 신경계에서 내린 반응 명령을 반응기로 전달하는 원심성 신경(체성 신경계, 자율 신경계)으로 구분한다.

172
답 ㉠ 후근, ㉡ 전근
감각 신경 다발은 척수의 등 쪽으로 들어가 후근(㉠)을 이루며, 운동 신경 다발은 척수의 배 쪽으로 나와 전근(㉡)을 이룬다.

173
답 B: 간뇌
A는 대뇌, B는 간뇌, C는 중간뇌, D는 연수이다. 간뇌(B)의 시상 하부는 자율 신경계와 내분비계를 연결하며, 혈당량 조절, 체온 조절, 삼투압 조절 등과 같은 항상성 조절의 통합 중추이다.

174
답 D: 연수
연수(D)는 심장 박동, 호흡 운동, 소화 운동 등을 조절한다.

175
답 C: 중간뇌
중간뇌(C), 뇌교, 연수(D)는 뇌줄기에 속하며, 중간뇌(C)는 안구 운동과 홍채의 작용을 조절한다.

176
답 척수

뜨거운 주전자에 손이 닿으면 급히 손을 떼는 것과 같은 회피 반사가 일어난다. 이 반응은 대뇌가 관여하지 않고 척수가 중추로 작용하므로 자극(뜨거운 주전자) → 감각기(손의 피부) → 감각 신경 → 척수 → 운동 신경 → 반응기(팔의 근육) → 반응(급히 손을 뗀다.)의 경로로 일어난다.

177
답 ○

(가)는 신경절 이전 뉴런이 신경절 이후 뉴런보다 짧은 교감 신경, (나)는 신경절 이전 뉴런이 신경절 이후 뉴런보다 긴 부교감 신경이다.

178
답 ×

교감 신경(가)의 신경절 이전 뉴런의 말단에서 아세틸콜린이, 신경절 이후 뉴런(A)의 말단에서 노르에피네프린이 분비된다. 부교감 신경(나)의 신경절 이전 뉴런(B)과 신경절 이후 뉴런의 말단에서 모두 아세틸콜린이 분비된다.

기출 분석 문제
46~49쪽

179 ④	180 ②	181 A: 중간뇌, B: 연수, C: 대뇌, D: 간뇌
182 ④	183 해설 참조	184 ② 185 ① 186 ④
187 ②	188 ③	189 ③ 190 ② 191 ① 192 ③
193 ⑤	194 ①	195 A: 연수, B: 척수 196 해설 참조

179
답 ④

중추 신경계는 뇌와 척수로 구성되며, 말초 신경계는 뇌 신경과 척수 신경으로 구성된다. 따라서 A는 말초 신경계, B는 중추 신경계이며, ㉠은 뇌 신경, ㉡은 척수 신경이다.

ㄱ. 부교감 신경은 말초 신경계(A) 중 자율 신경계에 속한다.

ㄷ. 중추 신경계(B)는 감각기에서 보낸 정보를 받아 통합한 후 반응 명령을 내린다.

오답 피하기 ㄴ. 연합 뉴런은 중추 신경계(B)인 뇌와 척수를 구성한다.

180
답 ②

연수, 중간뇌, 척수 중 뇌줄기에 속하는 것은 연수와 중간뇌이고, 동공 반사의 중추는 중간뇌이다. 따라서 A는 뇌줄기에 속하면서 동공 반사의 중추인 중간뇌, B는 뇌줄기에 속하는 연수, C는 뇌줄기에 속하지 않는 척수이다.

181
답 A: 중간뇌, B: 연수, C: 대뇌, D: 간뇌

중간뇌(A)는 안구 운동과 홍채의 작용을 조절하며, 연수(B)는 심장 박동, 호흡 운동, 소화 운동 등을 조절한다. 대뇌(C)는 추리, 기억, 상상, 언어 등 정신 활동을 담당하고, 감각과 수의 운동의 중추이다. 간뇌(D)의 시상 하부는 혈당량 조절, 체온 조절, 삼투압 조절 등과 같은 항상성 조절의 통합 중추이다.

182
답 ④

A는 간뇌, B는 중간뇌, C는 연수, D는 척수, E는 대뇌이다.

④ 척수(D)에서 배 쪽으로 나온 운동 신경 다발은 전근을, 척수(D)의 등 쪽으로 들어간 감각 신경 다발은 후근을 이룬다.

오답 피하기 ① 간뇌(A)는 시상과 시상 하부로 이루어져 있다.

② B는 중간뇌이다.

③ 연수(C)는 심장 박동, 호흡 운동, 소화 운동의 조절 중추이다.

⑤ 대뇌(E)의 겉질은 뉴런의 신경 세포체가 모여 있어 회색을 띠는 회색질이고, 속질은 주로 뉴런의 축삭 돌기가 모여 있어 흰색을 띠는 백색질이다.

183

의식적인 반응의 중추는 대뇌이므로 ㉠은 대뇌(E)이고, ㉡은 척수(D)이다. 대뇌(㉠)와 척수(㉡)는 뇌줄기를 구성하지 않고, 척수(㉡)는 회피 반사, 무릎 반사, 갓난아이의 배변·배뇨 반사 등의 중추이므로 ⓐ는 '없음.'이다. 대뇌(㉠)는 겉질이 회색질, 속질이 백색질이며 척수(㉡)는 대뇌와 반대로 겉질이 백색질, 속질이 회색질이다.

예시 답안 없음, ㉠은 대뇌(E)이므로 겉질이 회색질, 속질이 백색질이지만 ㉡은 척수(D)이므로 겉질이 백색질, 속질이 회색질이다.

채점 기준	배점(%)
'없음.'을 쓰고, ㉠은 겉질이 회색질, 속질이 백색질이지만 ㉡은 겉질이 백색질, 속질이 회색질이라고 모두 옳게 설명한 경우	100
㉠은 겉질이 회색질, 속질이 백색질이지만 ㉡은 겉질이 백색질, 속질이 회색질이라고만 설명한 경우	60
'없음.'만 옳게 쓴 경우	30

184
답 ②

ㄷ. 대뇌의 겉질은 뉴런의 신경 세포체가 모여 있는 회색질이다.

오답 피하기 ㄱ. A는 운동령이므로 A가 손상되면 입술의 감각이 없어져 자극을 느끼지 못하는 것이 아니라 입술을 의식적으로 움직일 수 없게 된다.

ㄴ. 무릎 반사의 중추는 척수이며, B는 감각령이므로 B에 역치 이상의 자극을 주면 왼쪽 무릎에서 감각 자극이 오는 것을 느낀다.

185
답 ①

ㄱ. A는 척수를 구성하는 연합 신경이다.

오답 피하기 ㄴ. B는 운동 신경, C는 감각 신경이다. 운동 신경(B)은 척수의 배 쪽으로 나와 전근을 이루며, 감각 신경(C)은 척수의 등 쪽으로 들어가 후근을 이룬다.

ㄷ. 운동 신경(B)은 중추 신경계에서 내린 반응 명령을 반응기로 전달하며, 감각 신경(C)은 감각기에서 받아들인 자극을 중추 신경계로 전달한다.

186
답 ④

A는 감각 신경이고, B와 C는 모두 운동 신경이다.

ㄱ. A에 역치 이상의 자극을 주면 흥분이 A에서 B로 전달되므로 B에서 활동 전위가 발생한다.

ㄷ. 운동 신경(C)의 신경 세포체는 척수에서 신경 세포체가 모여 있어 회색을 띠는 회색질(속질)에 있다.

187
답 ②

자료 분석하기 의식적인 반응과 반사

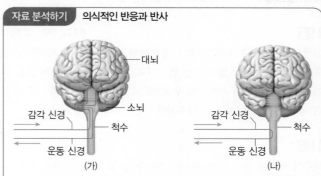

- (가)에서 자극은 척수를 거쳐 대뇌로 전달된다. ➡ (가)는 대뇌가 중추인 의식적인 반응의 경로이다. ➡ (가)의 감각 신경과 운동 신경은 모두 척수와 연결된 척수 신경이다.
- (나)에서 자극은 척수로 전달되며, 대뇌로는 전달되지 않는다. ➡ (나)는 대뇌가 관여하지 않고 척수가 중추인 척수 반사의 경로이다.

ㄴ. 주머니에서 손을 더듬어 동전을 골라내는 것은 손에서 받아들인 자극이 척수를 거쳐 대뇌로 전달된 후 대뇌의 명령이 척수를 거쳐 반응기로 전달되어 나타난다. 따라서 대뇌가 중추인 의식적인 반응이므로 (가)에 해당한다.

ㄹ. 뜨거운 주전자에 손이 닿으면 자신도 모르게 급히 손을 떼는 회피 반사는 척수가 중추인 척수 반사이므로 (나)에 해당한다.

오답 피하기 ㄱ. 기온이 내려가 피부에 소름이 돋는 것은 체온 조절 중추인 간뇌에 의해 일어나는 반응이다.

ㄷ. 빨간색 신호등을 보고 횡단보도 앞에 멈추어 서는 것은 대뇌가 중추인 의식적인 반응이지만, 이 경우 눈에서 받아들인 자극은 척수를 거치지 않고 대뇌로 바로 전달된다.

188 필수 유형
답 ③

자료 분석하기 의식적인 반응과 반사의 반응 경로

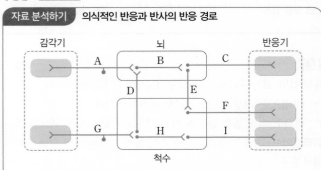

- A, G는 모두 구심성 뉴런이고, C, F, I는 모두 원심성 뉴런이다. ➡ A, C, F, G, I는 모두 말초 신경계를 구성한다.
- B, H는 모두 중추(뇌, 척수)에 있는 연합 뉴런이다. ➡ B, H는 모두 중추 신경계를 구성한다.
- 대뇌가 중추인 의식적인 반응에는 B가, 척수가 중추인 척수 반사에는 H가 관여한다.
- 의식적인 반응에서 얼굴에서 받아들인 자극은 척수를 거치지 않고 대뇌로 바로 전달되며, 목 아랫부분의 신체에서 일어나는 반응의 경우 대뇌의 명령이 척수를 거쳐 반응기로 전달된다.

ㄱ. B는 뇌를 구성하는 연합 뉴런, H는 척수를 구성하는 연합 뉴런으로, B와 H는 모두 중추 신경계를 구성한다.

ㄴ. 음악을 듣고 노래를 따라 부를 때의 반응 경로는 자극(음악) → 감각기(귀) → 청각 신경 → 대뇌 → 운동 신경 → 반응기(입술) → 반응(노래를 따라 부른다.)이므로 A → B → C이다.

오답 피하기 ㄷ. 얼음물에 손을 넣자 차가움을 느껴 의식적으로 손을 뺄 때의 반응 경로는 자극(차가운 얼음물) → 감각기(손의 피부) → 감각 신경 → 척수 → 대뇌 → 척수 → 운동 신경 → 반응기(손의 근육) → 반응(손을 뺀다.)이므로 G → D → B → E → F이다.

189
답 ③

(가)는 반응이 자극(공) → 감각기(눈) → 시각 신경 → 대뇌 → 척수 → 운동 신경 → 반응기(손의 근육) → 반응(손을 뻗어 공을 잡는다.)의 경로로 일어나므로 의식적인 반응이다. (나)는 반응이 자극(날카로운 물체) → 감각기(발의 피부) → 감각 신경 → 척수 → 운동 신경 → 반응기(다리의 근육) → 반응(다리를 움츠린다.)의 경로로 일어나므로 척수 반사이다.

ㄱ. 의식적인 반응(가)은 대뇌의 판단과 명령에 따라 일어난다.

ㄷ. 반사(나)는 반응이 일어날 때 대뇌를 거치지 않아 의식적인 반응보다 빠르게 일어나므로 위험으로부터 몸을 보호하는 데 도움이 된다.

오답 피하기 ㄴ. 반사(나)가 일어날 때 감각 신경은 대뇌로 연결되는 뉴런과도 시냅스를 이루고 있으므로 자극이 대뇌로도 전달된다. 따라서 자극이 대뇌로도 전달되어 반사가 일어난 직후 자극을 느끼고 반응을 인지한다.

190
답 ②

말초 신경계는 기능에 따라 구심성 신경과 원심성 신경(체성 신경계, 자율 신경계)으로 구분하며, 자율 신경계는 부교감 신경과 교감 신경으로 구성된다. 따라서 (가)는 체성 신경계, (나)는 자율 신경계이다.

ㄴ. 체성 신경계(가)는 대뇌의 지배를 받아 의식적인 골격근의 반응을 조절한다.

오답 피하기 ㄱ. 체성 신경계(가)와 자율 신경계(나)는 원심성 신경이다.

ㄷ. 자율 신경계(나)는 중추에서 반응기까지 2개의 뉴런으로 연결되어 있는데 부교감 신경은 신경절 이전 뉴런이 신경절 이후 뉴런보다 길며, 교감 신경은 신경절 이전 뉴런이 신경절 이후 뉴런보다 짧다.

191
답 ①

ㄱ. A는 체성 신경에 연결되어 있으므로 골격근이고, B는 소장 근육이다.

오답 피하기 ㄴ. 소장 근육(B)에 연결된 교감 신경과 ㉠은 자율 신경으로, ㉠은 부교감 신경이다. 부교감 신경(㉠)은 신경절 이전 뉴런이 신경절 이후 뉴런보다 길다.

ㄷ. 소장 근육(B)에 연결된 부교감 신경(㉠)은 신경절 이전 뉴런의 신경 세포체가 소화 운동의 조절 중추인 연수에 있다.

개념 더하기 체성 신경계와 자율 신경계의 구분
- 체성 신경계는 신경절이 없고 중추에서 뻗어 나온 원심성 뉴런이 골격근에 직접 연결되어 있다.
- 자율 신경계는 중추에서 반응기까지 길이가 다른 2개의 뉴런이 신경절에서 시냅스를 형성하며 연결되어 있다.

192

답 ③

자료 분석하기 자율 신경에 의한 심장 박동 조절

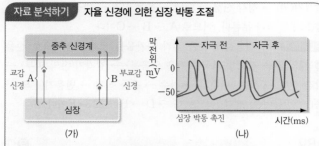

(가)   (나)

- A는 신경절 이전 뉴런이 신경절 이후 뉴런보다 짧으므로 교감 신경이고, B는 신경절 이전 뉴런이 신경절 이후 뉴런보다 길므로 부교감 신경이다.
- (나)에서 자율 신경을 자극한 후 심장 세포에서는 자극하기 전보다 활동 전위의 발생 빈도가 증가해 심장 박동이 빨라졌다.
  ➡ 교감 신경(A)은 심장 박동을 촉진하고, 부교감 신경(B)은 심장 박동을 억제하므로 역치 이상의 자극을 준 자율 신경은 교감 신경(A)이다.

ㄱ. 교감 신경(A)과 부교감 신경(B)은 모두 중추의 명령을 반응기로 전달하므로 말초 신경계에 속한다.

ㄷ. (나)에서 자율 신경을 자극한 후 심장 세포에서 활동 전위의 발생 빈도가 증가해 심장 박동이 빨라졌으므로 (나)는 심장 박동을 촉진하는 교감 신경(A)에 역치 이상의 자극을 주었을 때의 변화이다.

오답 피하기 ㄴ. 심장에 연결된 부교감 신경(B)은 신경절 이전 뉴런의 신경 세포체가 심장 박동의 조절 중추인 연수에 있다.

193 [필수 유형]

답 ⑤

자료 분석하기 교감 신경과 부교감 신경의 작용

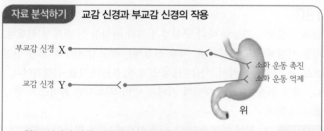

- X는 신경절 이전 뉴런이 신경절 이후 뉴런보다 길므로 부교감 신경이다.
  ➡ X의 신경절 이전 뉴런과 신경절 이후 뉴런의 말단에서 모두 아세틸콜린이 분비된다. ➡ X는 위의 소화 운동을 촉진한다.
- Y는 신경절 이전 뉴런이 신경절 이후 뉴런보다 짧으므로 교감 신경이다.
  ➡ Y의 신경절 이전 뉴런의 말단에서 아세틸콜린이 분비되고, 신경절 이후 뉴런의 말단에서 노르에피네프린이 분비된다. ➡ Y는 위의 소화 운동을 억제한다.

ㄱ. 자율 신경계에 속하는 부교감 신경(X)과 교감 신경(Y)은 모두 원심성 신경이다.

ㄴ. 부교감 신경(X)의 신경절 이전 뉴런의 말단과 신경절 이후 뉴런의 말단에서 분비되는 신경 전달 물질은 모두 아세틸콜린이다.

ㄷ. 위에 연결된 교감 신경(Y)이 흥분하면 위의 소화 운동이 억제된다.

194

답 ①

중추 X에서 나와 홍채에 연결된 자율 신경의 신경절 이전 뉴런(A)이 신경절 이후 뉴런(B)보다 길므로 부교감 신경이다.

ㄱ. 동공의 크기를 조절하는 동공 반사의 중추 X는 중간뇌이다.

오답 피하기 ㄴ. 교감 신경이 흥분하면 동공이 확대되고, 부교감 신경이 흥분하면 동공이 축소되어 (가)와 같은 변화가 나타난다.

ㄷ. A는 부교감 신경의 신경절 이전 뉴런으로 축삭 돌기 말단에서 아세틸콜린이 분비되고, B는 부교감 신경의 신경절 이후 뉴런으로 축삭 돌기 말단에서 아세틸콜린이 분비된다.

195

답 A: 연수, B: 척수

심장에 연결된 부교감 신경이 흥분하면 심장 박동이 억제되므로 A는 심장 박동의 조절 중추인 연수이고, 다리의 골격근에 연결된 ㉡이 흥분하면 다리의 골격근이 수축되므로 B는 다리의 골격근과 연결된 체성 신경(㉢)이 나오는 척수이다.

196

척수에 연결된 ㉠이 흥분하면 방광이 수축되므로 ㉠은 자율 신경 중 부교감 신경이고, ㉡은 체성 신경이다. 자율 신경은 2개의 뉴런이 신경절에서 시냅스를 형성하며, 체성 신경은 신경절이 없고 중추에서 뻗어 나온 원심성 뉴런이 골격근에 직접 연결되어 있다.

예시 답안 ㉠ 부교감 신경, ㉡ 체성 신경, 부교감 신경(㉠)은 중추와 반응기 사이에 신경절이 있지만, 체성 신경(㉡)은 중추와 반응기 사이에 신경절이 없다.

채점 기준	배점(%)
㉠ 부교감 신경, ㉡ 체성 신경을 쓰고, ㉠은 신경절이 있지만, ㉡은 신경절이 없다고 모두 옳게 설명한 경우	100
㉠은 신경절이 있지만, ㉡은 신경절이 없다고만 설명한 경우	60
㉠ 부교감 신경, ㉡ 체성 신경만 옳게 쓴 경우	30

1등급 완성 문제

50~51쪽

197 ③	198 ⑤	199 ①	200 ③	201 ②	202 ①
203 해설 참조		204 해설 참조		205 해설 참조	

197

답 ③

A는 간뇌, B는 중간뇌, C는 연수, D는 척수, E는 대뇌이다.

ㄱ. 간뇌(A)는 시상과 시상 하부로 이루어져 있다.

ㄷ. 대뇌(E)의 겉질은 뉴런의 신경 세포체가 모여 있어 회색을 띠는 회색질이고, 속질은 주로 뉴런의 축삭 돌기가 모여 있어 흰색을 띠는 백색질이다.

오답 피하기 ㄴ. 뇌줄기는 중간뇌(B), 뇌교, 연수(C)로 구성된다.

198

답 ⑤

(가)는 대뇌의 기능이 상실되었지만 뇌줄기(중간뇌, 뇌교, 연수)의 기능이 정상인 식물인간이며, (나)는 대뇌와 뇌줄기의 기능이 모두 상실된 뇌사자이다.

ㄱ. 식물인간(가)과 뇌사자(나)는 모두 대뇌의 기능이 상실된 상태이므로 의식이 없다.

ㄴ. 식물인간(가)은 중간뇌의 기능이 정상이므로 눈에 빛을 비추면 동공 반사가 일어난다.

ㄷ. 뜨거운 물체가 손에 닿았을 때 일어나는 회피 반사의 중추는 척수이며, 뇌사자(나)는 척수의 기능이 정상이므로 척수 반사가 일어날 수 있다.

199
답 ①

ㄱ. 소뇌, 연수, 척수, 중간뇌 중 부교감 신경이 나오는 것은 연수, 척수, 중간뇌이고, 뇌줄기를 구성하는 것은 연수와 중간뇌이다. 동공 반사의 중추는 중간뇌이므로 ㉠은 '뇌줄기를 구성한다.', ㉡은 '부교감 신경이 나온다.', ㉢은 '동공 반사의 중추이다.'이고, A는 척수, B는 중간뇌, C는 소뇌, D는 연수이다.

오답 피하기 ㄴ. A는 뇌줄기를 구성하지 않고, 부교감 신경이 나오므로 척수이다.

ㄷ. C는 소뇌이며, 갓난아이의 배변·배뇨 반사의 중추는 척수(A)이다.

200
답 ③

ㄱ. A는 감각 신경이므로 척수의 등 쪽으로 들어가 후근을 이룬다.

ㄴ. B는 팔의 골격근 ㉠에 연결된 체성 신경(운동 신경)이므로 뉴런의 축삭 돌기 말단에서 아세틸콜린이 분비된다.

오답 피하기 ㄷ. ⓐ가 일어나 팔이 올라가는 동안 골격근 ㉠은 수축하며, ㉠이 수축하는 동안 액틴 필라멘트와 마이오신 필라멘트의 겹치는 부분이 늘어나 근육 원섬유 마디의 길이가 짧아진다.

201
답 ②

구심성 신경인 감각 신경은 감각기에 연결되어 있고, 원심성 신경인 체성 신경과 자율 신경은 반응기에 연결되어 있다. 따라서 A는 감각 신경이고, B와 C는 각각 교감 신경과 부교감 신경 중 하나이다.

ㄴ. 체성 신경은 대뇌의 지배를 받고, 자율 신경은 대뇌의 지배를 받지 않으므로 '대뇌의 지배를 받는가?'는 ㉡에 해당한다.

오답 피하기 ㄱ. 감각 신경(A)은 구심성 신경이다.

ㄷ. 교감 신경과 부교감 신경의 신경절 이전 뉴런의 말단에서 모두 아세틸콜린이 분비되므로 '신경절 이전 뉴런의 말단에서 아세틸콜린이 분비되는가?'는 ㉢에 해당하지 않는다.

202
답 ①

자료 분석하기   자율 신경의 구조와 기능

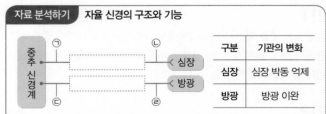

구분	기관의 변화
심장	심장 박동 억제
방광	방광 이완

- ㉠에 역치 이상의 자극을 주었더니 심장 박동이 억제되었다. ➡ 심장 박동을 억제하는 자율 신경은 부교감 신경이다. ➡ ㉠은 부교감 신경의 신경절 이전 뉴런, ㉡은 부교감 신경의 신경절 이후 뉴런이다. ➡ ㉠과 ㉡의 말단에서 모두 아세틸콜린이 분비된다.
- ㉢에 역치 이상의 자극을 주었더니 방광이 이완되었다. ➡ 방광을 이완시키는 자율 신경은 교감 신경이다. ➡ ㉢은 교감 신경의 신경절 이전 뉴런, ㉣은 교감 신경의 신경절 이후 뉴런이다. ➡ ㉢의 말단에서 아세틸콜린이, ㉣의 말단에서 노르에피네프린이 분비된다.

ㄱ. 부교감 신경은 신경절 이전 뉴런(㉠)이 신경절 이후 뉴런(㉡)보다 길다.

오답 피하기 ㄴ. 교감 신경의 신경절 이후 뉴런(㉣)의 말단에서는 노르에피네프린이 분비된다.

ㄷ. ㉢은 교감 신경의 신경절 이전 뉴런, ㉣은 교감 신경의 신경절 이후 뉴런이므로 흥분은 ㉢에서 ㉣로 전달된다. 따라서 ㉣에 역치 이상의 자극을 주어도 흥분은 ㉣에서 ㉢으로 전달되지 않는다.

203

서술형 해결 전략

STEP 1 문제 포인트 파악
대뇌의 구조를 알고, 대뇌 겉질의 운동령을 파악해야 한다.

STEP 2 자료 파악

무릎
㉠
좌측
대뇌 겉질

- ㉠은 운동령이다.
- 대뇌 좌반구는 몸 오른쪽의 감각과 운동을 담당하는데, 대뇌 좌반구의 운동령 ㉠이 손상되면 오른쪽 무릎의 운동이 어렵게 된다.

STEP 3 관련 개념 모으기
❶ 대뇌 운동령의 기능은?
➡ 대뇌의 운동령은 연합령의 명령을 받아 골격근을 수축시켜 팔, 다리 등 몸의 움직임을 조절한다.
❷ 대뇌 좌반구의 기능은?
➡ 대뇌로 들어오고 나가는 신경의 대부분이 연수에서 좌우 교차하므로 대뇌 좌반구는 몸 오른쪽의 감각과 운동을 담당한다.

예시 답안 오른쪽 무릎을 의식적으로 움직일 수 없게 된다.

채점 기준	배점(%)
오른쪽 무릎을 의식적으로 움직일 수 없게 된다고 옳게 설명한 경우	100
무릎을 의식적으로 움직일 수 없게 된다고만 설명한 경우	50

204

서술형 해결 전략

STEP 1 문제 포인트 파악
자율 신경의 구조와 기능을 설명할 수 있어야 한다.

STEP 2 자료 파악

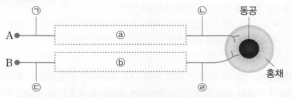

㉠   ㉡   동공
A   ⓐ
B   ⓑ
㉢   ㉣   홍채

- ⓐ에 하나의 시냅스가 있으므로 ㉠은 신경절 이전 뉴런이며, 이 뉴런의 말단에서 아세틸콜린이 분비된다. ➡ ㉠과 ㉡의 말단에서 분비되는 신경 전달 물질이 같으므로 ㉡의 말단에서도 아세틸콜린이 분비된다.
- ⓑ에 하나의 시냅스가 있으므로 ㉣은 아세틸콜린이 분비되는 부교감 신경의 신경절 이후 뉴런이다. 따라서 B는 부교감 신경, A는 교감 신경이다. ➡ 교감 신경(A)의 신경절 이후 뉴런(㉡)의 말단에서 노르에피네프린이 분비된다.

❶ 교감 신경에서 분비되는 신경 전달 물질은?
→ 교감 신경의 신경절 이전 뉴런의 말단에서 아세틸콜린이 분비되고, 신
경절 이후 뉴런의 말단에서 노르에피네프린이 분비된다.
❷ 부교감 신경에서 분비되는 신경 전달 물질은?
→ 부교감 신경의 신경절 이전 뉴런과 신경절 이후 뉴런의 말단에서 모두
아세틸콜린이 분비된다.

예시답안 A: 교감 신경, B: 부교감 신경. 교감 신경(A)은 신경절 이후 뉴런(ⓒ)
의 말단에서 노르에피네프린이 분비되지만 부교감 신경(B)은 신경절 이후 뉴
런(ⓔ)의 말단에서 아세틸콜린이 분비된다.

채점 기준	배점(%)
A는 교감 신경, B는 부교감 신경을 쓰고, A는 신경절 이후 뉴런의 말단에서 노르에피네프린이 분비되지만 B는 신경절 이후 뉴런의 말단에서 아세틸콜린이 분비된다고 모두 옳게 설명한 경우	100
A는 교감 신경, B는 부교감 신경만 옳게 쓴 경우	30

205

서술형 해결 전략

STEP 1 문제 포인트 파악
말초 신경계를 구성하는 신경의 종류와 특징을 설명할 수 있어야 한다.

STEP 2 자료 파악

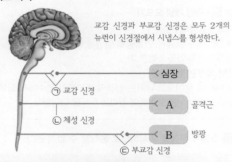

교감 신경과 부교감 신경은 모두 2개의
뉴런이 신경절에서 시냅스를 형성한다.

심장
ⓐ 교감 신경
A   골격근
ⓑ 체성 신경
B   방광
ⓒ 부교감 신경

· 체성 신경은 신경절이 없고, 반응기인 골격근과 직접 연결되어 있다. 따라
서 ⓑ은 체성 신경이고, A는 골격근이다.
· 교감 신경은 신경절 이전 뉴런이 신경절 이후 뉴런보다 짧고, 부교감 신
경은 신경절 이전 뉴런이 신경절 이후 뉴런보다 길다. 따라서 ⓐ은 교감
신경, ⓒ은 부교감 신경이다.
· 교감 신경(ⓐ)은 심장 박동을 촉진하고, 부교감 신경(ⓒ)은 방광(B)을 수축
시킨다.

STEP 3 관련 개념 모으기
❶ 체성 신경의 특징은?
→ 체성 신경은 신경절이 없고 중추에서 뻗어 나온 원심성 뉴런이 반응기
인 골격근에 직접 연결되어 있다.
❷ 교감 신경과 부교감 신경의 구조 차이는?
→ 교감 신경은 신경절 이전 뉴런이 신경절 이후 뉴런보다 짧은 반면, 부
교감 신경은 신경절 이전 뉴런이 신경절 이후 뉴런보다 길다.

예시답안 ⓑ. 심장에 연결된 교감 신경(ⓐ)이 흥분하면 심장 박동이 촉진되고,
골격근에 연결된 체성 신경(ⓑ)이 흥분하면 골격근이 수축되며, 방광에 연결된
부교감 신경(ⓒ)이 흥분하면 방광이 수축된다.

채점 기준	배점(%)
ⓑ을 쓰고, ⓐ에 의한 심장 박동 촉진, ⓑ에 의한 골격근 수축, ⓒ에 의한 방광 수축을 모두 옳게 설명한 경우	100
ⓑ만 옳게 쓴 경우	20

---

07 호르몬과 항상성 조절

개념 확인 문제		53쪽
206 ⑦ 촉진, ⓛ 인슐린, ⓒ 티록신		**207** 음성 피드백
208 ⑦ 뇌하수체 전엽, ⓛ 갑상샘	**209** 증가	**210** ◯
211 ◯	**212** ×	**213** ×

206
답 ⑦ 촉진, ⓛ 인슐린, ⓒ 티록신

부신 속질에서 분비되는 에피네프린은 혈당량을 증가시키고, 심장
박동을 촉진(⑦)한다. 이자의 β세포에서 분비되는 인슐린(ⓛ)은 혈당
량을 감소시킨다. 갑상샘에서 분비되는 티록신(ⓒ)은 물질대사(세포
호흡)를 촉진한다.

207
답 음성 피드백

음성 피드백은 어떤 과정을 통해 나타난 결과가 그 과정을 억제하여
일정하게 유지하는 작용으로, 대부분의 호르몬 분비는 음성 피드백
으로 조절된다.

208
답 ⑦ 뇌하수체 전엽, ⓛ 갑상샘

간뇌의 시상 하부에서 분비되는 갑상샘 자극 호르몬 방출 호르몬
(TRH)은 뇌하수체 전엽(⑦)을 자극하여 갑상샘 자극 호르몬(TSH)
의 분비를 촉진하며, 갑상샘 자극 호르몬(TSH)은 갑상샘(ⓛ)을 자
극하여 티록신의 분비를 촉진한다.

209
답 증가

티록신의 혈중 농도가 일정 수준 이상으로 증가하면 티록신이 시상
하부와 뇌하수체 전엽에 작용하여 TRH와 TSH의 분비를 억제하
고, 이로 인해 티록신의 분비가 억제되어 티록신의 농도가 감소한다.

210
답 ◯

이자에서 분비되는 인슐린과 글루카곤은 같은 표적 기관(간)에 대해
서로 반대로 작용하여 서로의 효과를 줄여 혈당량을 일정하게 유지
하는 길항 작용을 한다.

211
답 ◯

혈당량이 낮을 때 이자의 α세포에서 글루카곤의 분비량이 증가하고,
간뇌의 시상 하부가 교감 신경을 자극하여 부신 속질에서 에피네프
린의 분비량이 증가한다.

212
답 ×

체온이 정상보다 낮아지면 골격근 수축에 의한 몸 떨림 증가 등에 의
해 체내에서 열 발생량이 증가하고, 교감 신경의 작용이 강화되어 피
부 근처 혈관이 수축해 피부 근처로 흐르는 혈액량이 감소되어 열 발
산량이 감소하므로 체온이 정상 수준으로 상승한다.

213
답 ×

항이뇨 호르몬(ADH)의 분비량이 증가하면 콩팥에서 수분 재흡수량
이 증가하여 오줌양이 감소하고, 체내 수분량이 증가한다.

214 ③ **215** ⑤ **216** ④ **217** ⑤

218 A: 항이뇨 호르몬(ADH), B: 에스트로젠, C: 에피네프린 **219** ⑤

220 해설 참조 **221** ⑤ **222** ④ **223** ⑤ **224** ①

225 ③ **226** ① **227** ③ **228** ② **229** 해설 참조

230 ③ **231** ③ **232** ⑦ 이자, A: 글루카곤, B: 인슐린

233 해설 참조 **234** ③ **235** ① **236** ④

237 항이뇨 호르몬(ADH) **238** ③ **239** ① **240** ③

241 ②

214
답 ③

외분비샘에서는 분비관을 통해 분비물을 분비하고, 내분비샘에서는 분비관이 따로 없어 호르몬을 주변의 혈관으로 분비하므로 (가)는 외분비샘, (나)는 내분비샘에서 분비물을 분비하는 방식이다.

ㄱ. 이자에서 분비되는 소화액은 (가)와 같은 방식으로 분비된다.

ㄴ. 당질 코르티코이드는 부신 겉질에서 분비되는 호르몬으로 (나)와 같은 방식으로 분비된다.

오답 피하기 ㄷ. 호르몬은 자신과 결합하는 수용체를 지닌 표적 세포나 표적 기관에만 작용한다.

215
답 ⑤

ㄱ, ㄷ. 호르몬(나)은 혈액을 통해 온몸에 전달되므로 작용 범위가 신경(가)보다 넓고, 멀리 떨어진 표적 세포에 신호를 보낼 수 있다.

ㄴ. 신경(가)에 의한 신호 전달 속도는 호르몬(나)에 의한 신호 전달 속도보다 빠르지만 효과는 오래 지속되지 못한다.

216
답 ④

ㄱ. B는 갑상샘에서 분비되는 티록신이고, C는 콩팥에서 수분 재흡수를 촉진하는 항이뇨 호르몬(ADH)이므로 A는 글루카곤이다. 글루카곤(A)은 간에서 글리코젠의 분해를 촉진하여 혈당량을 증가시킨다.

ㄷ. 티록신(B)은 갑상샘에서 분비되며, 물질대사를 촉진한다.

오답 피하기 ㄴ. ⓒ은 항이뇨 호르몬(C)을 분비하는 내분비샘이므로 뇌하수체 후엽이다.

217
답 ⑤

ㄱ. ⑦에서 갑상샘 자극 호르몬(TSH)이 분비되므로 ⑦은 뇌하수체 전엽이다. 뇌하수체 전엽(⑦)에서 생장 호르몬이 분비된다.

ㄴ. ⓒ은 뇌하수체 후엽이며, 뇌하수체 후엽(ⓒ)에서 항이뇨 호르몬(ADH)이 분비된다.

ㄷ. 뇌하수체 전엽(⑦)과 후엽(ⓒ)은 모두 호르몬을 분비하는 내분비샘이다.

218
답 A: 항이뇨 호르몬(ADH), B: 에스트로젠, C: 에피네프린

호르몬 A는 항이뇨 호르몬(ADH), B는 에스트로젠, C는 에피네프린이다. 항이뇨 호르몬(A)은 콩팥에서 수분 재흡수를 촉진하므로 항이뇨 호르몬(A)이 결핍되면 콩팥에서 수분 재흡수량이 감소하여 오줌양이 증가하고, 체내 수분량이 감소해 갈증을 심하게 느낀다.

219
답 ⑤

ㄱ. 인슐린, 글루카곤, 에피네프린은 모두 호르몬이므로 순환계를 통해 표적 기관으로 운반되며, 이 중 부신에서 분비되는 호르몬은 에피네프린이고, 혈당량을 증가시키는 호르몬은 글루카곤과 에피네프린이다. 따라서 ⑦은 '혈당량을 증가시킨다.', ⓒ은 '부신에서 분비된다.', ⓒ은 '순환계를 통해 표적 기관으로 운반된다.'이고, A는 인슐린, B는 글루카곤, C는 에피네프린이다.

ㄴ. 글루카곤(B)은 이자의 α세포에서 분비된다.

ㄷ. C는 특징 ⑦~ⓒ이 모두 있는 에피네프린이다.

220
A는 이자의 β세포에서 분비되어 혈당량을 감소시키는 인슐린이다.

예시 답안 인슐린, 인슐린(A)은 혈당량을 감소시키므로 인슐린(A)이 제대로 분비되지 않으면 혈당량이 높은 상태가 지속되어 오줌에서 포도당이 검출되는 당뇨병 증상이 나타날 수 있다.

채점 기준	배점(%)
인슐린을 쓰고, 인슐린이 혈당량을 감소시킨다는 것과 인슐린이 제대로 분비되지 않으면 혈당량이 높은 상태가 지속되어 당뇨병 증상이 나타날 수 있다고 모두 옳게 설명한 경우	100
인슐린을 쓰고, 인슐린이 혈당량을 감소시킨다는 것과 인슐린이 제대로 분비되지 않으면 혈당량이 높은 상태가 지속되어 당뇨병 증상이 나타날 수 있다는 것 중 1가지만 옳게 설명한 경우	60
인슐린만 옳게 쓴 경우	20

221
답 ⑤

간뇌의 시상 하부에서 분비되어 뇌하수체 전엽에 작용하는 A는 갑상샘 자극 호르몬 방출 호르몬(TRH)이고, TRH의 자극을 받아 뇌하수체 전엽에서 분비되어 갑상샘에 작용하는 B는 갑상샘 자극 호르몬(TSH)이며, TSH의 자극을 받아 갑상샘에서 분비되는 C는 티록신이다.

ㄱ, ㄷ. 티록신(C)의 혈중 농도가 일정 수준 이상으로 증가하면 티록신(C)은 시상 하부와 뇌하수체 전엽에 작용하여 TRH(A)와 TSH(B)의 분비를 억제하고, 이로 인해 티록신(C)의 분비량이 감소한다. 이처럼 어떤 과정을 통해 나타난 결과가 그 과정을 억제하여 일정하게 유지하는 작용을 음성 피드백이라고 한다.

ㄴ. 간뇌의 시상 하부에서 TRH(A)가 분비되면 뇌하수체 전엽에서 TSH(B)의 분비량이 증가하여 갑상샘을 자극하고, 갑상샘에서 티록신(C)의 분비량이 증가한다.

222
답 ④

ㄱ. ⑦은 뇌하수체 전엽에서 분비되는 호르몬 B의 작용을 받는 표적 기관이면서 호르몬 C를 분비하는 내분비샘이다.

ㄴ. 티록신은 간뇌의 시상 하부에서 분비되는 갑상샘 자극 호르몬 방출 호르몬(호르몬 A)과 뇌하수체 전엽에서 분비되는 갑상샘 자극 호르몬(호르몬 B)의 자극을 받아 갑상샘(⑦)에서 분비되므로 호르몬 C의 예에 해당한다.

오답 피하기 ㄷ. 호르몬 C가 과다 분비되면 음성 피드백에 의해 호르몬 C는 간뇌의 시상 하부와 뇌하수체 전엽에 작용하여 호르몬 A와 B의 분비를 억제한다.

223

자료 분석하기 티록신의 분비 조절

집단	실험 조건	실험 결과		
		혈중 티록신 농도	혈중 TSH 농도	물질대사
A	I	감소	감소	억제
B	II	감소	증가	억제
C	III	증가	감소	㉠ 촉진

- 뇌하수체를 제거하면 뇌하수체 전엽에서 분비되는 TSH가 분비되지 않아 갑상샘에서 분비되는 티록신의 분비량이 감소하므로 물질대사가 억제된다.
  ➡ I은 '뇌하수체 제거'이다.
- 갑상샘을 제거하면 갑상샘에서 분비되는 티록신이 분비되지 않아 물질대사가 억제되고, 혈중 티록신의 농도가 감소하므로 티록신의 분비를 촉진하는 TSH의 분비량이 증가한다.
  ➡ II는 '갑상샘 제거'이다.
- 티록신을 주사하면 혈중 티록신의 농도가 증가하여 물질대사가 촉진(㉠)되고, 티록신의 음성 피드백에 의해 TSH의 분비량이 감소한다.
  ➡ III은 '티록신 주사'이다.

ㄱ. C에서 티록신 주사(III)로 혈중 티록신 농도가 증가했으므로 물질대사가 촉진된다. 따라서 ㉠은 '촉진'이다.

ㄴ. I은 '뇌하수체 제거', II는 '갑상샘 제거', III은 '티록신 주사'이다.

ㄷ. 갑상샘을 제거하면 티록신이 분비되지 않아 물질대사가 억제되고, 혈중 티록신의 농도가 감소하므로 티록신의 분비를 촉진하는 갑상샘 자극 호르몬(TSH)의 분비량이 증가한다. 따라서 갑상샘을 제거하면 B와 같은 실험 결과가 나타난다.

224

ㄱ. (가)는 수조에 저장되는 물의 양을 일정하게 조절하는 장치이므로 수조 속의 물은 체내에서 분비량이 일정하게 조절되는 호르몬인 티록신에 해당한다.

오답 피하기 ㄴ. (가)에서 수조 속의 물(티록신)의 양이 증가하면 부력구가 상승하여 슬라이더에 의해 유입구가 점점 막히게 되므로 부력구는 티록신의 분비 조절 중추인 시상 하부에 해당한다.

ㄷ. 부력구가 상승하여 유입구가 막히면 수조 안으로 물이 들어오지 못하게 되므로 이것은 음성 피드백에 의해 TSH의 분비가 억제되는 과정에 해당한다.

225

(가)에서 척수와 부신 속질을 연결하는 신경은 신경절 이전 뉴런이 신경절 이후 뉴런보다 짧으므로 교감 신경이며, 교감 신경의 작용으로 부신 속질에서 에피네프린(㉠)이 분비된다. (나)에서 뇌하수체 전엽에서 분비되는 갑상샘 자극 호르몬(TSH)이 갑상샘을 자극하여 갑상샘에서 티록신(㉡)이 분비된다.

ㄱ. ㉠은 에피네프린, ㉡은 티록신이다.

ㄴ. 척수에서 나와 부신 속질에 연결된 교감 신경의 작용으로 에피네프린(㉠)이 분비된다.

오답 피하기 에피네프린(㉠)과 티록신(㉡)은 모두 추울 때 간에서 물질대사를 촉진하여 열 발생량을 증가시키므로 길항 작용을 하지 않는다.

226

ㄱ. ㉠에서 분비되는 호르몬은 물질대사를 촉진하여 체내 열 발생량을 증가시킨다. 따라서 체온이 정상보다 낮아지면 ㉠에서 호르몬의 분비량이 증가하여 열 발생량을 증가시킨다.

오답 피하기 ㄴ. 호르몬의 분비는 음성 피드백에 의해 조절되므로 ㉡에서 호르몬이 과다 분비되면 이 호르몬이 뇌하수체 전엽의 작용을 억제하여 ACTH의 분비가 억제된다.

ㄷ. 호르몬 A는 콩팥에서 수분 재흡수를 촉진하므로 물을 많이 마셔 혈장 삼투압이 감소하면 콩팥에서 수분 재흡수를 억제하여 체내 수분을 많이 배설하기 위해 호르몬 A의 분비가 억제된다.

227

위에서 소화액 분비를 억제하는 A는 교감 신경이고, 소화액 분비를 촉진하는 B는 부교감 신경이다. 이자에서 분비되며 간에서 글리코젠 합성을 촉진해 혈당량을 감소시키는 ㉠은 인슐린이고, 글리코젠 분해를 촉진해 혈당량을 증가시키는 ㉡은 글루카곤이다.

ㄱ. A는 교감 신경, B는 부교감 신경이다.

ㄷ. 교감 신경(A)과 부교감 신경(B), 인슐린(㉠)과 글루카곤(㉡)은 모두 같은 기관에 대해 서로 반대로 작용하여 서로의 효과를 줄여 일정하게 유지하는 길항 작용을 한다.

오답 피하기 ㄴ. 이자에 연결된 부교감 신경(B)이 흥분하면 인슐린(㉠)의 분비량이 증가하고, 교감 신경(A)이 흥분하면 글루카곤(㉡)의 분비량이 증가한다.

228

ㄷ. ㉡은 이자의 β세포에서 분비되는 인슐린이다. 인슐린(㉡)은 혈당량을 감소시키므로 식사 후 높아진 혈당량을 정상 수준으로 낮추기 위해 인슐린의 분비가 촉진된다.

오답 피하기 ㄱ. X는 이자와 부신 속질에서 호르몬의 분비를 조절해 혈당량을 일정하게 조절하는 데 관여하는 간뇌의 시상 하부이다. 간뇌의 시상 하부는 항상성 조절의 통합 중추이다.

ㄴ. ㉠은 이자의 α세포에서 분비되는 글루카곤이다. 글루카곤(㉠)은 혈당량이 낮을 때 분비가 촉진되어 혈당량을 증가시키므로 혈당량이 높아지면 글루카곤(㉠)의 분비량이 감소한다.

229

에피네프린과 글루카곤(㉠)은 모두 혈당량을 증가시키고, 인슐린(㉡)은 혈당량을 감소시킨다. 에피네프린, 글루카곤, 인슐린의 표적 기관은 모두 간이다.

예시 답안 ㉡ 인슐린, 인슐린(㉡)은 간에서 글리코젠의 합성을 촉진하여 혈당량을 감소시키고, 에피네프린은 간에서 글리코젠의 분해를 촉진하여 혈당량을 증가시킨다.

채점 기준	배점(%)
㉡과 인슐린을 쓰고, 인슐린은 간에서 글리코젠의 합성을 촉진하고, 에피네프린은 간에서 글리코젠의 분해를 촉진한다고 모두 옳게 설명한 경우	100
인슐린은 간에서 글리코젠의 합성을 촉진하고, 에피네프린은 간에서 글리코젠의 분해를 촉진한다고만 설명한 경우	60
㉡과 인슐린만 옳게 쓴 경우	20

혈당량은 주로 인슐린과 글루카곤의 길항 작용을 통해 일정하게 유지된다.

혈당량이 높을 때	이자의 β세포에서 인슐린 분비량 증가 → 간에서 혈액 속의 포도당을 글리코젠으로 전환하여 저장하는 과정 촉진, 체세포에서 혈액 속의 포도당 흡수 촉진 ➡ 혈당량 감소
혈당량이 낮을 때	이자의 α세포에서 글루카곤 분비량 증가 → 간에 저장된 글리코젠을 포도당으로 분해하는 과정 촉진, 분해된 포도당을 혈액으로 방출 ➡ 혈당량 증가
	간뇌의 시상 하부가 교감 신경을 자극 → 부신 속질에서 에피네프린 분비량 증가 → 간에 저장된 글리코젠을 포도당으로 분해하는 과정 촉진, 분해된 포도당을 혈액으로 방출 ➡ 혈당량 증가

230

답 ③

호르몬 X는 이자에서 분비되며, 혈당량이 증가함에 따라 혈중 농도가 증가하므로 혈당량을 감소시키는 인슐린이다.

ㄱ. 인슐린(X)은 간에서 포도당을 글리코젠으로 전환하여 저장하는 과정을 촉진하여 혈당량을 감소시킨다.

ㄷ. 인슐린(X)이 충분히 분비되지 않으면 혈당량이 높은 상태가 지속되어 오줌에 포도당이 섞여 나오는 당뇨병에 걸릴 수 있다.

오답 피하기 ㄴ. 호르몬은 내분비샘에서 생성되어 별도의 분비관 없이 혈관으로 직접 분비된 후 혈액을 따라 이동한다.

231 필수 유형

답 ③

자료 분석하기 | 혈당량 조절 과정

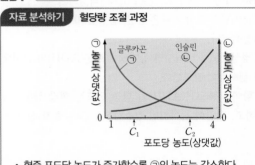

- 혈중 포도당 농도가 증가할수록 ㉠의 농도는 감소한다.
  - ➡ 혈당량이 높아지면 ㉠의 분비가 억제된다.
  - ➡ ㉠은 혈당량을 증가시키는 글루카곤이다.
- 혈중 포도당 농도가 증가할수록 ㉡의 농도는 증가한다.
  - ➡ 혈당량이 높아지면 ㉡의 분비가 촉진된다.
  - ➡ ㉡은 혈당량을 감소시키는 인슐린이다.

ㄱ. 글루카곤(㉠)은 이자의 α세포에서 분비된다.

ㄷ. 혈중 인슐린(㉡) 농도는 혈당량이 높은 C_2일 때가 C_1일 때보다 높다.

오답 피하기 ㄴ. 인슐린(㉡)의 분비를 조절하는 중추는 혈당량 조절 중추인 간뇌의 시상 하부이다.

232

답 ㉠ 이자, A: 글루카곤, B: 인슐린

글루카곤과 인슐린은 같은 내분비샘인 이자에서 분비되어 혈당량 조절에 관여한다. 따라서 내분비샘 ㉠은 이자이며, 간에서 글리코젠을 포도당으로 분해하는 과정을 촉진하는 A는 글루카곤, 포도당을 글리코젠으로 합성하는 과정을 촉진하는 B는 인슐린이다.

233

예시 답안 식사 후 혈당량이 증가하면 글루카곤(A)의 분비량은 감소하고, 인슐린(B)의 분비량은 증가한다. 인슐린(B)에 의해 간에서 혈액 속의 포도당을 글리코젠으로 전환하여 저장하는 과정이 촉진되고, 체세포에서 혈액 속의 포도당 흡수가 촉진되어 혈당량이 감소한다.

채점 기준	배점(%)
식사 후 혈당량 변화에 따른 글루카곤과 인슐린의 분비량 변화와 혈당량 조절 과정을 모두 옳게 설명한 경우	100
식사 후 혈당량 변화에 따른 글루카곤과 인슐린의 분비량 변화와 혈당량 조절 과정 중 1가지만 옳게 설명한 경우	50

234 필수 유형

답 ③

자료 분석하기 | 체온 조절 과정

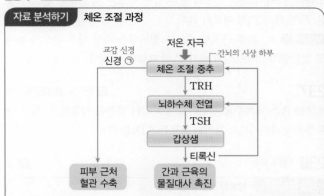

- 저온 자극이 주어지면 교감 신경(㉠)의 작용이 강화되어 피부 근처 혈관이 수축한다. ➡ 피부 근처로 흐르는 혈액량이 감소한다. ➡ 피부를 통한 열 발산량이 감소한다.
- 저온 자극이 주어지면 TRH와 TSH에 의해 갑상샘에서 티록신의 분비량이 증가한다. ➡ 간과 근육에서 물질대사가 촉진된다. ➡ 체내 열 발생량이 증가한다.

ㄱ. 체온을 조절하는 중추는 간뇌의 시상 하부이다.

ㄷ. 혈중 티록신의 농도는 음성 피드백에 의해 조절되므로 티록신이 과다 분비되면 티록신이 간뇌의 시상 하부와 뇌하수체 전엽에 작용하여 TRH와 TSH의 분비를 억제한다.

오답 피하기 ㄴ. 교감 신경(㉠)의 작용이 강화되어 피부 근처 혈관이 수축하고, 피부 근처로 흐르는 혈액량이 감소하므로 피부를 통한 열 발산량이 감소한다.

235

답 ①

자료 분석하기 | 체온 조절 과정

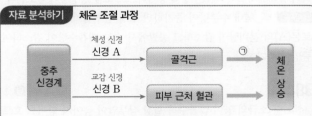

- A와 B는 모두 중추와 반응기를 연결하는 원심성 신경이다.
- A는 골격근에 연결되므로 체성 신경이다. ➡ 저온 자극 시 체온을 상승시키기 위해 체성 신경(A)의 작용으로 골격근이 수축해 몸 떨림이 증가하여 열 발생량이 증가한다.(㉠)
- B는 피부 근처 혈관에 연결되므로 교감 신경이다. ➡ 저온 자극 시 체온을 상승시키기 위해 교감 신경(B)의 작용이 강화되어 피부 근처 혈관이 수축해 열 발산량이 감소한다.

ㄱ. A는 골격근에 연결된 원심성 신경이다.

오답피하기 ㄴ. B는 교감 신경이다.

ㄷ. 과정 ㉠을 통해 골격근 수축에 의한 몸 떨림이 증가되어 체내 열 발생량이 증가한다.

236
답 ④

ㄱ. 고온 자극에 의해 시상 하부 온도가 높아짐에 따라 체온을 낮추기 위해 A는 감소하고, B는 증가하므로 A는 근육에서의 열 발생량, B는 피부에서의 열 발산량이다.

ㄴ. 체온이 낮을 때 교감 신경의 작용이 강화되어 피부 근처 혈관이 수축하고, 피부 근처로 흐르는 혈액량이 감소하므로 열 발산량이 감소한다. 따라서 교감 신경의 흥분 발생 빈도는 시상 하부 온도가 낮은 T_1일 때가 T_2일 때보다 크다.

오답피하기 ㄷ. 피부 근처로 흐르는 혈액량은 시상 하부 온도가 높아 열 발산량(B)이 큰 T_2일 때가 T_1일 때보다 더 많다.

237
답 항이뇨 호르몬(ADH)

호르몬 A는 뇌하수체 후엽에서 분비되어 콩팥에 작용하고, 혈장 삼투압을 변화시키므로 항이뇨 호르몬(ADH)이다.

238 필수 유형
답 ③

자료 분석하기 | 삼투압 조절 과정

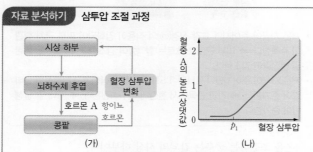

(가) (나)

- A는 콩팥에서 수분 재흡수를 촉진하는 항이뇨 호르몬(ADH)이다.
- 혈장 삼투압이 높아질수록 항이뇨 호르몬(A)의 분비량이 증가하여 콩팥에서 수분 재흡수량이 증가한다. ➡ 오줌양이 감소하고, 오줌의 삼투압은 높아진다. ➡ 체내 수분량이 증가하여 혈장 삼투압이 낮아진다.

ㄱ. 항이뇨 호르몬(A)은 콩팥에서 수분 재흡수를 촉진하여 체내 수분량을 보존하는 역할을 한다.

ㄷ. 혈장 삼투압이 p_1보다 높아지면 항이뇨 호르몬(A)의 분비량이 증가하여 콩팥에서 수분 재흡수량이 증가하므로 오줌 생성량이 감소한다.

오답피하기 ㄴ. 체내 수분량이 증가하면 혈장 삼투압이 낮아져 항이뇨 호르몬(A)의 분비량이 감소하고 콩팥에서 수분 재흡수량이 감소하여 오줌양이 증가한다.

239
답 ①

ㄴ. 섭취한 소금의 양이 많을수록 혈장 삼투압이 높아져 항이뇨 호르몬(ADH)의 분비량이 증가하므로 항이뇨 호르몬(ADH)의 농도가 높은 (가)일 때가 (나)일 때보다 섭취한 소금의 양이 많다.

오답피하기 ㄱ. 항이뇨 호르몬(ADH)은 뇌하수체 후엽에서 분비된다.

ㄷ. 항이뇨 호르몬(ADH)의 농도가 높을수록 콩팥에서 수분 재흡수량이 증가해 오줌 생성량이 감소한다. 따라서 오줌 생성량은 항이뇨 호르몬(ADH)의 농도가 높은 (가)일 때가 (나)일 때보다 적다.

240
답 ③

자료 분석하기 | 삼투압 조절

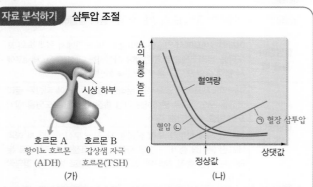

(가) (나)

- A는 혈액량, 혈장 삼투압, 혈압의 변화에 의해 혈중 농도가 달라지므로 혈장 삼투압을 조절하는 항이뇨 호르몬(ADH)이다. ➡ 뇌하수체 후엽에서 분비되는 항이뇨 호르몬(ADH)은 콩팥에서 수분 재흡수를 촉진하므로 표적 기관은 콩팥이다.
- B는 뇌하수체 전엽에서 분비되는 갑상샘 자극 호르몬(TSH)이다. ➡ 갑상샘 자극 호르몬(TSH)은 갑상샘을 자극해 티록신의 분비를 촉진하므로 표적 기관은 갑상샘이다.
- 혈장 삼투압이 높아질수록 항이뇨 호르몬(A)의 분비량이 증가한다. ➡ 콩팥에서 수분 재흡수량이 증가하고 오줌양이 감소한다. ➡ ㉠은 혈장 삼투압이다.
- 혈압이 높아지거나 혈액량이 많아질수록 항이뇨 호르몬(A)의 분비량이 감소한다. ➡ 콩팥에서 수분 재흡수량이 감소하고 오줌양이 증가한다. ➡ ㉡은 혈압이다.

혈액량이 많아질수록 A의 혈중 농도가 감소하므로 A는 항이뇨 호르몬(ADH), B는 갑상샘 자극 호르몬(TSH)이다.

ㄱ. 항이뇨 호르몬(A)의 표적 기관은 콩팥, 갑상샘 자극 호르몬(B)의 표적 기관은 갑상샘이다.

ㄷ. 혈압(㉡)이 정상값보다 낮아지면 항이뇨 호르몬(ADH)의 분비량이 증가해 오줌 생성량이 감소한다.

오답피하기 ㄴ. 항이뇨 호르몬(ADH)의 혈중 농도는 혈장 삼투압이 높아지면 증가하고, 혈압이 높아지면 감소하므로 ㉠은 혈장 삼투압, ㉡은 혈압이다.

241
답 ②

물을 섭취하여 혈장 삼투압이 낮아질수록 항이뇨 호르몬의 분비량이 감소하고 오줌 생성량이 증가하므로 ㉠은 오줌 생성량, ㉡은 혈장 삼투압이다.

ㄴ. 물 섭취 시점보다 t_1일 때가 오줌 생성량(㉠)이 많으므로 오줌의 삼투압이 낮다.

오답피하기 ㄱ. ㉠은 오줌 생성량이다.

ㄷ. 물 섭취 시점보다 t_1일 때가 오줌 생성량이 많으므로 콩팥에서 단위 시간당 수분 재흡수량은 물 섭취 시점보다 t_1일 때가 적다.

개념 더하기 | 삼투압 조절

혈장 삼투압이 높을 때	뇌하수체 후엽에서 항이뇨 호르몬(ADH) 분비량 증가 → 콩팥에서 수분 재흡수량 증가 → 오줌양 감소, 체내 수분량 증가 ➡ 혈장 삼투압 감소
혈장 삼투압이 낮을 때	뇌하수체 후엽에서 항이뇨 호르몬(ADH) 분비량 감소 → 콩팥에서 수분 재흡수량 감소 → 오줌양 증가, 체내 수분량 감소 ➡ 혈장 삼투압 증가

242 ①   243 ⑤   244 ⑤   245 ⑤   246 ①   247 ②

248 (1) A: 교감 신경, B: 체성 신경 (2) 해설 참조

249 (1) 증가 (2) 해설 참조

242   답 ①

A는 교감 신경(㉠ 과정)의 자극으로 부신 속질에서 분비되는 에피네프린이고, B는 TRH(㉡ 과정)와 TSH(㉢ 과정)의 자극으로 갑상샘에서 분비되는 티록신이다.

ㄴ. ㉠은 간뇌의 시상 하부의 명령을 교감 신경이 부신 속질에 전달하는 과정이며, 그 결과 에피네프린(A)이 분비된다. ㉡은 간뇌의 시상 하부에서 분비되는 갑상샘 자극 호르몬 방출 호르몬(TRH)이 뇌하수체 전엽에 작용하는 과정이다.

오답 피하기 ㄱ. 에피네프린(A)은 부신 속질에서 분비된다.

ㄷ. 티록신(B)이 과다 분비되면 음성 피드백에 의해 ㉡과 ㉢ 과정이 모두 억제된다.

243   답 ⑤

호르몬 X는 이자에서 분비되는 혈당량 조절 호르몬이며, 포도당 투여 이후에 혈당량이 증가함에 따라 X의 혈중 농도가 증가하므로 X는 혈당량을 감소시키는 인슐린이다.

ㄱ. 인슐린(X)은 간에서 혈액 속의 포도당을 글리코젠으로 전환하여 저장하는 과정(㉠)을 촉진해 혈당량을 감소시킨다.

ㄴ. 혈당량이 증가할수록 인슐린 농도가 증가하므로 혈당량은 인슐린의 농도가 높은 t_1일 때가 t_2일 때보다 높다.

ㄷ. 글루카곤의 혈중 농도는 인슐린의 혈중 농도와 반대로 변화하므로 글루카곤의 혈중 농도는 인슐린의 농도가 높은 t_1일 때가 t_2일 때보다 낮다.

244   답 ⑤

자료 분석하기   호르몬의 분비와 기능

구분	㉠	㉡	㉢
A	○	?○	○
B	○	?○	×
C	×	○	?×

(○: 있음, ×: 없음.)

(가)

특징(㉠~㉢)
· 이자에서 분비된다. ㉠
· 혈당량을 감소시킨다. ㉢
· 혈액을 통해 표적 기관으로 운반된다. ㉡

(나)

· 호르몬은 모두 혈액을 통해 표적 기관으로 운반된다. ➡ ㉡은 '혈액을 통해 표적 기관으로 운반된다.'이다.
· 글루카곤과 인슐린은 이자에서 분비된다. ➡ ㉠은 '이자에서 분비된다.'이고, ㉢은 '혈당량을 감소시킨다.'이다.
· 특징 ㉠~㉢이 모두 있는 A는 인슐린, ㉠과 ㉡이 있는 B는 글루카곤, ㉡만 있는 C는 에피네프린이다.

ㄱ. 인슐린(A)은 간에서 혈액 속의 포도당을 글리코젠으로 전환하여 저장하는 과정을 촉진해 혈당량을 감소시킨다.

ㄴ. 에피네프린(C)은 부신 속질에서 분비된다.

ㄷ. ㉢은 '혈당량을 감소시킨다.'이다.

245   답 ⑤

ㄱ. 고온 자극에 의해 시상 하부 온도가 높아짐에 따라 체온을 낮추기 위해 ㉠이 증가하므로 ㉠은 피부에서의 열 발산량이다.

ㄷ. 저온 자극에 의해 체온이 낮아짐에 따라 교감 신경의 작용이 강화되어 피부 근처 혈관이 수축하므로 피부 근처로 흐르는 혈액량은 시상 하부 온도가 낮은 T_1일 때가 T_2일 때보다 적다.

오답 피하기 ㄴ. A는 추울 때 흥분이 촉진되어 피부 근처 혈관을 수축시키는 교감 신경이다. 교감 신경(A)의 신경절 이후 뉴런의 말단에서는 노르에피네프린이 분비된다.

246   답 ①

자료 분석하기   삼투압 조절

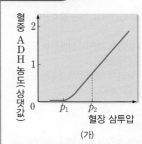

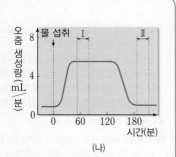

(가)   (나)

· 물을 섭취하여 혈장 삼투압이 낮아질수록 항이뇨 호르몬(ADH)의 분비량이 감소한다.
   ➡ 콩팥에서 수분 재흡수량이 감소하고 오줌 생성량이 증가한다.
· 구간 Ⅰ: 물 섭취 후 혈장 삼투압이 낮아져 항이뇨 호르몬(ADH)의 분비량이 감소한 상태이다.
   ➡ 콩팥에서 수분 재흡수량이 감소하여 오줌 생성량이 증가하고, 혈장 삼투압이 높아진다.
· 구간 Ⅱ: 혈장 삼투압이 다시 높아져 항이뇨 호르몬(ADH)의 분비량이 증가한 상태이다.
   ➡ 콩팥에서 수분 재흡수량이 증가하여 오줌 생성량이 감소하고, 혈장 삼투압이 낮아진다.

ㄱ. 항이뇨 호르몬(ADH)은 뇌하수체 후엽에서 분비된다.

오답 피하기 ㄴ. 오줌의 삼투압은 항이뇨 호르몬(ADH)의 분비량이 많을수록 높다. 따라서 오줌의 삼투압은 p_1일 때가 p_2일 때보다 낮다.

ㄷ. 혈장 삼투압이 높을수록 오줌 생성량이 감소한다. 따라서 혈장 삼투압은 구간 Ⅰ에서가 구간 Ⅱ에서보다 낮다.

247   답 ②

ㄴ. 물 섭취 후 혈장 삼투압이 낮아져 항이뇨 호르몬(ADH)의 분비량이 감소하므로 오줌 생성량이 증가하고, 소금물 섭취 후 혈장 삼투압이 높아져 항이뇨 호르몬(ADH)의 분비량이 증가하므로 오줌 생성량이 감소한다. 따라서 ㉠은 물이고, 혈중 항이뇨 호르몬(ADH)의 농도는 물 섭취 전 t_1에서가 물 섭취 후 오줌 생성량이 증가한 t_2에서보다 높다.

오답 피하기 ㄱ. ㉠ 섭취 후 오줌 생성량이 증가했으므로 ㉠은 혈장 삼투압을 낮춰 항이뇨 호르몬(ADH)의 분비를 억제하는 물이다.

ㄷ. 항이뇨 호르몬(ADH)의 분비량이 증가하여 오줌 생성량이 감소할수록 오줌의 삼투압은 높다. 따라서 단위 시간당 생성되는 오줌의 삼투압은 항이뇨 호르몬(ADH)의 분비량이 감소하여 오줌 생성량이 많은 t_2에서가 t_3에서보다 낮다.

서술형 해결 전략

STEP 1 문제 포인트 파악

열 발생량과 열 발산량의 변화에 의한 체온 조절 과정을 설명할 수 있어야 한다.

STEP 2 자료 파악

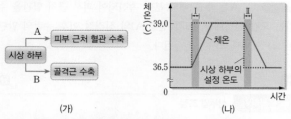

- A는 피부 근처 혈관을 수축시키므로 교감 신경이고, B는 골격근을 수축시키므로 체성 신경이다.
- 구간 Ⅰ: 시상 하부의 설정 온도가 갑자기 높아져 체온이 상승하는 구간이다. ➡ 열 발생량은 증가하고, 열 발산량은 감소한다.
- 구간 Ⅱ: 시상 하부의 설정 온도가 갑자기 낮아져 체온이 하강하는 구간이다. ➡ 열 발생량은 감소하고, 열 발산량은 증가한다.

STEP 3 관련 개념 모으기

❶ 추울 때 피부 근처 혈관에서 일어나는 현상은?
➡ 교감 신경의 작용이 강화되어 피부 근처 혈관이 수축한다. → 피부 근처로 흐르는 혈액량이 감소한다. → 피부에서의 열 발산량이 감소한다.

❷ 추울 때 골격근에서 일어나는 현상은?
➡ 골격근의 수축에 의한 몸 떨림이 증가한다. → 골격근에서의 열 발생량이 증가한다.

(1) 저온 자극에 의해 체온이 낮아짐에 따라 교감 신경(A)의 작용이 강화되어 피부 근처 혈관이 수축하고, 체성 신경(B)의 작용으로 골격근이 수축한다.

(2) **예시 답안** Ⅰ, 구간 Ⅰ은 Ⅱ와 달리 시상 하부의 설정 온도가 체온보다 높아 체온을 설정 온도까지 높이기 위해 과정 A가 촉진되어 피부 근처로 흐르는 혈액량이 줄어든 결과 피부에서의 열 발산량이 감소하기 때문이다.

채점 기준	배점(%)
Ⅰ을 쓰고, Ⅰ에서는 체온을 시상 하부의 설정 온도까지 높이기 위해 피부 근처로 흐르는 혈액량이 줄어든 결과 피부에서의 열 발산량이 감소하기 때문이라고 모두 옳게 설명한 경우	100
Ⅰ만 옳게 쓴 경우	20

249

서술형 해결 전략

STEP 1 문제 포인트 파악

혈장 삼투압에 따른 항이뇨 호르몬(ADH)의 분비량 변화와 콩팥에서의 수분 재흡수량의 변화를 파악해야 한다.

STEP 2 관련 개념 모으기

❶ 항이뇨 호르몬(ADH)이란?
➡ 뇌하수체 후엽에서 분비되어 콩팥에서 수분 재흡수를 촉진하는 호르몬이다.

❷ 삼투압 조절 과정은?
➡ 혈장 삼투압이 높을수록 뇌하수체 후엽에서 항이뇨 호르몬(ADH)의 분비량이 증가한다. 항이뇨 호르몬(ADH)은 콩팥에서 수분 재흡수를 촉진하여 체내 수분량을 증가시켜 혈장 삼투압을 감소시킨다.

(1) X는 항이뇨 호르몬(ADH)이며, 평상시에 비해 혈액량이 증가하면 체내 수분량이 많아 같은 혈장 삼투압에서 혈중 항이뇨 호르몬(ADH)의 농도가 평상시보다 낮다.

(2) **예시 답안** p_1에서 평상시보다 ㉠일 때 혈중 항이뇨 호르몬(X)의 농도가 낮다. 항이뇨 호르몬(X)은 콩팥에서 수분 재흡수를 촉진하므로 p_1에서 수분 재흡수량은 평상시가 ㉠일 때보다 많다.

채점 기준	배점(%)
p_1에서 평상시와 ㉠일 때의 수분 재흡수량 차이를 항이뇨 호르몬(ADH)의 기능과 관련지어 옳게 설명한 경우	100
p_1에서 평상시가 ㉠일 때보다 수분 재흡수량이 많다고만 설명한 경우	50

08 우리 몸의 방어 작용

개념 확인 문제 63쪽

250 ○	**251** ×	**252** ×
253 (가), (나), (다)		**254** 세포독성 T림프구
255 형질 세포	**256** ㉠	
257 (가) A형, (나) B형, (다) AB형, (라) O형		

250 **답** ○

비감염성 질병은 병원체 없이 유전, 환경, 생활 방식 등이 원인이 되어 발생하는 질병이며, 감염성 질병은 병원체가 원인이 되어 발생하는 질병이다.

251 **답** ×

바이러스에 의한 질병은 항바이러스제를 사용하여 치료하며, 세균에 의한 질병은 항생제를 사용하여 치료한다.

252 **답** ×

결핵은 세균에 의한 감염성 질병이고, 독감은 바이러스에 의한 감염성 질병이며, 당뇨병은 비감염성 질병이다.

253 **답** (가), (나), (다)

비특이적 방어 작용에는 물리적·화학적 장벽으로 작용하여 병원체의 침입을 막는 피부와 점막, 체내로 침입한 병원체를 제거하는 식세포 작용, 염증이 있다. 항원 항체 반응은 병원체의 종류를 구별하여 일어나는 특이적 방어 작용에 해당한다.

254 **답** 세포독성 T림프구

세포성 면역은 보조 T림프구에 의해 활성화된 세포독성 T림프구가 항원에 감염된 세포나 암세포를 직접 공격하여 파괴하는 면역 반응이다.

255
답 형질 세포

체액성 면역은 B 림프구로부터 분화한 형질 세포에서 생성·분비된 항체가 항원과 결합하여 항원 항체 반응으로 항원을 제거하는 면역 반응이다.

256
답 ㉠

항원 X에 1차 감염되었을 때 항체를 생성하기까지 시간이 걸리므로 잠복기가 있으며, 소량의 항체 X가 생성된다. 따라서 구간 ㉠이 항원 X에 대한 1차 면역 반응 시기이다.

257
답 (가) A형, (나) B형, (다) AB형, (라) O형

ABO식 혈액형은 응집원의 종류에 따라 A형, B형, AB형, O형으로 구분한다. (가)는 응집원 A를 가지므로 응집소 β를 갖는 A형이고, (나)는 응집소 α를 가지므로 응집원 B를 갖는 B형이다. (다)는 응집원 A와 B를 모두 가지므로 응집소 α와 β를 모두 갖지 않는 AB형이고, (라)는 응집원 A와 B를 모두 갖지 않으므로 응집소 α와 β를 모두 갖는 O형이다.

기출 분석 문제
64~69쪽

258 A: 낮 모양 적혈구 빈혈증, B: 독감, C: 결핵		**259** ⑤	**260** ②
261 ①	**262** ④	**263** ③	**264** ④	**265** 해설 참조
266 ①	**267** ⑤	**268** ①	**269** ⑤	**270** 해설 참조
271 ㉠ 형질 세포, ㉡ 기억 세포		**272** 해설 참조		**273** ①
274 ②	**275** ①	**276** ③	**277** ①	**278** I, II
279 해설 참조		**280** ②	**281** ④	**282** ①	**283** ④
284 ②	**285** 해설 참조	**286** ㉠	

258
답 A: 낮 모양 적혈구 빈혈증, B: 독감, C: 결핵

A는 병원체가 없는 비감염성 질병이므로 헤모글로빈 유전자의 돌연변이로 나타나는 낮 모양 적혈구 빈혈증이고, B는 병원체가 세포 구조가 아닌 바이러스이므로 독감이며, C는 병원체가 스스로 물질대사를 하는 세균이므로 결핵이다.

259
답 ⑤

ㄱ. 낮 모양 적혈구 빈혈증(A)은 돌연변이 헤모글로빈 유전자로 인해 나타나며, 이 돌연변이 유전자가 자손에게 전달될 수 있으므로 유전병이다.

ㄴ. 독감(B)의 병원체는 바이러스이다.

ㄷ. 결핵(C)과 같은 세균에 의한 감염성 질병은 항생제를 사용하여 치료한다.

260
답 ②

ㄴ. 콜레라균과 인플루엔자 바이러스는 모두 유전 물질을 가지므로 '유전 물질을 가지고 있다.'는 콜레라균과 인플루엔자 바이러스의 공통된 특징인 ㉡에 해당한다.

오답 피하기 ㄱ. 콜레라균의 병원체인 세균은 단세포 원핵생물로, 핵막이 없어 유전 물질인 DNA가 세포질에 퍼져 있다. 따라서 '핵을 가지고 있다.'는 콜레라균만 갖는 특징인 ㉠에 해당하지 않는다.

ㄷ. 바이러스는 비세포 구조이므로 '세포 구조를 갖추고 있다.'는 인플루엔자 바이러스만 갖는 특징인 ㉢에 해당하지 않는다.

개념 더하기 세균과 바이러스의 비교

세균	바이러스
• 세포 구조이고, 숙주 세포 밖에서도 증식할 수 있다.	• 비세포 구조이고, 숙주 세포 밖에서는 증식할 수 없다.
• 세균에 의한 질병은 항생제를 사용하여 치료한다.	• 바이러스에 의한 질병은 항바이러스제를 사용하여 치료한다.

261
답 ①

고혈압과 혈우병은 비감염성 질병, 독감과 AIDS는 바이러스에 의한 감염성 질병, 결핵과 세균성 식중독은 세균에 의한 감염성 질병이다.

ㄱ. 비감염성 질병(가)은 병원체 없이 발생하는 질병이므로 다른 사람에게 전염되지 않는다.

오답 피하기 ㄴ. 바이러스에 의한 감염성 질병(나)은 항바이러스제를 사용하여 치료한다.

ㄷ. (다)의 병원체인 세균은 단세포 원핵생물로, 핵을 갖지 않는다.

262
답 ④

ㄴ. A는 병원체의 세포벽 형성을 억제하므로 (가)는 세포벽을 갖는 세균에 의한 감염성 질병인 결핵이고, B는 병원체의 유전 물질 복제를 방해하므로 (나)는 유전 물질을 갖는 바이러스에 의한 감염성 질병인 독감이다. 세균과 바이러스는 모두 단백질을 갖는다.

ㄷ. C는 혈액에서 간세포로 포도당 이동을 촉진해 혈당량을 감소시키므로 (다)는 혈당량이 정상 범위 수준보다 높아져 나타나는 당뇨병이다. 당뇨병(다)은 병원체가 없는 비감염성 질병이다.

오답 피하기 ㄱ. 결핵(가)의 병원체는 세균이다. 세균은 핵막이 없어 유전 물질인 DNA가 세포질에 퍼져 있다.

263
답 ③

ㄱ. 가시에 찔려 피부에 상처가 나서 병원체가 체내로 침입하면 염증이 일어나 병원체를 제거한다.

ㄴ. 염증이 일어날 때는 히스타민에 의해 모세 혈관이 확장되고 혈관의 투과성이 증가하여 상처 부위로 백혈구가 모이게 되며, 백혈구의 식세포 작용으로 병원체가 제거된다.

오답 피하기 ㄷ. 가시에 찔려 병원체가 체내에 침입하면 상처 부위의 비만세포가 히스타민을 분비한다. 히스타민은 모세 혈관을 확장시켜 혈류량을 늘리고, 혈관의 투과성을 증가시켜 혈장과 백혈구가 모세혈관 밖으로 쉽게 새어 나가도록 한다.

264
답 ④

ㄴ. ⓒ에서 항체 X가 생성되므로 ⓒ은 B 림프구로부터 분화한 형질 세포이다.

ㄷ. 체액성 면역은 B 림프구로부터 분화한 형질 세포에서 생성·분비된 항체가 항원과 결합하여 항원을 제거하는 면역 반응이다. 이 방어 작용에서 항체 X가 생성되므로 체액성 면역이 일어난다.

오답 피하기 ㄱ. 이 질병은 병원체 X가 체내로 침입해 발생하는 감염성 질병이다.

265

대식세포(㉠)는 병원체의 종류를 구별하지 않고 병원체를 자신의 세포 안으로 들여와 분해하는 비특이적 방어 작용인 식세포 작용을 한다.

예시 답안 ㉠ 대식세포, 병원체의 종류를 구별하지 않고 병원체를 자신의 세포 안으로 들여와 분해하는 식세포 작용을 한다.

채점 기준	배점(%)
㉠과 대식세포를 쓰고, 식세포 작용을 통해 병원체를 분해한다고 모두 옳게 설명한 경우	100
㉠과 대식세포만 옳게 쓴 경우	20

266
답 ①

골수에서 성숙하는 (가)는 B 림프구, 가슴샘에서 성숙하는 (나)는 T 림프구, 항체를 생성하는 (다)는 형질 세포이다.

ㄴ. T 림프구(나)와 형질 세포(다)는 모두 특이적 방어 작용에 관여한다.

오답 피하기 ㄱ. (가)는 B 림프구이다.

ㄷ. 같은 항원이 재침입할 경우 1차 면역 반응 시 생성되었던 기억 세포가 빠르게 증식하고 형질 세포로 분화하여 항체를 생성한다.

개념 더하기 **특이적 방어 작용**

특이적 방어 작용은 세포성 면역과 체액성 면역으로 구분한다.

세포성 면역	보조 T림프구에 의해 활성화된 세포독성 T림프구가 항원에 감염된 세포나 암세포를 직접 공격하여 파괴하는 면역 반응이다.
체액성 면역	• B 림프구로부터 분화한 형질 세포에서 생성·분비된 항체가 항원과 결합하여 항원을 제거하는 면역 반응이다. • 과정: 보조 T림프구에 의해 활성화된 B 림프구가 증식하여 형질 세포와 기억 세포로 분화한다. ➡ 기억 세포는 항원의 특성을 기억하고, 형질 세포는 항체를 생성하여 분비한다. ➡ 항원 항체 반응이 일어나 항원이 제거된다. • 항원이 체내에 처음 침입하면 1차 면역 반응이, 이후 같은 항원이 재침입하면 2차 면역 반응이 일어난다.

267
답 ⑤

ㄱ. ㉠은 보조 T림프구에 의해 활성화된 후 항원 X에 감염된 세포를 직접 용해하여 제거하므로 세포독성 T림프구이다. 세포독성 T림프구(㉠)에 의한 방어 작용은 세포성 면역이다.

ㄴ. ㉡은 보조 T림프구에 의해 활성화된 후 기억 세포와 형질 세포로 증식·분화하므로 B 림프구이다. B 림프구는 골수에서 생성되어 골수에서 성숙한다.

ㄷ. 항체 @는 항원 X에 감염된 후 체액성 면역을 통해 생성된 것이다. 따라서 항체 @는 항원 X와 특이적으로 결합하여 항원 X를 항원 항체 반응으로 제거한다.

268
답 ①

ㄱ. 병원체는 체내에서 면역 반응을 일으키는 항원으로 작용한다.

오답 피하기 ㄴ. ㉠은 X와 Y에 모두 결합할 수 있고, ㉡과 ㉢은 Y에만 결합한다.

ㄷ. 한 종류의 형질 세포는 한 종류의 항체만 생성하므로 항체 ㉠~㉢은 각각 서로 다른 형질 세포에서 생성된다.

269
답 ⑤

항원 A가 체내에 1차 침입하면 대식세포(ⓒ)가 식세포 작용으로 항원 A를 잡아먹은 후 분해하여 항원 A 조각을 세포막 표면에 제시하고, 보조 T림프구(㉠)가 이 항원 A 조각을 인식한 후 B 림프구(ⓒ)를 활성화한다. 활성화된 B 림프구(ⓒ)는 기억 세포와 형질 세포로 분화하며, 형질 세포는 항체를 생성하여 분비한다.

ㄴ. (나)는 대식세포(ⓒ)가 항원 A를 자신의 세포 안으로 들여와 분해하는 식세포 작용으로 비특이적 방어 작용이다.

ㄷ. 보조 T림프구(㉠)는 골수에서 생성된 후 가슴샘에서 성숙한다.

오답 피하기 ㄱ. 방어 작용은 (나)→(라)→(가)→(다) 순으로 일어난다.

270
답 ⑤

자료 분석하기 **면역의 원리**

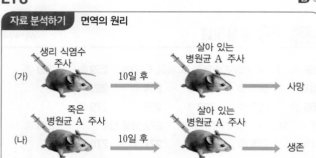

생리 식염수 주사 (가) → 10일 후 → 살아 있는 병원균 A 주사 → 사망

죽은 병원균 A 주사 (나) → 10일 후 → 살아 있는 병원균 A 주사 → 생존

• (가): 항원이 처음 침입했을 때 일어나는 1차 면역 반응은 항체를 생성하기까지 시간이 오래 걸려 잠복기 동안 질병에 걸릴 수 있다. ➡ (가)의 쥐는 살아 있는 병원균 A를 주사한 후 사망했으므로 살아 있는 병원균 A를 주사했을 때 2차 면역 반응이 일어나지 않았음을 알 수 있다.

• (나): (가)와 달리 살아 있는 병원균 A를 주사했을 때 생존했으므로 살아 있는 병원균 A를 주사하기 전에 주사했던 죽은 병원균 A가 체내에서 항원으로 작용하여 1차 면역 반응이 일어났음을 알 수 있다. ➡ (나)의 쥐에 살아 있는 병원균 A를 주사했을 때 쥐의 체내에서 1차 면역 반응 시 생성되었던 기억 세포에 의해 2차 면역 반응이 일어났다.

ㄴ. (가)의 쥐에 살아 있는 병원균 A를 주사한 후 사망했으므로 살아 있는 병원균 A를 주사하기 전 (가)의 쥐에는 병원균 A에 대한 기억 세포가 없었다.

ㄷ. (나)에서 죽은 병원균 A를 주사했을 때 생성되었던 기억 세포에 의해 2차 면역 반응이 일어나 쥐가 생존했으므로 쥐의 체내에는 병원균 A에 대한 항체가 존재한다.

오답 피하기 ㄱ. (나)에서 죽은 병원균 A는 항원으로 작용하여 쥐의 체내에서 1차 면역 반응이 일어났다.

271
답 ㉠ 형질 세포, ㉡ 기억 세포

보조 T림프구에 의해 활성화된 B 림프구가 증식하여 ㉠과 ㉡으로 분화하였으므로 ㉠은 항체를 생성하여 분비하는 형질 세포이고, ㉡은 항원 X의 특성을 기억하는 기억 세포이다.

272

같은 항원에 2차 감염되면 1차 감염(1차 면역 반응) 시 생성되었던 기억 세포가 빠르게 증식하고 형질 세포로 분화하여 다량의 항체를 생성하는 2차 면역 반응이 일어난다.

예시답안 항원 X에 2차 감염되면 1차 면역 반응 시 생성되었던 기억 세포(ⓒ)가 X를 인식하여 빠르게 증식하고 형질 세포(ⓐ)로 분화하여 다량의 항체를 생성한다.

채점 기준	배점(%)
기억 세포(ⓒ)가 빠르게 형질 세포(ⓐ)로 분화하여 다량의 항체를 생성한다고 모두 옳게 설명한 경우	100
형질 세포(ⓐ)가 항체를 생성한다고만 설명한 경우	30

273 답 ①

ㄴ. 세포 ⓐ은 병원체 A에 대한 항체를, 세포 ⓒ은 병원체 B에 대한 항체를 생성하는 형질 세포이다. 형질 세포는 B 림프구가 분화한 세포로, B 림프구는 골수에서 성숙한다.

오답피하기 ㄱ. 대식세포의 식세포 작용은 병원체의 종류를 구별하지 않고 일어나는 비특이적 방어 작용이다.

ㄷ. A가 재침입하면 A에 대한 기억 세포가 빠르게 형질 세포(ⓐ)로 분화하여 다량의 항체를 생성한다.

274 답 ②

ㄴ. 백신은 약한 항원을 체내에 주사하여 병원체에 감염되기 전 체내에서 항원에 대한 기억 세포가 형성되도록 하는 인공 면역이다. 따라서 정제된 바이러스에서 분리한 특정 단백질(ⓐ)로 백신을 만들기 때문에 ⓐ은 체내에서 항원으로 작용해 기억 세포가 형성되도록 한다.

오답피하기 ㄱ. 바이러스는 비세포 구조이므로 세포 분열을 통해 증식하지 못하고, 살아 있는 숙주 세포 안에서만 증식한다.

ㄷ. (다)에서 만들어진 독감 백신은 인플루엔자 바이러스에 대한 기억 세포를 형성하여 독감을 예방하는 데 사용된다.

275 필수 유형 답 ①

자료 분석하기 **1차 면역 반응과 2차 면역 반응**

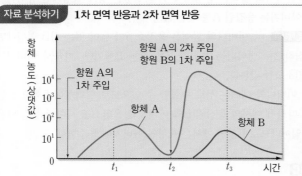

- 항원 A를 1차 주입했을 때, 잠복기를 거친 후 항체 A가 생성되는 1차 면역 반응이 일어났다.
- 항원 A를 2차 주입했을 때, 잠복기 없이 1차 면역 반응에서보다 빠르게 다량의 항체 A가 생성되는 2차 면역 반응이 일어났다. ➡ 항원 A에 대한 1차 면역 반응 시 기억 세포가 형성되었기 때문이다.
- 동시에 항원 A를 2차 주입하고 항원 B를 1차 주입했을 때, 항원 A와 달리 항원 B에 대해서는 1차 면역 반응이 일어났다. ➡ 체액성 면역은 각 항원에 대해 특이적으로 일어나기 때문이다.

ㄱ. 체액성 면역은 형질 세포에서 생성·분비된 항체가 항원과 결합하여 항원을 제거하는 면역 반응이다. t_1일 때 항체 A가 생성되고 있으므로 항원 A에 대한 체액성 면역이 일어나고 있다.

오답피하기 ㄴ. t_2일 때 항원 B를 1차 주입한 후 잠복기를 거쳐 항체 B가 생성되기 시작했으며, 생성된 항체 B의 농도가 낮으므로 항원 B를 주입하기 전 X에는 항원 B에 대한 기억 세포가 없었다.

ㄷ. t_2일 때 항원 B를 1차 주입한 후 X의 체내에서 항원 B에 대한 1차 면역 반응이 일어나 잠복기 이후 소량의 항체 B와 항원 B에 대한 기억 세포가 생성된다. 따라서 t_3일 때 항원 B에 대한 1차 면역 반응이 일어난다.

276 답 ③

자료 분석하기 **1차 면역 반응과 2차 면역 반응**

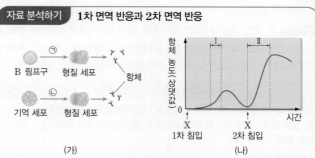

- (가)에서 과정 ⓐ은 B 림프구가 형질 세포로 분화하는 1차 면역 반응이고, 과정 ⓒ은 기억 세포가 형질 세포로 분화하는 2차 면역 반응이다. ➡ 1차 면역 반응 시 소량의 항체가 생성되고, 2차 면역 반응 시 1차 면역 반응에서보다 빠르게 다량의 항체가 생성된다. ➡ ⓒ에서가 ⓐ에서보다 빠르게 다량의 항체가 생성된다.
- (나)에서 세균 X에 대한 항체 생성 속도는 구간 Ⅱ에서가 구간 Ⅰ에서보다 빠르다. ➡ Ⅰ에서는 세균 X에 대한 1차 면역 반응이, Ⅱ에서는 세균 X에 대한 2차 면역 반응이 일어났다. ➡ 세균 X에 대한 1차 면역 반응 시 기억 세포가 형성되었기 때문이다.

ㄱ. 과정 ⓐ에서 보조 T림프구에 의해 활성화된 B 림프구가 형질 세포로 분화한다.

ㄴ. 구간 Ⅱ에서 세균 X에 대한 기억 세포의 작용으로 다량의 항체가 생성되는 2차 면역 반응이 일어났다. 따라서 Ⅱ에서 1차 면역 반응 시 생성되었던 기억 세포가 빠르게 증식하고 형질 세포로 분화하여 다량의 항체를 생성하는 과정 ⓒ이 일어난다.

오답피하기 ㄷ. 구간 Ⅰ에서는 세균 X에 대한 1차 면역 반응이, 구간 Ⅱ에서는 세균 X에 대한 2차 면역 반응이 일어난다.

277 답 ①

ㄴ. 체액성 면역은 B 림프구로부터 분화한 형질 세포에서 생성·분비된 항체가 항원을 제거하는 면역 반응이다. 구간 A에서 세균 X에 대한 항체가 생성되고 있으므로 체액성 면역이 일어난다.

오답피하기 ㄱ. Ⅰ에서는 세균 X가 체내로 침입했을 때 비만세포에서 분비한 화학 신호 물질(히스타민)에 의해 모세 혈관에서 백혈구가 빠져나와 X를 식세포 작용으로 제거하는 염증이 일어나며, 염증은 비특이적 방어 작용에 해당한다. Ⅱ에서는 백혈구의 일종인 대식세포가 X를 잡아먹은 후 제시한 항원 조각을 보조 T림프구가 인식하고, 보조 T림프구에 의해 활성화된 B 림프구로부터 분화한 형질 세포가 항체를 생성·분비하는 특이적 방어 작용이 일어난다.

ㄷ. 형질 세포는 기억 세포로 분화하지 않으며, 같은 세균 X가 재침입했을 때 X에 대한 기억 세포가 빠르게 증식하고 형질 세포로 분화하여 다량의 항체를 생성한다.

278 답 Ⅰ, Ⅱ

구간 Ⅰ에서는 항체 a의 작용으로 항원 A에 대한 체액성 면역이 일어나고, 구간 Ⅱ에서는 항체 a~c의 작용으로 항원 A~C에 대한 체액성 면역이 일어난다. 체액성 면역은 특이적 방어 작용에 해당한다.

279

백신 X를 주사하기 전 X에 들어 있는 특정 항원에 이미 노출되었다면 X를 주사했을 때 이 항원에 대한 2차 면역 반응이 일어나 다량의 항체가 생성된다.

예시 답안 A, 백신 X를 주사하였더니 항원 A와 특이적으로 결합하는 항체 a는 2차 면역 반응으로 다량이 빠르게 생성되었지만, 항원 B, C와 각각 특이적으로 결합하는 항체 b, c는 모두 1차 면역 반응으로 생성되었기 때문이다.

채점 기준	배점(%)
A를 쓰고, 항체 a는 2차 면역 반응으로 다량이 빠르게 생성되었지만, 항체 b와 c는 모두 1차 면역 반응으로 생성되었기 때문이라고 모두 옳게 설명한 경우	100
A만 옳게 쓴 경우	20

280 답 ②

ㄴ. (나)에서 영희의 적혈구 세포막에 응집원이 없으므로 영희는 응집원 A와 B를 모두 갖지 않고 응집소 α와 β를 모두 갖는 O형이다.

오답 피하기 ㄱ. ⊙은 철수의 적혈구 세포막에 있는 응집원이다.

ㄷ. (가)에서 철수의 적혈구 세포막에 있는 응집원과 영희의 혈장에 있는 2종류의 응집소 중 1종류가 결합했으므로 철수는 응집원 A를 갖는 A형이거나 응집원 B를 갖는 B형이다. 따라서 ⓒ은 응집소 α와 β 중 하나이며, 응집소(ⓒ)를 갖지 않는 AB형인 사람은 응집원 A와 B를 모두 가지므로 철수에게 수혈할 수 없다.

281 답 ④

자료 분석하기 혈액형의 판정

구분	(가)	(나)	(다)	(라)
항A 혈청	+	−	+	−
항B 혈청	−	+	+	−
항Rh 혈청	+	−	+	−

(+: 응집함. −: 응집 안 함.)

- 항A 혈청에는 응집원 A와 결합하는 응집소 α가, 항B 혈청에는 응집원 B와 결합하는 응집소 β가, 항Rh 혈청에는 Rh 응집원과 결합하는 Rh 응집소가 들어 있다.
- (가)의 혈액은 항A 혈청과 항Rh 혈청에 응집한다. ➡ (가)는 응집원 A와 Rh 응집원을 갖는 A형이면서 Rh⁺형이다.
- (나)의 혈액은 항B 혈청에만 응집한다. ➡ (나)는 응집원 B만 갖는 B형이면서 Rh⁻형이다.
- (다)의 혈액은 3가지 혈청에 모두 응집한다. ➡ (다)는 응집원 A와 B, Rh 응집원을 모두 갖는 AB형이면서 Rh⁺형이다.
- (라)의 혈액은 3가지 혈청에 모두 응집하지 않는다. ➡ (라)는 응집원 A와 B, Rh 응집원을 모두 갖지 않는 O형이면서 Rh⁻형이다.

ㄱ. (가)의 혈액은 Rh 응집소가 들어 있는 항Rh 혈청에 응집하므로 (가)는 Rh 응집원을 갖는 Rh⁺형이다.

ㄷ. (라)는 O형이면서 Rh⁻형이므로 응집원 A와 B, Rh 응집원을 모두 갖지 않는다. 따라서 이론적으로 (라)는 AB형이면서 Rh⁺형인 (다)에게 소량 수혈이 가능하다.

오답 피하기 ㄴ. (나)는 응집소 α를 갖는 B형, (다)는 응집소 α와 β를 모두 갖지 않는 AB형이다.

개념 더하기 **ABO식 혈액형의 수혈 관계**

다량 수혈은 혈액형이 같은 사람끼리 해야 하며, 이론적으로 혈액을 주는 사람의 응집원과 받는 사람의 응집소 사이에 응집 반응이 일어나지 않으면 서로 다른 혈액형이라도 소량 수혈은 가능하다.

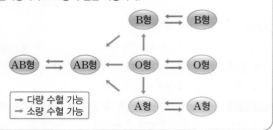

282 필수 유형 답 ①

자료 분석하기 **ABO식 혈액형의 판정**

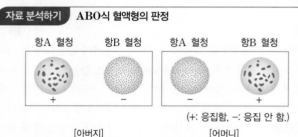

(+: 응집함. −: 응집 안 함.)

[아버지] [어머니]

- 아버지의 혈액은 항A 혈청에는 응집하고, 항B 혈청에는 응집하지 않는다. ➡ 아버지는 응집원 A는 갖고, 응집원 B는 갖지 않는 A형이다.
- 어머니의 혈액은 항A 혈청에는 응집하지 않고, 항B 혈청에는 응집한다. ➡ 어머니는 응집원 A는 갖지 않고, 응집원 B는 갖는 B형이다.

ㄱ. 아버지의 혈액은 응집소 α가 들어 있는 항A 혈청에만 응집하므로 아버지는 응집원 A를 갖는 A형이다.

오답 피하기 ㄴ. 어머니의 혈액은 응집소 β가 들어 있는 항B 혈청에만 응집하므로 어머니는 응집원 B를 갖는 B형이다. 따라서 어머니는 응집소 α를 갖는다.

ㄷ. 어머니와 예서는 서로 수혈할 수 있으므로 혈액형이 B형으로 같다. 따라서 예서의 응집원 B와 아버지의 응집소 β 사이에 응집 반응이 일어나므로 B형인 예서는 A형인 아버지에게 수혈할 수 없다.

283 답 ④

항A 혈청에 응집하는 혈액형은 A형과 AB형, 항B 혈청에 응집하는 혈액형은 B형과 AB형, 항A 혈청과 항B 혈청에 모두 응집하는 혈액형은 AB형, 항A 혈청과 항B 혈청에 모두 응집하지 않는 혈액형은 O형이다. A+AB=37, B+AB=45, AB+O=48이고, 이 집단의 학생 수는 모두 100이다. 따라서 AB형인 학생의 수는 15, A형인 학생의 수는 22, B형인 학생의 수는 30, O형인 학생의 수는 33이다.

ㄴ. B형인 학생의 수(30)는 AB형인 학생의 수(15)의 2배이다.

ㄷ. 철수는 응집소 α와 β를 모두 가지므로 응집원 A와 B를 모두 갖지 않는 O형이다. O형인 사람은 혈액형이 다른 사람으로부터 수혈을 받을 수 없다. 따라서 철수에게 수혈할 수 있는 학생은 철수와 혈액형이 같은 O형이며 O형인 학생의 수는 33이다.

오답 피하기 ㄱ. A형인 학생의 수는 22이다.

284
답 ②

아버지는 응집소 α를 갖는 B형이고, 미래는 응집소 α와 β를 모두 갖는 O형이다. 따라서 어머니는 아버지, 미래와 ABO식 혈액형이 다르면서 O형인 딸이 있으므로 응집소 β를 갖는 A형이다.

ㄷ. O형인 미래는 응집원 A와 B를 모두 갖지 않는다. 항B 혈청에는 응집소 β가 들어 있다. 따라서 O형인 미래의 혈액과 항B 혈청에 들어 있는 응집소 β 사이에 응집 반응이 일어나지 않는다.

오답 피하기 ㄱ. 아버지는 B형이므로 응집원 A는 갖지 않고, 응집원 B를 갖는다.

ㄴ. 어머니는 A형이므로 응집소 α는 갖지 않고 응집소 β를 갖는다.

285

ABO식 혈액형이 A형인 어머니는 응집원 A를 갖고, O형인 미래는 응집소 α와 β를 모두 갖는다. 따라서 어머니의 응집원 A와 미래의 응집소 α 사이에 응집 반응이 일어나므로 어머니가 미래에게 수혈할 수 없다.

예시 답안 없다. 어머니는 응집원 A를 갖고 미래는 응집소 α를 가지므로 어머니가 미래에게 수혈하면 미래의 체내에서 어머니의 응집원 A와 미래의 응집소 α 사이에 응집 반응이 일어나기 때문이다.

채점 기준	배점(%)
'없다.'를 쓰고, 어머니의 응집원 A와 미래의 응집소 α 사이에 응집 반응이 일어나기 때문이라고 모두 옳게 설명한 경우	100
어머니의 응집원 A와 미래의 응집소 α 사이에 응집 반응이 일어나기 때문이라고만 설명한 경우	70
'없다.'만 옳게 쓴 경우	20

286
답 ㉠

A형이면서 Rh⁻형인 영수의 적혈구 세포막에는 응집원 A가 있고, 혈장에는 응집소 β가 있으며, Rh 응집원이 없다. 따라서 ㉠~㉡ 중 ㉠에서만 영수의 응집원 A와 항A 혈청에 들어 있는 응집소 α 사이에 응집 반응이 일어난다.

🏆 1등급 완성 문제
70~71쪽

287
답 ①

고혈압은 병원체 없이 발생하므로 다른 사람에게 전염되지 않는 비감염성 질병, 폐렴은 세균에 의한 감염성 질병, 홍역은 바이러스에 의한 감염성 질병이다. 바이러스는 비세포 구조이므로 분열법으로 증식하지 못하며, 세균은 분열법으로 증식한다. 따라서 (가)는 폐렴, (나)는 고혈압, (다)는 홍역이며, ㉠은 '병원체가 분열법으로 증식한다.', ㉡은 '다른 사람에게 전염될 수 있다.', ㉢은 '병원체 없이 나타난다.'이다.

ㄱ. 폐렴(가)은 세균에 의한 감염성 질병이므로 항생제를 사용하여 치료한다.

오답 피하기 ㄴ. ㉢은 비감염성 질병인 고혈압(나)만의 특징이므로 '병원체 없이 나타난다.'이다.

ㄷ. 홍역(다)의 병원체인 바이러스는 스스로 물질대사를 하지 못하며, 살아 있는 숙주 세포 안에서만 증식할 수 있다.

288
답 ⑤

ㄱ. ㉠은 항체를 생성하므로 형질 세포이다.

ㄴ. ㉡은 식세포 작용을 하므로 대식세포이고, ㉢은 가슴샘에서 성숙하므로 보조 T림프구이다. X 침입 후 항체가 생성되지 않는 구간 Ⅰ에서 대식세포(㉡)가 식세포 작용으로 X를 잡아먹은 후 분해하여 X의 조각을 세포막 표면에 제시하면 이를 보조 T림프구(㉢)가 인식함으로써 특이적 방어 작용이 시작된다.

ㄷ. 구간 Ⅱ에서 X와 특이적으로 결합하는 항체가 생성되는 체액성 면역이 일어나고 있다.

289
답 ④

ⓐ를 주사한 생쥐 ㉡에 X를 주사하자 X에 대한 항체가 다량으로 생성되는 2차 면역 반응이 일어났으므로 ⓐ는 X에 대한 기억 세포이다. ⓑ를 주사한 생쥐 ㉢에 X를 주사하자 X에 대한 항체가 소량으로 생성되는 1차 면역 반응이 일어났으므로 ⓑ는 X에 대한 기억 세포가 들어 있지 않은 혈청이다.

ㄴ. 구간 Ⅰ에서 X와 특이적으로 결합하는 항체가 2차 면역 반응으로 생성되었으며, 이와 같이 항체를 생성해 항원을 제거하는 방어 작용은 체액성 면역이다.

ㄷ. 구간 Ⅱ에서 X에 대한 항체가 1차 면역 반응으로 생성되었다. 따라서 Ⅱ에서 X를 인식하고 B 림프구가 형질 세포로 분화하는 과정을 거쳐 형질 세포가 항체를 생성한다.

오답 피하기 ㄱ. ⓐ는 기억 세포이다.

290
답 ④

ㄱ. (나)에서 실험 결과 Ⅱ와 Ⅲ은 모두 죽었지만 Ⅳ는 살았다. 따라서 Ⅳ에게 병원체 A와 함께 주사한 혈청 ㉡에는 A에 대한 항체가 들어 있으므로 (가)에서 백신 ㉠을 주사한 Ⅰ의 체내에서 1차 면역 반응이 일어나 A에 대한 항체가 생성되었다.

ㄷ. Ⅳ에서는 ㉡에 들어 있는 항체가 A와 특이적으로 결합하여 항원 항체 반응으로 A를 제거하는 체액성 면역이 일어났다.

오답 피하기 ㄴ. ㉠을 주사한 Ⅰ에서 얻은 ㉡에는 A에 대한 항체가 들어 있으며, 기억 세포는 들어 있지 않다.

291

답 ①

Rh 응집원을 갖는 붉은털원숭이의 혈액을 토끼에게 주사하면 토끼의 체내에서 Rh 응집소가 생성된다. 따라서 Rh 응집소가 들어 있는 토끼의 혈청에 응집한 ㉠은 Rh⁺형, 응집하지 않은 ㉡은 Rh⁻형이다.

ㄴ. Rh⁻형인 사람(㉡)의 혈액에는 Rh 응집원과 Rh 응집소가 모두 없어 Rh⁺형인 사람(㉠)에게 수혈을 할 수 있다.

오답 피하기 ㄱ. 토끼의 혈청에는 붉은털원숭이의 Rh 응집원에 대해 생성된 Rh 응집소가 들어 있다.

ㄷ. Rh⁻형인 사람(㉡)은 Rh 응집소를 갖지 않는다.

개념 더하기 Rh식 혈액형의 판정

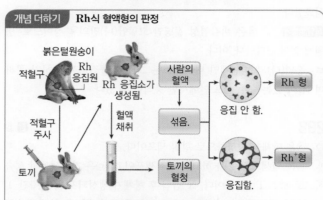

- 붉은털원숭이의 적혈구를 추출하여 토끼에게 주사하면 토끼의 혈청(항Rh 혈청)에 Rh 응집소(항체)가 생성된다.
- Rh 응집소를 포함한 토끼의 혈청(항Rh 혈청)에 응집 반응이 일어나면 Rh⁺형, 응집 반응이 일어나지 않으면 Rh⁻형이다.

292

답 ⑤

자료 분석하기 혈액형의 판정

구분	학생 수
응집원 ㉠을 가진 학생	74
응집소 ㉡을 가진 학생	110
응집원 ㉢과 응집소 ㉣을 모두 가진 학생	70
항Rh 혈청에 응집하는 혈액을 가진 학생 Rh⁺형	198

- 응집원 ㉢과 응집소 ㉣을 모두 가진 학생이 있으므로 ㉡이 응집원 A라고 가정한다면 ㉣은 응집소 β, ㉠은 응집원 B, ㉢은 응집소 α이다.
- 응집원 A(㉡)와 응집소 β(㉣)를 모두 가진 혈액형은 A형이다. ➡ A형인 학생 수는 70이다.
- 응집원 B(㉠)를 가진 혈액형은 B형과 AB형이고, 응집소 α(㉢)를 가진 혈액형은 B형과 O형이다. ➡ 이 집단에는 A형, B형, AB형, O형이 모두 있고, O형인 학생 수가 B형인 학생 수보다 많으므로 O형인 학생 수는 56, B형인 학생 수는 54, AB형인 학생 수는 20이다. ➡ ㉠은 응집원 B, ㉡은 응집원 A, ㉢은 응집소 α, ㉣은 응집소 β이다.
- 항Rh 혈청에 응집하는 혈액은 Rh⁺형이다. ➡ Rh⁺형인 학생 수는 198이고, Rh⁻형인 학생 수는 2이다.

ㄱ. B형인 학생 수는 54이다.

ㄴ. 항A 혈청(응집소 α)에 응집하는 혈액(A형, AB형)을 가진 학생 수는 90이고, 항B 혈청(응집소 β)에 응집하지 않는 혈액(A형, O형)을 가진 학생 수는 126이다.

ㄷ. Rh⁻형인 학생들 중 AB형인 학생 수가 1이므로 Rh⁺형인 학생들 중 AB형인 학생 수는 19이다.

293

서술형 해결 전략

STEP 1 문제 포인트 파악
다양한 병원체의 종류와 특징을 설명할 수 있어야 한다.

STEP 2 관련 개념 모으기

❶ 세균의 특징은?
→ 단세포 원핵생물로, 막으로 둘러싸인 세포 소기관이 없고, 핵막이 없어 유전 물질인 DNA가 세포질에 퍼져 있다. 또한 효소를 가지고 있어 스스로 물질대사를 할 수 있다.

❷ 세균에 의해 발생하는 질병은?
→ 세균성 식중독, 세균성 폐렴, 결핵, 파상풍, 위궤양 등이 있다.

❸ 바이러스의 특징은?
→ 세포로 이루어져 있지 않으며, 유전 물질인 핵산과 이를 둘러싸고 있는 단백질 껍질로 구성되어 있다. 또한 스스로 물질대사를 하지 못해 독립적인 생활이 불가능하며, 살아 있는 숙주 세포 안에서만 증식할 수 있다.

❹ 바이러스에 의해 발생하는 질병은?
→ 감기, 독감, 홍역, 대상 포진, 후천성 면역 결핍증(AIDS) 등이 있다.

예시 답안 (가) 세균, (나) 바이러스
- 공통점: 유전 물질인 핵산을 가지고 있다. • 차이점: 세균은 스스로 물질대사를 할 수 있지만 바이러스는 스스로 물질대사를 할 수 없다.

채점 기준	배점(%)
(가) 세균, (나) 바이러스를 쓰고, 세균과 바이러스의 공통점과 차이점을 모두 옳게 설명한 경우	100
(가) 세균, (나) 바이러스만 옳게 쓴 경우	30

294

서술형 해결 전략

STEP 1 문제 포인트 파악
인공 면역의 종류와 원리를 설명할 수 있어야 한다.

STEP 2 관련 개념 모으기

❶ 백신이란?
→ 백신은 감염성 질병을 예방하기 위해 사용하는 약물로, 병원체의 독성을 약화하거나 비활성 상태로 만든 것이 포함되어 있다.

❷ 백신의 원리는?
→ 건강한 쥐에게 백신을 주사하면 쥐는 이를 항원으로 인식해 1차 면역 반응이 일어나 소량의 항체와 기억 세포가 생성된다. 이후에 실제로 병원체가 체내에 침입할 경우 기억 세포의 작용으로 2차 면역 반응이 일어나 병원체가 빠르게 제거된다.

❸ 혈청을 투여해 병원체를 제거하는 원리는?
→ 병원체를 제거하기 위해 투여하는 혈청에는 병원체의 항원과 특이적으로 결합하는 항체가 들어 있다. 따라서 혈청을 투여하면 항원 항체 반응이 일어나 병원체(항원)가 제거된다.

예시 답안 A에게 약화된 X를 주사하면 A의 체내에서 X에 대한 기억 세포가 생성되어 X를 주사했을 때 2차 면역 반응이 일어나 A가 살았다. B에게 X에 대한 항체가 들어 있는 혈청과 X를 주사하면 B의 체내에서 항원 항체 반응이 일어나 X가 제거되어 B가 살았다.

채점 기준	배점(%)
쥐 A는 X에 대한 기억 세포가 생성되어 2차 면역 반응이 일어나 생존했고, 쥐 B는 항체에 의해 X가 제거되어 생존했다고 모두 옳게 설명한 경우	100
쥐 A, B가 생존한 까닭 중 1가지만 옳게 설명한 경우	50

295

STEP 1 문제 포인트 파악

ABO식 혈액형의 판정 원리를 파악해야 한다.

STEP 2 자료 파악

구분	(가)의 적혈구	(나)의 적혈구	(다)의 적혈구
(가)의 혈장	−	+	+
(나)의 혈장	−	−	ⓒ −
(다)의 혈장	㉠ +	+	

(+: 응집함, −: 응집 안 함.)

- (가)의 적혈구와 (가)의 혈장을 섞으면 응집하지 않고, (가)의 혈장에는 응집소 α만 존재한다. ➡ (가)는 응집원 B와 응집소 α를 갖는 B형이다.
- (다)의 적혈구와 (가)의 혈장을 섞으면 응집하므로 (다)는 응집원 A를 갖는다. 또한 (다)의 혈장과 (나)의 적혈구를 섞으면 응집하므로 (다)는 응집소도 갖는다. ➡ (다)는 응집원 A와 응집소 β를 갖는 A형이다.
- (나)의 적혈구와 (가)의 혈장을 섞으면 응집하므로 (나)는 응집원 A를 갖고, (나)의 적혈구와 (다)의 혈장을 섞으면 응집하므로 (나)는 응집원 B도 갖는다. ➡ (나)는 응집원 A와 B를 모두 갖고, 응집소 α와 β를 모두 갖지 않는 AB형이다.
- (가)의 적혈구에 있는 응집원 B와 (다)의 혈장에 있는 응집소 β가 응집하므로 ㉠은 '+'이다.
- (다)의 적혈구에는 응집원 A가 있지만 (나)의 혈장에는 응집소 α와 β가 모두 없어 응집하지 않으므로 ⓒ은 '−'이다.

STEP 3 관련 개념 모으기

❶ ABO식 혈액형의 판정은?
➡ 응집원 A와 응집소 α, 응집원 B와 응집소 β가 만나면 각각 응집 반응이 일어나므로 응집소 α가 들어 있는 항A 혈청, 응집소 β가 들어 있는 항B 혈청을 이용하여 ABO식 혈액형을 판정한다.

❷ 서로 다른 혈액형의 혈액을 섞으면 응집하는 까닭은?
➡ 적혈구 세포막에 있는 응집원과 혈장에 있는 응집소가 결합하기 때문이다.

예시 답안 ㉠ +, ⓒ −, B형인 (가)의 적혈구에는 응집원 B가 있고 A형인 (다)의 혈장에는 응집소 β가 있으므로 ㉠은 '+(응집함.)'이며, A형인 (다)의 적혈구에는 응집원 A가 있고 AB형인 (나)의 혈장에는 응집소가 없으므로 ⓒ은 '−(응집 안 함.)'이다.

채점 기준	배점(%)
㉠ +, ⓒ −를 쓰고, ㉠에서 응집 반응이 일어나고, ⓒ에서 응집 반응이 일어나지 않는 까닭을 응집원, 응집소와 관련지어 모두 옳게 설명한 경우	100
㉠ +, ⓒ −만 옳게 쓴 경우	30

실전 대비 평가 문제

72~75쪽

296
답 ③

ㄱ. 이 뉴런의 휴지 전위는 −70 mV이므로 ⓒ과 ⓒ은 탈분극이나 재분극이 일어난 상태이며, ⓔ은 과분극 상태이다. 흥분은 분극 → 탈분극 → 재분극 → 과분극 → 분극 순으로 발생하므로 ⓒ이나 ⓒ보다 ⓔ에서 먼저 흥분이 발생했다. 따라서 자극을 준 지점은 Y이며, 흥분은 Y에서 X 방향으로 전도된다.

ㄴ. ⓒ에서는 ⓒ에서보다 먼저 흥분이 발생했으므로 재분극이 일어나고 있으며, 재분극이 일어날 때 K^+이 K^+ 통로를 통해 축삭 돌기 안에서 밖으로 확산하여 막전위가 하강한다.

오답 피하기 ㄷ. 막전위 변화와 관계없이 Na^+의 농도는 항상 축삭 돌기 안에서보다 밖에서 높다.

297
답 ⑤

ㄱ. (나)에서 자극을 받은 후 막전위가 +30 mV가 되는 데 2 ms가 소요됨을 알 수 있다. (가)에서 P_4의 막전위가 +30 mV이고, B의 흥분 전도 속도는 3 cm/ms이므로 B의 자극을 준 지점에서 P_4까지 흥분이 전도되는 데 걸린 시간은 6÷3=2 ms이다. 따라서 t_1은 2+2=4 ms이다.

ㄴ. (나)에서 자극을 받은 후 막전위가 −80 mV가 되는 데 3 ms가 소요됨을 알 수 있다. 따라서 (가)에서 P_1의 막전위가 −80 mV이고, A의 자극을 준 지점에서 P_1까지 흥분이 전도되는 데 걸린 시간은 4−3=1 ms이므로 A의 흥분 전도 속도는 2÷1=2 cm/ms이다.

ㄷ. A의 자극을 준 지점에서 P_2까지 흥분이 전도되는 데 걸린 시간은 6÷2=3 ms이다. 따라서 t_1일 때 P_2는 (나)에서 자극을 받고 4−3=1 ms가 지난 탈분극 상태이므로 Na^+이 Na^+ 통로를 통해 세포 밖에서 안으로 확산한다.

298
답 ⑤

A는 축삭 돌기 말단에서 신경 전달 물질의 분비를 차단하므로 흥분 전달을 억제한다. B는 신경 전달 물질과 시냅스 이후 뉴런의 세포막에 있는 수용체의 결합을 차단하므로 시냅스 이후 뉴런이 탈분극되지 않아 흥분 전달을 억제한다. C는 신경 전달 물질의 분비를 촉진하므로 흥분 전달을 촉진한다.

ㄱ. 시냅스 소포가 있어 신경 전달 물질을 분비하는 (가)는 시냅스 이전 뉴런이고, 세포막에 신경 전달 물질의 수용체가 있는 (나)는 시냅스 이후 뉴런이다.

ㄴ. A와 B는 모두 시냅스에서 흥분 전달을 억제한다.

ㄷ. 시냅스 이전 뉴런(가)에서 분비된 신경 전달 물질이 시냅스 이후 뉴런(나)의 세포막에 있는 수용체와 결합하면 Na^+ 통로가 열려 Na^+이 시냅스 이후 뉴런으로 확산하여 탈분극이 일어난다. Na^+ 통로가 열리면서 Na^+의 막 투과도가 높아지므로 C는 시냅스 이후 뉴런에서 Na^+의 막 투과도를 높인다.

299
답 ③

㉠은 액틴 필라멘트와 마이오신 필라멘트가 겹치는 두 구간 중 한 구간으로, X가 수축할 때 ㉠의 길이는 길어지고, X가 이완할 때 ㉠의 길이는 짧아진다. t_1에서 t_2가 되면서 ㉠의 길이가 0.5 μm 길어졌으므로 X는 수축하여 X의 길이가 1 μm만큼 짧아진다.

ㄱ. X가 수축할 때 ATP가 ADP와 무기 인산으로 분해되면서 방출되는 에너지가 사용된다.

ㄷ. t_2일 때 X의 길이는 t_1일 때보다 1.0 µm 짧으므로 3.2－1.0＝2.2 µm이다.

오답 피하기 ㄴ. X의 길이는 t_2일 때가 t_1일 때보다 1.0 µm 짧고, H대의 길이는 t_2일 때 0.2 µm이므로 t_1일 때 0.2＋1.0＝1.2 µm이다. 따라서 t_1일 때 X에서 마이오신 필라멘트(㉠＋H대＋㉠)의 길이는 0.2＋1.2＋0.2＝1.6 µm이다.

300
답 ④

ㄴ. A는 감각기에서 받아들인 자극을 중추로 전달하는 구심성 신경(감각 신경)이고, C는 중추의 명령을 반응기로 전달하는 원심성 신경(운동 신경)이므로 A와 C는 모두 말초 신경계에 속한다.

ㄷ. 무릎 반사는 척수가 중추인 척수 반사이므로 A와 C를 연결하는 B는 척수를 구성하는 연합 신경이다.

오답 피하기 ㄱ. 뇌와 연결되는 대부분의 말초 신경은 연수에서 좌우 교차하므로 대뇌 좌반구의 운동령은 몸 오른쪽의 운동을 담당한다. ㉠은 오른쪽 무릎의 의식적인 운동을 담당하는 부위이므로 ㉠이 손상되어도 왼쪽 다리에서 척수가 중추인 무릎 반사(나)가 일어난다.

301
답 ②

A는 감각기(기관 Ⅰ)에서 받아들인 자극을 뇌로 전달하는 감각 신경, D는 척수에서 나온 반응 명령을 반응기(기관 Ⅱ)로 전달하는 체성 신경이다. B는 신경절 이전 뉴런이 신경절 이후 뉴런보다 길므로 부교감 신경이고, C는 신경절 이전 뉴런이 신경절 이후 뉴런보다 짧으므로 교감 신경이다.

ㄴ. 교감 신경(C)의 신경절 이전 뉴런의 말단에서 아세틸콜린이, 신경절 이후 뉴런의 말단에서 노르에피네프린이 분비된다.

오답 피하기 ㄱ. 감각 신경(A)과 부교감 신경(B)은 길항 작용을 하지 않는다. 부교감 신경은 교감 신경과 같은 기관에 분포하면서 서로 반대 효과를 나타내는 길항 작용을 한다.

ㄷ. 체성 신경(D)은 중추 신경계의 반응 명령을 반응기에 전달하며, 감각 신경(A)은 감각기에서 받아들인 자극을 중추에 전달한다.

302
답 ④

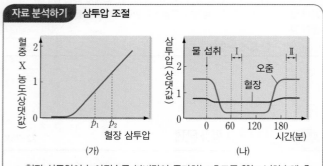

자료 분석하기 자율 신경계의 구조와 기능

(가)

(나)

소장 / 자극 / 시간 / 소장 근육의 수축력

- 중추 신경 Ⅰ에 연결된 자율 신경은 신경절 이전 뉴런이 신경절 이후 뉴런(A)보다 긴 부교감 신경이다. ➡ Ⅰ은 부교감 신경이 나오며, 소화 운동의 조절 중추인 연수이다.
- 중추 신경 Ⅱ에 연결된 자율 신경은 신경절 이전 뉴런(B)이 신경절 이후 뉴런보다 짧은 교감 신경이다. ➡ Ⅱ는 교감 신경이 나오는 척수이다.
- (나)에서 뉴런을 자극하자 소장 근육의 수축력이 감소했다. ➡ (나)는 소화 운동을 억제하는 교감 신경(B)이 흥분했을 때의 변화이다.

ㄴ. B는 교감 신경의 신경절 이전 뉴런이다. 교감 신경은 모두 척수에서 뻗어 나오므로 B의 신경 세포체는 척수의 회색질(속질)에 있다.

ㄷ. 부교감 신경의 신경절 이후 뉴런(A)의 말단과 교감 신경의 신경절 이전 뉴런(B)의 말단에서 모두 아세틸콜린이 분비된다.

오답 피하기 ㄱ. (나)에서 뉴런에 역치 이상의 자극을 준 후 소장 근육의 수축력이 감소했으므로 (나)는 소화 운동을 억제하는 교감 신경의 신경절 이전 뉴런(B)이 흥분했을 때의 변화이다.

303
답 ①

X는 신경절 이전 뉴런이 신경절 이후 뉴런보다 길므로 부교감 신경이고, Y는 신경절 이전 뉴런이 신경절 이후 뉴런보다 짧으므로 교감 신경이다.

ㄱ. 부교감 신경(X)의 신경절 이후 뉴런의 말단에서 분비되는 신경 전달 물질(㉠)은 아세틸콜린이며, 방광에 연결된 부교감 신경(X)이 흥분하면 아세틸콜린(㉠)이 분비되어 방광이 수축된다.

오답 피하기 ㄴ. 교감 신경(Y)의 신경절 이후 뉴런은 민말이집 신경이므로 말이집 신경에서 일어나는 도약전도가 일어나지 않는다.

ㄷ. 막전위 변화와 관계없이 Na^+의 농도는 항상 세포 안에서보다 밖에서 높다.

304
답 ④

ㄱ. ㉡은 이자의 β세포에서 분비되는 인슐린이다.

ㄷ. 건강한 사람은 혈당량이 높을 때 이자의 β세포에서 인슐린 분비량이 증가하여 혈액에서 조직 세포로 많은 양의 포도당이 유입되어 혈당량을 정상 범위 수준으로 낮춘다. 따라서 건강한 사람의 혈당량은 혈액에서 조직 세포로의 포도당 유입량이 많고, 혈중 인슐린(㉡) 농도가 높은 C_2일 때가 C_1일 때보다 빠르게 감소한다.

오답 피하기 ㄴ. ㉠은 이자의 α세포에서 분비되는 글루카곤이다. 글루카곤(㉠)은 간에서 글리코젠의 분해를 촉진하므로 이 당뇨병 환자에게 글루카곤(㉠)을 투여해도 간에서 글리코젠의 합성이 촉진되지 않는다.

305
답 ⑤

자료 분석하기 삼투압 조절

(가)

혈중 X 농도(상댓값) / 혈장 삼투압 / p_1 p_2

(나)

삼투압(상댓값) / 물 섭취 / Ⅰ / Ⅱ / 오줌 / 혈장 / 시간(분) / 0 60 120 180

- 혈장 삼투압이 높아질수록 분비량이 증가하는 호르몬 X는 뇌하수체 후엽에서 분비되는 항이뇨 호르몬(ADH)이다.
- 물을 섭취하면 혈장 삼투압이 낮아져 항이뇨 호르몬(ADH)의 분비량이 감소하며, 콩팥에서 수분 재흡수량이 감소하여 오줌 생성량이 증가하고 오줌의 삼투압이 낮아진다.

ㄱ. 간뇌의 시상 하부는 항상성 조절의 통합 중추로, 시상 하부에서 항이뇨 호르몬(ADH)의 분비를 조절한다.

ㄴ. 항이뇨 호르몬(X)의 분비량이 증가할수록 콩팥에서 수분 재흡수량이 증가하여 오줌 생성량이 감소하고 오줌의 삼투압이 높아진다. 따라서 오줌의 삼투압은 항이뇨 호르몬(X)의 농도가 높은 p_2일 때가 p_1일 때보다 높다.

ㄷ. 오줌의 삼투압이 구간 Ⅰ에서가 구간 Ⅱ에서보다 낮으므로 단위 시간당 오줌 생성량은 구간 Ⅰ에서가 구간 Ⅱ에서보다 많다.

306
답 ①

ㄴ. 구간 Ⅰ에서 X에 대한 항체가 존재하므로 특이적 방어 작용인 항원 항체 반응이 일어났다.

오답 피하기 ㄱ. ㉠을 주사한 직후 체내에 항체가 있고, X를 1차 주사했을 때 기억 세포에 의한 2차 면역 반응이 일어나지 않고 1차 면역 반응이 일어났다. 따라서 ㉠은 혈청이다.

ㄷ. 구간 Ⅰ에서보다 구간 Ⅱ에서 항체 농도가 높은 것은 X를 1차 주사했을 때 생성되었던 기억 세포가 X를 2차 주사했을 때 빠르게 증식하고 형질 세포로 분화하여 다량의 항체를 생성했기 때문이다.

307
답 ④

(가)의 혈액과 (나)의 혈장을 섞으면 응집소 α만 적혈구와 응집하므로 (가)는 응집원 A와 응집소 β를 갖는 A형이다. (나)는 응집소 α를 갖고, (나)의 적혈구와 (다)의 혈장을 섞으면 응집하므로 (나)는 응집원 B도 갖는 B형이다. (다)는 AB형과 O형 중 하나인데, (다)의 혈장이 (나)의 적혈구와 응집하므로 (다)는 응집소 α와 β를 모두 갖는 O형이다. 따라서 (라)는 응집원 A와 B를 모두 갖는 AB형이다.

ㄴ. (나)는 응집원 B와 응집소 α를 갖는 B형이다.

ㄷ. (다)의 혈장에 응집소 α와 β가 있고, (라)의 적혈구에 응집원 A와 B가 있다. 따라서 (다)의 혈장과 (라)의 적혈구를 섞으면 응집원 A와 응집소 α, 응집원 B와 응집소 β가 결합해 응집 반응이 일어난다.

오답 피하기 ㄱ. A형인 (가)의 적혈구에 응집원 A가 있고, O형인 (다)의 혈장에 응집소 α와 β가 있다. 따라서 (가)의 적혈구와 (다)의 혈장을 섞으면 응집원 A와 응집소 α가 결합해 응집 반응이 일어나므로 ㉠은 '+(응집함.)'이다.

308

㉠은 자극을 받은 뉴런에서 Na^+ 통로가 열려 Na^+이 세포 밖에서 안으로 확산하여 막전위가 상승하는 활동 전위가 발생한 것이다.

예시 답안 Na^+, 물질 X를 처리한 후 같은 자극을 주었을 때 막전위가 역치 전위를 넘지 못해 활동 전위가 발생하지 않았으므로 물질 X는 활동 전위를 일으키는 데 관여하는 Na^+ 통로를 통한 Na^+의 이동을 억제한다.

채점 기준	배점(%)
Na^+을 쓰고, 활동 전위 발생 여부와 Na^+ 통로를 통한 Na^+의 이동을 관련지어 모두 옳게 설명한 경우	100
Na^+만 옳게 쓴 경우	30

309
답 (가) 중간뇌, (나) 척수, ㉠ 부교감 신경, ㉡ 부교감 신경

동공 반사의 중추인 중간뇌(가)에서 나오는 부교감 신경(㉠)이 흥분하면 동공이 축소되고, 척수(나)에서 나오는 부교감 신경(㉡)이 흥분하면 방광이 수축된다.

310
답 갑상샘, 티록신

내분비샘 A는 TSH(갑상샘 자극 호르몬)의 자극을 받아 티록신을 분비하는 갑상샘이다. 티록신은 간에서 물질대사를 촉진해 열 발생량을 증가시킨다.

311

신경 ㉠과 ㉡은 교감 신경이다. 저온 자극 시 체온을 상승시키기 위해 교감 신경(㉠)의 작용이 강화되어 부신 속질에서 에피네프린의 분비량이 증가해 간과 심장에서 물질대사가 촉진되므로 열 발생량이 증가하고, 교감 신경(㉡)의 작용이 강화되어 피부 근처 혈관이 수축하여 피부 근처로 흐르는 혈액량이 감소하므로 열 발산량이 감소한다.

예시 답안 교감 신경(㉠)에 의해 부신 속질에서 에피네프린의 분비량이 증가해 간과 심장에서 물질대사가 촉진되므로 열 발생량이 증가하고, 교감 신경(㉡)에 의해 피부 근처 혈관이 수축하여 피부 근처로 흐르는 혈액량이 감소하므로 열 발산량이 감소한다.

채점 기준	배점(%)
㉠에 의해 에피네프린이 분비되어 물질대사가 촉진된 결과 열 발생량이 증가하는 것과 ㉡에 의해 피부 근처 혈관이 수축한 결과 열 발산량이 감소하는 것을 모두 옳게 설명한 경우	100
㉠에 의해 에피네프린이 분비되어 물질대사가 촉진된 결과 열 발생량이 증가하는 것과 ㉡에 의해 피부 근처 혈관이 수축한 결과 열 발산량이 감소하는 것 중 1가지만 옳게 설명한 경우	50

312
답 A: 결핵, B: 말라리아, C: 소아마비

결핵은 세균, 소아마비는 바이러스, 말라리아는 원생생물에 의한 감염성 질병이다. 세균은 단세포 원핵생물이므로 핵은 없지만 세포막은 있으며, 원생생물은 진핵생물이므로 핵과 세포막이 모두 있다. 바이러스는 유전 물질인 핵산과 단백질 껍질로 이루어져 있다.

313

예시 답안 A, 항생제는 세균의 작용을 억제하거나 세균을 죽이는 물질로, 세균에 의해 발생하는 결핵과 같은 감염성 질병은 항생제를 사용하여 치료한다.

채점 기준	배점(%)
A를 쓰고, A가 항생제를 사용하여 치료가 가능한 까닭을 모두 옳게 설명한 경우	100
A만 옳게 쓴 경우	30

314

구간 Ⅰ에서 항체 A는 2차 면역 반응으로 생성되었고, 항체 B는 1차 면역 반응으로 생성되었다.

예시 답안 항원 A를 1차 주사했을 때 A에 대한 기억 세포가 생성되어 A를 2차 주사한 후 구간 Ⅰ에서 A에 대한 2차 면역 반응이 일어났지만, 항원 B를 1차 주사했을 때 B에 대한 기억 세포가 생성되지 않아 B를 2차 주사한 후 구간 Ⅰ에서 B에 대한 1차 면역 반응이 일어났기 때문이다.

채점 기준	배점(%)
구간 Ⅰ에서 항체 A와 B의 농도 차이가 나는 까닭을 모두 옳게 설명한 경우	100
구간 Ⅰ에서 항체 A와 B의 농도 차이가 나는 까닭을 A와 B 중 1가지에 대해서만 옳게 설명한 경우	50

IV 유전

O9 염색체와 DNA

개념 확인 문제   77쪽

315 DNA와 히스톤 단백질로   **316** 유전자

317 뉴클레오타이드   **318** A: 염색체, B: 히스톤 단백질,

C: DNA, D: 뉴클레오솜   **319** (가) $2n=8$, (나) $n=4$

320 DNA   **321** 같다   **322** ×   **323** ○

315
답 DNA와 히스톤 단백질로

염색체는 유전 물질인 DNA와 DNA를 응축시키는 데 관여하는 히스톤 단백질로 구성된다.

316
답 유전자

유전자는 유전 형질에 대한 정보가 저장된 DNA의 특정 부위로서, 하나의 DNA에 많은 수의 유전자가 존재한다.

317
답 뉴클레오타이드

DNA를 구성하는 기본 단위는 인산, 당, 염기가 $1 : 1 : 1$로 구성된 뉴클레오타이드이다.

318
답 A: 염색체, B: 히스톤 단백질, C: DNA, D: 뉴클레오솜

A는 분열 중인 세포에서 관찰되는 염색체, B는 DNA를 응축시키는 데 관여하는 히스톤 단백질, C는 유전 물질인 DNA, D는 DNA가 히스톤 단백질 주위를 감아 형성한 뉴클레오솜이다.

319
답 (가) $2n=8$, (나) $n=4$

(가)는 상동 염색체가 쌍으로 있고, 염색체 수가 8이므로 핵상과 염색체 수는 $2n=8$이다. (나)는 상동 염색체 중 1개씩만 있고, 염색체 수가 4이므로 핵상과 염색체 수는 $n=4$이다.

320
답 DNA

염색 분체는 세포 분열 전 DNA가 복제된 후 응축되어 형성된 것으로, 세포 분열 시 하나의 염색체는 두 가닥의 염색 분체가 붙어 있는 형태로 된다.

321
답 같다

염색 분체는 DNA가 복제되어 형성된 것이므로, 하나의 염색체를 구성하는 두 염색 분체에 존재하는 유전자는 서로 같다.

322
답 ×

상동 염색체는 부모로부터 하나씩 물려받은 것이므로 상동 염색체에 존재하는 대립유전자는 같을 수도 있고, 서로 다를 수도 있다.

323
답 ○

대립유전자는 상동 염색체를 통해 부모로부터 하나씩 물려받은 것이므로 같을 수도 있고(동형 접합성), 서로 다를 수도 있다.(이형 접합성)

기출 분석 문제   77~78쪽

324 ⑤   **325** ③   **326** ②   **327** ⑤   **328** 해설 참조

329 ①   **330** 해설 참조   **331** ⑤

324 필수 유형
답 ⑤

자료 분석하기   염색체의 구조

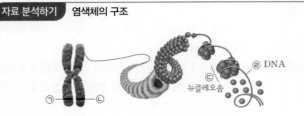

• ㉠과 ㉡은 한 염색체를 구성하는 염색 분체의 같은 위치이다.
• ㉢은 DNA(㉣)가 히스톤 단백질 주위를 감아 형성한 뉴클레오솜이다.

ㄴ. 뉴클레오솜(㉢)은 DNA와 히스톤 단백질로 구성된다.

ㄷ. ㉣은 DNA로, 단백질 합성에 필요한 유전 정보를 저장하고 있는 유전 물질이다.

오답 피하기 ㄱ. ㉠과 ㉡은 한 염색체를 구성하는 두 염색 분체의 같은 위치이고, 염색 분체는 세포 분열 전 DNA가 복제되어 형성된 것이므로 유전적으로 같다. 따라서 ㉠과 ㉡에는 서로 같은 유전자가 존재한다.

325
답 ③

ㄱ. 11번 염색체를 구성하는 두 염색 분체가 ㉠ 부분에서 연결되어 있으므로 ㉠은 동원체이다.

ㄴ. ⓐ는 ⓑ와 모양과 크기, 동원체의 위치가 같으므로 상동 염색체이다.

오답 피하기 ㄷ. 핵형 분석 결과를 보면 상염색체는 22쌍(44개)이고 성염색체는 1쌍(2개)이다. 각 상염색체는 두 염색 분체로 이루어져 있으므로 상염색체의 염색 분체 수는 $44 \times 2 = 88$이고, 성염색체는 X 염색체와 Y 염색체가 1개씩 있으므로 성염색체 수는 2이다. 따라서 $\dfrac{\text{상염색체의 염색 분체 수}}{\text{성염색체 수}} = \dfrac{88}{2} = 44$이다.

326 필수 유형
답 ②

자료 분석하기   세포의 핵상

(가) $n=6$ (나) $2n=6$

• (가): 이 세포에 존재하는 6개의 염색체는 모두 모양과 크기가 서로 다르다. ➡ 상동 염색체 중 1개씩만 있으므로 (가)의 핵상과 염색체 수는 $n=6$이다. ➡ (가)는 동물 B($2n=12$)의 세포이다.
• (나): 이 세포에 존재하는 6개의 염색체는 모두 모양과 크기가 같은 상동 염색체가 쌍을 이루고 있다. ➡ 상동 염색체가 쌍으로 있으므로 (나)의 핵상과 염색체 수는 $2n=6$이다. ➡ (나)는 동물 A($2n=6$)의 세포이다.

ㄴ. (가)는 상동 염색체 중 1개씩만 있으므로 핵상은 n이고, 염색체 수는 6이다. (나)는 상동 염색체가 쌍으로 있으므로 핵상은 $2n$이고, 염색체 수는 6이다. 따라서 핵상과 염색체 수가 $n=6$인 (가)는 B의 세포, $2n=6$인 (나)는 A의 세포이다.

오답 피하기 ㄱ. (가)의 핵상은 n이다.

ㄷ. (가)는 B의 세포이고 핵상이 n인 B의 세포에는 6개의 염색체가 들어 있다. 체세포의 핵상은 $2n$이므로 핵상이 $2n$인 동물 B의 체세포에는 12개의 염색체가 들어 있다.

327
답 ⑤

자료 분석하기 세포의 핵상

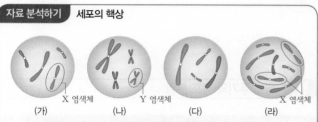

X 염색체   Y 염색체   X 염색체
(가)   (나)   (다)   (라)

• (가)~(다)는 모두 상동 염색체 중 1개씩만 있으므로 핵상이 n이다.
• (다)에 존재하는 염색체는 (가), (나), (라)에 존재하는 염색체와 모양, 크기가 모두 다르므로 (다)는 (가), (나), (라)와 다른 종에 속하는 개체의 세포이다.
• (라)는 상동 염색체가 쌍으로 있으므로 체세포이다. ➡ 핵상은 $2n$이며, 암컷의 체세포이고, (가)와 (라)는 같은 개체의 세포이다.
• (가)와 (나)에서 모양과 크기가 서로 다른 하나의 염색체는 성염색체이다. ➡ (나)는 Y 염색체를 가진 수컷의 세포이다.

ㄱ. (가)와 (나)는 모두 상동 염색체 중 1개씩만 있으므로 핵상이 n이다.

ㄴ. (다)에 존재하는 염색체는 (나)에 존재하는 염색체와 모양, 크기가 모두 다르므로 (나)와 (다)는 서로 다른 종에 속하는 개체의 세포이다.

ㄷ. (라)에는 X 염색체가 2개 들어 있고, (가)에는 X 염색체가 1개 들어 있으므로 세포당 X 염색체의 수는 (라)가 (가)의 2배이다.

328

(나)는 수컷의 세포이고, (라)는 암컷의 세포이다.

예시 답안 (나)에는 성염색체로 Y 염색체가 존재하고, (라)에는 성염색체로 X 염색체가 2개 존재하므로 (나)와 (라)는 성별이 서로 다른 개체의 세포이다.

채점 기준	배점(%)
(나)와 (라)의 성염색체 구성을 바탕으로 두 세포가 성별이 서로 다른 개체의 세포라고 모두 옳게 설명한 경우	100
두 세포가 서로 다른 개체의 세포라고만 설명한 경우	50

329
답 ①

ㄱ. ㉠과 ㉡은 복제된 DNA가 응축해 형성된 염색 분체이므로 유전자 구성이 같다.

오답 피하기 ㄴ. (가)~(다) 모두 상동 염색체가 쌍으로 있으므로 핵상은 $2n$이다.

ㄷ. 세포 분열 전 DNA가 복제되면서 (나)에서 (다)로 변하고, 세포가 분열을 시작하면서 염색체가 응축되어 (다)에서 (가)로 변한다. 따라서 염색 분체의 형성과 염색체의 응축은 (나) → (다) → (가) 순으로 일어난다.

330

세포 1개당 DNA양은 DNA가 복제될 때와 세포 분열이 일어날 때 변한다.

예시 답안 (나)에서 (다)로 변할 때 DNA가 복제되므로 세포 1개당 DNA양은 (다)가 (나)의 2배이다.

채점 기준	배점(%)
DNA 복제를 바탕으로 세포 1개당 DNA양이 (다)가 (나)의 2배라고 모두 옳게 설명한 경우	100
세포 1개당 DNA양이 (다)가 (나)의 2배라고만 설명한 경우	50

331
답 ⑤

Ⅰ과 Ⅱ는 하나의 염색체를 구성하는 염색 분체이며, 세포 분열 전 DNA가 복제되어 형성된 것이므로 유전자 구성이 같다. 따라서 Ⅰ에 A가 존재하므로 Ⅱ에도 A가 존재한다.

ㄴ. Ⅰ과 Ⅱ는 염색 분체이다.

ㄷ. Ⅰ과 Ⅱ는 모두 DNA와 히스톤 단백질로 구성된다.

ㄹ. 체세포 분열 과정에서 염색 분체(Ⅰ과 Ⅱ)는 분리되어 서로 다른 딸세포로 이동한다.

오답 피하기 ㄱ. Ⅱ에 A가 존재한다.

🏅1등급 완성 문제
79쪽

332
답 ③

(가)의 A는 DNA, B는 히스톤 단백질이고, (나)는 DNA(A)의 기본 단위인 뉴클레오타이드이다.

ㄱ. 뉴클레오솜은 DNA(A)가 히스톤 단백질(B) 주위를 감아 형성한 구조이다.

ㄷ. (나)는 핵산(DNA, RNA)을 구성하는 기본 단위인 뉴클레오타이드이다.

오답 피하기 ㄴ. DNA의 뉴클레오타이드는 인산, 당, 염기가 $1:1:1$로 구성되며, 당(디옥시리보스)에 염기와 인산이 결합해 있으므로 ㉠은 염기, ㉡은 당이다.

333
답 ①

(가)는 유전자, (나)는 DNA, (다)는 유전체, (라)는 염색체이고, 사람의 체세포에 있는 46개의 염색체를 구성하는 DNA에 모두 유전 정보가 저장되어 있다.

ㄴ. DNA(나)는 부모로부터 자손에게 전달되어 유전 현상이 나타나게 하는 유전 물질이다.

오답 피하기 ㄱ. (가)는 유전자이며, 유전체(다)는 한 생명체에 존재하는 모든 염색체를 구성하는 DNA에 저장된 유전 정보 전체이다.

ㄷ. 사람의 유전체(다)는 체세포에 있는 46개의 염색체(라)를 구성하는 DNA에 저장된 유전 정보 전체이다.

334

답 ①

A~C의 체세포는 모두 $2n=8$인데, (나)의 염색체 수가 6이므로 (나)는 X 염색체를 2개 가진 암컷이다. X 염색체를 제외하고 (가)에 존재하는 염색체는 (다)에 존재하는 염색체와 모양, 크기가 같으므로 (가)와 (다)는 같은 종의 세포이며, (가)에는 Y 염색체가, (다)에는 X 염색체가 있다. (라)에 존재하는 염색체는 (마)에 존재하는 염색체와 모양, 크기가 같으므로 (라)와 (마)는 같은 종의 세포이며, (라)에는 Y 염색체가, (마)에는 X 염색체와 Y 염색체가 각각 1개씩 있다. 따라서 (나)는 A의 세포이고, A는 암컷이며, (나)와 (마)의 상염색체 구성이 같으므로 (나)와 (마)는 같은 종의 세포이다. 그러므로 (라)와 (마)는 B의 세포이고, B는 수컷이다. (가)와 (다)는 C의 세포이고, C는 수컷이다.

ㄱ. A는 암컷, B와 C는 수컷이다.

오답 피하기 ㄴ. (가)는 C의 세포, (라)는 B의 세포이므로 서로 다른 개체의 세포이다.

ㄷ. (나)는 X 염색체를 2개 가진 암컷이므로 (나)의 X 염색체 수는 2이고, (마)는 X 염색체와 Y 염색체가 각각 1개씩 있으므로 (마)의 상염색체 수는 6이다. 따라서 세포 1개당 $\dfrac{(나)의\ X\ 염색체\ 수}{(마)의\ 상염색체\ 수}=\dfrac{2}{6}=\dfrac{1}{3}$이다.

335

서술형 해결 전략

STEP 1 문제 포인트 파악

염색체의 구조를 알고, 하나의 염색체를 구성하는 염색 분체의 형성과 분리 과정을 파악해야 한다.

STEP 2 자료 파악

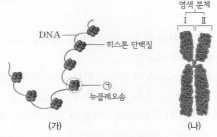

(가)   (나)

- (가)에서 하나의 염색체는 많은 수의 뉴클레오솜(㉠)으로 이루어져 있으며, 뉴클레오솜은 DNA가 히스톤 단백질 주위를 감아 형성한 구조이다.
- (나)에서 하나의 염색체를 구성하는 Ⅰ과 Ⅱ는 염색 분체이며, 복제된 DNA가 응축해 형성된 것이다.

STEP 3 관련 개념 모으기

❶ 세포 분열 전과 세포 분열 시 염색체의 형태는?
→ 염색체는 세포 분열 전에는 핵 속에 가는 실처럼 풀어져 있다가, 세포 분열 시에는 이동과 분리가 쉽도록 더욱 꼬이고 응축한 형태로 있다.

❷ 염색 분체의 형성과 분리는?
→ 세포 분열 전 DNA가 복제되며, 세포 분열이 시작되어 염색체가 응축하면 하나의 염색체는 두 가닥의 염색 분체가 붙어 있는 형태가 된다.
→ 세포 분열 시 염색 분체는 분리되어 서로 다른 딸세포로 이동하며, 이 과정에서 복제된 DNA가 두 딸세포로 나뉘어 들어간다.

예시 답안 (1) ㉠은 뉴클레오솜이고, DNA와 히스톤 단백질로 구성되어 있다.
(2) Ⅰ과 Ⅱ는 염색 분체이며, 세포 분열 전 복제된 DNA가 세포 분열 시 응축되어 형성된 것이다.

(3) 체세포 분열 과정에서 Ⅰ과 Ⅱ는 분리되어 서로 다른 딸세포로 이동한다.

	채점 기준	배점(%)
(1)	㉠의 구성 물질을 ㉠의 이름을 포함하여 모두 옳게 설명한 경우	100
	㉠의 이름만 옳게 쓴 경우	30
(2)	Ⅰ과 Ⅱ의 형성 과정을 Ⅰ과 Ⅱ의 이름을 포함하여 모두 옳게 설명한 경우	100
	Ⅰ과 Ⅱ의 이름만 옳게 쓴 경우	30
(3)	Ⅰ과 Ⅱ가 분리되어 서로 다른 딸세포로 이동한다고 모두 옳게 설명한 경우	100
	Ⅰ과 Ⅱ가 분리되어 이동한다고만 설명한 경우	50

10 세포 주기와 세포 분열

개념 확인 문제   81쪽

336 ㉢ S기　　**337** ㉡ G_1기　　**338** ㉠ M기(분열기)
339 (나) → (가) → (다)　　　**340** ○　　**341** ×
342 ×　　**343** ㉠ 1회, ㉡ 4개, ㉢ n

336

답 ㉢ S기

세포 주기는 G_1기 → S기 → G_2기 → M기(분열기)의 순서로 진행되므로 ㉠은 M기, ㉡은 G_1기, ㉢은 S기이다. S기에는 유전 물질인 DNA가 복제된다.

337

답 ㉡ G_1기

G_1기에는 세포의 구성 물질이 합성되고, 세포 소기관의 수가 늘어나면서 세포가 가장 많이 생장한다.

338

답 ㉠ M기(분열기)

M기(분열기)에는 핵분열과 세포질 분열이 일어나 세포가 둘로 나누어진다.

339

답 (나) → (가) → (다)

(가)는 염색체가 세포의 중앙에 배열되어 있으므로 중기의 세포이다. (나)는 핵막이 사라지고 응축된 염색체가 나타났으므로 전기의 세포이다. (다)는 염색 분체가 분리되어 양극으로 이동하므로 후기의 세포이다. 따라서 체세포 분열은 전기(나) → 중기(가) → 후기(다) 순서로 진행된다.

340

답 ○

감수 1분열에서 상동 염색체끼리 접합하여 2가 염색체를 형성한 후 상동 염색체가 분리되어 염색체 수가 절반으로 감소한다.($2n → n$)

341

답 ×

상동 염색체끼리 접합한 2가 염색체는 감수 1분열 전기에 형성되어 감수 1분열 중기까지 관찰된다.

342

답 ×

감수 1분열 결과 형성된 두 딸세포에는 상동 염색체 중 1개씩만 존재하므로 두 딸세포의 유전자 구성은 서로 다르다.

343

답 ㉠ 1회, ㉡ 4개, ㉢ n

체세포 분열에서는 1회(㉠) 분열로 2개의 딸세포가 형성되고, 딸세포의 염색체 수와 DNA양은 모세포와 같다. 감수 분열에서는 연속 2회 분열로 4개(㉡)의 딸세포가 형성되고, 딸세포의 염색체 수와 DNA양은 모세포의 절반이므로 딸세포의 핵상은 n(㉢)이다.

기출 분석 문제

81~84쪽

344 ②	**345** 해설 참조	**346** ④	**347** ①	**348** ①
349 ②	**350** ③	**351** ③	**352** ③	**353** ②	**354** ⑤
355 해설 참조		**356** ④	**357** ③	**358** ④	**359** ⑤

344

답 ②

ㄴ. 이 세포에서는 방추사가 짧아지면서 염색 분체가 분리되어 양극으로 이동한다.

오답 피하기 ㄱ. 이 세포의 분열 결과 형성되는 딸세포의 핵상과 염색체 수는 $2n=4$이다. 따라서 이 세포는 염색 분체가 분리되어 양극으로 이동 중인 체세포 분열 후기 세포(M기의 후기 세포)이다.

ㄷ. X의 G_2기 세포와 이 세포(M기의 후기 세포)는 모두 DNA가 복제된 후이므로 DNA 상대량이 같다. 따라서 이 세포의 DNA 상대량이 1이므로 G_2기 세포의 DNA 상대량도 1이다.

345

체세포 분열에서는 염색 분체가 분리되므로 모양과 크기가 같은 ㉠과 ㉡은 각각 상동 염색체의 염색 분체이다. 상동 염색체는 부모로부터 하나씩 물려받으므로 유전자 구성이 다르다.

예시 답안 ㉠과 ㉡은 각각 부모로부터 하나씩 물려받은 상동 염색체의 염색 분체이므로 유전자 구성이 다르다.

채점 기준	배점(%)
㉠과 ㉡이 상동 염색체의 염색 분체이므로 유전자 구성이 다르다고 모두 옳게 설명한 경우	100
㉠과 ㉡의 유전자 구성이 다르다고만 설명한 경우	50

346

답 ④

ㄱ. (가)는 염색체가 세포의 중앙에 배열되어 있으므로 체세포 분열 중기 세포이고, (나)는 염색 분체가 분리되어 양극으로 이동하므로 체세포 분열 후기 세포이다.

ㄴ. (가)는 중기 세포, (나)는 후기 세포이므로 (가)에서 (나)로 분열이 진행되면서 염색 분체가 분리된다.

오답 피하기 ㄷ. 체세포 분열에서는 DNA가 복제되어 형성된 염색 분체가 분리되므로 (나)의 분열 결과 형성되는 두 딸세포는 유전자 구성이 서로 같다.

347 필수 유형

답 ①

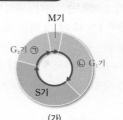
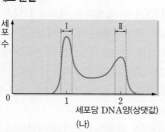

(가) (나)

- (가)에서 세포 주기는 G_1기 → S기 → G_2기 → M기의 순서로 진행되므로 ㉠은 G_2기, ㉡은 G_1기이다.
- S기에 DNA가 복제되어 DNA양이 2배로 증가한다.
- 구간 Ⅰ은 세포당 DNA 상대량이 1이므로 DNA가 복제되기 전이다. ➡ Ⅰ에는 G_1기(㉡)의 세포가 있다.
- 구간 Ⅱ는 세포당 DNA 상대량이 2이므로 DNA가 복제된 후이다. ➡ Ⅱ에는 G_2기(㉠)와 M기의 세포가 있다. ➡ Ⅱ에는 M기의 세포가 있으므로 염색 분체가 분리 중인 세포가 있다.
- 구간 Ⅰ과 Ⅱ 사이는 세포당 DNA 상대량이 1과 2 사이이므로 S기의 세포가 있다.

ㄱ. 구간 Ⅰ은 DNA가 복제되기 전이므로 Ⅰ에는 G_1기(㉡)의 세포가 있다.

오답 피하기 ㄴ. 2가 염색체는 감수 분열에서 나타나고, 체세포 분열에서는 나타나지 않는다. 따라서 구간 Ⅱ에는 2가 염색체를 갖는 세포가 없다.

ㄷ. G_2기(㉠)는 DNA가 복제되는 S기 이후에 나타나므로 G_2기(㉠)의 세포 수는 구간 Ⅱ에서가 구간 Ⅰ에서보다 많다.

348

답 ①

세포	특징
ⓐ ㉡	핵막이 뚜렷이 관찰된다.
ⓑ	염색 분체가 분리되고 있다.

- ㉢ 시기에 DNA가 복제되므로 ㉢ 시기는 S기이다.
- 세포 ⓐ와 ⓑ는 각각 ㉠과 ㉡ 중 한 시기의 세포이다. ➡ ⓐ는 핵막이 뚜렷이 관찰되므로 간기(G_1기, S기, G_2기)의 세포이고, ⓑ는 염색 분체가 분리되고 있으므로 M기의 후기 세포(체세포 분열 후기 세포)이다.
- 세포 주기는 G_1기 → S기(㉢) → G_2기 → M기의 순서로 진행되므로 ㉠은 M기, ㉡은 G_1기, ㉢은 S기, ㉣은 G_2기이다.
- M기의 전기에 방추사가 형성되어 동원체에 붙는다.

ㄱ. 세포 ⓐ는 핵막이 뚜렷이 관찰되므로 간기의 세포이고, ⓑ는 염색 분체가 분리되고 있으므로 M기의 후기 세포이다. 따라서 ⓑ가 M기(㉠)의 세포이므로 ⓐ는 G_1기(㉡)의 세포이다.

오답 피하기 ㄴ. 방추사는 M기(㉠)의 전기 세포에서 형성되기 시작하고, S기(㉢)의 세포에서는 형성되지 않는다.

ㄷ. S기(㉢)에 DNA가 복제되므로 세포당 DNA양은 G_2기(㉣) 세포가 G_1기(㉡) 세포의 2배이다. ⓑ는 M기(㉠)의 후기 세포이므로 세포당 DNA양이 G_2기(㉣) 세포와 같다.

349 답 ②

세포 주기는 G_1기 → S기 → G_2기 → M기의 순서로 진행되며, S기에 DNA가 복제되어 세포당 DNA양이 2배로 증가한다. 따라서 (가)의 구간 I 에는 세포당 DNA 상대량이 1인 G_1기, II 에는 세포당 DNA 상대량이 1~2 사이인 S기, III 에는 세포당 DNA 상대량이 2인 G_2기와 M기의 세포가 있다. (나)는 모든 염색체가 세포의 중앙에 배열되어 있으므로 체세포 분열 중기 세포(M기의 중기 세포)이다. 따라서 ㉠은 M기이다.

ㄴ. DNA 복제는 S기에 일어나므로 구간 II 에 DNA 복제가 일어나는 세포가 있다.

오답 피하기 ㄱ. (나)는 M기의 중기 세포이므로 ㉠은 M기(분열기)이다. 따라서 구간 III 에 ㉠ 시기의 세포가 있다.

ㄷ. 체세포 분열에서는 핵상의 변화가 없으므로 구간 I ~ III 에는 모두 핵상이 $2n$인 세포만 있다.

350 답 ③

(나)는 모든 염색체가 세포의 중앙에 배열되어 있는 체세포 분열 중기 세포(M기의 중기 세포)이고, DNA가 복제된 후이므로 DNA가 복제되어 핵 1개당 DNA양이 2배로 증가한 t_1일 때의 세포이다. t_2일 때의 세포는 체세포 분열이 끝난 G_1기 세포이다.

ㄱ. t_1일 때의 세포(나)에서는 모든 염색체가 세포의 중앙에 배열되어 있으므로 t_1과 t_2 사이에서 염색 분체의 분리가 일어나 유전자 구성이 같은 2개의 딸세포가 형성된다.

ㄷ. 체세포 분열에서는 염색체 수가 변하지 않으므로 G_1기 세포와 t_1일 때 관찰되는 세포(나)의 염색체 수는 같다.

오답 피하기 ㄴ. (나)는 체세포 분열 중기 세포(M기의 중기 세포)로 DNA가 복제된 후인 t_1일 때 관찰된다.

351 답 ③

자료 분석하기 **감수 분열 시 염색체 수와 DNA양의 변화**

구분	(가)	(나)	(다)	(라)
㉠ 염색체 수	2	2	4	4
㉡ DNA양	1	2	4	2

DNA 복제 (다)↔(라) 사이

감수 2분열 (가)↔(나), 감수 1분열 (나)↔(다)

- DNA는 감수 1분열 전에 복제된다.
- 감수 분열 시 염색체 수는 감수 1분열에서만 반감되고($2n → n$), DNA양은 감수 1분열과 2분열에서 각각 반감된다.
- (다)는 (가)보다 ㉠은 2배이지만, ㉡은 4배이다. ➡ ㉠은 염색체 수이고, ㉡은 DNA양이다.

ㄱ. G_1기 세포는 DNA가 복제되기 전이므로 (라)와 같이 염색체 수(㉠) 상댓값은 4, DNA 상대량(㉡)은 2이다. 따라서 G_1기 세포와 (가)는 $\frac{㉡}{㉠} = \frac{1}{2}$로 같다.

ㄴ. (나)는 감수 1분열이 끝나 상동 염색체가 분리된 감수 2분열 중기 세포이므로 염색 분체가 관찰된다.

오답 피하기 ㄷ. 감수 분열 시 (라) → (다) → (나) → (가)의 순서로 나타난다.

352 필수 유형 답 ③

자료 분석하기 **감수 분열에서의 염색체 수와 DNA양 변화**

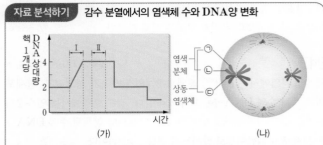

- 감수 분열에서는 간기(S기)에 DNA가 복제된 후 연속 2회의 분열이 일어나 염색체 수와 DNA양이 체세포의 절반인 생식세포가 형성된다. ➡ (가)에서 1회의 DNA 복제(DNA 상대량이 2 → 4로 증가) 후 연속 2회의 핵분열(DNA 상대량이 4 → 2 → 1로 2회 반감)이 일어난다. ➡ (가)는 동물세포가 감수 분열하는 동안 핵 1개당 DNA 상대량 변화를 나타낸 것이다.
- (나)에서 상동 염색체끼리 접합한 2가 염색체 2개가 세포의 중앙에 배열되어 있다. ➡ (나)는 감수 1분열 중기 세포이다. ➡ ㉠과 ㉢은 염색 분체이고, ㉠과 ㉢은 상동 염색체이다.

ㄱ. 구간 I 에서 DNA 상대량이 2 → 4로 2배 증가하므로 I 은 DNA가 복제되는 S기이다. S기는 간기에 속하므로 S기의 세포에서는 핵막이 뚜렷이 관찰된다.

ㄷ. (나)는 2개의 2가 염색체가 세포의 중앙에 배열되어 있는 감수 1분열 중기 세포이므로 DNA 상대량이 4인 구간 II 에서 관찰된다.

오답 피하기 ㄴ. 이 동물의 특정 형질에 대한 유전자형은 Aa이고, (나)에서 ㉠에 A가 존재한다. ㉠과 ㉢은 염색 분체이므로 유전자 구성이 같고, ㉠과 ㉢은 상동 염색체이므로 대립유전자가 서로 다르다. 따라서 ㉡에 A가, ㉢에 a가 각각 존재한다.

353 답 ②

ㄴ. 상동 염색체 쌍을 이루고 있지 않고 염색 분체가 분리되어 양극으로 이동하고 있는 X는 감수 2분열 후기 세포이다.

오답 피하기 ㄱ. 하나의 염색체를 구성하는 두 염색 분체에 존재하는 유전자 구성은 같으므로 ⓐ에는 유전자 R가 있다.

ㄷ. X의 핵상과 염색체 수는 $n=3$이므로 이 동물의 체세포 핵상과 염색체 수는 $2n=6$이다. 체세포 분열 중기에 각 염색체는 모두 두 가닥의 염색 분체로 이루어져 있으므로 세포 1개당 체세포 분열 중기 세포의 염색 분체 수는 $6 \times 2 = 12$이다.

354 답 ⑤

A는 2개의 2가 염색체가 세포의 중앙에 배열되어 있는 감수 1분열 중기 세포($2n=4$)이다. B는 상동 염색체 중 1개씩만 있으며 4개의 염색체가 세포의 중앙에 배열되어 있는 감수 2분열 중기 세포($n=4$)이다. C는 상동 염색체 중 1개씩만 있으며 염색 분체가 분리되어 양극으로 이동하고 있는 감수 2분열 후기 세포($n=2$)이다. 따라서 A와 C는 (가)($2n=4$)의 세포이고, B는 (나)($2n=8$)의 세포이다.

ㄴ. 세포 1개당 염색 분체 수는 (가)의 체세포 분열 중기 세포($2n=4$)와 B($n=4$)가 모두 8로 같다.

ㄷ. (나)($2n=8$)의 체세포에는 8개의 염색체가 존재하므로 감수 1분열 전기 세포에는 4개의 2가 염색체가 존재한다.

오답 피하기 ㄱ. (가)의 세포는 A와 C이고, (나)의 세포는 B이다.

개념 더하기 **감수 분열**

- 감수 1분열: 전기에 2가 염색체가 형성되고, 후기에 상동 염색체가 분리된다. ➡ 핵상이 $2n$에서 n으로 바뀌며, 염색체 수가 반감된다. ➡ 상동 염색체가 분리되어 형성된 두 딸세포는 유전자 구성이 서로 다르다.
- 감수 2분열: 후기에 염색 분체가 분리된다. ➡ 핵상과 염색체 수는 변함 없다.($n \rightarrow n$) ➡ 한 세포로부터 염색 분체가 분리되어 형성된 두 딸세포는 유전자 구성이 같다.

355

A는 감수 1분열 중기 세포이므로 A가 세포 분열을 계속하면 상동 염색체가 분리된다.

예시 답안 상동 염색체가 분리되므로 세포당 DNA양과 염색체 수가 각각 반감된다.

채점 기준	배점(%)
상동 염색체의 분리, DNA양의 반감과 염색체 수의 반감을 모두 옳게 설명한 경우	100
DNA양의 반감과 염색체 수의 반감만 옳게 설명한 경우	50

356

답 ④

자료 분석하기 **감수 분열**

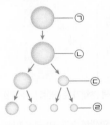

구분	핵상	핵 1개당 DNA 상대량
A ㉡	? $2n$	4
B ㉣	? n	1
C ㉠	$2n$	2
D ㉢	? n	2

㉠ → ㉡ 과정에서 1회의 DNA 복제(DNA 상대량이 2 → 4로 증가), ㉡ → ㉢ 과정에서 상동 염색체 분리(DNA 상대량이 4 → 2로 반감), ㉢ → ㉣ 과정에서 염색 분체 분리(DNA 상대량 2 → 1로 반감)가 일어난다. ➡ C는 G_1기 세포 ㉠($2n$=46), A는 ㉡($2n$=46), D는 ㉢(n=23), B는 ㉣(n=23)이다.

ㄱ. 사람의 체세포에 있는 염색체는 46개이며, A(㉡)는 감수 1분열 중기 세포이므로 이 세포에는 23개의 2가 염색체가 존재한다.

ㄷ. C(㉠)는 G_1기 세포, B(㉣)는 생식세포이므로 C로부터 1회의 DNA 복제(S기)와 연속 2회의 핵분열(감수 1분열, 2분열)이 일어나 B가 형성된다.

오답 피하기 ㄴ. 핵 1개당 DNA 상대량은 A(㉡)가 4, D(㉢)가 2이고, 세포 1개당 염색체 수는 A가 46, D가 23이므로

$\dfrac{\text{핵 1개당 DNA 상대량}}{\text{세포 1개당 염색체 수}}$ 은 A($\dfrac{4}{46}$)와 D($\dfrac{2}{23}$)가 같다.

357

답 ③

(가)는 상동 염색체 쌍을 이루고 있지 않고 염색 분체가 분리되므로 감수 2분열 과정이며, ㉠과 ㉡의 핵상과 염색체 수는 n=2이다. (나)는 상동 염색체 쌍을 이루고 있고 염색 분체가 분리되므로 체세포 분열 과정이며, ㉢의 핵상과 염색체 수는 $2n$=4이다. (다)는 상동 염색체 쌍을 이루고 있고 상동 염색체가 분리되므로 감수 1분열 과정이며, ㉣의 핵상과 염색체 수는 $2n$=4이다.

ㄱ. (가)는 ㉠에서 ㉡으로 될 때 염색 분체가 분리되는 감수 2분열 과정이다. 그러므로 세포 1개당 DNA양은 ㉠이 ㉡의 2배이고, 염색체 수는 ㉠과 ㉡이 같다.

ㄴ. 핵상이 $2n$이려면 상동 염색체 쌍이 존재해야 한다. 따라서 ㉠~㉣ 중 핵상이 $2n$인 세포는 ㉢과 ㉣이고, 세포 1개당 DNA양은 ㉣이 ㉢의 2배이다.

오답 피하기 ㄷ. (가)는 감수 2분열, (다)는 감수 1분열 과정이다.

358

답 ④

자료 분석하기 **세포 분열에 따른 DNA양 변화**

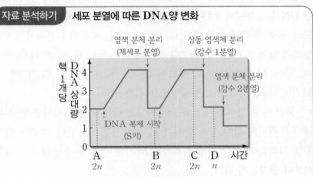

- A~B 구간: DNA가 복제된 후 체세포 분열 후기에 염색 분체가 분리되었다.
- B~C 구간: DNA가 복제되었다.
- C~D 구간: 감수 1분열 후기에 상동 염색체가 분리되었다.

ㄴ. 상동 염색체끼리 접합한 2가 염색체는 감수 1분열 전기에 형성되므로 C에 2가 염색체가 존재한다.

ㄷ. C에 존재하는 각 염색체는 모두 두 가닥의 염색 분체로 이루어져 있으므로 C는 $\dfrac{\text{염색 분체 수}}{\text{염색체 수}}=\dfrac{2}{1}$=2이다.

오답 피하기 ㄱ. S기에 DNA가 복제되면 핵 1개당 DNA양이 2배로 증가하고, 체세포 분열에서는 핵분열이 1회, 감수 분열에서는 핵분열이 연속 2회 일어난다. 따라서 A는 G_1기 세포, B는 체세포 분열이 일어난 세포, C는 감수 1분열기의 세포, D는 감수 2분열기의 세포이다. 따라서 A, B, C의 핵상은 $2n$, D의 핵상은 n이다.

359

답 ⑤

ㄱ, ㄴ. 상동 염색체가 분리될 때 대립유전자인 A와 a, B와 b도 분리된다. 그런데 ㉠의 유전자형이 Ab이고, A와 B는 서로 다른 염색체에 존재하므로 ㉡의 유전자형은 aB이며, ㉢과 ㉣의 유전자형은 각각 AB와 ab이다.

ㄷ. 이 생물은 2쌍의 상동 염색체를 가지므로 감수 분열 시 상동 염색체 쌍의 무작위 배열과 분리에 의해 2^2=4가지의 염색체 조합을 가진 생식세포가 형성된다.

1등급 완성 문제 85쪽

360 ⑤ **361** ④ **362** ⑤ **363** (1) 1 (2) (나) (3) 해설 참조

바른답·알찬풀이 **51**

360

答 ⑤

세포당 DNA 상대량이 G_1기에 있는 세포는 1, S기에 있는 세포는 1~2, G_2기와 M기에 있는 세포는 2이다.

ㄱ. 구간 Ⅰ에는 세포당 DNA 상대량이 1과 2 사이인 세포가 존재하므로 DNA가 복제되고 있다. DNA 복제는 S기에 일어나며, S기는 간기에 속한다. 따라서 구간 Ⅰ에는 간기의 세포가 있다.

ㄴ. 세포 주기는 G_1기 → S기 → G_2기 → M기의 순서로 진행되고, 세포 수가 많은 시기일수록 세포 주기에서 차지하는 시간이 길다. (가)에서 세포당 DNA 상대량이 1(G_1기에 있는 세포)인 세포 수가 세포당 DNA 상대량이 2(G_2기와 M기에 있는 세포)인 세포 수보다 많으므로 세포 주기에서 G_1기가 G_2기보다 길다. 따라서 (나)에서 S기의 양쪽에 있는 ㉠과 ㉢ 중 ㉢보다 면적이 넓은 ㉠이 G_1기, ㉢이 G_2기이며, ㉡은 M기이다. 세포 주기는 G_1기(㉠) → S기 → G_2기(㉢) → M기(㉡)의 순서이므로 A 방향으로 진행된다.

ㄷ. 물질 ⓐ는 방추사 형성을 억제하므로 Q에 ⓐ를 처리하면 염색 분체가 분리되지 않아 세포 주기가 M기에 머무르게 된다. 따라서 Q에 ⓐ를 처리하면 구간 Ⅱ에 존재하는 M기의 세포 수가 ⓐ를 처리하기 전보다 증가하게 된다.

361

答 ④

자료 분석하기 세포의 핵상과 유전자의 DNA양

세포	DNA 상대량		
	a	B	D
㉠	? 1	1	2 → AaBbDD($2n$)
㉡	0	? 0	2 → AAbbDD(n)
㉢	? 2	2	2 → aaBBDD(n)

a, B, D가 같은 염색체에 존재한다.
→ A, b, D도 같은 염색체에 존재한다.

- ㉠에는 B가 1개, D가 2개 존재한다.
  ➡ 이 사람은 유전자형이 AaBbDD이며, ㉠에는 B가 1개, D가 2개 존재하므로 ㉠은 DNA가 복제되기 전의 상태이다.
  ➡ ㉠은 핵상이 $2n$이며, G_1기 세포이다.
- ㉡에는 a가 없고 D가 2개 존재한다.
  ➡ ㉡은 상동 염색체가 분리된 상태이다.
  ➡ ㉡은 핵상이 n이며, 감수 2분열 중기 세포이다.
- 이 사람은 유전자형이 AaBbDD이므로 체세포 분열 중기 세포나 감수 1분열 중기 세포에는 B가 2개, D가 4개 존재해야 한다.
  ➡ ㉢에 B가 2개, D가 2개 존재하므로 ㉢은 핵상이 n이고, 염색 분체가 분리되지 않은 상태이며, 감수 2분열 중기 세포이다.

ㄴ. ㉠은 B가 1개, D가 2개 존재하므로 핵상이 $2n$이고, DNA가 복제되기 전의 상태이다. ㉡은 a가 없고 D가 2개 존재하므로 핵상이 n이고, ㉢은 B가 2개, D가 2개 존재하므로 핵상이 n이며, ㉡과 ㉢은 모두 염색 분체가 분리되지 않은 상태이다. 따라서 각 세포에 존재하는 유전자는 ㉠($2n$)이 AaBbDD, ㉡(n)이 AAbbDD, ㉢(n)이 aaBBDD이므로 ㉡과 ㉢은 모두 감수 2분열 중기 세포이다.

ㄷ. 세포당 $\dfrac{\text{B의 수}}{\text{a의 수}}$는 ㉠$\left(\dfrac{1}{1}\right)$과 ㉢$\left(\dfrac{2}{2}\right)$이 1로 같다.

오답 피하기 ㄱ. 2가 염색체는 감수 1분열 전기에 상동 염색체끼리 접합하여 형성된다. ㉠은 DNA가 복제되기 전인 G_1기 세포이므로 ㉠에는 2가 염색체가 존재하지 않는다.

362

答 ⑤

S기에 DNA가 복제되어 핵 1개당 DNA양이 2배로 증가하지만 염색체 수는 변하지 않는다. 따라서 ㉠은 DNA양이다. (나)는 2개의 2가 염색체가 세포의 중앙에 배열되어 있는 감수 1분열 중기 세포이다. 따라서 (나)는 t_1일 때 관찰되며, (가)는 감수 분열에서의 DNA 상대량 변화 중 일부를 나타낸 것이다.

ㄴ. 이 생물의 G_2기 세포는 DNA가 복제된 후이므로 핵 1개당 DNA양(㉠)이 t_1일 때와 같은 2이다.

ㄷ. t_1과 t_2 사이에서 상동 염색체가 분리되므로 핵 1개당 염색체 수와 DNA양은 각각 t_1일 때의 세포가 t_2일 때의 세포의 2배이다. 따라서 핵 1개당 $\dfrac{\text{DNA양}}{\text{염색체 수}}$은 t_1일 때의 세포와 t_2일 때의 세포에서 같다.

오답 피하기 ㄱ. ㉠은 DNA양이다.

363

서술형 해결 전략

STEP 1 문제 포인트 파악
분열 중인 세포의 염색 분체와 2가 염색체 수를 통해 체세포와 생식세포의 염색체 수를 파악해야 한다.

STEP 2 자료 파악

$2n=4$
염색체 수가 2

- (가)의 체세포 분열 전기 세포에는 4개의 염색 분체가 존재한다.
- (나)의 감수 1분열 중기 세포에는 ㉠개의 2가 염색체가 존재한다.

- (가)의 체세포 분열 전기 세포($2n$)에 4개의 염색 분체가 존재한다. ➡ (가)의 체세포의 핵상과 염색체 수는 $2n=2$이다.
- 그림의 세포에는 상동 염색체가 쌍으로 있고, 염색체 수가 4이므로 핵상과 염색체 수는 $2n=4$이다. ➡ 그림은 (나)의 세포이며, (나)의 감수 1분열 중기 세포에는 2(㉠)개의 2가 염색체가 존재한다.

STEP 3 관련 개념 모으기
❶ 염색 분체는?
→ 복제된 DNA가 응축해 형성된 것으로, 세포 분열 전기 세포의 각 염색체는 두 가닥의 염색 분체로 구성된다.
❷ 체세포 분열 전기 세포의 염색 분체 수는?
→ 체세포 분열 전기 세포의 염색 분체 수는 체세포 염색체 수의 2배이다.
❸ 감수 1분열 중기 세포의 2가 염색체 수는?
→ 감수 1분열 중기 세포의 2가 염색체 수는 체세포 염색체 수의 절반이고, 생식세포 염색체 수와 같다.

(1) (가)의 체세포 분열 전기 세포에는 4개의 염색 분체가 존재하므로 체세포의 염색체 수는 2($2n=2$)이고, 생식세포의 염색체 수는 1($n=1$)이다.

(2) 그림의 세포($2n=4$)에는 2쌍의 상동 염색체, 즉 4개의 염색체가 존재한다. 따라서 그림은 (나)($2n=4$)의 세포이다.

(3) **예시 답안** 2, (나)는 2쌍의 상동 염색체를 가지므로 감수 1분열 중기 세포의 2가 염색체 수는 2이다.

채점 기준	배점(%)
2를 쓰고, (나)가 2쌍의 상동 염색체를 가지기 때문이라고 모두 옳게 설명한 경우	100
2만 옳게 쓴 경우	30

364

답 ×

사람은 직접적인 실험으로 특정 형질에 대한 유전 현상을 확인할 수 없으므로 가계도 조사 등 간접적인 방법으로 유전 현상을 연구한다.

365

답 ○

특정 형질 유전에서 부모의 표현형과 자녀의 표현형이 다르면 부모가 가진 형질이 우성, 자녀가 가진 형질이 열성이다.

366

답 ×

열성 형질을 나타내는 사람의 유전자형은 열성 동형 접합성이고, 우성 형질을 나타내는 사람의 유전자형은 우성 동형 접합성이거나 이형 접합성이다.

367

답 ×

ABO식 혈액형에서 대립유전자 A와 B 사이에는 우열이 없으므로 A와 B를 모두 갖는 사람의 유전자형은 AB, 표현형은 AB형이다.

368

답 ○

키나 몸무게는 여러 쌍의 대립유전자가 영향을 주어 형질이 결정되므로 다인자 유전 형질이다.

369

답 1: Tt, 2: Tt

정상인 부모 사이에서 유전병을 가진 딸이 태어났으므로 이 유전병은 정상에 대해 열성으로 유전되며, T는 정상 대립유전자, t는 유전병 대립유전자이다. 유전병이 열성이므로 유전병을 가진 자녀를 둔 정상인 부모(1, 2)는 모두 유전병 유전자형이 이형 접합성(Tt)이다.

370

답 ㉠ X, ㉡ Y

아버지(남자)의 성염색체 구성은 XY이며, X 염색체는 딸(여자)에게, Y 염색체는 아들(남자)에게 물려준다.

371

답 정상

적록 색맹을 결정하는 유전자는 X 염색체에 있으며, 적록 색맹 대립유전자(X′)는 정상 대립유전자(X)에 대해 열성이다. 아버지가 정상(XY)이면 딸은 반드시 아버지로부터 정상 대립유전자(X)를 물려받으므로 항상 정상이다.

372

답 ㉠ X, ㉡ 아들

어머니는 자녀에게 성염색체 중 X 염색체를 물려준다. 따라서 어머니가 적록 색맹(X′X′)이면 아들은 반드시 어머니로부터 적록 색맹 대립유전자(X′)를 물려받으므로 항상 적록 색맹이다.

373

답 ①

학생 B: 대립 형질의 우열 관계가 분명할 때, 유전자형이 이형 접합성인 사람에서 나타나는 형질이 우성이고, 나타나지 않는 형질이 열성이다.

오답 피하기 학생 A: 사람의 형질 중에는 ABO식 혈액형의 AB형과 같이 우열 관계가 분명하지 않은 대립유전자에 의해 결정되는 것도 있다.

학생 C: 1란성 쌍둥이는 유전자와 환경이 형질에 미치는 영향을 연구하는 데 도움이 된다.

374

답 ④

ㄴ. ㉠ 발현인 부모(5와 6) 사이에서 정상인 딸(8)이 태어났으므로 ㉠ 발현은 정상에 대해 우성으로 유전되며, ㉠ 발현 대립유전자는 A, 정상 대립유전자는 a이다. ㉠을 결정하는 유전자가 X 염색체에 있다면 ㉠ 발현인 아버지(5)는 딸에게 A가 있는 X 염색체를 물려주므로 딸(8)은 반드시 ㉠ 발현이어야 하는데 정상이다. 따라서 ㉠을 결정하는 유전자는 상염색체에 있다.

ㄷ. 정상 자녀를 둔 ㉠ 발현인 부모(4, 5, 6)는 모두 유전자형이 이형 접합성(Aa)이므로 4와 5는 모두 a를 가지고 있다.

오답 피하기 ㄱ. 부모에게 없던 형질이 자녀에서 나타나면 자녀가 가진 형질은 열성이다. 따라서 ㉠ 발현(A)은 우성, 정상(a)은 열성이다.

375 필수 유형

답 ④

자료 분석하기 상염색체 유전 형질 가계도 분석

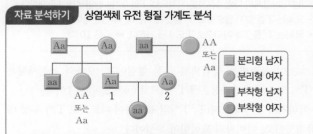

- 귓불 모양은 상염색체에 있는 한 쌍의 대립유전자에 의해 결정된다.
- 분리형인 부모(1과 2) 사이에서 부착형인 자녀가 태어났다. ➡ 분리형(A)이 우성, 부착형(a)이 열성이다.
- 귓불 모양 대립유전자가 X 염색체에 있다면 분리형인 아버지(1)는 딸에게 분리형 귓불 대립유전자가 있는 X 염색체를 물려주므로 딸은 반드시 분리형이어야 하는데 부착형이다. 따라서 귓불 모양을 결정하는 유전자는 상염색체에 있다.

ㄱ. 분리형인 부모(1과 2) 사이에서 부착형인 자녀가 태어났으므로 분리형(A)이 부착형(a)에 대해 우성이다.

ㄷ. 이 가계도에서 분리형인 여자 2명(1의 누나와 2의 어머니)은 유전자형(AA 또는 Aa)을 정확히 알 수 없다.

오답피하기 ㄴ. 1과 2는 모두 부착형인 딸에게 열성 대립유전자(a)를 물려주었으므로 유전자형이 이형 접합성(Aa)이다. 따라서 Aa×Aa → AA, 2Aa, aa이므로 1과 2 사이에서 태어나는 아이가 분리형(AA, 2Aa)일 확률은 $\frac{3}{4}$이다.

376
답 ③

ㄱ. ㉠이 발현되지 않은 어머니의 ㉠에 대한 유전자형은 동형 접합성이고, 자녀 2(남)는 반드시 어머니가 가진 대립유전자를 물려받는데 ㉠ 발현이므로 ㉠ 발현은 정상에 대해 우성이고, T는 ㉠ 발현 대립유전자, T*는 정상 대립유전자이다. ㉠을 결정하는 유전자가 X 염색체에 있다면 정상인 어머니(T*T*)는 자녀 2(남)에게 T*가 있는 X 염색체를 물려주므로 자녀 2(남)는 반드시 정상이어야 하는데 ㉠ 발현이다. 따라서 ㉠을 결정하는 유전자는 상염색체에 있다.

ㄴ. ㉠ 발현인 자녀 3(여)은 ㉠ 발현인 아버지로부터 우성 대립유전자(T)를, 정상인 어머니로부터 열성 대립유전자(T*)를 물려받아 유전자형이 TT*이다.

오답피하기 ㄷ. ㉠ 발현인 아버지(TT*)와 정상인 어머니(T*T*) 사이에서 태어나는 아이의 유전자형은 TT*, T*T*이므로 자녀 4가 ㉠ 발현(TT*)인 딸일 확률은 $\frac{1}{2} \times \frac{1}{2} = \frac{1}{4}$이다.

377
답 ⑤

| 자료 분석하기 | 상염색체 유전 |

구분	DNA 상대량		
	T	T*	
어머니	1	1	→ TT*
아버지	1	1	→ TT*
오빠	0	㉠ 2	→ T*T*
영희	㉡ 1	1	→ TT*

- 어머니와 아버지는 모두 유전병에 대한 유전자형이 TT*이다. ➡ 아버지(남자)가 2개의 대립유전자를 가지므로 T와 T*는 상염색체에 존재한다.
- 오빠는 T를 갖지 않으므로 T*를 2개 가진다. ➡ ㉠은 2이다.
- 영희는 T*를 1개 가지므로 T도 1개 가진다. ➡ ㉡은 1이다.

ㄱ, ㄷ. 이 유전병은 상염색체 유전 형질이고, 오빠의 유전자형은 T*T*, 영희의 유전자형은 TT*이므로 ㉠은 2, ㉡은 1이다.

ㄴ. 아버지(TT*)와 오빠(T*T*)의 표현형이 다르므로 T가 우성 대립유전자이고, 아버지의 표현형이 우성이다.

378
답 ①

(나)만 발현되는 부모 사이에서 (가)만 발현되는 딸(2)이 태어났으므로 (가)는 정상에 대해 열성이고, (나)는 정상에 대해 우성이다. A는 정상 대립유전자, a는 (가) 발현 대립유전자이고, B는 (나) 발현 대립유전자, b는 정상 대립유전자이다. X 염색체 유전 형질의 경우, 아버지는 딸에게 X 염색체를 물려주므로 우성 형질인 아버지의 딸은 항상 우성 형질이다. 그런데 (가)에 대해 정상(우성)인 아버지로부터 (가) 발현(열성)인 딸이 태어나고, (나) 발현(우성)인 아버지로부터 정상(열성)인 딸이 태어났으므로 (가)와 (나)는 모두 상염색체 유전 형질이다.

ㄱ. (가)는 정상에 대해 열성이고, 상염색체 유전 형질이므로 (가)만 발현되는 사람의 (가)에 대한 유전자형은 모두 열성 동형 접합성(aa)이다.

오답피하기 ㄴ. (가)만 발현되고 (나)는 정상인 1과 2의 유전자형은 모두 aabb이다. 따라서 1과 2 사이에서 (가)가 발현되는 아이(aa)는 태어날 수 있지만 (나)가 발현되는 아이(B_)는 태어나지 않는다.

ㄷ. (가)는 정상이고 (나)만 발현되는 2의 부모는 유전자형이 모두 AaBb이다. 따라서 2의 동생이 태어날 때, 이 아이에게서 (가)와 (나)가 모두 발현될 확률은 (aa일 확률: $\frac{1}{4}$)×(BB 또는 Bb일 확률: $\frac{3}{4}$) = $\frac{3}{16}$이다.

379
답 ④

ㄱ. B형인 영희는 아버지로부터 대립유전자 O를 물려받아 유전자형이 BO이고, B형인 어머니는 외할아버지로부터 대립유전자 O를 물려받아 유전자형이 BO이다.

ㄷ. A형인 외할아버지는 어머니(BO)에게 대립유전자 O를 물려주었으므로 유전자형이 AO이고, B형인 외할머니는 A형인 외삼촌(AO)에게 대립유전자 O를 물려주었으므로 유전자형이 BO이다.

오답피하기 ㄴ. 영희의 아버지(AO)와 어머니(BO) 사이에서 태어나는 아이의 유전자형은 AO, BO, AB, OO이므로 영희의 남동생이 A형(AO)일 확률은 $\frac{1}{4}$이다.

380
답 ⑤

㉠ 발현인 부모(1과 2) 사이에서 정상인 딸(3)이 태어났으므로 ㉠ 발현 대립유전자 T는 정상 대립유전자 T*에 대해 우성이다. ㉠의 유전자와 ABO식 혈액형 유전자는 같은 염색체에 존재하므로 ㉠의 유전자는 상염색체에 있다. ㉠의 유전자형은 ㉠ 발현인 1, 2, 4, 6이 정상인 자녀 또는 정상인 부모를 두었으므로 TT*, 정상인 3, 5, 7은 T*T*이다. ABO식 혈액형이 B형인 3은 1(BB)로부터 대립유전자 B를, 2로부터 대립유전자 O를 물려받아 유전자형이 BO이다. A형인 6은 4로부터 대립유전자 A를, 5(B형)로부터 대립유전자 O를 물려받아 유전자형이 AO이고, 5는 유전자형이 BO이다. 2는 3에게 대립유전자 O를, 4에게 대립유전자 A를 물려주었으므로 유전자형이 AO이다. 4는 1로부터 대립유전자 B를, 2로부터 대립유전자 A를 물려받아 유전자형이 AB이다. ㉠과 ABO식 혈액형을 결정하는 유전자는 같은 염색체에 존재하므로 두 형질에 대한 1의 유전자형은 BT/BT*이다.

ㄱ, ㄴ. ㉠ 발현이면서 A형인 6은 4로부터 A와 T를, 5로부터 O와 T*를 물려받아 유전자형이 AT/OT*이다. ㉠ 발현이면서 AB형인 4는 1로부터 B와 T*를, 2로부터 A와 T를 물려받아 유전자형이 AT/BT*이다. 정상이면서 B형인 3은 1로부터 B와 T*를, 2로부터 O와 T*를 물려받아 유전자형이 BT*/OT*이다. 정상이면서 B형인 5는 6에게 O와 T*를 물려주었으므로 유전자형이 BT*/OT*이다. 따라서 2의 ABO식 혈액형에 대한 유전자형은 AO로 이형 접합성이며, 6의 ㉠ 발현 대립유전자 T는 2로부터 물려받은 것이다.

ㄷ. 4(AT/BT*)와 5(BT*/OT*) 사이에서 태어나는 아이의 유전자형은 AT/BT*, AT/OT*, BT*/BT*, BT*/OT*이므로 7의 동생이 ㉠ 발현이면서 AB형(AT/BT*)일 확률은 25 %이다.

자료 분석하기   X 염색체 유전 형질 가계도 분석

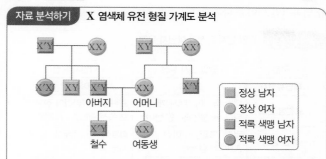

■	정상 남자
●	정상 여자
■	적록 색맹 남자
●	적록 색맹 여자

- 정상인 부모 사이에서 적록 색맹인 아들이 태어났으므로 정상이 적록 색맹에 대해 우성이고, 적록 색맹은 X 염색체 유전 형질이다. ➡ X는 정상 대립유전자, X′은 적록 색맹 대립유전자이다.
- 정상인 남자의 유전자형은 XY, 적록 색맹인 남자의 유전자형은 X′Y이다.
- 정상인 여자의 유전자형은 XX, 보인자인 여자의 유전자형은 XX′, 적록 색맹인 여자의 유전자형은 X′X′이다.
- 적록 색맹인 철수는 어머니로부터 적록 색맹 대립유전자(X′)를 물려받았으므로 정상인 어머니의 유전자형은 XX′이다.
- 여동생은 아버지로부터 적록 색맹 대립유전자(X′)를, 어머니로부터 정상 대립유전자(X)를 물려받았으므로 정상인 여동생의 유전자형은 XX′이다.

④ 이 가계도에 나타난 사람은 모두 유전자형을 알 수 있다. 철수 아버지와 외삼촌이 적록 색맹이므로 친할머니와 외할머니는 모두 보인자(XX′)이다.

오답 피하기 ①, ③ 정상인 부모 사이에서 적록 색맹인 아들이 태어났으므로 정상(X)이 우성, 적록 색맹(X′)이 열성이다. 따라서 유전자형이 아버지와 철수는 모두 X′Y이고, 어머니는 철수(X′Y)에게 X′을 물려주었으므로 유전자형이 XX′이다.

② 아버지(X′Y)는 정상인 여동생에게 X′을 물려주었으므로 여동생은 유전자형이 XX′인 보인자이다.

⑤ 철수의 동생이 1명 더 태어날 때, 이 아이가 정상 남자(XY)일 확률은 X′Y×XX′ → XX′, X′X′, $\underline{XY}$, X′Y이므로 $\frac{1}{4}$이다.

382   답 ②

만약 이 형질이 상염색체 유전 형질이라면 누나와 형은 각각 R와 r 중 1가지만 가지고 있으므로 유전자형이 각각 RR와 rr 중 하나이다. 따라서 이 경우 아버지와 어머니의 유전자형은 모두 Rr이므로 표현형이 같아야 한다. 그런데 아버지와 어머니는 표현형이 서로 다르므로 이 형질은 X 염색체 유전 형질이다. 이 형질이 발현된 어머니의 유전자형이 Rr이므로 '발현됨.(R)'이 '발현 안 됨.(r)'에 대해 우성이다. 따라서 유전자형이 아버지는 rY, 누나는 rr, 형은 RY, 철수는 RY이다.

ㄷ. 아버지(rY)와 어머니(Rr) 사이에서 태어나는 딸의 유전자형은 Rr 또는 rr이므로 철수의 여동생이 태어날 때, 이 아이의 표현형이 '발현 안 됨.(rr)'일 확률은 $\frac{1}{2}$이다.

오답 피하기 ㄱ. 이 형질은 X 염색체 유전 형질이고, '발현됨.(R)'이 '발현 안 됨.(r)'에 대해 우성이다.

ㄴ. 아들은 어머니로부터 X 염색체를 물려받고 아버지로부터는 X 염색체를 물려받지 않으므로 형질이 발현된 철수(RY)는 어머니로부터 R를 물려받았으며 아버지(rY)로부터 r를 물려받지 않았다.

자료 분석하기   X 염색체 유전 형질

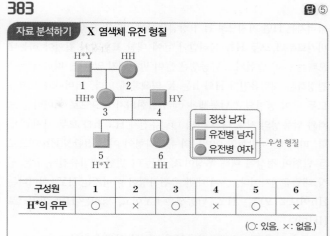

■	정상 남자
■	유전병 남자 ┐ 우성 형질
●	유전병 여자 ┘

구성원	1	2	3	4	5	6
H*의 유무	○	×	○	×	○	×

(○: 있음, ×: 없음.)

- 유전병인 부모(3과 4) 사이에서 정상인 아들(5)이 태어났으므로 유전병은 정상에 대해 우성이다. ➡ 4가 H*를 가지지 않으므로 H가 유전병 대립유전자, H*가 정상 대립유전자이다.
- 이 유전병이 상염색체 유전 형질이라면 유전병인 3과 4의 유전자형이 모두 이형 접합성이어야 하는데 3은 H*를 가지고 4는 H*를 가지지 않으므로 이 유전병은 X 염색체 유전 형질이다.
- 이 유전병에 대한 유전자형이 1은 H*Y, 2는 HH, 3은 HH*, 4는 HY, 5는 H*Y, 6은 HH이다.

ㄴ. 이 유전병에 대한 유전자형이 1과 5 모두 H*Y이므로 1과 5는 모두 H를 가지지 않는다.

ㄷ. 유전병이 정상에 대해 우성이므로 유전병인 3(여자)은 1로부터 H*를, 2로부터 H를 물려받아 유전자형이 HH*이다.

오답 피하기 ㄱ. 이 유전병이 상염색체 유전 형질이라면 3과 4의 유전자형이 모두 이형 접합성이어야 하는데 4는 H*를 가지지 않으므로 이 유전병은 X 염색체 유전 형질이다.

384   답 ②

유전병인 3은 1로부터 H*, 2로부터 H를 물려받아 유전자형이 HH*이며, 유전병인 4는 유전자형이 HY이다. 따라서 3(HH*)과 4(HY) 사이에서 태어나는 아이의 유전자형은 HH, HH*, HY, H*Y이므로 6의 동생이 유전병을 가진 남자(HY)일 확률은 $\frac{1}{4}$이다.

385

아버지가 정상이면 딸은 항상 정상이므로 정상인 아버지는 항상 정상 대립유전자만 가진다. 따라서 남자는 이 유전병을 결정하는 대립유전자를 1개만 가지므로 이 유전병은 X 염색체 유전 형질이다. 어머니가 유전병을 나타내면 아들은 항상 유전병을 나타내므로 유전병인 어머니는 항상 유전자형이 열성 동형 접합성이다. 따라서 이 유전병은 정상에 대해 열성이다.

예시 답안 이 유전병은 X 염색체 유전 형질이며, 정상에 대해 열성이므로 유전병을 나타낼 확률은 남자가 여자보다 높다.

채점 기준	배점(%)
유전병이 X 염색체 유전, 열성 형질임을 바탕으로 남자가 여자보다 유전병을 나타낼 확률이 높다고 모두 옳게 설명한 경우	100
유전병이 열성 형질임을 누락하여 설명한 경우	60
남자가 여자보다 유전병을 나타낼 확률이 높다고만 설명한 경우	30

386

답 ①

아버지는 H만 가지므로 H가 상염색체에 있다면 오빠와 남동생은 아버지로부터 모두 H를 물려받아 ㉠에 대한 표현형이 같아야 하는데 오빠는 ㉠이 발현되고 남동생은 ㉠이 발현되지 않는다. 따라서 ㉠을 결정하는 대립유전자 H와 h는 X 염색체에 있다. 어머니와 오빠는 모두 ㉠이 발현되고 남동생은 ㉠이 발현되지 않으므로 어머니는 오빠와 남동생의 서로 다른 ㉠의 대립유전자 H와 h를 모두 가지고 있다. 따라서 ㉠ 발현인 어머니의 유전자형이 이형 접합성(Hh)이므로 ㉠ 발현이 정상에 대해 우성이고, H는 ㉠ 발현 대립유전자, h는 정상 대립유전자이다. ㉠에 대한 유전자형이 아버지는 HY, 어머니는 Hh이므로 오빠는 HY, 남동생은 hY이고, 영희는 H만 가지므로 HH이다.

ㄱ. ㉠을 결정하는 대립유전자 H와 h는 X 염색체에 있다.

오답 피하기 ㄴ. 아버지는 ㉠ 발현 대립유전자인 H만 가지므로 ㉠이 발현된다.

ㄷ. 가족 구성원 중 오빠만 적록 색맹이므로 어머니는 오빠에게 H와 적록 색맹 대립유전자가 있는 X 염색체를 물려주었다. 정상 대립유전자를 T, 적록 색맹 대립유전자를 t라고 하면 ㉠이 발현되고 적록 색맹에 대한 유전자형이 이형 접합성인 영희의 유전자형은 HT/Ht이고, ㉠이 발현되고 적록 색맹인 남자의 유전자형은 Ht/Y이다. 영희(HT/Ht)와 이 남자(Ht/Y) 사이에서 태어나는 아이의 유전자형은 HT/Ht, Ht/Ht, HT/Y, Ht/Y이므로 이 중 ㉠이 발현되고 적록 색맹이 나타나지 않을(HT/Ht, HT/Y) 확률은 $\frac{1}{2}$이다.

387

ABO식 혈액형의 경우 철수의 유전자형은 AO, 영희의 유전자형은 BO이다. 철수(AO)와 영희(BO) 사이에서 O형인 아들(OO)이 태어날 확률은 $\frac{1}{4} \times \frac{1}{2} = \frac{1}{8}$이다. 그러나 아버지의 X 염색체는 딸에게만 전달되므로 적록 색맹에 대해 정상인 철수(XY)로부터 X를 물려받는 딸은 항상 정상(XX 또는 XX′)이므로 적록 색맹인 딸은 태어날 수 없다. 따라서 O형인 아들이 태어날 확률이 적록 색맹인 딸이 태어날 확률보다 높다.

예시 답안 철수(AO)와 영희(BO) 사이에서 O형인 아들(OO)은 태어날 수 있지만, 철수(XY)로부터 X를 물려받는 딸은 항상 정상(XX 또는 XX′)이므로 적록 색맹인 딸은 태어날 수 없다. 따라서 O형인 아들이 태어날 확률이 적록 색맹인 딸이 태어날 확률보다 높다.

채점 기준	배점(%)
O형인 아들은 태어날 수 있고, 적록 색맹인 딸은 태어날 수 없다는 것을 그 까닭과 함께 모두 옳게 설명한 경우	100
O형인 아들이 태어날 확률이 높다고만 설명한 경우	30

388

답 ③

ㄱ, ㄴ. 미맹은 대립 형질이 정상과 미맹의 2가지이므로 우열 관계가 분명한 한 쌍의 대립유전자에 의해 표현형이 결정되는 단일 인자 유전 형질이다. 반면, 피부색은 대립 형질이 뚜렷이 구분되지 않고 표현형이 다양하여 정규 분포 곡선 형태를 나타내므로 여러 쌍의 대립유전자에 의해 결정되는 다인자 유전 형질이다.

오답 피하기 ㄷ. 피부색은 다인자 유전 형질로 환경의 영향을 많이 받아 연속적인 변이를 나타낸다.

개념 더하기 단일 인자 유전과 다인자 유전

구분	단일 인자 유전	다인자 유전
대립유전자	한 쌍	여러 쌍
표현형 분포	대립 형질이 뚜렷하게 구분된다. ➡ 불연속적인 변이	표현형이 다양하여 정규 분포 곡선 형태를 나타낸다.
유전 형질	귓불 모양, 이마선 모양, ABO식 혈액형	피부색, 키, 몸무게, 눈 색, 지문 형태

389

답 ⑤

ㄴ. 피부색의 유전자형이 AaBbDd인 사람과 aaBBDd인 사람은 모두 A, B, D의 개수가 3개이므로 표현형이 같다.

ㄷ. (가)와 (나)의 유전자형은 모두 AaBbDd이므로 (가)와 (나) 사이에서 아이가 태어날 때, 이 아이의 유전자형이 AABBDD일 확률은 $\frac{1}{4} \times \frac{1}{4} \times \frac{1}{4} = \frac{1}{64}$이다.

오답 피하기 ㄱ. 피부색의 표현형은 유전자형에서 A, B, D의 개수에 의해서만 결정되므로 A, B, D의 개수가 최소 0개(aabbdd)부터 최대 6개(AABBDD)까지 7가지의 표현형이 가능하다.

390

답 ③

ㄱ. (가)에서는 A와 B, (나)에서는 A와 D가 대립유전자이므로 ㉠은 A, B, D에 의해서만 결정되는 복대립 유전 형질이고, E와 F는 서로 다른 염색체에 있으므로 ㉡은 2쌍의 대립유전자(E와 e, F와 f)에 의해서만 결정되는 다인자 유전 형질이다.

ㄴ. ㉠을 결정하는 대립유전자 A, B, D 사이의 우열 관계가 모두 분명하고, (가)(AB)와 (나)(AD)의 ㉠에 대한 표현형이 같으므로 A는 B와 D에 대해 각각 우성이다.

오답 피하기 ㄷ. (가)(EeFf)와 (나)(EeFf) 사이에서 태어나는 자손은 E와 F를 최소 0개(eeff)부터 최대 4개(EEFF)까지 가질 수 있으므로 ㉡의 표현형은 최대 5가지이다.

391

답 ③

ㄱ. ㉠은 여러 쌍의 대립유전자에 의해 결정되므로 다인자 유전 형질이다.

ㄴ. ㉠의 표현형은 유전자형에서 대문자로 표시되는 대립유전자의 개수에 의해서만 결정된다. AaBbDD와 AaBBDd는 모두 대문자로 표시되는 대립유전자 A, B, D의 개수가 4개로 같으므로 ㉠의 유전자형이 AaBbDD인 사람과 AaBBDd인 사람의 표현형은 같다.

오답 피하기 ㄷ. ㉠의 유전자형이 AaBbdd인 부모 사이에서 아이가 태어날 때, 이 아이의 유전자형이 AAbbdd, AaBbdd, aaBBdd인 경우에만 표현형이 부모와 같다. 이 아이의 유전자형이 AAbbdd일 확률은 $\frac{1}{4} \times \frac{1}{4} \times 1 = \frac{1}{16}$, AaBbdd일 확률은 $\frac{2}{4} \times \frac{2}{4} \times 1 = \frac{4}{16}$, aaBBdd일 확률은 $\frac{1}{4} \times \frac{1}{4} \times 1 = \frac{1}{16}$이다. 따라서 이 아이의 ㉠에 대한 표현형이 부모와 같을 확률은 $\frac{1}{16} + \frac{4}{16} + \frac{1}{16} = \frac{3}{8}$이다.

392 ⑤　**393** ①　**394** ②　**395** ③　**396** ②
397 (1) 해설 참조 (2) 1(= 100 %)　**398** 해설 참조

392

답 ⑤

㉠ 정상인 D의 유전자형이 이형 접합성이므로 정상(T)이 우성, 유전병(t)이 열성이다. 그런데 유전병(열성)인 어머니(tt)로부터 정상(우성)인 아들(C)이 태어났으므로 C는 아버지로부터 정상(우성) 대립유전자(T)를 물려받아 유전자형이 이형 접합성(Tt)이다. 따라서 이 유전병은 X 염색체 유전 형질이 아닌 상염색체 유전 형질이다.

㉡ C와 D의 유전자형은 모두 이형 접합성(Tt)이므로 C와 D 사이에서 태어나는 자녀의 유전자형 분리비는 TT : Tt : tt = 1 : 2 : 1이며, 이 중 정상 자녀의 유전자형에 따른 비율은 우성 동형 접합성(TT) : 이형 접합성(Tt) = 1 : 2이다. 따라서 정상인 E의 유전자형이 C(Tt)와 같은 이형 접합성일 확률은 $\frac{2}{3}$이다.

393

답 ①

자료 분석하기 같은 염색체에 유전자가 존재하는 형질의 유전

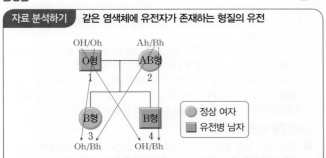

• ABO식 혈액형이 B형인 3과 4는 모두 2로부터 B가 존재하는 같은 염색체를 물려받았다.
➡ 3과 4는 모두 2로부터 유전병 결정에 관여하는 같은 대립유전자를 물려받았다.
• 유전병에 대해 3은 정상, 4는 유전병이다.
➡ 3과 4는 1로부터 유전병 결정에 관여하는 서로 다른 대립유전자를 물려받았다. ➡ 1은 유전병에 대한 유전자형이 이형 접합성(Hh)이다. ➡ 1은 유전병이므로 유전병(H)이 정상(h)에 대해 우성이다.
• 유전병 유전자와 ABO식 혈액형 유전자는 같은 염색체에 존재하므로 이 유전병을 결정하는 대립유전자 H와 h는 상염색체에 있다.

ㄴ. 1은 O형, 2는 AB형이므로 B형인 3과 4는 모두 2로부터 B가 존재하는 같은 염색체를 물려받았다. 그런데 유전병에 대해 3은 정상, 4는 유전병이므로 3과 4가 1로부터 각각 물려받은 염색체에는 유전병 결정에 관여하는 서로 다른 대립유전자가 존재한다. 따라서 1은 유전자형이 OH/Oh이므로 유전병(H)이 정상(h)에 대해 우성이다. 또한 유전자형이 2는 Ah/Bh, 3은 Oh/Bh, 4는 OH/Bh이므로 3에서 O와 h가 같은 염색체에 존재한다.

오답 피하기 ㄱ. 유전병은 정상에 대해 우성이다.
ㄷ. 1(OH/Oh)과 2(Ah/Bh) 사이에서 태어나는 자녀의 유전자형은 OH/Ah, OH/Bh, Oh/Ah, Oh/Bh이므로 이 중 딸이 유전병을 나타내면서 B형(OH/Bh)일 확률은 $\frac{1}{4}$이다.

394

답 ②

자료 분석하기 가계도 분석

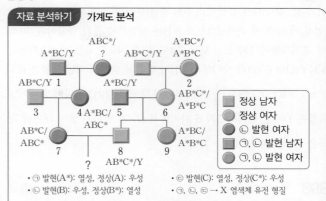

• ㉠ 발현(A*): 열성, 정상(A): 우성
• ㉡ 발현(B): 우성, 정상(B*): 열성
• ㉢ 발현(C): 열성, 정상(C*): 우성
• ㉠, ㉡, ㉢ → X 염색체 유전 형질

• 가족 구성원 2(여자)에서는 ㉢이 발현되지 않았고, 5(남자)에서는 ㉢이 발현되었는데, 2와 5에서 체세포 1개당 C의 DNA 상대량이 서로 같다. ➡ ㉢을 결정하는 대립유전자 C와 C*는 X 염색체에 있으며, C는 ㉢ 발현 대립유전자, C*는 정상 대립유전자이다. ➡ 2는 ㉢에 대한 유전자형이 이형 접합성(CC*)인데 ㉢이 발현되지 않았으므로 ㉢ 발현은 정상에 대해 열성이다.
• ㉠~㉢을 결정하는 대립유전자는 모두 X 염색체에 존재한다.
• 아버지(1)는 ㉠이 발현되었는데 딸(4)은 ㉠이 발현되지 않았으므로 ㉠ 발현은 정상에 대해 열성이다. ➡ A는 정상 대립유전자, A*는 ㉠ 발현 대립유전자이다.
• 아버지(3)는 정상인데 딸(7)은 ㉡이 발현되었으므로 ㉡ 발현은 정상에 대해 우성이다. ➡ B는 ㉡ 발현 대립유전자, B*는 정상 대립유전자이다.

ㄷ. ㉡만 발현된 7은 AB*C가 있는 X 염색체와 ABC*가 있는 X 염색체를 가지고 있고, 8은 AB*C가 있는 X 염색체와 Y 염색체를 가지고 있다. 7과 8 사이에서 태어나는 아이의 유전자형은 AB*C/AB*C*, ABC*/AB*C*, AB*C/Y, ABC*/Y이므로 이 아이에게서 ㉠~㉢ 중 ㉢만 발현(AB*C/Y)될 확률은 $\frac{1}{4}$이다.

오답 피하기 ㄱ. ㉢이 발현된 5에서 체세포 1개당 C의 DNA 상대량은 1이므로 C는 ㉢ 발현 대립유전자, C*는 정상 대립유전자이며, ㉢에 대한 유전자형이 CC*인 2에서 ㉢이 발현되지 않았으므로 대립유전자 C는 C*에 대해 열성이다.
ㄴ. 4는 1로부터 A*BC가 있는 X 염색체를 물려받았다. 7은 3으로부터 AB*C가 있는 X 염색체를 물려받았는데 ㉡ 발현이므로 B를 가지고 있다. 또, 7은 C를 가지고 있는데 ㉢이 발현되지 않았으므로 C*를 가지고 있다. 4는 A*를 가지고 있는데 ㉠에 대해 정상이므로 A를 가지고 있다. 따라서 4는 ㉡만 발현된 어머니로부터 ABC*가 있는 X 염색체를 물려받아 유전자형이 A*BC/ABC*이다. 4에서 ㉠에 대한 유전자형은 AA*, ㉡에 대한 유전자형은 BB, ㉢에 대한 유전자형은 CC*이므로 ㉠과 ㉢에 대한 유전자형은 이형 접합성이고, ㉡에 대한 유전자형은 동형 접합성이다.

395

답 ③

(가)의 경우 3은 r만 가지고, 4는 R만 가진다. 만약 (가)가 상염색체 유전 형질이라면 1과 2의 유전자형은 모두 Rr로 표현형이 같아야 하는데 1과 2의 표현형이 서로 다르므로 (가)는 X 염색체 유전 형질이다. 유전자형이 Rr인 2가 (가) 발현이므로 (가) 발현(R)이 우성, 정상(r)이 열성이다. 따라서 유전자형이 1은 rY, 3과 6은 모두 rr, 4와 5는 모두 RY이다.

(나)의 경우 1과 2는 모두 (나) 발현인데 3은 정상이므로 (나) 발현(T)이 우성, 정상(t)이 열성이고, (나) 발현(우성)인 아버지(1)로부터 정상(열성)인 딸(3)이 태어났으므로 (나)는 상염색체 유전 형질이다. 따라서 유전자형이 1과 2는 모두 Tt이고, 3, 4, 5, 6은 모두 tt이다. 5(RYtt)와 6(rrtt) 사이에서 (가)가 발현된 딸이 태어날 확률은 RY $\times$ rr → Rr, rY에서 $\frac{1}{2}$이고, (나)에 대해 정상(tt)인 자녀가 태어날 확률은 1이다. 따라서 5와 6 사이에서 (가)만 발현된 딸이 태어날 확률은 $\frac{1}{2} \times 1 = \frac{1}{2}$이다.

396
답 ②

오빠는 대립유전자 A와 B를 모두 가지지 않으므로 유전자형이 OO이고, 영희는 유전자형이 AO이다. 따라서 대립유전자 A를 가지는 어머니의 유전자형은 AO이다. 남동생은 응집원 B를 가지므로 B형 또는 AB형이며, 어머니가 A형이므로 아버지의 유전자형은 BO이다.

ㄷ. 어머니(AO)와 아버지(BO) 사이에서 태어나는 아이의 유전자형은 AO, BO, AB, OO이다. 따라서 영희의 여동생이 태어날 때, 이 아이가 응집원 B(BO, AB)를 가질 확률은 $\frac{1}{2}$이다.

오답 피하기 ㄱ. ㉠은 0, ㉡은 1, ㉢은 0, ㉣은 1이다.
ㄴ. A형(AO)인 어머니와 B형(BO)인 아버지 사이에서 응집원 B를 가진 남동생이 태어났으므로 남동생의 대립유전자 B는 아버지로부터 물려받은 것이다.

397

서술형 해결 전략

STEP 1 문제 포인트 파악
가계도를 분석해 형질의 우열 관계를 판단하고, 이를 통해 자녀의 표현형을 예측해야 한다.

STEP 2 자료 파악

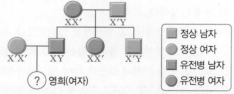

- 정상 남자
- 정상 여자
- 유전병 남자
- 유전병 여자

- 유전병 유전자는 적록 색맹 유전자와 같은 염색체에 존재하므로 이 유전병은 X 염색체 유전 형질이다.
- 유전병인 영희 할머니로부터 정상인 아들이 태어났으므로 유전병(X)이 우성, 정상(X')이 열성이다.

STEP 3 관련 개념 모으기
❶ 사람의 성 결정 방식은?
➡ 사람의 성은 성염색체 구성(여자 XX, 남자 XY)에 의해 결정되며, 아들은 X 염색체를 어머니로부터만 1개 물려받는다.
❷ X 염색체 유전 형질의 특징은?
➡ 열성 형질의 어머니는 아들에게 열성 대립유전자를 물려주므로 아들은 항상 열성 형질을 나타낸다.

이 유전병은 X 염색체 유전 형질이다. 그런데 유전병인 영희 할머니로부터 정상인 아들이 태어났으므로 유전병(X)은 정상(X')에 대해 우성이다.

---

(1) **예시 답안** 유전병은 정상에 대해 우성이며, 영희는 아버지로부터 유전병 대립유전자를 물려받으므로 유전병을 나타낸다.

채점 기준	배점(%)
유전병은 정상에 대해 우성이며, 영희는 아버지로부터 유전병 대립유전자를 물려받아 유전병을 나타낸다고 모두 옳게 설명한 경우	100
유전병을 나타낸다고만 설명한 경우	30

(2) 어머니(X'X')와 아버지(XY) 사이에서 태어나는 아이의 유전자형은 XX', X'Y이다. 따라서 영희의 남동생이 태어날 때, 이 아이는 유전자형이 항상 X'Y이므로 정상이다.

398

서술형 해결 전략

STEP 1 문제 포인트 파악
가계도와 제시된 자료를 분석하여 유전 형질의 특성을 파악해야 한다.

STEP 2 자료 파악

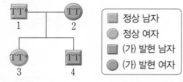

- 정상 남자
- 정상 여자
- (가) 발현 남자
- (가) 발현 여자

- (가) 발현인 2가 T만 가지므로 T는 (가) 발현 대립유전자, T*는 정상 대립유전자이다.
- (가)에 대한 유전자형이 동형 접합성(TT)인 어머니(2)로부터 정상인 딸(3)이 태어났으므로 (가) 발현(T)은 정상(T*)에 대해 열성이다.
- 1~4의 체세포 1개당 T의 DNA 상대량의 합은 T*의 3배이므로 (가) 발현(열성)인 2와 4의 유전자형은 모두 TT, 정상(우성)인 1과 3의 유전자형은 모두 TT*이다. ➡ (가)는 상염색체 열성 유전 형질이다.

STEP 3 관련 개념 모으기
❶ 유전자형이 동형 접합성인 어머니로부터 태어난 자녀의 표현형이 어머니와 다른 경우, 어머니가 가진 대립유전자의 우열 관계는?
➡ 자녀의 표현형이 어머니와 다르므로 자녀의 유전자형은 이형 접합성이다. 어머니가 가진 대립유전자가 우성이라면 자녀의 표현형은 어머니와 같지만, 열성이라면 자녀의 표현형은 어머니와 다르다. 따라서 어머니가 가진 대립유전자는 열성이다.
❷ X 염색체에 있는 대립유전자가 부모로부터 자녀에게 전달되는 과정은?
➡ 아들은 X 염색체에 있는 대립유전자를 어머니로부터 물려받고, 딸은 부모로부터 하나씩 물려받는다.

예시 답안 (1) T*. 3은 2로부터 T를 물려받았는데 정상이므로 T*가 T에 대해 우성이며, T는 (가) 발현 대립유전자, T*는 정상 대립유전자이다.
(2) (가)를 결정하는 유전자가 X 염색체에 있다면 1의 유전자형은 T*Y, 2의 유전자형은 TT, 3의 유전자형은 TT*, 4의 유전자형은 TY이므로 1~4의 체세포 1개당 T의 DNA 상대량의 합은 T*의 2배이다. (가)를 결정하는 유전자가 상염색체에 있다면 1과 3의 유전자형은 TT*, 2와 4의 유전자형은 TT이므로 1~4의 체세포 1개당 T의 DNA 상대량의 합은 T*의 3배이다. 따라서 (가)는 상염색체 열성 유전 형질로, (가)를 결정하는 유전자는 상염색체에 있다.

	채점 기준	배점(%)
(1)	T*를 쓰고, 그렇게 판단한 까닭을 모두 옳게 설명한 경우	100
	T*만 옳게 쓴 경우	30
(2)	(가)를 결정하는 유전자가 상염색체에 있음을 그렇게 판단한 까닭과 함께 모두 옳게 설명한 경우	100
	(가)를 결정하는 유전자가 상염색체에 있다고만 쓴 경우	30

개념 확인 문제   95쪽

399 ○   **400** ○   **401** ㉠ 1, ㉡ $n+1$, ㉢ $n-1$

402 ㉠ 44+XXY, ㉡ 클라인펠터 증후군

403 ㉠ 44+X, ㉡ 터너 증후군   **404** 2   **405** 결실

406 ㉠ 역위, ㉡ 전좌

407 ④	**408** ④	**409** ③	**410** ②	**411** ③	**412** ⑤
413 해설 참조		**414** ④	**415** ③	**416** ④	**417** ④
418 ③	**419** ②	**420** ④	**421** ③	**422** ④	**423** ②
424 ①	**425** ③	**426** 해설 참조			

399   답 ○

돌연변이는 유전자를 구성하는 DNA의 염기 서열이나 염색체에 변화가 일어나 유전 정보에 변화가 생기는 현상이다.

400   답 ○

낫 모양 적혈구 빈혈증 환자에서는 헤모글로빈 유전자에 이상(돌연변이)이 생겨 정상 헤모글로빈과 일부 아미노산 서열이 다른 돌연변이 헤모글로빈이 형성된다.

401   답 ㉠ 1, ㉡ $n+1$, ㉢ $n-1$

감수 1분열에서 상동 염색체 비분리가 일어나므로 핵상이 $n+1$, $n-1$인 생식세포가 형성된다. 따라서 A의 핵상은 $n+1$, B의 핵상은 $n-1$이다.

402   답 ㉠ 44+XXY, ㉡ 클라인펠터 증후군

정자 A의 염색체 구성은 22+XY이고, 정상 난자의 염색체 구성은 22+X이다. 따라서 A가 정상 난자와 수정하면 44+XXY로, 클라인펠터 증후군을 나타내는 아이가 태어난다.

403   답 ㉠ 44+X, ㉡ 터너 증후군

정자 B의 염색체 구성은 22이고, 정상 난자의 염색체 구성은 22+X이다. 따라서 B가 정상 난자와 수정하면 44+X로, 터너 증후군을 나타내는 아이가 태어난다.

404   답 2

대립유전자 A와 a는 상동 염색체 쌍을 이루는 염색체에 각각 1개씩 있으며, 감수 1분열에서 상동 염색체가 분리되면 서로 다른 세포로 나뉘어 들어간다. 감수 1분열이 완료된 세포 중 하나에는 A, 다른 하나에는 a가 있다. a가 있는 세포에서 감수 2분열이 일어날 때 염색 분체의 비분리가 일어나면 a가 2개 있는 생식세포, a가 없는 생식세포가 형성될 수 있다.

405   답 결실

고양이 울음 증후군은 5번 염색체의 일부가 떨어져 없어지는 현상인 결실에 의해 나타난다.

406   답 ㉠ 역위, ㉡ 전좌

염색체 구조 이상 중 염색체의 일부가 떨어졌다가 거꾸로 붙는 현상은 역위(㉠)이고, 한 염색체의 일부가 상동 염색체가 아닌 다른 염색체에 붙는 현상은 전좌(㉡)이다.

407   답 ④

ㄴ. 유전자(DNA)에는 단백질의 아미노산 서열에 대한 정보가 염기 서열의 형태로 저장되어 있다. 따라서 돌연변이가 일어나 헤모글로빈 유전자를 구성하는 DNA의 염기 서열이 달라지면 정상 헤모글로빈과 아미노산 서열이 다른 돌연변이 헤모글로빈이 만들어진다.

ㄷ. 돌연변이 헤모글로빈은 혈액 속 산소 농도가 낮을 때 비정상적으로 길게 결합하여 적혈구를 낫 모양으로 변하게 한다.

오답 피하기 ㄱ. 낫 모양 적혈구 빈혈증은 유전자 이상에 의한 유전병이다.

408   필수 유형   답 ④

자료 분석하기   **낫 모양 적혈구의 형성**

정상 헤모글로빈 유전자의 염기 서열   돌연변이 헤모글로빈 유전자의 염기 서열

정상 헤모글로빈의 아미노산 서열   돌연변이 헤모글로빈의 아미노산 서열

- 정상 헤모글로빈 유전자의 염기 서열과 돌연변이 헤모글로빈 유전자의 염기 서열에서 염기 하나가 다르다. ➡ 헤모글로빈 유전자의 특정 위치에 있는 A-T 염기쌍이 T-A 염기쌍으로 바뀌었다.
- 정상 헤모글로빈의 아미노산 서열과 돌연변이 헤모글로빈의 아미노산 서열에서 아미노산 하나가 다르다. ➡ 헤모글로빈의 아미노산 서열에서 글루탐산이 발린으로 바뀌어 돌연변이 헤모글로빈이 만들어졌다.
- 헤모글로빈 유전자의 염기 하나가 바뀌는 돌연변이가 일어남으로써 헤모글로빈을 구성하는 아미노산 하나가 달라져 비정상 헤모글로빈이 생성된다.

ㄱ. 헤모글로빈 유전자를 구성하는 DNA의 염기 서열이 바뀌는 돌연변이가 일어나 돌연변이 헤모글로빈이 만들어졌다.

ㄴ. 유전자의 염기 서열이 변하면 지정하는 아미노산이 달라져 단백질의 아미노산 서열이 변할 수 있다. 낫 모양 적혈구 빈혈증의 경우 유전자 돌연변이로 글루탐산이 발린으로 바뀐 결과 돌연변이 헤모글로빈이 만들어져 나타난다.

오답 피하기 ㄷ. 낫 모양 적혈구 빈혈증은 DNA의 염기 서열에 변화가 생겨 나타나는 유전자 돌연변이로, 이와 같은 유전자 이상에 의한 유전병은 핵형 분석을 통해 확인할 수 없다.

409   답 ③

정상인 부모 사이에서 페닐케톤뇨증(가)을 나타내는 딸이 태어나므로 페닐케톤뇨증은 정상에 대해 열성이다. 헌팅턴 무도병(나)을 나타내는 아버지로부터 (나)를 나타내지 않는 딸이 태어나고, (나)를 나타내지 않는 부모 사이에서 태어난 자녀는 항상 (나)를 나타내지 않으므로 헌팅턴 무도병은 정상에 대해 우성이다.

ㄱ. 페닐케톤뇨증(가)은 정상에 대해 열성이다.

ㄴ. 헌팅턴 무도병(나)은 상염색체의 유전자 이상에 의한 유전병이므로 남자와 여자에게서 모두 나타날 수 있다.

오답 피하기 ㄷ. 페닐케톤뇨증(가)과 헌팅턴 무도병(나)은 모두 유전자 이상에 의한 유전병이므로 핵형 분석을 통해 확인할 수 없다.

410
답②

ㄷ. 돌연변이 대립유전자에는 정상 대립유전자와 달리 일부 염기(TTT)가 없으며, 그 결과 돌연변이 단백질에는 일부 아미노산(ⓑ)이 결실되었다.

오답 피하기 ㄱ. (가)는 상염색체인 7번 염색체에 존재하는 유전자에 의해 결정되므로 (가)를 나타낼 확률은 남자와 여자가 같다.

ㄴ. (가)는 유전자 이상에 의한 유전병이므로 (가)를 나타내는 환자는 정상인과 염색체 수가 같다.

411 필수 유형
답③

자료 분석하기 염색체 비분리

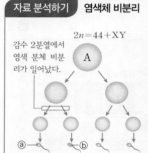

$2n = 44 + XY$

감수 2분열에서 염색 분체 비분리가 일어났다.

- 감수 분열 결과 형성된 정자 중 핵상이 정상(n)인 것이 있다. ➡ 정자 ⓐ와 ⓑ가 형성되는 감수 2분열에서 염색 분체의 비분리가 일어났다.
- 감수 2분열에서 성염색체의 비분리가 일어났다면 ⓐ($n-1$)에는 성염색체가 없고, ⓑ($n+1$)에는 같은 종류의 성염색체가 2개 있어야 한다. 그러나 ⓑ에 Y 염색체가 1개 존재하므로 염색 분체의 비분리는 상염색체에서 일어났다.

ⓐ $n-1$　ⓑ $n+1$　n　n

ㄱ. 핵상이 n인 정자가 형성되었으므로 ⓐ와 ⓑ가 형성되는 감수 2분열에서 염색 분체의 비분리가 일어났다. 따라서 ⓑ의 핵상은 $n+1$이다. 핵상이 $n+1$인 ⓑ에 Y 염색체가 1개 존재하므로 염색 분체의 비분리는 상염색체에서 일어났다.

ㄴ. 핵상과 염색체 구성이 A는 $2n=44+XY$, ⓑ는 $n+1=23+Y$이므로 세포당 $\dfrac{\text{상염색체 수}}{\text{성염색체 수}}$는 A($\dfrac{44}{2}$)가 22, ⓑ($\dfrac{23}{1}$)가 23이다.

오답 피하기 ㄷ. ⓐ($n-1=21+Y$)와 정상 난자($n=22+X$)가 수정하여 형성된 수정란의 핵상과 염색체 구성은 $2n-1=43+XY$로, 터너 증후군($2n-1=44+X$)을 나타내는 아이는 태어나지 않는다.

개념 더하기 염색체 비분리

감수 1분열에서의 염색체 비분리	감수 2분열에서의 염색체 비분리
$n+1$　$n+1$　$n-1$　$n-1$	$n+1$　$n-1$　n　n
상동 염색체가 비분리된다. ➡ 핵상이 $n+1$인 생식세포에는 유전자 구성이 다른 상동 염색체가 존재한다.	염색 분체가 비분리된다. ➡ 핵상이 $n+1$인 생식세포에는 유전자 구성이 같은 2개의 염색체가 존재한다.

412
답⑤

자료 분석하기 염색체 비분리

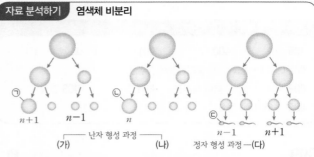

ⓐ $n+1$　$n-1$ (가)
난자 형성 과정
ⓑ (나)
ⓒ $n-1$　$n+1$
정자 형성 과정 (다)

- 세포당 염색체 수가 ㉠>㉡>㉢이므로 핵상은 ㉠이 $n+1$, ㉡이 n, ㉢이 $n-1$이다. ➡ (가)와 (다)는 감수 1분열에서 상동 염색체의 비분리가, (나)는 감수 2분열에서 염색 분체의 비분리가 일어났다.
- 성염색체의 비분리가 각각 1회씩 일어났으므로 핵상과 염색체 구성이 ㉠은 $n+1=22+XX$, ㉡은 $n=22+X$, ㉢은 $n-1=22$이다.

ㄱ. 세포당 염색체 수가 ㉠>㉡>㉢이므로 핵상은 ㉠이 $n+1$, ㉡이 n, ㉢이 $n-1$이다. 따라서 (다)에서는 핵상이 $n-1$ 또는 $n+1$인 정자만 형성되므로 감수 1분열에서 상동 염색체의 비분리가 일어났다.

ㄴ. 상염색체 수는 ㉠($n+1=22+XX$)이 22, ㉡($n=22+X$)이 22이고, X 염색체 수는 ㉠이 2, ㉡이 1이다.

따라서 $\dfrac{\text{상염색체 수}}{\text{X 염색체 수}}$는 ㉠($\dfrac{22}{2}$)이 11, ㉡($\dfrac{22}{1}$)이 22이므로 ㉠이 ㉡의 절반이다.

ㄷ. ㉢($n-1=22$)과 정상 난자($n=22+X$)가 수정되면 터너 증후군($2n-1=44+X$)을 나타내는 아이가 태어난다.

413

유전자형이 할아버지는 aa, 할머니는 AA이므로 아버지는 Aa이고, 어머니는 AA, 철수는 Aaa이다. 따라서 철수는 아버지로부터 2개의 a(유전자 구성이 같은 2개의 염색체)를 물려받았으며, 염색체 비분리는 아버지의 감수 2분열에서 일어났다.

예시 답안 감수 2분열, 유전자형이 어머니는 AA이고, 아버지는 Aa이므로 유전자형이 Aaa인 철수는 아버지로부터 2개의 a를 물려받았다.

채점 기준	배점(%)
감수 2분열을 쓰고, 어머니와 아버지의 유전자형을 바탕으로 철수가 아버지로부터 2개의 a를 물려받았다고 모두 옳게 설명한 경우	100
감수 2분열을 쓰고, 철수가 아버지로부터 2개의 a를 물려받았다고만 설명한 경우	60
감수 2분열만 옳게 쓴 경우	30

414
답④

ㄱ. 철수는 유전자형이 Aaa이다. 따라서 철수는 21번 염색체를 3개 가지므로 다운 증후군($2n+1=45+XY$)을 나타낸다.

ㄷ. 철수는 아버지로부터 aa, 어머니로부터 A를 물려받았으므로 핵상과 염색체 구성이 정자 ㉠은 $n+1=23+Y$이고, 난자 ㉡은 $n=22+X$이다. 또 철수의 체세포는 핵상과 염색체 구성이 $2n+1=45+XY$이므로 $\dfrac{\text{X 염색체 수}}{\text{상염색체 수}}$는 ㉡이 $\dfrac{1}{22}$, 철수의 체세포가 $\dfrac{1}{45}$, ㉠이 $\dfrac{0}{23}$이다.

415

ㄱ. 적록 색맹인 어머니로부터 정상인 철수가 태어나려면 아버지로부터 정상 대립유전자를 물려받아야 한다. 따라서 철수는 성염색체 구성이 XXʹY이며, 클라인펠터 증후군을 나타낸다.

ㄴ. 철수는 어머니로부터 열성(적록 색맹) 대립유전자를 물려받았다.

오답피하기 ㄷ. 철수는 감수 1분열에서 상동 염색체의 비분리가 일어나 형성된 정자($n+1=22+XY$)와 정상 난자($n=22+Xʹ$)의 수정으로 태어나 클라인펠터 증후군($2n+1=44+XXʹY$)을 나타낸다.

416

(가)는 적록 색맹이면서 터너 증후군($2n-1=44+Xʹ$)이므로 적록 색맹 대립유전자(Xʹ)를 1개 가지고 있다. 정상인 아버지는 적록 색맹 대립유전자(Xʹ)를 가지고 있지 않으므로 (가)는 어머니로부터 적록 색맹 대립유전자(Xʹ)를 물려받았다. 따라서 (가)는 감수 1분열 또는 2분열에서 성염색체의 비분리가 일어나 형성된 정자 ⑤($n-1=22$)과 정상 난자($n=22+Xʹ$)의 수정으로 태어났다. (나)는 적록 색맹이면서 클라인펠터 증후군($2n+1=44+XʹXʹY$)이므로 적록 색맹 대립유전자(Xʹ)를 2개 가지고 있다. (나)는 어머니로부터 적록 색맹 대립유전자(Xʹ) 2개를 물려받았다. 따라서 어머니는 보인자(XXʹ)이고, (나)는 감수 2분열에서 성염색체(X 염색체)의 염색 분체 비분리가 일어나 형성된 난자 ⑥($n+1=22+XʹXʹ$)과 정상 정자($n=22+Y$)의 수정으로 태어났다.

ㄴ. ⑤은 성염색체가 없고, ⑥은 X 염색체가 2개 있다.

ㄷ. ⑥ 형성 과정에서 감수 2분열 시 성염색체(X 염색체)의 염색 분체 비분리가 일어나 ⑥에는 적록 색맹 대립유전자(Xʹ)가 2개 있다.

오답피하기 ㄱ. ⑤에는 적록 색맹 대립유전자(Xʹ)가 없다.

417

어머니는 적록 색맹(XʹXʹ), 아버지는 정상(XY)이므로 돌연변이가 일어나지 않는다면 이 둘 사이에서 태어나는 딸은 아버지로부터 정상 대립유전자(X)를 물려받으므로 항상 정상(XXʹ)이다. 그런데 여동생은 적록 색맹이므로 그림은 여동생의 핵형 분석 결과이다. 여동생은 어머니로부터 X 염색체를 1개 물려받았지만, 아버지의 감수 분열에서 염색체의 비분리가 일어나 아버지로부터는 X 염색체를 물려받지 못해 성염색체가 X 염색체 1개이다.

ㄴ. 여동생은 성염색체가 X 염색체 1개이므로 터너 증후군($2n-1=44+X$)을 나타낸다.

ㄷ. 누나, 철수, 여동생은 각각 어머니로부터만 적록 색맹 대립유전자(Xʹ)를 1개씩 물려받았다. 따라서 유전자형이 누나는 XXʹ, 철수는 XʹY, 여동생은 Xʹ이므로 누나, 철수, 여동생은 모두 체세포 1개당 적록 색맹 대립유전자(Xʹ)의 DNA 상대량이 같다.

오답피하기 ㄱ. 누나는 어머니와 아버지로부터 X 염색체를 1개씩 물려받았다. 따라서 아버지(XY)로부터 정상 대립유전자(X)를 물려받았으므로 표현형이 정상(XXʹ)이다.

418

정상인 부모 사이에서 혈우병을 가진 영희가 태어났으므로 혈우병은 정상에 대해 열성이며, 정상 대립유전자를 X, 혈우병 대립유전자를 Xʹ이라고 하면 유전자형이 아버지는 XY, 어머니는 XXʹ이다.

ㄱ. 영희가 혈우병이므로 어머니로부터 Xʹ을 물려받고, 아버지로부터 X 염색체를 물려받지 않았다. 따라서 영희의 핵상과 염색체 구성은 $2n-1=44+X$로 터너 증후군을 나타낸다.

ㄴ. 영희와 어머니는 혈우병 대립유전자(Xʹ)를 1개씩 가지므로 혈우병 대립유전자의 DNA 상대량이 같다.

오답피하기 ㄷ. 아버지는 Xʹ을 가지고 있지 않으므로 영희는 어머니로부터 Xʹ을 물려받았으며 아버지로부터는 성염색체를 물려받지 않았다. 따라서 영희는 감수 1분열(A) 또는 2분열에서 염색체의 비분리가 일어나 형성된 정자와 정상 난자의 수정으로 태어났다.

419

ㄴ. 핵상이 n인 정자가 형성되었으므로 I이 감수 2분열을 거칠 때 X 염색체의 염색 분체 비분리가 일어났다. 따라서 II에는 X 염색체가 2개 있으므로 ⑤은 II, X 염색체가 없는 ⑥은 III이고, ⑥은 I이다.

오답피하기 ㄱ. ⑥(I)은 감수 2분열 중기 세포로, 감수 1분열은 정상적으로 일어났으므로 핵상(ⓐ)은 n이다.

ㄷ. 핵상과 염색체 구성이 III(⑥)은 $n=22+Y$, II(⑤)는 $n+1=22+XX$이다.

420

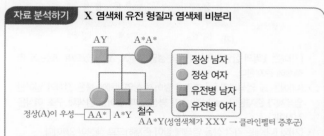

자료 분석하기 **X 염색체 유전 형질과 염색체 비분리**

- 아버지는 A만, 어머니는 A*만 가진다. ➡ 아버지는 정상, 어머니는 유전병이므로 A는 정상 대립유전자, A*는 유전병 대립유전자이다.
- 유전병이 상염색체 유전 형질이라면 유전자형이 아버지는 AA, 어머니는 A*A*이므로 자녀는 모두 유전자형이 AA*로 표현형이 같아야 하는데, 누나와 형의 표현형이 다르다. ➡ A와 A*는 X 염색체에 존재하며, 이 유전병은 X 염색체 유전 형질이다.
- 누나는 부모로부터 A와 A*를 하나씩 물려받아 유전자형이 AA*이다. ➡ 누나는 정상이므로 정상(A)이 유전병(A*)에 대해 우성이다.

ㄴ, ㄷ. 아버지는 A만, 어머니는 A*만 가지는데, 염색체 수가 정상인 누나와 형의 표현형이 다르므로 A와 A*는 X 염색체에 존재한다. 따라서 유전자형이 아버지는 AY, 어머니는 A*A*, 누나는 AA*, 형은 A*Y이며, 정상(A)이 우성, 유전병(A*)이 열성이다. 염색체 수에 이상이 있는 철수는 표현형이 정상이므로 유전자형이 AA*Y이다. 철수(AA*Y)는 어머니로부터 A*를 1개, 아버지로부터 AY를 물려받았으므로 철수가 아버지로부터 물려받은 AY는 유전자 구성이 다른 상동 염색체에 존재한다. 따라서 정자 형성 시 감수 1분열에서 염색체의 비분리가 일어났다.

오답피하기 ㄱ. A는 X 염색체에 존재하는 우성 대립유전자이다.

421
답 ③

체세포 1개당 T의 DNA 상대량은 4가 5의 2배이므로 유전자형이 4는 TT이고, T는 정상 대립유전자, T*는 유전병 (가) 대립유전자이다. 그런데 5는 4와 표현형이 다르므로 유전자형이 TT*이다. 따라서 (가)는 상염색체 유전 형질이고, 유전병(T*)이 우성, 정상(T)이 열성이다.

ㄱ. 유전자형이 1은 TT*, 2는 TT이고, 유전병인 3은 T와 T* 중 1가지만 가지므로 유전자형이 T*T*이다. 따라서 체세포 1개당 T*의 DNA 상대량은 5(TT*)가 3(T*T*)의 절반이다.

ㄴ. 유전자형이 TT*인 1과 TT인 2 사이에서 유전자형이 T*T*인 3이 태어났다. 따라서 3은 T*가 2개인 정자 ⓐ와 T나 T*가 모두 존재하지 않는 난자 ⓑ의 수정으로 태어났다. ⓐ에 T*가 2개 존재하려면 1(TT*)에서 ⓐ가 형성될 때 감수 2분열에서 염색 분체의 비분리가 일어나야 한다.

오답 피하기 ㄷ. ⓑ에는 T나 T*가 모두 존재하지 않으므로 상염색체 수는 정상 난자보다 1개 적은 21이고, X 염색체 수는 정상 난자와 같은 1이다. 따라서 ⓑ의 핵상과 염색체 수는 $n-1=21+$X이다.

422
답 ③

자료 분석하기 염색체 구조 이상

- (가)에는 1쌍의 상염색체와 1쌍의 성염색체(X, Y)가 있으며, A는 X 염색체에 존재한다.
- (나)에는 X 염색체의 [a] 부위가 떨어져 상염색체에 붙은 전좌가 일어난 염색체가 존재한다. ➡ 난자 ⓐ가 형성될 때 일어난 염색체 구조 이상은 전좌이다.
- (가)와 (나)에는 각각 상동 염색체 쌍이 존재하므로 핵상이 $2n$이다.

ㄷ. 난자 ⓐ가 형성될 때 성염색체에 있는 [a] 부위가 상염색체로 전좌된 염색체 구조 이상이 일어났다.

오답 피하기 ㄱ. ㉠은 상염색체이고, ㉡은 성염색체(X 염색체)이므로 상동 염색체가 아니다.

ㄴ. (가)는 어머니로부터 A가 있는 X 염색체를, 아버지로부터 Y 염색체를 물려받았다.

423
답 ②

ㄷ. 돌연변이 염색체가 형성될 때 일어난 염색체 구조 이상은 [G] 부위가 반복된 중복, [DE] 부위가 거꾸로 된 역위, [F] 부위가 없어진 결실이다.

오답 피하기 ㄱ. 염색체 구조 돌연변이만으로 염색체 수가 변하는 것은 아니므로 (가)와 (나)의 염색체 수는 같다.

ㄴ. (나)를 포함해 철수의 일부 체세포에만 돌연변이 염색체가 존재하므로 돌연변이 염색체는 부모로부터 물려받은 것이 아니라 철수에게서 돌연변이가 일어나 형성된 것이다.

424
필수 유형
답 ①

자료 분석하기 염색체 구조 이상

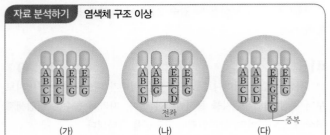

(가)   (나)   (다)

- (가)~(다)는 모두 상동 염색체 쌍이 존재하므로, (가)~(다)의 핵상은 모두 $2n$이다.
- (나)에는 [CD] 부위와 [G] 부위가 서로 교환된 두 염색체가 있고, 이 두 염색체는 상동 염색체가 아니다.
  ➡ (나)는 전좌가 일어난 체세포이다.
- (다)에는 [FG] 부위가 2번 반복하여 나타나는 염색체가 있다.
  ➡ (다)는 중복이 일어난 체세포이다.

ㄴ. 전좌는 한 염색체의 일부가 상동 염색체가 아닌 다른 염색체에 붙는 현상으로, (나)에는 [CD]와 [G] 부위가 상호 전좌된 염색체가 있다.

오답 피하기 ㄱ. (가)~(다)의 핵상은 모두 $2n$이다.

ㄷ. 중복은 염색체에 어떤 부분과 같은 부분이 삽입되어 그 부분이 반복되는 현상으로, (다)에는 [FG] 부위가 중복된 염색체가 있다. 염색체의 일부가 떨어졌다가 거꾸로 붙는 현상은 역위이며, (다)에는 역위가 일어난 염색체가 없다.

개념 더하기 염색체 구조 이상

- 결실: 염색체 일부가 떨어져 없어진다.
  예 고양이 울음 증후군(5번 염색체 결실)
- 중복: 염색체에 어떤 부분과 같은 부분이 삽입되어 그 부분이 반복된다.
- 역위: 염색체 일부가 떨어졌다가 거꾸로 붙는다.
- 전좌: 한 염색체의 일부가 상동 염색체가 아닌 다른 염색체에 붙는다.
  예 만성 골수성 백혈병(9번과 22번 염색체 사이의 전좌)

425
답 ③

ㄱ, ㄷ. 유전자 이상에 의한 유전병은 핵형 분석을 통해 알아낼 수 없다. 따라서 핵형이 정상인과 같은 A는 유전자 이상에 의해 나타나는 낫 모양 적혈구 빈혈증이다. 터너 증후군은 성염색체가 X 염색체 1개일 때 나타난다. 따라서 B는 고양이 울음 증후군이고, C는 터너 증후군이다.

오답 피하기 ㄴ. 고양이 울음 증후군은 5번 염색체의 일부가 결실되었을 때 나타나므로 '결실'이 ⓐ에 해당한다.

426

C는 염색체 수 이상으로 나타나는 터너 증후군이다. 터너 증후군은 성염색체가 X 염색체 1개($2n-1=44+$X)일 때 나타나며, 외관상 여자이지만 불임이다.

예시 답안 터너 증후군, 정상인과 비교해 성염색체인 X 염색체가 1개 적다.

채점 기준	배점(%)
터너 증후군을 쓰고, 정상인과 비교해 성염색체인 X 염색체가 1개 적다고 모두 옳게 설명한 경우	100
터너 증후군만 옳게 쓴 경우	30

427
답 ②

ㄱ. (가)는 염색체의 일부인 [BC] 부위가 정상과 달리 거꾸로 연결된 역위이므로 염색체 구조 이상에 해당한다.

ㄴ. (나)는 특정 유전자에 돌연변이가 일어나 염기 서열이 변함으로써 특정 단백질의 아미노산 서열이 ㉠-㉡-㉢에서 ㉠-㉢-㉡으로 달라진 경우이므로 유전자 이상에 해당한다.

오답 피하기 ㄷ. (가)는 염색체 구조 이상 중 역위, (나)는 유전자 이상에 해당하므로 핵형 분석을 통해 돌연변이 여부를 확인할 수 있는 것은 (가)이다. DNA의 염기 서열을 조사하면 (나)의 여부를 확인할 수 있다.

428
답 ⑤

㉠은 고양이 울음 증후군, ㉡은 낫 모양 적혈구 빈혈증, ㉢은 알비노증이다.

ㄱ. 고양이 울음 증후군(㉠)은 5번 염색체의 일부가 결실(ⓐ)되어 나타나는 유전병이다.

ㄴ. 낫 모양 적혈구 빈혈증(㉡)은 헤모글로빈 유전자의 염기 서열에서 염기 하나가 바뀜으로써 헤모글로빈을 구성하는 아미노산 중 하나가 달라진 돌연변이 헤모글로빈이 생성되어 나타나는 유전병이다.

ㄷ. 알비노증(㉢)은 멜라닌 색소를 합성하는 효소의 유전자에 이상이 생겨 멜라닌 색소를 합성하지 못하는 유전병으로, 염색체의 구조와 수에는 이상이 없다. 따라서 핵형 분석을 통해 알비노증의 발현 여부를 확인할 수 없다.

429
답 ④

Ⅰ과 Ⅱ의 염색체 수는 모두 46개이고, Ⅰ(G_1기 세포)에서 Ⅱ(감수 1분열 중기 세포)로 되는 과정에서 DNA가 복제되어 DNA양이 2배로 증가하므로 대립유전자의 DNA 상대량은 Ⅱ가 Ⅰ의 2배이다. 따라서 ㉡은 Ⅰ, ㉣은 Ⅱ이다. ㉣(Ⅱ)에서 A의 DNA 상대량이 0이므로 ㉡(Ⅰ)에서 A의 DNA 상대량도 0이다. ㉡(Ⅰ)에서 b의 DNA 상대량이 1이므로 ㉣(Ⅱ)에서 b의 DNA 상대량은 2이다. 정자 Ⅲ과 Ⅳ는 각각 ㉠과 ㉢ 중 하나인데 ㉠은 염색체 수가 24로 핵상이 $n+1$이고, ㉢은 염색체 수가 23으로 핵상이 n이며, Ⅲ에는 B가 있으므로 b의 DNA 상대량이 2인 ㉠은 Ⅳ, ㉢은 Ⅲ이다. 따라서 Ⅳ가 형성되는 감수 2분열에서 염색 분체의 비분리가 일어났다.

ㄴ. ㉣(Ⅱ)에서 A의 DNA 상대량이 0이므로 ㉡(Ⅰ)에서 A가 없어 a의 DNA 상대량은 2이다. 감수 1분열은 정상적으로 일어나 상동 염색체의 분리가 일어났으므로 ㉠(Ⅳ)에서 a의 DNA 상대량은 1이다. 따라서 a의 DNA 상대량은 Ⅰ이 Ⅳ의 2배이다.

ㄷ. ㉠(Ⅳ)에서 b의 DNA 상대량이 2이므로 ㉠(Ⅳ)이 형성될 때 감수 2분열에서 b가 있는 염색 분체의 비분리가 일어났다.

오답 피하기 ㄱ. ⓐ는 0, ⓑ는 2이므로 ⓐ+ⓑ=2이다.

430
답 ②

㉡과 ㉢에는 모두 A와 a가 있으며, A의 DNA 상대량이 ㉡이 ㉢의 2배이므로 ㉢은 DNA가 복제되기 전인 G_1기 세포, ㉡은 DNA가 복제된 후인 감수 1분열 중기 세포이다. 또 정자 형성 과정에서 염색체 비분리가 일어났는데 ㉠과 ㉣에 모두 유전자 구성이 같은 1쌍의 염색체가 존재하므로 감수 2분열에서 염색 분체의 비분리가 일어났으며, ㉠과 ㉣은 각각 감수 2분열 중기 세포(n)와 정자($n+1$) 중 하나이다.

ㄷ. 감수 2분열에서 염색 분체의 비분리가 일어났으므로 G_1기 세포 하나로부터 형성된 4개의 정자 중 2개는 핵상이 n이고, 다른 2개는 각각 $n-1$, $n+1$이다. 핵상이 n인 정상 정자에는 A와 a 중 한 종류만 1개 존재하므로 A와 a의 DNA 상대량의 합이 1이다.

오답 피하기 ㄱ. G_1기 세포(㉢)의 유전자형은 Aa이며, 정자는 ㉠과 ㉣ 중 하나이다. 따라서 정자의 유전자형은 AA 또는 aa이므로 정자가 형성될 때 감수 2분열에서 염색 분체의 비분리가 일어났다.

ㄴ. ㉠과 ㉣은 각각 감수 2분열 중기 세포와 정자 중 하나이며, 감수 2분열 중기 세포의 핵상은 n이고, 정자의 핵상은 $n+1$이다. 따라서 세포당 염색체 수는 ㉠과 ㉣이 다르다.

431
답 ④

Ⅱ에는 대립유전자인 A와 a가 모두 있으므로 핵상이 $n+1$이며, Ⅱ는 P의 감수 1분열에서 상동 염색체(A가 있는 염색체, a가 있는 염색체)의 비분리가 일어나 형성된 정자이다. 따라서 Ⅰ과 Ⅲ은 모두 Q의 감수 2분열에서 염색 분체의 비분리가 일어나 형성된 정자이다. 아버지의 ㉠에 대한 유전자형에서 대문자로 표시되는 대립유전자의 개수가 3인데, Ⅱ에 A, B, D가 모두 있으므로 아버지의 ㉠에 대한 유전자형은 AaBbDd이다. 만약 ㉠을 결정하는 데 관여하는 3개의 유전자가 서로 다른 상염색체에 존재한다면 아버지와 어머니가 자녀에게 물려줄 수 있는 대문자로 표시되는 대립유전자의 개수는 각각 최대 3이므로 자녀에서 대문자로 표시되는 대립유전자의 개수가 최대 6인데, 대문자로 표시되는 대립유전자의 개수가 8인 자녀 1이 태어났다. 따라서 3개의 유전자는 서로 다른 염색체에 존재하지 않는다. 3개의 유전가 A, B, D가 하나의 상염색체에 함께 있다면 아버지에서 형성되는 정자의 유전자 구성은 ABD, abd이므로 Ⅰ에서 A, B, D의 DNA 상대량이 같아야 하는데 B는 1, A와 D는 0이다. 따라서 3개의 유전자는 같은 염색체에 있지 않으며, 3개의 유전자 중 2개의 유전자는 하나의 상염색체에 함께 있고 나머지 1개의 유전자는 다른 상염색체에 있으므로 아버지는 A와 D(a와 d)가 하나의 상염색체에 함께 있고, B(b)가 다른 상염색체에 있다.

ㄴ. 자녀 1의 ㉠에 대한 유전자형에서 대문자로 표시되는 대립유전자의 개수가 8인 것은 대문자로 표시되는 대립유전자 5개를 가진 정자와 대문자로 표시되는 대립유전자 3개(A, B, D)를 가진 정상 난자의 수정으로 태어났기 때문이다. Ⅲ에서 A의 DNA 상대량이 2이므로 같은 염색체에 있는 D의 DNA 상대량도 2이다. Ⅲ은 감수 2분열에서 A와 D가 있는 염색 분체의 비분리로 형성된 정자이므로 A의 대립유전자인 a는 없고, B의 DNA 상대량은 1이다. 따라서 자녀 1은 ㉠에 대한 유전자형이 AABDD인 정자 Ⅲ과 유전자형이 ABD인 정상 난자의 수정으로 태어났으므로 자녀 1(AAABBDDD)의 체세포 1개당 A의 DNA 상대량은 3, B의 DNA 상대량은 2이다.

ㄷ. 아버지와 어머니의 ㉠에 대한 유전자형에서 대문자로 표시되는 대립유전자의 개수가 각각 3이므로 A, B, D를 최소 0개부터 최대 6개까지 가질 수 있는 아이가 태어날 수 있다. 따라서 자녀 1의 동생에게서 나타날 수 있는 ㉠의 표현형은 최대 7가지이다.

오답 피하기 ㄱ. Ⅰ은 감수 2분열에서 염색체의 비분리가 일어나 형성된 정자이다.

432

서술형 해결 전략

STEP 1 문제 포인트 파악
자녀가 적록 색맹이 된 원인을 염색체 비분리와 연관 지을 수 있어야 한다.

STEP 2 자료 파악

구분	㉠	㉡	㉢
상염색체 수	44	44	44
성염색체 구성	XY X'Y	XX X'X'	XXY X'X'Y

· 아버지와 어머니가 모두 정상이므로 어머니가 보인자(XX')일 경우 적록 색맹인 아들 ㉠이 태어날 수 있다.
· ㉡은 여자이므로 적록 색맹 대립유전자(X')가 2개 있어야 적록 색맹이 된다. 따라서 어머니에게서 적록 색맹 대립유전자(X')가 2개 있는 난자가, 아버지에게서 성염색체가 없는 정자가 형성되어야 ㉡이 적록 색맹이 될 수 있다.
· ㉢은 클라인펠터 증후군이므로 아버지에게서 Y 염색체가 있는 정자가, 어머니에게서 적록 색맹 대립유전자(X')가 2개 있는 난자가 형성되어야 ㉢이 적록 색맹이 될 수 있다.

STEP 3 관련 개념 모으기
❶ 적록 색맹 유전의 특징은?
→ 남자는 적록 색맹 대립유전자(X')가 하나만 있어도 적록 색맹이 되지만, 여자는 적록 색맹 대립유전자(X')가 2개 있어야 적록 색맹이 된다.
❷ 감수 분열에서 염색체 비분리 시기에 따른 차이는?
→ 감수 1분열에서 염색체 비분리가 일어나면 핵상이 $n+1$, $n-1$인 생식세포가 형성되고, $n+1$인 생식세포에는 유전자 구성이 다른 상동 염색체가 존재한다. 감수 2분열에서 염색체 비분리가 일어나면 핵상이 $n+1$, $n-1$, n인 생식세포가 형성되고, $n+1$인 생식세포에는 유전자 구성이 같은 2개의 염색체가 존재한다.

(1) A는 유전자 이상에 의한 유전병이고, B는 염색체 이상에 의한 유전병이다. 적록 색맹은 유전자 이상에 의한 유전병이다.
(2) 부모는 모두 정상이고, ㉠~㉢은 모두 적록 색맹이므로 유전자형이 아버지는 XY, 어머니는 XX'이다. 따라서 ㉡은 어머니로부터 X'을 2개 물려받고, 아버지로부터 성염색체를 물려받지 않았으므로 어머니의 감수 2분열과 아버지의 감수 1분열 또는 2분열에서 염색체 비분리가 일어났다. 또한 성염색체가 XXY인 ㉢은 아버지로부터 Y 염색체를 물려받고, 어머니로부터 X'을 2개 물려받았으므로 어머니의 감수 2분열에서 염색체 비분리가 일어났다.
(3) **예시 답안** ㉡은 어머니의 감수 2분열에서 성염색체 비분리가 일어나 형성된 적록 색맹 대립유전자(X')를 2개 가진 난자와 아버지의 감수 1분열 또는 2분열에서 성염색체 비분리가 일어나 형성된 성염색체가 없는 정자가 수정하여 태어났다.

채점 기준	배점(%)
㉡이 적록 색맹이 된 까닭을 부모의 염색체 비분리 과정과 정자와 난자의 유전자 구성을 포함하여 모두 옳게 설명한 경우	100
㉡이 적록 색맹이 된 까닭을 부모의 염색체 비분리 과정을 포함하지 않고 정자와 난자의 유전자 구성으로만 설명한 경우	50

433

서술형 해결 전략

STEP 1 문제 포인트 파악
자료를 분석해 생식세포의 유전자형과 돌연변이의 종류를 파악하고, 염색체 비분리와 연관 지을 수 있어야 한다.

STEP 2 자료 파악

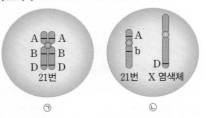

· ㉠에 들어 있는 21번 염색체에는 B가 존재하고, ㉡에 들어 있는 21번 염색체에는 b가 존재한다. 따라서 이 사람의 유전자형은 AABbDD이다.
· ㉡에서는 21번 염색체의 [D] 부위와 X 염색체의 일부 부위가 서로 교환되는 전좌가 일어났다.

STEP 3 관련 개념 모으기
❶ 염색체 구조 이상의 종류는?
→ 염색체 일부가 떨어져 없어지는 결실, 염색체에 어떤 부분과 같은 부분이 삽입되어 그 부분이 반복되는 중복, 염색체 일부가 떨어졌다가 거꾸로 붙는 역위, 한 염색체의 일부가 상동 염색체가 아닌 다른 염색체에 붙는 전좌가 있다.
❷ 감수 분열 시 염색체 비분리 시기에 따른 염색체 수의 차이는?
→ 감수 1분열에서 염색체 비분리가 일어나면 핵상이 $n+1$, $n-1$인 생식세포가 형성되고, 감수 2분열에서 염색체 비분리가 일어나면 핵상이 $n+1$, $n-1$, n인 생식세포가 형성된다.

(1) ㉠에 들어 있는 21번 염색체와 ㉡에 들어 있는 21번 염색체의 유전자를 비교해 보면 ㉠에는 B가, ㉡에는 b가 존재한다는 것을 알 수 있다. 따라서 이 사람의 유전자형은 AABbDD이다.
(2) **예시 답안** 21번 염색체의 [D] 부위와 X 염색체의 일부 부위가 서로 교환되는 전좌가 일어났다.

채점 기준	배점(%)
21번 염색체와 X 염색체 사이에 전좌가 일어났다고 모두 옳게 설명한 경우	100
21번 염색체와 X 염색체의 일부가 교환되었다고만 설명한 경우	60

(3) 21번 염색체의 비분리가 1회 일어났는데 ㉠과 ㉡에는 21번 염색체가 1개씩 존재한다. 따라서 염색체 비분리는 ㉢과 ㉣이 형성되는 감수 2분열에서 일어났으므로 염색체 수는 ㉡이 23이고, ㉢과 ㉣이 각각 22와 24 중 하나이다.

실전 대비 평가 문제

102~105쪽

434 ⑤	**435** ⑤	**436** ③	**437** ③	**438** ①	**439** ④
440 ④	**441** ④	**442** ①	**443** ④	**444** ④	**445** ⑤
446 Ⅱ	**447** 해설 참조		**448** ㉠, ㉡	**449** 해설 참조	
450 (나)	**451** 해설 참조		**452** 해설 참조		

434
답 ⑤

㉠은 DNA, ㉡은 유전자, ㉢은 유전체, ㉣은 염색체이다.

ㄴ. 유전자(㉡)에는 염기 서열의 형태로 특정 단백질의 아미노산 서열에 대한 정보가 저장되어 있다.

ㄷ. 유전체(㉢)는 한 생명체가 가진 유전 정보 전체이다.

오답 피하기 ㄱ. 뉴클레오솜은 DNA(㉠)가 히스톤 단백질 주위를 감아 형성된 구조로, 염색체(㉣)에 존재한다.

435
답 ⑤

A의 감수 1분열 중기 세포의 염색 분체 수가 8이므로 A의 체세포는 핵상과 염색체 수가 $2n=4$이고, B의 감수 2분열 중기 세포의 염색체 수가 4이므로 B의 체세포는 핵상과 염색체 수가 $2n=8$이다.

ㄱ. ㉠과 ㉡은 각각 상동 염색체 중 1개씩만 있고, 염색체 수는 4이므로 핵상과 염색체 수가 $n=4$로 모두 B의 세포이다.

ㄴ. ㉠과 ㉡에서 모양과 크기가 서로 다른 빨간색 염색체는 성염색체이다. 암컷과 달리 수컷은 성염색체 2개의 모양과 크기가 서로 다르므로 B는 성염색체 구성이 XY인 수컷이다. 따라서 B와 성별이 다른 A는 성염색체 구성이 XX인 암컷이므로 부계로부터 물려받은 X 염색체를 가진다.

ㄷ. 세포당 $\dfrac{\text{상염색체 수}}{\text{성염색체 수}}$는 수컷인 B의 체세포 분열 중기 세포($2n=6+XY$)와 ㉠($n=3+X$ 또는 Y)이 3으로 같다.

436
답 ③

③ 염색 분체는 DNA가 복제되어 형성된 것으로 유전자 구성이 같다. 따라서 ⓐ에는 T가 존재한다.

오답 피하기 ①, ④ T와 t 1개당 DNA 상대량은 같으므로 아버지는 T를 2개, 어머니는 t를 2개 가지고 있으며, 아버지와 어머니에서 T와 t의 DNA 상대량의 합이 2로 같으므로 T와 t는 남녀 공통으로 가지고 있는 상염색체에 존재한다. 따라서 철수는 T를 1개, t를 1개 가지고 있으므로 ㉠은 0, ㉡은 1이다.

②, ⑤ X는 히스톤 단백질을 감고 있는 유전 물질인 DNA이며, DNA(X)와 히스톤 단백질은 뉴클레오솜을 구성한다.

437
답 ③

(나)에는 b가 2개 있으므로 Ⅰ(AAbb)의 세포이고, (가)와 (나)는 서로 다른 개체이므로 (가)는 Ⅱ의 세포이다. (다)에는 a와 B가 있으므로 Ⅱ(AaBb)의 세포이다. (다)는 상동 염색체 중 1개씩만 있고 각 염색체가 두 가닥의 염색 분체로 이루어져 있으므로 감수 1분열이 완료된 상태이다. Ⅱ의 세포인 (가)와 (다)에서 모양과 크기가 서로 다른 성염색체가 존재하는데, Ⅰ의 세포인 (나)에 모양과 크기가 같은 X 염색체가 2개 있으므로 (가)에는 X 염색체가, (다)에는 Y 염색체가 있다. 따라서 Ⅰ은 암컷(XX), Ⅱ는 수컷(XY)이다.

ㄱ. (나)(Ⅰ)의 유전자형이 AAbb이므로 ㉠은 대립유전자 A이다. 대립유전자 A(㉠)는 (가)에도 존재한다.

ㄴ. (가)와 (다)는 Ⅱ의 세포이고, (나)는 Ⅰ의 세포이다.

오답 피하기 ㄷ. (나)에는 X 염색체만 있고, (다)에는 Y 염색체가 있으므로 (나)와 (다)로부터 각각 형성된 생식세포의 수정으로 태어난 자손의 성염색체 구성은 항상 XY로 수컷이다.

438
답 ①

자료 분석하기 유전자와 염색체

구분	DNA 상대량				
	A	**a**	**B**	**b**	
어머니	2	0	1	1 → AABb	
㉠ 아들	1	1	1	0 → AaBY	
㉡ 딸	ⓐ 2	ⓑ 0	0	2 → AAbb	

남자와 여자에서 합이 다르다. → B와 b는 X 염색체에 존재한다.

- B와 b의 DNA 상대량의 합이 ㉡이 ㉠의 2배이다. ➡ 여자는 X 염색체를 2개, 남자는 X 염색체를 1개 가지므로 B와 b는 X 염색체에 존재한다. ➡ ㉠은 아들(XY), ㉡은 딸(XX)이다.
- 딸은 유전자형이 bb이다. ➡ 딸은 아버지로부터 b를 가진 X 염색체를 물려받았다. ➡ 아버지의 유전자형은 bY이다.

ㄴ. 체세포 1개당 B와 b의 DNA 상대량의 합이 ㉠에서는 1이지만, ㉡에서는 2이다. 따라서 B와 b는 X 염색체에 존재하고, ㉠은 아들(XY), ㉡은 딸(XX)이다. 유전자형이 어머니는 Bb, 아들은 BY, 딸은 bb이므로 아버지의 유전자형은 bY이다. 따라서 B가 존재하는 그림의 염색체는 어머니의 것이다.

오답 피하기 ㄱ. 체세포 1개당 A와 a의 DNA 상대량의 합이 어머니와 아들(㉠)에서 같으므로 A와 a는 상염색체에 존재하고, 유전자형이 어머니는 AA, ㉠은 Aa이다. 그런데 ⓐ와 ⓑ는 서로 다르다고 하였으므로 딸(㉡)의 유전자형은 AA 또는 aa인데 유전자형이 AA인 어머니로부터 A를 물려받으므로 aa는 될 수 없다. 따라서 ㉡의 유전자형은 AA이므로 ⓐ는 2, ⓑ는 0이다.

ㄷ. 체세포 1개당 상염색체 수는 아들(㉠)과 딸(㉡)이 각각 44로 같지만, X 염색체 수는 아들이 1, 딸이 2이므로 $\dfrac{\text{상염색체 수}}{\text{X 염색체 수}}$는 ㉠($\dfrac{44}{1}$)이 ㉡($\dfrac{44}{2}$)의 2배이다.

439
답 ④

자료 분석하기 핵상과 대립유전자

세포	DNA 상대량	
	A	**a**
ⓐ $2n$	? 2	2
ⓑ $2n$	1	1
ⓒ n	? 0	1

㉠ ⓑ Aa
㉡ ⓐ AAaa
AA ㉢ aa
㉣ ⓒ a

- ⓑ는 대립유전자인 A와 a를 모두 가지므로 핵상이 $2n$이며, a의 DNA 상대량이 1이므로 DNA가 복제되기 전인 G_1기 세포 ㉠이다.
- ⓒ는 a의 DNA 상대량이 1이므로 핵상이 n인 ㉣이다.
- ⓐ는 a의 DNA 상대량이 2이므로 DNA가 복제된 후인데 ㉣(ⓒ)이 a를 가지므로 ㉢은 될 수 없다. ➡ ⓐ는 ㉡이다.

ⓑ는 핵상이 $2n$이고, a의 DNA 상대량이 1이므로 G_1기 세포 ㉠이며, ⓒ는 a의 DNA 상대량이 1이므로 핵상이 n인 ㉣이다. ⓐ는 a의 DNA 상대량이 2인데, ㉣이 a를 가지므로 ⓐ는 ㉡이다.

ㄱ. ⓐ는 감수 1분열 중기 세포인 ㉡이므로 ⓐ에서 2가 염색체가 관찰된다.

ㄷ. 감수 분열에서는 염색체 수와 DNA양이 모두 반감되므로 ⓒ(생식세포)가 ⓑ(G₁기 세포)의 절반이다. 따라서 $\dfrac{염색체\ 수}{DNA양}$는 ⓑ와 ⓒ가 같다.

오답 피하기 ㄴ. ㉠~㉣ 중 표에 없는 세포는 감수 2분열 중기 세포인 ㉢이며, ㉢은 ㉣이 가진 a가 없으므로 A만 2개 가진다.

440
답 ④

| 자료 분석하기 | ABO식 혈액형과 유전병의 유전 |

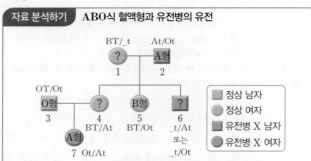

- 유전병 X에 대해 정상인 부모(3과 4) 사이에서 유전병 X인 딸(7)이 태어났다. ➡ 정상(T)이 우성, 유전병(t)이 열성이며, 3과 4의 유전자형은 모두 Tt이다.
- 혈액형은 알 수 없지만 정상인 1과 A형이면서 유전병 X인 2 사이에서 태어난 5는 B형이면서 정상이다. ➡ 두 형질에 대한 2의 유전자형은 At/Ot이다. ➡ 5는 2로부터 O와 t를 물려받고, 1로부터 B와 T를 물려받아 5의 유전자형은 BT/Ot이다. ➡ 1의 유전자형은 BT/_t이다.
- 6은 혈액형은 알 수 없지만 유전병 X이므로 2로부터 A와 t 또는 O와 t를 물려받아 6의 유전자형은 _t/At 또는 _t/Ot이다.
- O형이면서 정상인 3과 혈액형은 알 수 없지만 정상인 4 사이에서 태어난 7은 A형이면서 유전병 X이다. ➡ 3의 유전자형은 OT/Ot이다. ➡ 7은 3으로부터 O와 t를 물려받고, 4로부터 A와 t를 물려받아 7의 유전자형은 Ot/At이다. ➡ 4는 7에게 A와 t를 물려주고, 1로부터 B와 T를 물려받아 4의 유전자형은 BT/At이다.

ㄴ. 1의 유전자형은 BT/_t이고, 4의 유전자형은 BT/At이므로 1은 4에게 B와 T가 모두 존재하는 염색체를 물려주었다.

ㄷ. 유전자형이 3은 OT/Ot, 4는 BT/At이므로 이 둘 사이에서 유전병 X를 나타내는 아들(tt)이 태어날 때, 이 아들(Ot/At)은 항상 A형(AO)이다.

오답 피하기 ㄱ. 3과 4는 정상이고, 7은 유전병 X를 나타내므로 정상(T)이 우성, 유전병(t)이 열성이다. 따라서 X에 대한 유전자형이 1은 Tt, 2는 tt, 3은 Tt, 4는 Tt, 5는 Tt, 6은 tt, 7은 tt이므로 X에 대한 유전자형을 정확히 모르는 사람은 없다.

441
답 ④

(가)는 1쌍의 대립유전자에 의해 결정되고, 대립유전자가 3가지(D, E, F)이므로 복대립 유전 형질이다. ⓐ가 가질 수 있는 유전자형은 DD, DE, DF, EF이고, ⓑ가 가질 수 있는 유전자형은 DE, DF, EE, EF이다. ⓑ의 (가)에 대한 표현형이 아버지(DE)와 같을 확률이 $\dfrac{3}{4}$이므로 E는 D와 F에 대해 각각 우성이다. ⓐ의 (가)에 대한 표현형이 최대 3가지이므로 F는 D에 대해 우성이다. 따라서 (가)를 결정하는 대립유전자 사이의 우열 관계는 E>F>D이므로 ⓐ의 (가)에 대한 표현형이 어머니(DF)와 같을 확률은 $\dfrac{1}{4}$이다.

442
답 ①

남자의 성염색체 구성은 XY이다. 만일 염색체 비분리가 성염색체에서 일어났다면 정자 ㉠~㉣의 X 염색체의 수는 1, 1, 0, 0이거나 2, 0, 0, 0이 되어 $\dfrac{X\ 염색체\ 수}{상염색체\ 수}$의 크기가 ㉠>㉡>㉢이 될 수 없다. 따라서 감수 2분열에서 상염색체의 비분리가 일어났으며, ㉠과 ㉡에는 각각 X 염색체가 1개씩 존재하고, ㉢에는 X 염색체가 없으며, ㉠보다 ㉡의 상염색체 수가 많다.

ㄱ. 핵상과 염색체 구성이 ㉠은 n−1=21+X, ㉡은 n+1=23+X, ㉢과 ㉣은 n=22+Y이므로 $\dfrac{성염색체\ 수}{상염색체\ 수}$는 ㉠이 ㉣보다 크다.

오답 피하기 ㄴ. 이 남자는 적록 색맹을 나타내고, ㉠과 ㉡에 각각 X 염색체가 1개씩 들어 있으므로 적록 색맹 대립유전자의 DNA 상대량은 ㉠과 ㉡이 같다.

ㄷ. ㉢(n=22+Y)과 정상 난자(n=22+X)가 수정되어 태어난 아이(2n=44+XY)는 정상 남자이다.

443
답 ④

| 자료 분석하기 | 염색체 구조 이상 |

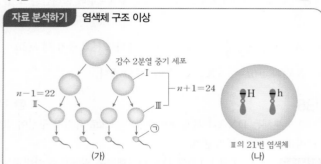

- Ⅲ은 감수 2분열이 완료된 세포이다. 만약 (가)에서 염색체 비분리가 일어나지 않았다면 Ⅲ에는 21번 염색체가 1개 있어야 한다. 그러나 (나)에서 Ⅲ에는 21번 염색체가 2개 있으며, 대립유전자 구성이 H와 h로 서로 다르다. ➡ 감수 1분열에서 상동 염색체의 비분리가 일어났다.
- Ⅰ과 Ⅲ은 모두 21번 염색체가 2개 있으므로 핵상과 염색체 수는 n+1=24이고, 세포당 DNA 상대량은 Ⅰ이 Ⅲ의 2배이다.
- Ⅱ는 21번 염색체가 없으므로 핵상과 염색체 수는 n−1=22이다.

ㄴ. Ⅰ에서 상염색체 수는 23(21번 염색체가 2개)이고, 성염색체 수는 1이고, Ⅱ에서 상염색체 수는 21(21번 염색체 없음.), 성염색체 수는 1이다. 따라서 $\dfrac{성염색체\ 수}{상염색체\ 수}$는 Ⅱ($\dfrac{1}{21}$)가 Ⅰ($\dfrac{1}{23}$)보다 크다.

ㄷ. ㉠에는 21번 염색체가 2개 있고, 정상 난자에는 21번 염색체가 1개 있다. 따라서 ㉠과 정상 난자가 수정되어 태어난 아이는 21번 염색체가 3개인 다운 증후군(2n+1=47)을 나타낸다.

오답 피하기 ㄱ. 감수 2분열이 완료된 세포(Ⅲ)의 21번 염색체가 2개이고, 대립유전자 구성이 다르므로 (가)의 감수 1분열에서 상동 염색체의 비분리가 일어났다.

444
답 ④

Ⅰ과 Ⅱ는 모두 염색체가 분리되기 전이므로 핵상이 2n이며, ㉡과 ㉢은 모두 대립유전자인 B와 b가 있으므로 핵상이 2n이다. 그런데 B와 b의 DNA 상대량의 합이 ㉡이 ㉢의 2배이므로 G₁기 세포인 Ⅰ은 ㉢이고, Ⅱ는 ㉡이다.

㉠에는 A가 2개, B가 2개 존재하므로 ㉠은 Ⅲ이고, ㉣은 Ⅳ이다. 따라서 Ⅳ에 b가 2개 존재하므로 Ⅳ가 형성되는 감수 2분열에서 염색체 비분리가 일어났다.

ㄱ. ㉡(Ⅱ)에서 B와 b의 DNA 상대량의 합이 A와 a의 DNA 상대량의 합의 2배이므로 B와 b는 상염색체에, A와 a는 성염색체(X와 Y 염색체 중 하나)에 존재한다. ㉡(Ⅱ)에는 a가 없으므로 ㉠, ㉢, ㉣에도 모두 a가 없다.

ㄷ. A가 X 염색체에 존재한다고 가정하면, 핵상과 염색체 구성은 Ⅰ이 $2n=4+XY$, Ⅱ가 $2n=4+XY$, Ⅲ이 $n=2+X$, Ⅳ가 $n+1$ $=3+Y$이므로 $\dfrac{\text{상염색체 수}}{\text{성염색체 수}}$는 Ⅰ과 Ⅱ가 $\dfrac{4}{2}$, Ⅲ이 $\dfrac{2}{1}$, Ⅳ가 $\dfrac{3}{1}$이다. 따라서 Ⅰ~Ⅳ 중 Ⅳ가 가장 크다.

오답 피하기 ㄴ. 정자 형성 시 감수 2분열에서만 염색체 비분리가 일어났으므로 감수 1분열에서는 상동 염색체가 정상적으로 분리되었다. 따라서 Ⅲ에는 상동 염색체 쌍이 들어 있지 않다.

445

답 ⑤

자료 분석하기 가계도 분석

구성원	1(아버지)	2(어머니)	3(딸)	4(딸)	5(아들)
표현형	유전병	정상	유전병	정상	유전병
	TT*	TT	T*T*	TT	TT*

• 체세포 1개당 T의 DNA 상대량은 4>1>3이므로 유전자형이 4는 TT, 3은 T*T*이다. ➡ T는 정상 대립유전자, T*는 유전병 대립유전자이다. ➡ 1은 유전병이면서 T를 1개 가지므로 유전자형이 TT*이다. ➡ 이 유전병은 상염색체 유전 형질이며 유전병(T*)이 정상(T)에 대해 우성이다.
• 정상적인 경우 유전병인 1(TT*)과 정상인 2(TT) 사이에서 유전자형이 TT, TT*인 자녀가 태어나야 하는데, 유전자형이 T*T*(3)인 딸이 태어났다. ➡ 3은 정자 ⓐ와 난자 ⓑ의 수정으로 태어났으며 ⓐ와 ⓑ가 형성될 때 염색체 비분리가 각각 1회씩 일어났다. ➡ 정자 ⓐ가 형성될 때 감수 2분열에서 염색체 비분리가 일어났고, 난자 ⓑ가 형성될 때 감수 1분열 또는 2분열에서 염색체 비분리가 일어났다. ➡ T*를 2개 갖는 정자 ⓐ와 T와 T*를 모두 갖지 않는 난자 ⓑ가 수정되어 유전자형이 T*T*(3)인 딸이 태어난 것이다.

ㄱ. 1과 5의 유전병에 대한 유전자형이 TT*로 같다.

ㄴ. ⓐ와 ⓑ의 수정으로 3(딸)이 태어났으므로 ⓐ에는 X 염색체가 존재한다.

ㄷ. 핵상과 염색체 구성은 ⓐ는 $n+1=23+X$, ⓑ는 $n-1=21+X$이므로 세포당 성염색체 수는 ⓐ와 ⓑ가 각각 1개이고, 상염색체 수는 ⓐ가 23, ⓑ가 21이다. 따라서 세포당 $\dfrac{\text{상염색체 수}}{\text{성염색체 수}}$는 ⓐ보다 ⓑ가 작다.

446

답 Ⅱ

세포 주기는 G_1기 → S기 → G_2기 → M기의 순서로 진행되고, S기에 DNA가 복제된다. 따라서 구간 Ⅰ은 세포당 DNA 상대량이 1이므로 Ⅰ에는 DNA가 복제되기 전인 G_1기 세포가 있고, 구간 Ⅱ는 세포당 DNA 상대량이 1과 2 사이이므로 Ⅱ에는 DNA가 복제 중인 S기 세포가 있으며, 구간 Ⅲ은 세포당 DNA 상대량이 2이므로 Ⅲ에는 DNA가 복제된 후인 G_2기와 M기 세포가 있다.

447

물질 X를 처리하면 DNA 상대량이 1인 G_1기 세포만 존재하게 되므로 X는 세포가 G_1기에서 S기로 진행되는 것을 억제한다.

예시 답안 물질 X를 처리하면 DNA 상대량이 1인 세포만 존재하게 되므로 X는 G_1기에서 S기로의 진행을 억제한다.

채점 기준	배점(%)
X의 기능을 DNA 상대량의 변화를 들어 G_1기에서 S기로의 진행을 억제한다고 모두 옳게 설명한 경우	100
X의 기능을 G_1기에서 S기로의 진행을 억제한다고만 설명한 경우	60

448

답 ㉠, ㉡

감수 1분열에서 상동 염색체가 분리되어 핵상이 $2n$에서 n으로 변하고, DNA양이 반감된다. 감수 2분열에서 염색 분체가 분리되어 핵상이 n으로 유지되고, DNA양이 반감된다. ㉠은 A는 없고 b의 DNA 상대량이 2이므로 핵상이 n인 세포이고, 감수 1분열이 일어나 상동 염색체가 분리된 상태이다. ㉡은 A의 DNA 상대량이 1이므로 핵상이 n인 세포이고, 감수 2분열이 일어나 염색 분체가 분리된 상태이다. ㉢은 A와 b의 DNA 상대량이 각각 2이므로 DNA가 복제된 후의 세포이다. 따라서 핵상이 $2n$인 세포는 P와 ㉢이고, 핵상이 n인 세포는 ㉠과 ㉡이다.

449

(나)에는 상동 염색체 중 1개씩만 있고 2개의 염색체가 세포의 중앙에 배열되어 있으며, 각 염색체가 두 가닥의 염색 분체로 이루어져 있다. 따라서 (나)는 감수 2분열 중기 세포이고 핵상은 n이다.

예시 답안 ㉠, (나)는 감수 2분열 중기 세포이다. ㉠에서 A의 DNA 상대량이 0인 것은 감수 1분열 시 A와 a가 분리되어 ㉠에는 a만 있기 때문이며, b의 DNA 상대량이 2인 것은 하나의 염색체가 두 가닥의 염색 분체로 이루어져 있기 때문이다.

채점 기준	배점(%)
㉠을 쓰고, 그렇게 판단한 까닭을 ㉠에 있는 A와 b의 DNA 상대량과 관련지어 모두 옳게 설명한 경우	100
㉠만 옳게 쓴 경우	30

450

답 (나)

자료 분석하기 가계도 분석

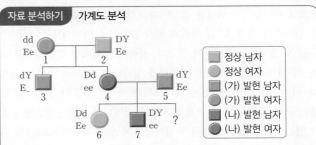

• (나)가 발현되지 않는 부모(1과 2) 사이에서 (나)가 발현되는 딸(4)이 태어났으므로 (나) 발현은 정상에 대해 열성이다. ➡ E는 정상 대립유전자, e는 (나) 발현 대립유전자이다.
• (나)를 결정하는 대립유전자 E와 e가 X 염색체에 있어 (나)가 성염색체 유전 형질이라면 E가 있는 X 염색체를 가진 아버지 2는 딸 4에게 E가 있는 X 염색체를 물려주므로 4는 정상이어야 하는데 (나) 발현이다. ➡ (나)는 상염색체 유전 형질이다. ➡ (가)는 성염색체 유전 형질이다.

(나)를 결정하는 대립유전자 E와 e는 상염색체에 존재하므로 (나)는 상염색체 유전 형질이고, (가)는 성염색체 유전 형질이다.

451

(가) 발현인 아버지(5)로부터 정상인 딸(6)이 태어났으므로 (가) 발현은 정상에 대해 열성이다. 따라서 D는 정상 대립유전자, d는 (가) 발현 대립유전자이고, 여자(1)에서도 (가)가 발현되므로 D와 d는 성염색체인 X 염색체에 존재한다. (가)를 결정하는 대립유전자와 (나)를 결정하는 대립유전자는 서로 다른 염색체에 있으므로 독립적으로 유전된다. (가)의 경우 (가) 발현(d)은 정상(D)에 대해 열성이므로 4의 유전자형은 Dd, 5의 유전자형은 dY이며, 4(Dd)와 5(dY) 사이에서 태어나는 자녀의 (가)에 대한 유전자형은 Dd, dd, DY, dY이다. 따라서 7의 동생에게서 (가)가 발현(dd, dY)될 확률은 $\frac{1}{2}$이다. (나)의 경우 (나) 발현(e)은 정상(E)에 대해 열성이므로 4의 유전자형은 ee, 5의 유전자형은 Ee이며, 4(ee)와 5(Ee) 사이에서 태어나는 자녀의 (나)에 대한 유전자형은 Ee, ee이다. 따라서 7의 동생에게서 (나)가 발현(ee)될 확률은 $\frac{1}{2}$이다.

예시답안 (가)에 대한 4의 유전자형은 Dd, 5의 유전자형은 dY이고, (나)에 대한 4의 유전자형은 ee, 5의 유전자형은 Ee이다. 7의 동생이 태어날 때, 이 아이에게서 (가)가 발현될 확률은 $\frac{1}{2}$, (나)가 발현될 확률은 $\frac{1}{2}$이므로 (가)와 (나)가 모두 발현될 확률은 $\frac{1}{2} \times \frac{1}{2} = \frac{1}{4}$이다.

채점 기준	배점(%)
4와 5의 (가)와 (나)에 대한 유전자형을 각각 쓰고, 7의 동생에게서 (가)와 (나)가 모두 발현될 확률을 모두 옳게 설명한 경우	100
4와 5의 (가)와 (나)에 대한 유전자형만 옳게 쓴 경우	30

452

아버지와 어머니가 가지고 있는 T와 T*의 DNA 상대량의 합이 아버지가 1, 어머니가 2이므로 T와 T*는 X 염색체에 존재한다. 아버지는 T*만 가지고 있는데 (가) 발현이므로 T*는 (가) 발현 대립유전자, T는 정상 대립유전자이다. 어머니는 T와 T*를 모두 가지고 있고 (가)가 발현되지 않았으므로 정상(T)이 (가) 발현(T*)에 대해 우성이다. 영희는 염색체 비분리가 각각 1회씩 일어난 정자와 난자 ⓐ의 수정으로 태어났지만 핵형은 정상이다. (가)에 대해 정상인 영희(TT)는 아버지가 가진 T*를 가지고 있지 않으므로 아버지로부터 T*가 있는 X 염색체를 물려받지 않았다. 따라서 아버지의 감수 1분열 또는 2분열에서 X 염색체의 비분리가 일어나 X 염색체가 없는 정자($n-1=22$)가 형성되었다. 어머니의 체세포에는 T와 T*가 있고, 영희의 체세포에는 T만 2개 있으므로 어머니의 감수 2분열에서 T가 있는 X 염색체의 비분리가 일어나 T가 있는 X 염색체를 2개 가진 난자 ⓐ($n+1=22+XX$)가 형성되었다.

예시답안 감수 2분열에서 T가 있는 X 염색체의 비분리가 일어났다.

채점 기준	배점(%)
감수 2분열에서 T가 있는 X 염색체의 비분리가 일어났음을 옳게 설명한 경우	100
감수 2분열에서 X 염색체의 비분리가 일어났다고만 설명한 경우	50

13 생태계의 구성과 기능(1)

개념 확인 문제			107쪽
453 개체군	**454** ㉠ 비생물적, ㉡ 생물적		**455** ㉠
456 ㉡	**457** ㉢	**458** ×	**459** ○
460 (가) 리더제, (나) 사회생활			

453
답 개체군

개체군은 일정한 지역에 같은 종의 개체가 무리를 이루어 생활하는 집단이다.

454
답 ㉠ 비생물적, ㉡ 생물적

생태계는 빛, 온도, 물 등의 생물을 둘러싸고 있는 모든 환경 요인인 비생물적(㉠) 요인과 생태계에 존재하는 모든 생물인 생물적(㉡) 요인으로 구성된다. 생물적 요인에는 광합성을 하여 유기물을 합성하는 생산자, 다른 생물로부터 양분을 얻는 소비자, 다른 생물의 사체나 배설물을 분해하여 에너지를 얻는 분해자가 있다.

455
답 ㉠

음지 식물이 양지 식물보다 빛이 약한 곳에서 잘 자랄 수 있는 것은 비생물적 요인이 생물적 요인에 영향을 주는 작용(㉠)의 예이다.

456
답 ㉡

지렁이가 흙 속을 파헤치며 이동하여 토양의 통기성이 높아지는 것은 생물적 요인이 비생물적 요인에 영향을 주는 반작용(㉡)의 예이다.

457
답 ㉢

메뚜기의 개체 수 변화가 벼의 수확량에 영향을 주는 것은 생물적 요인이 서로 영향을 주고받는 상호 작용(㉢)의 예이다.

458
답 ×

이상적인 환경 조건에서는 개체군의 개체 수가 기하급수적으로 증가하여 J자 모양의 생장 곡선을 나타내며, 일반적인 환경에서는 개체군의 개체 수가 증가할수록 환경 저항이 커져 S자 모양의 생장 곡선을 나타낸다.

459
답 ○

돌말 개체군의 개체 수는 계절에 따른 영양염류의 양, 빛의 세기, 수온과 같은 환경 요인의 영향으로 1년을 주기로 변동한다.

460
답 (가) 리더제, (나) 사회생활

리더제는 경험이 많은 한 개체가 리더가 되어 개체군의 행동을 지휘하는 개체군 내 상호 작용으로, (가)는 리더제의 예이다. 사회생활은 각 개체가 역할을 나누어 수행하는 분업화된 체제를 형성하는 개체군 내 상호 작용으로, (나)는 사회생활의 예이다.

461 생태계	**462** 해설 참조		**463** ④	**464** ①	**465** ①
466 ⑤	**467** ③	**468** ③	**469** ①	**470** ⑤	**471** ①
472 ①	**473** ②	**474** ③	**475** 해설 참조		**476** ④
477 ①	**478** ②				

461

답 생태계

생태계는 생물이 주변의 다른 생물이나 환경 요인과 영향을 주고받으며 살아가는 체계로, 생물을 둘러싸고 있는 모든 환경 요인인 비생물적 요인과 생태계에 존재하는 모든 생물인 생물적 요인으로 구성된다.

462

예시 답안 군집, 개체군은 같은 종의 생물들로 이루어진 집단이며, 군집은 여러 종류의 개체군으로 이루어진 집단이기 때문이다.

채점 기준	배점(%)
군집을 쓰고, 그렇게 판단한 까닭을 옳게 설명한 경우	100
군집만 옳게 쓴 경우	30

463

답 ④

생물 A는 생산자, B는 소비자, C는 분해자이다.
ㄱ. 생태계를 구성하는 요소들은 서로 영향을 주고받는다.
ㄷ. 소비자(B)는 다른 생물을 섭취하여 양분과 에너지를 얻는 생물이다.
오답 피하기 ㄴ. 생태계는 생물을 둘러싸고 있는 빛, 온도, 공기, 물, 토양 등의 비생물적 요인과 생물 A, B, C를 포함하는 생물적 요인으로 구성된다.

464

답 ①

ㄱ. (가)는 생물적 요인인 나무가 비생물적 요인인 습도에 영향을 주는 반작용이다.
오답 피하기 ㄴ. (나)는 비생물적 요인인 빛(일조 시간)이 생물적 요인인 국화에 영향을 주는 작용이다.
ㄷ. 토끼풀(㉠)은 생산자이고, 토끼(㉡)는 토끼풀을 먹는 소비자이다.

465 필수 유형

답 ①

자료 분석하기 생태계 구성 요소 간의 관계

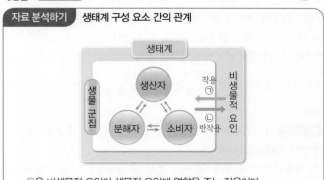

• ㉠은 비생물적 요인이 생물적 요인에 영향을 주는 작용이다.
• ㉡은 생물적 요인이 비생물적 요인에 영향을 주는 반작용이다.

ㄱ. 상호 작용은 생물적 요인이 서로 영향을 주고받는 것이다.
오답 피하기 ㄴ. 불가사리와 홍합은 모두 생물적 요인에 속하므로 불가사리의 개체 수 증가로 홍합의 개체 수가 감소하는 것은 군집 내 개체군 간의 상호 작용에 해당한다.
ㄷ. 강수량 감소에 의해 옥수수의 생장이 저해되는 것은 작용(㉠)에 해당한다.

> **개념 더하기** 생태계의 구성
>
> ① 생태계는 생물적 요인과 비생물적 요인으로 구성된다.
> ② 생물적 요인: 생태계에 존재하는 모든 생물(생물 군집)로, 역할에 따라 생산자, 소비자, 분해자로 구분한다.
> • 생산자: 빛에너지를 이용하여 무기물로부터 유기물을 합성한다.
>   예 식물, 조류
> • 소비자: 다른 생물을 먹이로 하여 유기물을 얻는다.
>   예 초식 동물, 육식 동물
> • 분해자: 다른 생물의 사체나 배설물 속의 유기물을 분해한다.
>   예 버섯, 곰팡이, 세균
> ③ 비생물적 요인: 생물을 둘러싸고 있는 빛, 온도, 물, 공기, 토양 등이다.

466

답 ⑤

자료 분석하기 양엽과 음엽

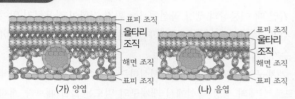

(가) 양엽　　　(나) 음엽

• 양엽은 빛을 많이 받으므로 울타리 조직이 발달하여 잎이 두껍고 좁다.
　➡ (가)는 양엽이다.
• 음엽은 빛을 적게 받으므로 빛을 효과적으로 흡수하기 위해 잎이 얇고 넓다. ➡ (나)는 음엽이다.
• 양엽과 음엽의 잎 두께는 빛의 세기에 따라 달라진 것이므로 작용의 예에 해당한다.

ㄱ. (가)는 강한 빛을 받는 양엽, (나)는 약한 빛을 받는 음엽이다. 양엽(가)과 음엽(나)의 잎 두께에 영향을 주는 환경 요인은 빛의 세기이다.
ㄴ. 양엽(가)은 음엽(나)보다 강한 빛을 받으므로 광합성이 활발하게 일어나는 울타리 조직이 발달하였다.
ㄷ. 양엽(가)과 음엽(나)의 울타리 조직 두께는 빛의 세기에 따라 달라진 것이므로 비생물적 요인이 생물적 요인에 영향을 주는 작용의 예이다.

467

답 ③

ㄱ. (가)는 파충류가 물이 부족한 환경에 적응한 결과, (나)는 여우가 온도에 적응한 결과, (다)는 해조류가 빛의 파장에 적응한 결과이므로 (가)~(다)는 각각 물, 온도, 빛의 비생물적 요인이 생물적 요인에 영향을 주는 작용의 예이다.
ㄴ. 추운 지역으로 갈수록 동물의 몸의 말단부는 작고 몸집은 커진다. 펭귄 A는 B보다 몸의 말단부가 작고 몸집이 크므로 몸의 부피에 대한 표면적의 비가 상대적으로 작아 피부를 통한 열 방출량이 감소하여 체온 유지에 유리하다. 따라서 펭귄 A는 B보다 온도가 낮은 고위도 지역에 서식한다.

오답 피하기 ㄷ. 그림에서 펭귄 A와 B의 모습 차이에 영향을 주는 환경 요인은 온도이다. (가)~(다) 중 온도가 생물에 영향을 주는 작용의 예는 (나)이다.

468 필수 유형
답 ③

자료 분석하기 개체군의 생장 곡선

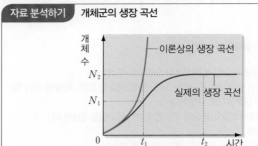

- J자 모양의 이론상의 생장 곡선은 환경 저항이 작용하지 않는 이상적인 환경 조건에서 나타난다.
- S자 모양의 실제의 생장 곡선은 환경 저항(먹이 부족, 서식 공간 부족, 노폐물 축적, 개체 간 경쟁, 질병 등)이 작용하는 일반적인 환경 조건에서 나타난다.
- 이론상의 생장 곡선과 실제의 생장 곡선에서 개체 수의 차이를 나타내는 요인은 개체군의 생장을 억제하는 환경 저항이다.

ㄱ. t_1일 때 이론상의 생장 곡선에서는 환경 저항이 작용하지 않아 개체 수가 N_2이고, 실제의 생장 곡선에서는 환경 저항이 작용하여 개체 수가 N_2보다 적은 N_1이다.

ㄴ. 개체군의 밀도는 개체군이 서식하는 공간의 단위 면적당 개체 수이므로 실제의 생장 곡선에서 개체군의 밀도는 t_2일 때보다 개체 수가 적은 t_1일 때가 낮다.

오답 피하기 ㄷ. 실제의 생장 곡선에서는 거의 모든 시기에 개체 간의 경쟁이 일어난다. 따라서 t_2일 때 개체 간 경쟁과 같은 환경 저항이 작용한다.

469
답 ①

자료 분석하기 개체군의 밀도와 생장 곡선

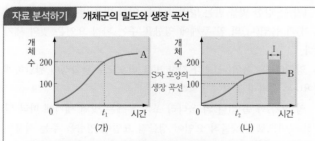

- 개체군: 일정한 지역에 같은 종의 개체가 무리를 이루어 생활하는 집단
- 개체군 A와 B의 생장 곡선은 S자 모양이므로 환경 저항을 받는다.
- 환경 저항의 예: 서식 공간과 먹이의 부족, 노폐물 축적, 개체 간의 경쟁, 질병 등
- 개체군의 밀도$(D) = \dfrac{\text{개체군을 구성하는 개체 수}(N)}{\text{개체군이 서식하는 공간의 면적}(S)}$
- A는 ㉠에, B는 ㉡에 서식하며, ㉠의 면적은 ㉡의 2배로, ㉡의 면적이 a라면 ㉠의 면적은 $2a$이므로 t_1에서 A의 개체군 밀도는 $\dfrac{200}{2a}\left(=\dfrac{100}{a}\right)$, t_2에서 B의 개체군 밀도는 $\dfrac{100}{a}$이다.

ㄱ. 개체군은 같은 종의 생물들의 집단이므로 개체군 A와 B를 구성하는 식물 종 수는 각각 1로 동일하다.

오답 피하기 ㄴ. 구간 Ⅰ에서 B의 개체 수가 더 이상 증가하지 않고 일정하게 유지되므로, B는 환경 저항을 받는다.

ㄷ. $\dfrac{t_2\text{에서 B의 개체군 밀도}}{t_1\text{에서 A의 개체군 밀도}} = \dfrac{\dfrac{100}{a}}{\dfrac{100}{a}} = 1$이다.

470
답 ⑤

자료 분석하기 먹이 조건이 다를 때의 개체군 생장 곡선

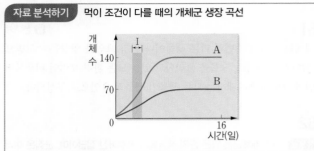

- 조건 A와 B에서 모두 개체군의 생장은 S자 모양의 실제의 생장 곡선을 나타낸다. ➡ 조건 A와 B에서 모두 환경 저항이 작용한다.
- 먹이의 양이 많으면 개체 간 경쟁이 줄어들어 환경 저항이 감소하므로 환경 수용력(최대 개체 수)이 커진다. ➡ 먹이의 양은 조건 A에서가 B에서보다 많다.

ㄱ. 조건 A와 B에서 시간이 지남에 따라 개체 수가 더 이상 증가하지 않는 것은 환경 저항이 작용하기 때문이다.

ㄴ. 조건 A의 환경 수용력은 140, B의 환경 수용력은 70이므로 먹이의 양은 조건 A에서가 B에서보다 많다.

ㄷ. 조건 A와 B의 구간 Ⅰ에서 모두 종 ⓐ의 개체 수가 증가했지만, 증가한 폭은 A에서가 B에서보다 크다.

471
답 ①

ㄱ. A는 초기 사망률이 낮고 대부분 성체로 생장하므로 Ⅰ형 생존 곡선, B는 출생 이후 개체 수가 일정한 비율로 줄어들므로 Ⅱ형 생존 곡선, C는 초기 사망률이 높아 성체로 생장하는 개체 수가 적으므로 Ⅲ형 생존 곡선을 나타낸다.

오답 피하기 ㄴ. A에서는 C에서보다 부모가 자손을 보호하는 능력이 높으며, 태어나는 자손의 수가 적다.

ㄷ. 사람은 A와 같이 Ⅰ형 생존 곡선을 나타낸다.

472
답 ①

개체군 (가)~(다)에서 예상되는 개체 수 변화를 통해 (가)는 쇠퇴형, (나)는 안정형, (다)는 발전형의 연령 피라미드라는 것을 알 수 있다.

ㄴ. (나)에서는 생식 연령층의 개체 수와 생식 전 연령층의 개체 수가 비슷하고, (다)에서는 생식 연령층의 개체 수가 생식 전 연령층의 개체 수보다 적다. 따라서 $\dfrac{\text{생식 연령층의 개체 수}}{\text{생식 전 연령층의 개체 수}}$ 는 (나)보다 (다)에서 작다.

오답 피하기 ㄱ. (가)에서는 개체 수가 감소할 것으로 예상되므로 (가)의 연령 피라미드는 쇠퇴형이다.

ㄷ. 개체군의 연령 피라미드에서 생식 전 연령층의 비율이 높을수록 개체 수가 증가할 것으로 예상된다. 따라서 각 개체군에서 생식 전 연령층의 비율은 발전형(다)이 가장 높다.

473 답 ②

자료 분석하기 　눈신토끼와 스라소니 개체군의 개체 수 변동

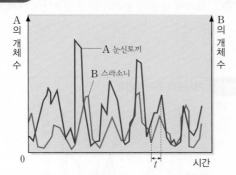

- 두 개체군의 개체 수가 주기적으로 변동한다. ➡ A와 B는 포식과 피식의 관계이다.
- 눈신토끼(A)의 개체 수 증가 → 스라소니(B)의 개체 수 증가 → 눈신토끼(A)의 개체 수 감소 → 스라소니(B)의 개체 수 감소 → 눈신토끼(A)의 개체 수 증가 ➡ A는 피식자, B는 포식자이다.

ㄷ. t 시기에는 눈신토끼(A)의 개체 수 증가로 스라소니(B)의 개체 수가 증가한다.

오답 피하기 ㄱ. A의 개체 수가 증가하면 B의 개체 수도 증가하고, A의 개체 수가 감소하면 B의 개체 수도 감소한다. 따라서 A는 피식 자인 눈신토끼, B는 포식자인 스라소니이다.

ㄴ. 시간에 따른 개체 수 변동이 일어나는 까닭은 눈신토끼(A)와 스라소니(B)가 포식과 피식의 관계이기 때문이다.

474 답 ③

ㄱ. 계절에 따른 영양염류의 양, 빛의 세기, 수온의 영향으로 돌말의 개체 수는 1년을 주기로 변동한다.

ㄴ. 초봄에 돌말의 개체 수가 급격히 증가한 까닭은 영양염류의 양이 많은 상태에서 빛의 세기가 강해지고 수온이 높아졌기 때문이다.

오답 피하기 ㄷ. 여름에 돌말의 개체 수가 적게 유지되는 까닭은 영양 염류의 양이 부족하기 때문이고, 늦가을에 돌말의 개체 수가 적게 유 지되는 까닭은 수온이 낮고 빛의 세기가 약해졌기 때문이다.

475

예시 답안 여름에는 수온이 높고 빛의 세기가 강하므로 돌말 개체군의 서식지 에 영양염류가 다량으로 유입되면 돌말의 개체 수가 급격히 증가할 수 있다.

채점 기준	배점(%)
여름에는 수온이 높고 빛의 세기가 강하므로 영양염류가 다량 유입 되면 돌말의 개체 수가 급증할 수 있다고 옳게 설명한 경우	100
돌말의 개체 수가 증가할 수 있다고만 설명한 경우	40

476 답 ④

사자 개체군은 혈연관계의 개체들이 모여서 생활하는 가족생활, 꿀벌 개체군은 각 개체가 역할을 나누어 분업화된 체제를 형성하는 사회생 활을 한다. 은어 개체군은 각 개체가 자신의 생활 구역을 확보하여 다 른 개체의 접근을 막는 텃세, 코끼리 개체군은 한 개체가 리더가 되어 개체군의 행동을 지휘하는 리더제, 큰뿔양 개체군은 힘의 서열에 따 라 순위를 정하여 먹이나 배우자를 차지하는 순위제를 나타낸다.

477 필수 유형 답 ①

자료 분석하기 　개체군 내 상호 작용

- (가) 개미 개체군에서 여왕개미, 병정개미, 일개미는 서로 다른 일을 한다. 사회생활
- (나) 우두머리 늑대는 리더가 되어 늑대 무리를 이끈다. 리더제
- (다) 높은 순위의 닭이 낮은 순위의 닭보다 모이를 먼저 먹는다. 순위제

- (가)는 각 개체가 역할을 나누어 수행하는 분업화된 체제를 형성하는 사 회생활이다.
- (나)는 경험이 많은 한 개체가 리더가 되어 개체군의 행동을 지휘하는 리 더제이다.
- (다)는 힘의 서열에 따라 순위를 정하여 먹이나 배우자를 차지하는 순위 제이다.

ㄱ. (가)는 사회생활, (나)는 리더제, (다)는 순위제의 예이다.

오답 피하기 ㄴ. 리더제(나)에서는 리더를 제외한 나머지 개체들 간에 서열이 정해져 있지 않지만, 순위제(다)에서는 힘의 서열에 따라 순위 가 정해져 있다.

ㄷ. 기러기는 집단으로 이동할 때 한 개체가 전체 무리를 이끌며 이 동하므로, 기러기 개체군 내의 상호 작용은 (나)에 나타난 상호 작용 인 리더제이다.

478 답 ②

수컷 개구리가 자신의 영역을 지키기 위해 다른 수컷 개구리와 싸우 는 것은 개체군 내 상호 작용 중 텃세에 해당한다.

② 호랑이가 배설물로 자기 영역을 표시하는 것은 텃세의 예이다.

오답 피하기 ① 스라소니와 눈신토끼는 군집 내 개체군 간의 상호 작용 인 포식과 피식의 관계이다.

③ 개미 개체군 내의 상호 작용은 사회생활이다.

④ 기러기 개체군 내의 상호 작용은 리더제이다.

⑤ 큰뿔양 개체군 내의 상호 작용은 순위제이다.

1등급 완성 문제

112~113쪽

479 ①	**480** ⑤	**481** ④	**482** ②	**483** ⑤	**484** ①
485 해설 참조		**486** 해설 참조		**487** 해설 참조	

479 답 ①

㉠은 비생물적 요인이 생물적 요인에 영향을 주는 작용, ㉡은 생물적 요인이 서로 영향을 주고받는 개체군 간의 상호 작용, ㉢은 개체군 내 상호 작용이다.

ㄱ. 비생물적 요인인 영양염류의 양이 생물적 요인인 돌말 개체군의 크기에 영향을 주는 것은 작용(㉠)의 예에 해당한다.

오답 피하기 ㄴ. ㉡은 서로 다른 개체군 사이에서 일어나는 상호 작용 이고, 텃세는 개체군 내 개체들 간의 상호 작용이므로 ㉢의 예이다.

ㄷ. 서로 다른 종류의 개체군에 속하는 벼멸구와 벼(쌀)의 상호 작용 은 ㉡의 예에 해당한다.

ㄴ. t_1~t_3 중 t_1 시기에 사망 개체 수가 가장 많으므로 ㉠의 생존율이 가장 낮다.

개념 더하기 개체군 내 상호 작용

- 텃세: 각 개체가 자신의 생활 구역을 확보하여 다른 개체의 접근을 막는다.
- 순위제: 힘의 서열에 따라 순위를 정하여 먹이나 배우자를 차지한다.
- 리더제: 경험이 많은 한 개체가 리더가 되어 개체군의 행동을 지휘한다.
- 사회생활: 각 개체가 역할을 나누어 수행하는 분업화된 체제를 형성한다.
- 가족생활: 혈연관계의 개체들이 모여서 생활한다.

480 답 ⑤

ㄴ. 환경 저항은 개체 수가 많을수록 크다. 그러므로 B에서의 환경 저항은 구간 Ⅰ보다 개체 수가 많은 구간 Ⅱ에서 크다.

ㄷ. 개체군의 밀도는 개체군이 서식하는 공간의 단위 면적당 개체 수로, 개체 수를 서식지의 면적으로 나눈 값이다. 그러므로 B에서 개체군의 밀도는 구간 Ⅰ보다 개체 수가 많은 구간 Ⅲ에서 크다.

오답피하기 ㄱ. A는 J자 모양인 이론상의 생장 곡선, B는 S자 모양인 실제의 생장 곡선이다.

개념 더하기 개체군의 생장 곡선

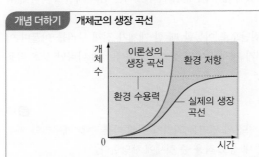

- 이론상의 생장 곡선(J자 모양): 이상적인 환경 조건에서 개체 수가 기하급수적으로 증가한다.
- 실제의 생장 곡선(S자 모양): 일반적인 환경 조건에서 개체 수가 증가할수록 환경 저항이 커져 일정 시간이 지나면 개체 수가 일정하게 유지된다.
- 이론상의 생장 곡선과 실제의 생장 곡선의 차이는 환경 저항(서식 공간과 먹이의 부족, 노폐물 축적, 개체 간 경쟁, 질병 등) 때문에 나타난다.

481 답 ④

물벼룩을 시험관에서 단독 배양하면 초기에는 환경 저항이 작으므로 개체 수가 급격하게 증가하지만 점차 환경 저항이 커지면서 개체 수의 증가 속도가 느려지고 일정 시간이 지나면 개체 수가 일정하게 유지된다.

ㄱ. 개체군의 개체 수가 늘어날수록 서식 공간과 먹이의 부족 등으로 환경 저항이 커진다. 따라서 환경 저항은 개체 수가 많은 t_2일 때가 t_1일 때보다 크다.

ㄴ. t_1~t_2 구간에서 시간에 따라 물벼룩의 개체 수가 증가하므로 출생률이 사망률보다 크다.

오답피하기 ㄷ. t_3일 때 개체 간 경쟁과 같은 환경 저항이 크게 작용하여 개체 수가 더 이상 증가하지 않는다.

482 답 ②

ㄷ. A 유형은 생존 곡선 유형 중 Ⅰ형으로, 적은 수의 자손을 낳지만 자손이 부모의 보호를 받으므로 어린 개체의 사망률이 낮다. 반면, B 유형은 생존 곡선 유형 중 Ⅲ형으로, 많은 수의 자손을 낳지만 자손이 부모의 보호를 받지 못하므로 어린 개체의 사망률이 높다.

483 답 ⑤

자료 분석하기 개체군의 주기적 변동

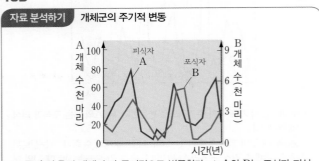

- 종 A와 B의 개체 수가 주기적으로 변동한다. ➡ A와 B는 포식과 피식의 관계이다.
- A의 개체 수 증가 → B의 개체 수 증가 → A의 개체 수 감소 → B의 개체 수 감소의 순서로 변동한다. ➡ A는 피식자, B는 포식자이다.

ㄱ. A는 피식자, B는 포식자이다.

ㄴ. A와 B의 개체 수는 포식과 피식에 의해 주기적으로 변동한다.

ㄷ. A의 개체 수가 증가하면 B의 개체 수도 증가하고, A의 개체 수가 감소하면 B의 개체 수도 감소한다.

484 답 ①

자료 분석하기 개체군 내 상호 작용

구분	예
A	수컷 개구리는 암컷을 차지하기 위해 자신의 영역으로 들어온 다른 수컷 개구리와 싸워 자신의 영역을 지킨다.
B	높은 순위의 닭이 낮은 순위의 닭보다 모이를 먼저 먹는다.
C	혈연적으로 가까운 암사자들과 수사자는 무리를 지어 함께 생활한다.

- A는 같은 종의 개구리가 자신의 생활 구역을 확보하여 다른 개체의 접근을 막는 것이므로 개체군 내 상호 작용인 텃세이다.
- B는 같은 종의 닭 개체군에서 순위(서열)에 따라 먹이를 먹는 것이므로 개체군 내 상호 작용인 순위제이다.
- C는 같은 종의 사자 개체군에서 혈연관계의 개체들이 모여서 생활하는 것이므로 개체군 내 상호 작용인 가족생활이다.

A는 텃세, B는 순위제, C는 가족생활로, A~C는 모두 개체군 내 상호 작용이다.

ㄱ. 수컷 개구리가 자신의 영역을 가지고 있어 세력권을 형성하므로, 개구리 개체들 사이의 상호 작용은 텃세이다. 텃세(A)는 개체군 내 상호 작용이다.

오답피하기 ㄴ. 닭 개체들 간에 힘의 서열에 따라 순위를 정하고, 그 순위에 따라 모이를 먹는다. 따라서 B는 순위제이며, 순위제에서는 세력권을 형성하지 않는다. 각 개체가 세력권을 형성하는 상호 작용은 텃세(A)이다.

ㄷ. C는 혈연관계의 개체들이 모여서 생활하는 가족생활이다. 개미 개체군은 각 개체가 역할을 나누어 수행하는 분업화된 체제를 형성하는 사회생활을 한다.

485

서술형 해결 전략

STEP 1 문제 포인트 파악

개체군의 생장 곡선을 구분하고, 구간별 개체 수 증가율을 비교할 수 있어야 한다.

STEP 2 자료 파악

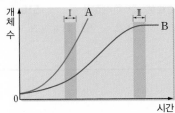

- A는 J자 모양이며, 개체 수가 기하급수적으로 증가하므로 이론상의 생장 곡선이다.
- B는 S자 모양이며, 개체 수가 어느 정도 증가하다가 일정해지므로 환경 저항이 작용하는 실제의 생장 곡선이다.
- S자 모양의 실제의 생장 곡선(B)에서 개체 수가 증가하는 구간 Ⅰ에서는 출생률이 사망률보다 높고, 개체 수가 일정한 구간 Ⅱ에서는 출생률과 사망률이 비슷하다.

STEP 3 관련 개념 모으기

❶ 이론상의 생장 곡선과 실제의 생장 곡선이 차이가 나는 까닭은?
→ 실제의 생장 곡선에서는 환경 저항이 작용하므로 이론상의 생장 곡선과 달리 개체 수가 어느 정도 증가하다가 일정해진다.

❷ 개체군의 개체 수가 증가할 때는?
→ 외부와의 개체 출입이 없는 경우, 출생률이 사망률보다 높을 때 개체군의 개체 수가 증가한다.

❸ 개체군의 개체 수가 일정해질 때는?
→ 외부와의 개체 출입이 없는 경우, 출생률과 사망률이 같아지면 개체군의 개체 수가 일정해진다.

예시 답안 B, 실제의 생장 곡선(B)의 구간 Ⅰ에서가 Ⅱ에서보다 개체 수가 많이 증가하므로 $\dfrac{출생률}{사망률}$은 구간 Ⅰ에서가 Ⅱ에서보다 크다.

채점 기준	배점(%)
B를 쓰고, 실제의 생장 곡선의 구간 Ⅰ에서가 Ⅱ에서보다 개체 수가 많이 증가하여 $\dfrac{출생률}{사망률}$이 크다는 것을 모두 옳게 설명한 경우	100
B만 옳게 쓴 경우	30

486

서술형 해결 전략

STEP 1 문제 포인트 파악

포식과 피식에 의한 개체군의 주기적인 변동을 알아야 한다.

STEP 2 자료 파악

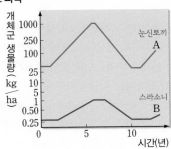

- 두 개체군의 개체 수가 주기적으로 변동하므로 A와 B는 포식과 피식의 관계이다.
- A의 개체 수(생물량)가 증가하면 B의 개체 수(생물량)도 증가하고, A의 개체 수(생물량)가 감소하면 B의 개체 수(생물량)도 감소하므로 A는 피식자, B는 포식자이다.
- 개체군의 개체 수가 증가하면 생물량도 증가하므로 개체군의 생물량은 개체 수와 비례한다.

STEP 3 관련 개념 모으기

❶ 포식과 피식의 관계는?
→ 두 종(개체군) 사이에서 서로 먹고 먹히는 상호 작용이며, 먹는 종을 포식자, 먹히는 종을 피식자라고 한다.

❷ 포식과 피식에 의한 개체군의 크기가 주기적으로 변동하는 과정은?
→ 피식자 개체 수 증가 → 포식자 개체 수 증가 → 피식자 개체 수 감소 → 포식자 개체 수 감소 → 피식자 개체 수 증가의 과정이 반복된다.

예시 답안 B, 스라소니와 눈신토끼 사이에서 포식과 피식이 일어나 한 개체군의 개체 수(생물량)가 다른 개체군의 개체 수(생물량)에 영향을 주기 때문이다.

채점 기준	배점(%)
B를 쓰고, 스라소니와 눈신토끼 사이에서 포식과 피식이 일어나기 때문이라고 모두 옳게 설명한 경우	100
스라소니와 눈신토끼 사이에서 포식과 피식이 일어나기 때문이라고만 설명한 경우	70
B만 옳게 쓴 경우	30

487

서술형 해결 전략

STEP 1 문제 포인트 파악

개체군 내 상호 작용의 특징을 설명할 수 있어야 한다.

STEP 2 자료 파악

- 은어 개체군 내에서 각 개체는 일정 공간을 차지하여 자신의 활동 범위를 확보한다.
- 은어 개체군 내의 상호 작용은 텃세이다.

STEP 3 관련 개념 모으기

❶ 개체군 내 상호 작용의 종류는?
→ 개체군 내에서 개체들 간에 일어나는 상호 작용에는 텃세, 순위제, 리더제, 사회생활, 가족생활이 있다.

❷ 텃세란?
→ 각 개체가 자신의 생활 구역을 확보하여 다른 개체의 접근을 막는 상호 작용으로, 은어, 호랑이, 물개 개체군 내에서 나타난다.

❸ 텃세의 이점은?
→ 각 개체가 일정 공간을 차지하므로 개체군의 밀도를 조절할 수 있다.

예시 답안 텃세, 각 개체가 자신의 생활 구역을 확보하여 일정 공간을 차지하므로 개체군의 밀도를 조절할 수 있다.

채점 기준	배점(%)
텃세를 쓰고, 개체군의 밀도를 조절할 수 있다고 모두 옳게 설명한 경우	100
개체군의 밀도를 조절할 수 있다고만 설명한 경우	70
텃세만 옳게 쓴 경우	40

개념 확인 문제 115쪽

488 × **489** ○ **490** 경쟁·배타 원리
491 ㉠ 상리 공생, ㉡ 편리공생 **492** 1차 천이 **493** 극상
494 ㉠ 질소 고정, ㉡ 질산화 작용, ㉢ 탈질산화 작용
495 ㉠ 물질, ㉡ 에너지

488
답 ×

고도에 따른 기온 차이에 의해 나타나는 식물 군집의 분포는 수직 분포, 위도에 따른 기온과 강수량 차이에 의해 나타나는 식물 군집의 분포는 수평 분포이다.

489
답 ○

삼림 군집은 빛의 세기, 온도 등에 따라 몇 개의 층으로 구성된 수직적인 층상 구조가 발달하는데, 층상 구조에서 아래로 내려갈수록 빛의 세기가 약해진다.

490
답 경쟁·배타 원리

생태적 지위가 많이 겹치는 두 개체군 사이에 종간 경쟁이 일어난 결과 경쟁에서 이긴 개체군은 살아남아 생장하지만, 경쟁에서 진 개체군은 도태되어 사라지는 것을 경쟁·배타 원리라고 한다.

491
답 ㉠ 상리 공생, ㉡ 편리공생

공생하는 두 개체군이 모두 이익을 얻으면 상리 공생(㉠) 관계이고, 두 개체군 중 한쪽만 이익을 얻고 다른 쪽은 이익도 손해도 없으면 편리공생(㉡) 관계이다.

492
답 1차 천이

토양이 형성되지 않은 곳에서 시작되는 식물 군집의 천이는 1차 천이이다. 1차 천이에는 용암 대지와 같이 건조한 곳에서 시작되는 건성 천이와 호수에서 시작되는 습성 천이가 있다.

493
답 극상

극상은 천이의 마지막 단계에서 식물 군집이 안정적으로 유지되는 상태이다.

494
답 ㉠ 질소 고정, ㉡ 질산화 작용, ㉢ 탈질산화 작용

㉠은 대기 중의 질소가 질소 고정 세균 등에 의해 암모늄 이온(NH_4^+)으로 전환되는 질소 고정, ㉡은 암모늄 이온(NH_4^+)이 질산 이온(NO_3^-)으로 전환되는 질산화 작용, ㉢은 질산 이온(NO_3^-)이 탈질산화 세균에 의해 질소 기체(N_2)로 전환되어 대기 중으로 돌아가는 탈질산화 작용이다.

495
답 ㉠ 물질, ㉡ 에너지

생태계에서 물질(㉠)은 생물과 비생물 환경 사이를 끊임없이 순환하지만, 에너지(㉡)는 순환하지 않고 먹이 사슬을 따라 한 방향으로 흐르다가 생태계 밖으로 빠져나간다.

---

496 ① **497** ② **498** ④ **499** ② **500** ⑤
501 해설 참조 **502** ③ **503** ② **504** ④ **505** ⑤
506 ② **507** ③ **508** ④ **509** A: 양수림, B: 혼합림, C: 음수림
510 해설 참조 **511** ④ **512** ③ **513** ⑤ **514** ①
515 ㉠ 총생산량, ㉡ 순생산량, ㉢ 생장량 **516** ② **517** ④
518 ④ **519** ③ **520** ④ **521** 해설 참조 **522** ⑤
523 ③

496
답 ①

ㄱ. 육상 군집은 기온(㉠)이나 강수량의 차이로 삼림, 초원, 사막(㉡)으로 구분한다.

오답 피하기 ㄴ. 사막(㉡)은 강수량이 매우 적고 바람이 강한 곳에 주로 형성된다.

ㄷ. 군집의 수평 분포는 저위도에서 고위도로 갈수록 기온이 낮아져 열대 우림 → 낙엽수림(㉢) → 침엽수림(㉣) → 툰드라 순으로 나타난다.

497
답 ②

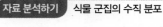

자료 분석하기 식물 군집의 수직 분포

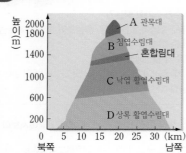

• 수직 분포는 고도에 따른 식물 군집의 분포로, 주로 기온 차이에 의해 나타난다.
• 수직 분포에서 고도가 높을수록 기온이 낮아진다. ➡ A~D의 분포에 영향을 주는 주된 환경 요인은 기온이다.

ㄴ. A는 관목대, B는 침엽수림대, C는 낙엽 활엽수림대, D는 상록 활엽수림대이다.

오답 피하기 ㄱ. 고도가 높을수록 기온이 낮아지므로 A는 D보다 기온이 낮은 지역에 형성된다.

ㄷ. 수직 분포는 고도에 따른 기온 차이에 의해 식물 군집의 종류가 달라지므로 A~D의 분포에 영향을 주는 주된 환경 요인은 기온이다.

498
답 ④

ㄱ. 빛의 세기가 가장 강한 교목층에서 광합성이 가장 활발하게 일어나 산소의 농도가 증가하고, 이산화 탄소의 농도가 감소한다.

ㄴ. 층상 구조에서 아래로 내려갈수록 빛의 세기가 감소하며, 감소한 빛의 세기를 최대한 활용하는 식물이 자란다.

오답 피하기 ㄷ. 층상 구조는 식물이 빛을 최대한 활용할 수 있도록 식물 층이 형성된 것이다. 각 층을 구성하는 식물의 종류가 다른 주된 요인은 각 층에 따른 빛의 세기 차이, 온도 차이 등이다.

499

답 ②

② (가)에서는 입사되는 빛의 양 중 20 %가 반사되는 반면, (나)에서는 입사되는 빛의 양 중 10 %만 반사된다. 따라서 식물의 총광합성량은 (가)에서가 (나)에서보다 적을 것이다.

오답 피하기 ① (가)에서는 입사되는 빛의 양이 가장 많은 중층의 광합성량이 가장 많을 것이다.

③ (나)에서는 하층으로 갈수록 입사되는 빛의 양이 적으므로 광합성량이 감소할 것이다.

④ (가)보다 (나)의 토양으로 입사되는 빛의 양이 적으므로 수분의 증발 속도는 (가)보다 (나)의 토양에서 더 느릴 것이다.

⑤ (나)에서 상층의 식물을 제거하면 중층으로 더 많은 빛이 입사되므로 중층부 식물의 생장이 유리해질 것이다.

500 [필수 유형]

답 ⑤

자료 분석하기 방형구법을 이용한 식물 군집의 조사

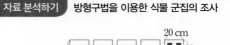
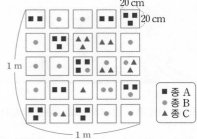

- 각 식물 종의 개체 수는 A가 23, B가 16, C가 11이다. ➡ 밀도와 상대 밀도는 모두 A가 가장 크다.
- 각 식물 종이 나타나는 방형구의 수는 A가 9, B가 15, C가 6이다. ➡ 빈도와 상대 빈도는 모두 B가 가장 크다.

ㄱ. 개체군의 밀도는 $\dfrac{특정\ 종의\ 개체\ 수}{전체\ 방형구의\ 면적(m^2)}$이며, 방형구 전체의 면적($m^2$)이 1 m^2이므로 개체군의 밀도는 각 식물 종의 개체 수와 같다. 따라서 종 A~C의 밀도는 각각 A는 23/m^2, B는 16/m^2, C는 11/m^2이므로 개체군의 밀도가 가장 높은 종은 A이다.

ㄴ. 종 A~C의 밀도 합은 50/m^2이고, 상대 밀도(%)= $\dfrac{특정\ 종의\ 밀도}{조사한\ 모든\ 종의\ 밀도의\ 합} \times 100$이므로 A는 46 %($=\dfrac{23}{50} \times 100$), B는 32 %($=\dfrac{16}{50} \times 100$), C는 22 %($=\dfrac{11}{50} \times 100$)이다. 따라서 상대 밀도는 종 B가 C보다 크다.

ㄷ. 빈도는 $\dfrac{특정\ 종이\ 출현한\ 방형구\ 수}{전체\ 방형구의\ 수}$이며, 해당 방형구가 25개의 칸으로 이루어져 있다. 따라서 종 A~C의 빈도는 각각 A는 0.36($=\dfrac{9}{25}$), B는 0.6($=\dfrac{15}{25}$), C는 0.24($=\dfrac{6}{25}$)이다. 종 A~C의 빈도 합은 1.2이고, 상대 빈도(%)= $\dfrac{특정\ 종의\ 빈도}{조사한\ 모든\ 종의\ 빈도의\ 합} \times 100$이므로 종 A는 30 %($=\dfrac{0.36}{1.2} \times 100$), B는 50 %($=\dfrac{0.6}{1.2} \times 100$), C는 20 %($=\dfrac{0.24}{1.2} \times 100$)이다. 따라서 상대 빈도는 종 B>A>C 순으로 크다.

501

조사 지역에서 우점종은 중요치(=상대 밀도+상대 빈도+상대 피도)가 가장 큰 종이다. 종 A~C의 피도가 같으므로 상대 피도는 3종이 모두 같다고 할 때 종 A의 상대 밀도와 상대 빈도의 합은 76, B의 상대 밀도와 상대 빈도의 합은 82, C의 상대 밀도와 상대 빈도의 합은 42이다. 따라서 우점종은 중요치가 가장 큰 B이다.

예시 답안 B, 우점종은 상대 밀도, 상대 빈도, 상대 피도를 합한 값인 중요치가 가장 큰 종이기 때문이다. 종 A~C의 피도가 같으므로 상대 피도는 3종이 모두 같다고 할 때 종 B의 중요치가 가장 크다.

채점 기준	배점(%)
B를 쓰고, 그렇게 판단한 까닭을 모두 옳게 설명한 경우	100
B만 옳게 쓴 경우	30

개념 더하기 방형구법을 이용한 식물 군집 조사

- 방형구법: 조사할 지역에 방형구를 설치하고, 방형구 내 각 식물의 밀도, 빈도, 피도를 조사하는 방법이다.

밀도= $\dfrac{특정\ 종의\ 개체\ 수}{전체\ 방형구의\ 면적(m^2)}$	상대 밀도(%)= $\dfrac{특정\ 종의\ 밀도}{조사한\ 모든\ 종의\ 밀도의\ 합} \times 100$
빈도= $\dfrac{특정\ 종이\ 출현한\ 방형구\ 수}{전체\ 방형구의\ 수}$	상대 빈도(%)= $\dfrac{특정\ 종의\ 빈도}{조사한\ 모든\ 종의\ 빈도의\ 합} \times 100$
피도= $\dfrac{특정\ 종이\ 차지한\ 면적(m^2)}{전체\ 방형구의\ 면적(m^2)}$	상대 피도(%)= $\dfrac{특정\ 종의\ 피도}{조사한\ 모든\ 종의\ 피도의\ 합} \times 100$

- 중요치(=상대 밀도+상대 빈도+상대 피도)가 가장 큰 종이 우점종이다.

502

답 ③

ㄱ. (가)와 (나)는 면적이 동일하고, B의 개체군 밀도도 같으므로 B의 개체 수도 같다. 따라서 ㉠은 3이다.

ㄴ. (가)에는 A, B, C, D의 4종이 서식하고, (다)에는 A, B, D의 3종이 서식하므로 식물 종 수는 (가)에서가 (다)에서보다 많다.

오답 피하기 ㄷ. 상대 밀도는 모든 종의 밀도의 합에 대한 특정 종의 밀도를 백분율로 나타낸 것이므로, 모든 종의 개체 수의 합에 대한 특정 종의 개체 수를 백분율로 나타낸 것과 같다. 따라서 D의 상대 밀도는 (나)에서는 약 33.3 %($=\dfrac{6}{18} \times 100$)이고, (다)에서는 20 %($=\dfrac{6}{30} \times 100$)이다.

503

답 ②

(가)에서 종 A와 B는 모두 S자 모양의 실제의 생장 곡선을 나타내므로 환경 저항을 받는다.

ㄴ. (나)에서 종 A의 개체 수는 단독 배양했을 때(가)보다 적게 증가하였고, 종 B는 시간이 지나면서 점차 사라졌다. 이를 통해 종 A와 B는 종간 경쟁을 하며, 경쟁에서 진 B가 도태되어 사라지는 경쟁·배타 원리가 적용되었음을 알 수 있다.

오답 피하기 ㄱ. (가)에서 종 B는 실제의 생장 곡선을 나타낸다.

ㄷ. (나)에서 t_1일 때 종 A는 환경 저항을 크게 받으므로 개체 수가 더 이상 증가하지 못하고 일정하게 유지된다.

자료 분석하기　군집 내 개체군 간의 상호 작용

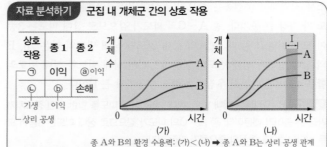

상호작용	종 1	종 2
㉠	이익	ⓐ이익
㉡	ⓑ	손해
기생		이익
상리 공생		

종 A와 B의 환경 수용력: (가)<(나) ➡ 종 A와 B는 상리 공생 관계

· 표에서 ㉠과 ㉡은 각각 기생과 상리 공생 중 하나인데, ㉠은 종 1과 2가 모두 이익을 얻는 상리 공생이고, ㉡은 기생이다.
· 그림에서 종 A와 B를 단독 배양했을 때(가)보다 혼합 배양했을 때(나) 최대 개체 수(환경 수용력)가 증가하므로 종 A와 B 사이의 상호 작용은 상리 공생이다.

ㄱ. ㉠은 상리 공생, ㉡은 기생이다. 상리 공생(㉠)은 두 종이 모두 이익을 얻으며, 기생(㉡)은 한 종은 이익을 얻고, 다른 종은 손해를 보므로 ⓐ와 ⓑ는 모두 '이익'이다.
ㄷ. 개체군 밀도는 단위 면적당 개체 수를 의미하므로, (나)의 구간 I에서 개체군 밀도는 종 A가 B보다 높다.
오답 피하기 ㄴ. 종 A와 B를 단독 배양했을 때(가)와 혼합 배양했을 때 (나)의 환경 수용력을 비교하면 혼합 배양했을 때(나) A와 B의 환경 수용력이 모두 크다. 이를 통해 종 A와 B는 서로 이익을 얻는 상리 공생(㉠) 관계임을 알 수 있다.

505　　　　　　　　　　　　　　　　答 ⑤
편리공생은 한 종은 이익(+), 다른 종은 상관 없음.(0)이고, 종간 경쟁은 두 종 모두 손해(−), 포식과 피식은 한 종은 이익(+), 다른 종은 손해(−)이므로 A는 편리공생이다. 애기짚신벌레와 짚신벌레 사이의 상호 작용은 종간 경쟁, 스라소니와 눈신토끼 사이의 상호 작용은 포식과 피식이므로 B는 종간 경쟁, C는 포식과 피식이다.
ㄱ. 종간 경쟁(B)은 두 종 모두 손해(−)이고, 포식과 피식은 한 종은 이익(+)이며 다른 종은 손해(−)이다. 따라서 ㉠과 ㉡은 모두 '−'이다.
ㄴ. 종간 경쟁(B)은 생태적 지위가 비슷한 두 종 사이의 상호 작용으로, 경쟁에서 이긴 종은 번성하지만 경쟁에서 진 종은 도태되어 사라지는 경쟁·배타 원리가 적용될 수 있다.
ㄷ. 빨판상어는 거북의 몸에 붙어 쉽게 이동하고 먹이를 얻으며 보호받지만, 거북은 이익도 손해도 없다. 따라서 빨판상어와 거북 사이의 상호 작용은 편리공생(A)의 예에 해당한다.

506　　　　　　　　　　　　　　　　答 ②
A는 초원, B는 양수림, C는 음수림이다. (나)에서 시간이 지날수록 밀도가 늘어나는 종 ㉠은 음수림의 우점종, 밀도가 감소하는 종 ㉡은 양수림의 우점종이다.
ㄴ. 구간 I에서는 양수림의 우점종(㉡)의 밀도가 음수림의 우점종(㉠)보다 높으므로, 양수림(B)에서 구간 I의 밀도 변화가 나타난다.
오답 피하기 ㄱ. A는 초원이므로, 우점종은 초본 식물이다.
ㄷ. 양수림의 우점종(㉡)은 강한 빛을 받으므로 광합성이 활발하게 일어나는 울타리 조직의 평균 두께가 음수림의 우점종(㉠)보다 두껍다.

507　　　　　　　　　　　　　　　　答 ③
ㄷ. 이 식물 군집의 천이는 호수에서 시작되는 습성 천이이다. 습성 천이는 퇴적물이 쌓여 습원(습지)이 형성된 후 습생 식물이 개척자로 들어오면서 초원 → 관목림(A) → 양수림(B) → 혼합림을 거쳐 음수림이 극상을 이룬다.
오답 피하기 ㄱ. A는 관목림이므로 우점종은 관목(키 작은 나무)이다. 지의류는 토양이 형성되지 않은 곳에서 일어나는 건성 천이의 개척자이다.
ㄴ. B는 양수림이다. 숲이 형성되는 초기에는 지표면에 도달하는 빛의 세기가 강하므로 광합성량이 많은 양지 식물이 음지 식물보다 빠르게 자라 양수림이 음수림보다 먼저 형성된다.

508　　　　　　　　　　　　　　　　答 ④

자료 분석하기　식물 군집의 2차 천이

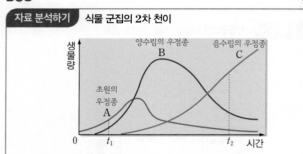

· 기존의 식물 군집이 산불, 홍수, 산사태 등으로 훼손된 후 다시 시작되는 천이이다. ➡ 2차 천이
· 산불이 난 후 일어나는 2차 천이는 토양에 수분과 유기물이 충분하므로 초원에서부터 시작되며, 관목림 → 양수림 → 혼합림을 거쳐 음수림이 극상을 이룬다. ➡ A는 초원, B는 양수림, C는 음수림의 우점종이다.

ㄱ. 소나무는 양지 식물이므로 양수림(B)이 될 수 있다.
ㄷ. 천이가 진행될수록 지표면에 도달하는 빛의 세기는 약해진다. 따라서 지표면에 도달하는 빛의 세기는 t_1일 때가 t_2일 때보다 강하다.
오답 피하기 ㄴ. 그림은 식물 군집에 산불이 난 후의 천이 과정이므로 2차 천이를 나타낸 것이다.

509　　　　　　　　　　答 A: 양수림, B: 혼합림, C: 음수림
1차 천이와 2차 천이에서 모두 관목림이 형성된 후 양수림(A) → 혼합림(B) → 음수림(C)의 순서로 천이가 일어난다.

510
(가)는 산불이 일어나 기존의 식물 군집이 훼손된 후 토양이 이미 형성되어 있고, 식물의 종자나 뿌리가 남아 초원에서부터 시작되는 2차 천이이고, (나)는 토양이 형성되지 않은 곳(용암 대지)에서 지의류가 개척자로 들어와 시작되는 1차 천이이다.
예시 답안 (가) 2차 천이, (나) 1차 천이, (가)는 산불이 일어난 후 토양이 남아 있는 초원에서부터 시작되므로 2차 천이이고, (나)는 토양이 형성되지 않은 곳에서 개척자인 지의류가 들어와 토양이 형성되므로 1차 천이이다.

채점 기준	배점(%)
(가) 2차 천이, (나) 1차 천이를 쓰고, 그렇게 판단한 까닭을 모두 옳게 설명한 경우	100
(가) 2차 천이, (나) 1차 천이만 옳게 쓴 경우	30

511
답 ④

ㄴ. A는 태양의 빛에너지를 흡수하므로 광합성을 하여 빛에너지를 화학 에너지로 전환하는 생산자이다.

ㄷ. 에너지가 생산자(A) → B → C 순으로 이동하므로 B는 1차 소비자, C는 2차 소비자이다. 1차 소비자(B)에서 2차 소비자(C)로 에너지는 유기물에 저장된 형태로 전달된다.

오답 피하기 ㄱ. B에서 C로 전달되는 에너지양이 0.3+0.1=0.4이고, A에서 B로 전달되는 에너지양은 B에서 C로 전달되는 에너지양의 5배이므로 2이다. 따라서 ⓒ은 2−0.9−0.4=0.7이고, ㉠은 2000−1980−8−2=10이며, ⓒ은 8+0.7+0.1=8.8이다.

512
답 ③

자료 분석하기 영양 단계에 따른 생물량, 에너지양, 에너지 효율

영양 단계	생물량 (상댓값)	에너지양 (상댓값)	에너지 효율 (%)
2차 소비자 A	12	30	15
1차 소비자 B	387	㉠ 200	10
생산자 C	810	2000	1
3차 소비자 D	1.5	6	20

• 생물량은 현재 군집이 가지고 있는 유기물의 총량으로, 표에서 상위 영양 단계로 갈수록 감소한다. 에너지양도 상위 영양 단계로 갈수록 감소한다.
➡ 하위 영양 단계부터 상위 영양 단계 순으로 나열하면 C, B, A, D 순이다. ➡ C는 생산자, B는 1차 소비자, A는 2차 소비자, D는 3차 소비자이다.

• 에너지 효율은 한 영양 단계에서 다음 영양 단계로 전달되는 에너지 비율로, 상위 영양 단계로 갈수록 증가하는 경향이 있다.

$$에너지 효율(\%) = \frac{현 영양 단계가 보유한 에너지 총량}{전 영양 단계가 보유한 에너지 총량} \times 100$$

③ 안정된 생태계에서 각 영양 단계에 속하는 생물의 생물량, 에너지양은 상위 영양 단계로 갈수록 감소한다.

오답 피하기 ① 1차 소비자(B)의 에너지 효율이 10 %이므로

$$\frac{1차 소비자(B)가 보유한 에너지 총량}{생산자(C)가 보유한 에너지 총량} \times 100 = \frac{㉠}{2000} \times 100 = 10$$

(%)이다. 따라서 ㉠은 200이다.

② A는 2차 소비자이다.

④ 에너지는 먹이 사슬을 따라 생산자(C)에서 1차 소비자(B)로 유기물의 형태로 전달된다.

⑤ 생산자(C)의 에너지 효율이 1 %

$$\left(= \frac{2000}{생태계로 유입된 태양의 빛에너지양} \times 100\right)$$이다. 따라서 이 생태계로 유입된 태양의 빛에너지양(상댓값)은 200000이다.

513
답 ⑤

ㄱ. 그림은 생태 피라미드 중 하위 영양 단계부터 에너지양을 차례로 쌓아 올린 에너지 피라미드이므로 ㉠은 생산자이다.

ㄴ. 생산자(㉠)의 에너지양은 1000, 1차 소비자의 에너지양은 100, 2차 소비자의 에너지양은 20이므로, 상위 영양 단계로 갈수록 에너지양은 감소한다.

ㄷ. 에너지 효율은 한 영양 단계에서 다음 영양 단계로 전달되는 에너지의 비율이다. 따라서 1차 소비자의 에너지 효율은 10 %$(= \frac{100}{1000} \times 100)$, 2차 소비자의 에너지 효율은 20 %$(= \frac{20}{100} \times 100)$이다.

514
답 ①

ㄱ. 총생산량은 호흡량과 순생산량의 합이고, 순생산량은 피식량, 고사량 및 낙엽량, 생장량의 합이므로 ㉠은 호흡량, ㉡은 순생산량이다.

오답 피하기 ㄴ. 순생산량(㉡)은 총생산량에서 호흡량(㉠)을 뺀 것으로, 총생산량 중 생산자의 호흡에 사용되고 남은 유기물량이다. 생산자가 광합성을 통해 생산한 유기물의 총량은 총생산량이다.

ㄷ. 생산자의 피식량은 1차 소비자에게 먹힌 유기물량이므로 1차 소비자의 섭식량과 같다. 1차 소비자의 섭식량 중 일부가 1차 소비자의 호흡량이므로 생산자의 피식량은 1차 소비자의 호흡량보다 많다.

515
답 ㉠ 총생산량, ㉡ 순생산량, ㉢ 생장량

총생산량은 순생산량과 호흡량의 합이고, 순생산량은 피식량, 생장량, 고사량 및 낙엽량의 합이므로 유기물량의 크기는 총생산량 > 순생산량 > 생장량 순이다. 따라서 ㉠은 총생산량, ㉡은 순생산량, ㉢은 생장량이다.

516
답 ②

ㄴ. 호흡량은 총생산량(㉠)에서 순생산량(㉡)을 뺀 것이므로 구간 Ⅰ에서 시간에 따라 호흡량(㉠−㉡)은 증가한다.

오답 피하기 ㄱ. 고사량은 순생산량(㉡)에는 포함되지만, 생장량(㉢)에는 포함되지 않는다.

ㄷ. 구간 Ⅱ에서 생장량(㉢)이 0보다 크므로 시간에 따라 식물 군집이 생장하여 생물량이 증가한다.

517
답 ④

ㄴ. 총생산량은 생산자가 일정 기간 동안 광합성을 통해 생산한 유기물의 총량이므로 Ⅰ의 호흡량은 모두 생산자의 호흡량이다.

ㄷ. $\frac{호흡량}{순생산량}$은 Ⅰ에서는 약 $2.85(≒\frac{74}{19.7+6+0.3})$, Ⅱ에서는 약 $2.04(≒\frac{67.1}{24.7+8+0.2})$이다.

오답 피하기 ㄱ. 총생산량은 호흡량과 순생산량의 합이고, 순생산량에는 생산자의 생장량이 포함된다. 따라서 ㉠은 생산자의 생장량이고, 초식 동물의 생장량은 피식량에 포함된다.

518
답 ④

ㄱ. ㉠은 생산자의 호흡에 의해 대기 중으로 이산화 탄소(CO_2)가 방출되는 과정이고, ㉡은 소비자의 호흡에 의해 대기 중으로 이산화 탄소(CO_2)가 방출되는 과정이다. 따라서 ㉠과 ㉡에 모두 포도당과 같은 유기물을 이산화 탄소로 분해하는 세포 호흡이 관여한다.

ㄷ. ㉢은 대기 중의 질소(N_2)가 질소 고정 세균에 의해 암모늄 이온(NH_4^+)으로 전환되는 질소 고정이며, 뿌리혹박테리아는 대표적인 질소 고정 세균이다.

ㄴ. 생산자는 질산 이온(NO_3^-)을 흡수(ⓒ)하여 단백질과 같은 질소 화합물을 합성하는데, 이를 질소 동화 작용이라고 한다. 질산화 작용은 암모늄 이온(NH_4^+)이 질산화 세균에 의해 질산 이온(NO_3^-)으로 전환되는 과정이다.

519 필수 유형 답 ③

자료 분석하기 　탄소 순환

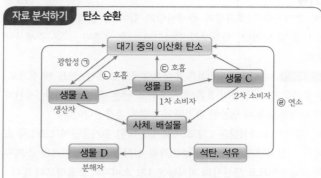

- 대기 중의 이산화 탄소는 생산자의 광합성에 이용되므로 A는 생산자이고, ㉠은 광합성이다.
- 생물은 호흡을 통해 유기물을 분해한 후 이산화 탄소를 방출하므로 ㉡과 ㉢은 모두 호흡이다.
- 생산자(A) → B → C로 탄소가 유기물의 형태로 이동하므로 B는 1차 소비자, C는 2차 소비자이다.
- D는 생물의 사체와 배설물을 분해하므로 분해자이다.
- 석탄, 석유와 같은 화석 연료의 연소에 의해 이산화 탄소가 발생하므로 ㉣은 연소이다.

③ ㉡과 ㉢은 각각 생산자(A)와 소비자(B)의 호흡으로 유기물이 분해되어 이산화 탄소가 발생하는 과정이다. 유기물이 합성되는 과정은 광합성(㉠)이다.

① 대기 중의 이산화 탄소를 생물 군집으로 유입시키는 A는 생산자이며, 탄소는 유기물의 형태로 먹이 사슬을 따라 이동하므로 B와 C는 소비자이다. D는 사체나 배설물 속의 유기물을 분해하여 이산화 탄소 형태로 대기 중으로 돌려보내는 분해자이다.
② ㉠ 과정은 광합성으로, 광합성(㉠)에는 태양의 빛에너지가 필요하다.
④ ㉣ 과정은 화석 연료의 연소로, 연소(㉣) 과정에서 이산화 탄소가 발생한다. 따라서 연소(㉣) 과정은 대기 중 이산화 탄소 농도를 증가시킨다.
⑤ D는 분해자이며, 분해자(D)의 예로는 곰팡이가 있다.

520 답 ④

ㄴ. 질산화 세균은 암모늄 이온(NH_4^+)이 질산 이온(NO_3^-)으로 전환되는 질산화 작용(나)에 관여한다.
ㄷ. (다)는 질산 이온(NO_3^-)이 질소(N_2)로 전환되어 대기 중으로 돌아가는 탈질산화 작용으로, 탈질산화 세균에 의해 일어난다.

ㄱ. (가)는 대기 중의 질소(N_2)가 생물이 이용할 수 있는 암모늄 이온(NH_4^+)으로 전환되는 질소 고정으로, 뿌리혹박테리아와 같은 질소 고정 세균에 의해 일어난다.

521

(가)에서 대기 중의 질소(N_2)가 암모늄 이온(NH_4^+)으로 전환되므로 (가)는 대기 중의 질소(N_2)가 질소 고정 세균에 의해 암모늄 이온(NH_4^+)으로 전환되는 질소 고정이다.

질소 고정, 대기 중의 질소(N_2)가 질소 고정 세균에 의해 암모늄 이온(NH_4^+)으로 전환되는 과정이다.

채점 기준	배점(%)
질소 고정을 쓰고, 대기 중의 질소(N_2)가 질소 고정 세균에 의해 암모늄 이온(NH_4^+)으로 전환되는 과정이라고 옳게 설명한 경우	100
질소 고정을 쓰고, 대기 중의 질소(N_2)가 암모늄 이온(NH_4^+)으로 전환되는 과정이라고만 설명한 경우	60
질소 고정만 옳게 쓴 경우	20

522 답 ⑤

자료 분석하기 　질소 순환

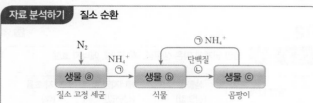

- 대기 중의 질소(N_2)는 식물이 직접 이용할 수 없으며, 질소 고정 세균(ⓐ)에 의해 암모늄 이온(NH_4^+)으로 고정된다. 질소 고정 세균에는 뿌리혹박테리아, 아조토박터 등이 있다.
- 토양 속의 암모늄 이온(㉠)은 생산자인 식물(ⓑ)에 의해 흡수되어 단백질(ⓛ)로 합성된 후, 먹이 사슬을 따라 소비자에게로 이동한다.
- 사체나 배설물에 포함된 단백질(질소 화합물)은 분해자인 곰팡이(ⓒ)에 의해 암모늄 이온(㉠)으로 분해되어 토양으로 돌아간다.

식물은 대기 중의 질소(N_2)를 직접 이용하지 않으며, 질소 고정 세균이 대기 중의 질소(N_2)를 암모늄 이온(NH_4^+)으로 고정한다. 곰팡이는 사체나 배설물에 포함된 단백질을 암모늄 이온(NH_4^+)으로 분해한다. 따라서 ⓐ는 질소 고정 세균, ⓑ는 식물, ⓒ는 곰팡이이며, ㉠은 NH_4^+, ⓛ은 단백질이다.
ㄱ. 생물 ⓑ는 식물이므로 광합성을 한다.
ㄴ. 대기 중의 질소(N_2)가 생물 ⓐ에 의해 ㉠으로 고정되므로 ㉠은 NH_4^+이다.
ㄷ. 생물 ⓒ는 분해자인 곰팡이이며, 곰팡이는 유기물(단백질)을 무기물(NH_4^+)로 분해한다.

523 답 ③

생태계 평형은 생태계를 구성하는 생물 군집의 종류나 개체 수, 물질의 양, 에너지 흐름이 안정된 상태를 유지하는 것이다. 생물종 수가 많고 먹이 그물이 복잡할수록 생태계 평형이 잘 유지된다.
ㄱ. 생태계 평형 회복은 먹이 사슬을 통해 피식자와 포식자의 개체 수 조절로 이루어진다.
ㄴ. 안정된 생태계의 먹이 사슬에서 각 영양 단계에 속하는 생물의 개체 수, 생물량, 에너지양은 일반적으로 상위 영양 단계로 갈수록 줄어들어 피라미드 모양이 된다. 따라서 평형 상태의 생태계(가)에서 상위 영양 단계로 갈수록 에너지양은 감소한다.

ㄷ. 1차 소비자의 개체 수가 증가하면 2차 소비자의 개체 수가 증가, 생산자의 개체 수가 감소하며, 이로 인해 1차 소비자의 개체 수가 감소한다. 1차 소비자의 개체 수 감소로 2차 소비자의 개체 수가 감소, 생산자의 개체 수가 증가하면서 다시 평형 상태로 회복된다. 따라서 생태계 평형 회복 과정은 ㉡ → ㉠ → ㉢이다.

524 ④   525 ④   526 ①   527 ①   528 ③   529 ③
530 해설 참조   531 (1) 1차 천이 (2) 해설 참조
532 해설 참조

524
답 ④

자료 분석하기 식물 군집의 수평 분포

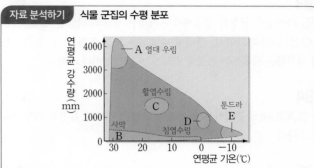

- 수평 분포는 위도에 따른 분포로, 강수량과 기온 차이에 의해 나타난다.
- 저위도에서 고위도로 갈수록 기온이 낮아져 열대 우림(A) → 활엽수림 (C) → 침엽수림 (D) → 툰드라(E) 순으로 분포한다.

ㄴ, ㄷ. A는 열대 우림, B는 사막, C는 활엽수림, D는 침엽수림, E는 툰드라이다. 수직 분포는 고도에 따른 식물 군집의 분포로, 주로 기온 차이에 의해 나타난다. 따라서 수직 분포에서는 주로 활엽수림 (C)보다 침엽수림(D)이 고도가 높은 지역에 형성된다.

오답 피하기 ㄱ. A는 연평균 기온이 높고 강수량이 많은 적도 지역에 형성된 열대 우림이다. C는 A가 형성된 지역보다 연평균 기온이 낮고 강수량도 적은 중위도 지역에 형성된 활엽수림이다. 따라서 A가 C보다 위도가 낮은 지역에 형성된다.

525
답 ④

텃세, 순위제는 모두 개체군 내 상호 작용이고, 포식과 피식, 상리 공생은 모두 군집 내 개체군 간의 상호 작용이다.

ㄱ. A는 개체군 간의 상호 작용이면서 양쪽이 모두 이익을 얻으므로 상리 공생이다.

ㄷ. 순위제는 힘의 강약에 따라 서열이 정해지는 개체군 내 상호 작용이고, 텃세는 서열과는 무관한 개체군 내 상호 작용이므로 '힘의 강약에 따라 서열이 정해지는가?'는 ㉠에 해당한다.

오답 피하기 ㄴ. B는 포식과 피식이다. 포식과 피식은 서로 다른 개체군 사이에서 먹고 먹히는 관계로 포식자는 이익을 얻지만, 피식자는 손해를 본다. 경쟁·배타 원리는 종간 경쟁에서 적용되며, 경쟁에서 이긴 종만 살아남고 경쟁에서 진 종이 도태되어 사라지는 것이다.

526
답 ①

ㄱ. 환경 수용력은 최대 개체 수이므로, (가)에서 A의 환경 수용력은 200이다.

오답 피하기 ㄴ. A와 B를 각각 단독 배양했을 때(가) 개체 수가 많을수록 환경 저항이 커지므로, t_1일 때보다 개체 수가 많은 t_2일 때 환경 저항이 크다.

ㄷ. A와 B를 혼합 배양했을 때(나) A의 최대 개체 수는 단독 배양한 (가)에서보다 적으며, B는 점차 사라진다. 이를 통해 구간 Ⅰ에서 A와 B 사이에 종간 경쟁이 일어났음을 알 수 있다.

527
답 ①

A는 두 종이 모두 손해를 보므로 종간 경쟁이다. B와 C는 각각 기생과 상리 공생 중 하나인데, 상리 공생은 두 종 모두 이익을 얻고, 기생은 한 종은 이익을 얻고 한 종은 손해를 본다. 따라서 B는 상리 공생이고 ㉠은 '이익'이다. C는 기생이다.

ㄱ. 종 1과 2 모두 손해를 보는 A는 종간 경쟁이다.

오답 피하기 ㄴ. ㉠은 '이익'이다.

ㄷ. (나)에서 콩과식물과 뿌리혹박테리아는 상호 작용을 통해 서로 이익을 얻으므로 상리 공생(B) 관계이다.

528
답 ③

ㄱ. 총생산량은 호흡량과 순생산량의 합이므로 ㉠은 총생산량, ㉡은 순생산량이다. 낙엽의 유기물량은 순생산량에 포함되므로 ㉠과 ㉡에 모두 포함된다.

ㄴ. 호흡량은 총생산량에서 순생산량을 뺀 값이므로 구간 Ⅰ에서가 Ⅱ에서보다 적다.

오답 피하기 ㄷ. 초식 동물의 호흡량은 순생산량 중 피식량에 포함되므로 ㉡보다 적다.

529
답 ③

ㄱ. 뿌리혹박테리아는 대기 중의 질소(N_2)를 암모늄 이온(NH_4^+)으로 고정하고, 생산자인 식물은 뿌리를 통해 암모늄 이온(NH_4^+)을 흡수하여 질소 동화 작용에 이용한다. 식물이 합성한 단백질, 핵산 등의 질소 화합물은 먹이 사슬을 따라 소비자에게 전달된다. 그리고 대기 중의 이산화 탄소는 생산자의 광합성에 의해 유기물로 전환되고, 유기물의 일부는 생산자의 호흡으로 분해되어 이산화 탄소 형태로 대기 중으로 돌아가며, 일부는 먹이 사슬을 따라 소비자에게 전달된다. 따라서 A는 이산화 탄소(CO_2), B는 질소(N_2)이고, ㉠은 생산자, ㉡은 소비자이다.

ㄴ. ㉠은 생산자이므로, ㉠에서 질소 동화 작용이 일어난다.

오답 피하기 ㄷ. 뿌리혹박테리아는 대기 중의 질소(B)를 암모늄 이온 (NH_4^+)으로 전환한다.

530

서술형 해결 전략

STEP 1 문제 포인트 파악
군집의 우점종을 구하는 방법을 알아야 한다.

STEP 2 관련 개념 모으기
❶ 우점종이란?
→ 상대 밀도, 상대 빈도, 상대 피도를 합한 값인 중요치가 가장 큰 종이다.
❷ 상대 밀도, 상대 빈도, 상대 피도는?
→ 상대 밀도는 모든 종의 밀도의 합에 대한 특정 종의 밀도를 백분율로 나타낸 것이다. 상대 빈도는 모든 종의 빈도의 합에 대한 특정 종의 빈도를 백분율로 나타낸 것이고, 상대 피도는 모든 종의 피도의 합에 대한 특정 종의 피도를 백분율로 나타낸 것이다.

예시답안 A, A~C는 모두 개체 수와 피도가 같아 상대 밀도와 상대 피도가 같지만, 빈도는 A>B>C 순으로 상대 빈도는 A가 가장 크므로 A의 중요치가 가장 크기 때문이다.

채점 기준	배점(%)
A를 쓰고, 그렇게 판단한 까닭을 모두 옳게 설명한 경우	100
A만 옳게 쓴 경우	30

531

서술형 해결 전략

STEP 1 문제 포인트 파악
천이의 종류에 따른 특징과 천이 과정을 설명할 수 있어야 한다.

STEP 2 관련 개념 모으기
❶ 1차 천이와 2차 천이는?
➡ 1차 천이는 토양이 형성되지 않은 상태에서 시작되는 천이로, 건성 천이는 지의류가 개척자이다. 2차 천이는 기존의 식물 군집이 산불 등으로 훼손된 후 다시 시작되는 천이로, 초원에서부터 시작된다.
❷ 1차 천이 중 건성 천이 과정은?
➡ 용암 대지 → 지의류 → 초원 → 관목림 → 양수림 → 혼합림 → 음수림의 순서로 일어나며, 양수림에서 음수림으로 진행될수록 지표면에 도달하는 빛의 세기가 약해진다.

(1) 지의류가 개척자이므로 이 지역에서는 1차 천이 중 건성 천이가 일어났다.
(2) 예시답안 ㉠ 양수림, ㉡ 음수림, 시간이 지남에 따라 키 큰 나무에 의해 지표면에 도달하는 빛의 세기가 약해지므로 음수가 양수보다 잘 자라게 되어 양수림(㉠)에서 음수림(㉡)으로 천이가 일어난다.

채점 기준	배점(%)
㉠ 양수림, ㉡ 음수림을 쓰고, 양수림(㉠)에서 음수림(㉡)으로 천이가 일어나는 까닭을 모두 옳게 설명한 경우	100
㉠ 양수림, ㉡ 음수림만 옳게 쓴 경우	40

532

서술형 해결 전략

STEP 1 문제 포인트 파악
생태계에서 탄소 순환 과정을 설명할 수 있어야 한다.

STEP 2 관련 개념 모으기
❶ 광합성에 의한 탄소의 이동 경로는?
➡ 광합성 과정에서 이산화 탄소(CO_2)를 이용하여 유기물이 합성되므로 대기와 물속의 이산화 탄소(CO_2)는 광합성을 통해 생명체 내로 유입된다.
❷ 호흡에 의한 탄소의 이동 경로는?
➡ 호흡 과정에서 유기물이 이산화 탄소(CO_2)로 분해되어 방출되므로 이산화 탄소(CO_2)는 호흡을 통해 대기와 물속으로 돌아간다.

예시답안 ㉠은 생산자(A)가 이산화 탄소(CO_2)를 흡수하여 유기물을 합성하는 광합성 과정이고, ㉡은 분해자(C)가 유기물을 분해하여 이산화 탄소(CO_2)를 방출하는 호흡 과정이다.

채점 기준	배점(%)
㉠은 생산자가 이산화 탄소(CO_2)를 흡수하는 광합성, ㉡은 분해자가 이산화 탄소(CO_2)를 방출하는 호흡이라고 모두 옳게 설명한 경우	100
㉠은 광합성, ㉡은 호흡이라고만 설명한 경우	60

533 ㉡	534 ㉢	535 ㉠	536 높다
537 높다	538 (가)	539 (가), (나)	

540 ㉠ 생태 통로, ㉡ 종자 은행

533
답 ㉡
생물 다양성은 일정한 생태계에 존재하는 생물의 다양한 정도로, 종 다양성, 유전적 다양성, 생태계 다양성을 모두 포함한다. 한 생태계에 서식하는 생물종의 다양한 정도를 종 다양성이라고 한다.

534
답 ㉢
한 개체군 내에 존재하는 유전자의 다양한 정도를 유전적 다양성이라고 한다.

535
답 ㉠
어떤 지역에 존재하는 생태계의 다양한 정도를 생태계 다양성이라고 한다.

536
답 높다
유전적 다양성이 높은 개체군은 개체들 간에 유전자 변이가 다양하므로 환경이 급격히 변하거나 감염에 의한 질병이 발생했을 때 적응하여 살아남을 확률이 높다.

537
답 높다
생물종의 수가 많을수록, 전체 개체 수에서 각 생물종이 차지하는 비율이 균등할수록 종 다양성이 높다.

538
답 (가)
(가)는 종 다양성이 높고, (나)는 (가)에 비해 종 다양성이 낮다. 종 다양성이 높은 생태계는 복잡한 먹이 그물이 형성되며, 먹이 그물이 복잡하면 어떤 한 종의 생물이 사라져도 다른 종이 이를 대체할 수 있어 생태계 평형이 쉽게 깨지지 않으므로 (나)보다 (가)에서 생태계 평형이 더 안정적으로 유지된다.

539
답 (가), (나)
생물 다양성의 감소 원인으로는 서식지 파괴와 서식지 단편화, 외래종(외래 생물) 도입, 불법 포획과 남획, 환경 오염과 기후 변화 등이 있다. 국립 공원 지정과 생물 다양성 협약 채택은 생물 다양성의 보전을 위한 대책에 속한다.

540
답 ㉠ 생태 통로, ㉡ 종자 은행
생태 통로는 단절된 서식지를 이어주므로 야생 동물이 지나다닐 수 있다. 그러므로 산을 허물어 도로를 건설할 때 생태 통로(㉠)를 설치하면 서식지 단편화에 의한 생물 다양성 감소를 줄일 수 있다. 종자 은행(㉡)은 다양한 식물 종자의 수집과 저장을 통해 멸종을 방지하고, 유용한 유전자를 보존하므로 생물 다양성을 보전할 수 있다.

541 ④	**542** ②	**543** ③	**544** ④	**545** ②	**546** ①

547 A: 생태계 다양성, B: 유전적 다양성, C: 종 다양성

548 해설 참조	**549** ③	**550** ②	**551** ④ **552** ④
553 ⑤	**554** ②	**555** ③	**556** ② **557** 해설 참조
558 ④	**559** ④	**560** 해설 참조	**561** 생물 다양성
562 ④			

541
답 ④

ㄱ. (가)는 사막, 초원, 삼림, 강, 습지 등 생물이 서식하는 서식지의 다양함을 보여주므로 생태계 다양성이다.

ㄷ. (다)는 같은 생물종이라도 개체들 사이에 대립유전자의 차이에 의해 형질이 다르게 나타나는 것이므로 유전적 다양성이다. 사람의 피부색이 다양한 것은 대립유전자의 차이에 의한 유전적 다양성(다)에 해당한다.

오답 피하기 ㄴ. (나)는 한 생태계에 서식하는 생물종의 다양한 정도인 종 다양성이다. 지구에는 열대 우림과 같이 상대적으로 종 다양성이 높은 지역도 있고, 사막과 같이 상대적으로 종 다양성이 낮은 지역도 있다.

542
답 ②

ㄴ. (나)는 한 생태계에 개구리, 쥐, 버섯 등 서로 다른 생물종이 서식함을 보여주므로 종 다양성이다. 종 다양성은 한 생태계에 서식하는 생물종의 다양한 정도를 의미한다.

오답 피하기 ㄱ. 무당벌레의 반점 무늬의 다양함은 같은 생물종에서 개체들 간의 유전자 변이에 의해 나타나는 유전적 다양성에 해당한다. 유전적 다양성(가)은 동물 종뿐만 아니라 모든 생물종에서 나타난다.

ㄷ. 같은 종의 토끼라도 털색이 다양하게 나타나는 것은 털색을 결정하는 대립유전자 구성이 다양하기 때문이므로 이는 유전적 다양성(가)에 해당한다.

543
답 ③

학생 C: 유전적 다양성은 다양한 유전자 변이에 의해 다양한 형질이 나타나는 것을 의미하므로 같은 종의 달팽이에서 껍데기의 무늬와 색깔이 다양하게 나타나는 것은 유전적 다양성에 해당한다.

오답 피하기 학생 A: 종 다양성은 군집 내 생물종의 다양성이다.

학생 B: 생태계 다양성은 생물 서식지의 다양한 정도를 의미하며, 생태계에서는 생물과 환경의 상호 작용이 일어나고, 생태계가 다양할수록 생물과 환경의 상호 작용의 다양성도 높아진다. 따라서 생태계 다양성은 생물과 환경 사이의 관계에 대한 다양성을 포함한다.

544
답 ④

ㄱ. 개체군 밀도는 일정한 지역에 서식하는 개체군의 단위 면적당 개체 수이며, ⊙과 ⓒ은 면적이 같으므로 각 종의 개체 수가 개체군 밀도를 의미한다. ⊙에서 F의 개체 수는 60, ⓒ에서 E의 개체 수는 30이다. 따라서 $\dfrac{\text{ⓒ에서 E의 개체군 밀도}}{\text{⊙에서 F의 개체군 밀도}} = \dfrac{1}{2}$이다.

ㄷ. 뒤쥐의 대립유전자 구성이 달라 개체마다 형질이 다르게 나타나는 것은 생물 다양성 중 유전적 다양성에 해당한다.

오답 피하기 ㄴ. 식물의 종 다양성은 종 수가 많고 분포 비율이 고른 ⊙이 ⓒ보다 높다.

545
답 ②

(가) 사람마다 눈동자의 색이 다른 것은 한 형질을 결정하는 대립유전자가 다양한 것이므로 유전적 다양성에 해당한다.

(나) 아마존 열대 우림에서의 생물종 수가 많은 것은 종 다양성에 해당한다.

(다) 심해저에 여러 서식지가 존재하는 것은 생태계 다양성에 해당한다.

546 필수 유형
답 ①

자료 분석하기   종 다양성의 비교

(가)   (나)   (다)   ◆ 종 A   ▲ 종 B   ▲ 종 C

- (가)에서 개체 수는 A가 4, B가 4, C가 4, (나)에서 개체 수는 A가 8, B가 3, C가 1, (다)에서 개체 수는 A가 4, B가 6이다. ➡ (가)와 (나)에는 각각 3종의 식물 12그루, (다)에는 2종의 식물 10그루가 분포한다.
- (가)~(다)의 면적은 모두 같다. ➡ (가)~(다)에서 각 종의 개체군 밀도는 개체 수에 비례한다.
- 서식하는 종의 수가 많고, 각 종의 분포 비율이 균등할수록 종 다양성이 높다. ➡ 종 다양성은 (가)에서 가장 높다.

ㄱ. (가)와 (나)에 서식하는 식물의 종 수는 각각 3종으로 같지만, 종 A~C의 분포 비율은 (가)에서가 (나)에서보다 균등하다. 따라서 식물의 종 다양성은 (가)에서가 (나)에서보다 높다.

오답 피하기 ㄴ. (가)와 (다)는 면적이 같고, 종 A의 개체 수는 (가)에서 4, (다)에서 4이므로 종 A의 개체군 밀도는 (가)와 (다)에서 같다.

ㄷ. 개체군은 같은 종으로 이루어진 집단이다. (다)에서 종 A와 B는 서로 다른 종이므로 서로 다른 개체군을 이룬다.

547
답 A: 생태계 다양성, B: 유전적 다양성, C: 종 다양성

같은 종으로 이루어진 개체군에서 나타나는 생물 다양성은 대립유전자의 차이에 의한 유전적 다양성이고, 서로 다른 종으로 이루어진 군집에서 나타나는 생물 다양성은 종 다양성이다. 따라서 A는 생태계 다양성이고, (나)는 같은 종의 쥐에서 나타나는 유전적 다양성의 예이므로 B는 유전적 다양성, C는 종 다양성이다.

548

유전적 다양성(B)이 높은 종일수록 다양한 형질이 존재하므로 환경이 급격히 변했을 때 유리한 형질을 가진 개체가 있을 확률이 높아 멸종할 확률이 낮아진다. 종 다양성(C)이 높은 생태계일수록 복잡한 먹이 그물이 형성되므로 생태계가 안정적으로 유지된다.

예시 답안 유전적 다양성(B)이 높은 종일수록 급격한 환경 변화에도 멸종할 확률이 낮아지고, 종 다양성(C)이 높을수록 생태계가 안정적으로 유지된다.

채점 기준	배점(%)
유전적 다양성(B)이 높으면 급격한 환경 변화에도 멸종할 확률이 낮아지는 것과 종 다양성(C)이 높으면 생태계가 안정적으로 유지된다는 것을 모두 옳게 설명한 경우	100
유전적 다양성(B)이 높으면 급격한 환경 변화에도 멸종할 확률이 낮아지는 것과 종 다양성(C)이 높으면 생태계가 안정적으로 유지된다는 것 중 1가지만 옳게 설명한 경우	50

549 **답** ③

자료 분석하기 생물 다양성의 3가지 의미

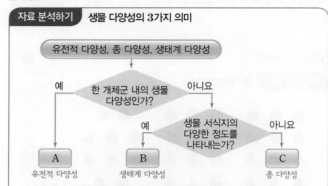

- 유전적 다양성은 개체군 내 개체들 간의 형질 차이가 다양함을 의미한다. ➡ A는 유전적 다양성이다.
- 생태계 다양성은 강, 호수, 삼림, 갯벌 등 서식지의 다양함을 의미한다. ➡ B는 생태계 다양성이다.
- 종 다양성은 군집 내 생물종이 다양함을 의미한다. ➡ C는 종 다양성이다.

ㄱ. 한 개체군 내의 개체들 간에 나타나는 형질의 차이는 유전적 다양성이다. 따라서 A는 유전적 다양성이다.

ㄴ. 생물 서식지의 다양한 정도는 생태계 다양성이며, 생태계 다양성(B)은 생물과 비생물 사이의 관계에 대한 다양성을 포함한다.

오답 피하기 ㄷ. 종 다양성(C)은 군집 내 생물종 수가 다양한 것을 의미한다. 동일한 생물종에서 형질이 각 개체 간에 다른 것은 대립유전자 구성이 다양하기 때문이므로 이는 유전적 다양성(A)에 해당한다.

550 필수 유형 **답** ②

자료 분석하기 종 다양성과 생태계 평형

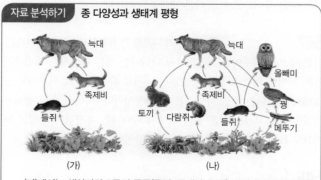

(가)   (나)

- (가)에서는 생산자와 3종의 동물(들쥐, 족제비, 늑대) 사이에 단순한 먹이 사슬이 형성되어 있다.
- (나)에서는 생산자와 8종의 동물 사이에 복잡한 먹이 그물이 형성되어 있다. ➡ (나)에서가 (가)에서보다 종 다양성이 높다. ➡ 생태계 (나)가 (가)보다 안정적으로 유지될 확률이 높다.

ㄴ. 들쥐가 사라질 경우 (가)에서는 들쥐를 대체할 생물종이 없어 족제비와 늑대도 사라지게 되므로 생태계 평형이 깨지기 쉽다. (나)에서는 들쥐가 사라져도 들쥐를 대체할 생물종이 있으므로 생태계 평형이 쉽게 깨지지 않는다.

오답 피하기 ㄱ. 생물종 수는 (가)에서보다 (나)에서가 많으므로 종 다양성은 (가)에서보다 (나)에서가 높다.

ㄷ. (나)에서 2차 소비자는 5종(늑대, 족제비, 들쥐, 올빼미, 꿩)이다.

551 **답** ④

ㄴ. 주목을 이용해 항암제(택솔)를 얻고, 푸른곰팡이를 이용해 항생제(페니실린)를 얻으므로 주목과 푸른곰팡이는 모두 의약품의 원료로 이용된다.

ㄷ. 생물 자원은 식량, 의약품 등에 이용되며, 생태 관광 자원으로도 활용되므로 이는 모두 생물 다양성이 중요함을 의미한다.

오답 피하기 ㄱ. (가)는 벼, 밀, 옥수수 등을 직접 식량으로 이용하는 사례이다.

552 **답** ④

④ 생물 다양성의 감소 원인은 서식지 파괴, 남획, 외래종 도입 등으로 대부분 사람의 활동과 관련이 있다.

오답 피하기 ① 생물 다양성 감소의 가장 큰 원인은 서식지 파괴이다.

② 포식자나 질병이 없는 외래종은 고유종의 서식지를 침범하고 먹이 그물을 훼손하여 생물 다양성을 감소시킨다.

③ 간척 사업으로 갯벌이 사라지면 생물 다양성이 감소한다.

⑤ 대규모 서식지는 생물들이 살아가는 터전을 제공하므로 특정 종이 멸종되는 원인이 될 수 없다.

개념 더하기 서식지 파괴와 서식지 단편화

- 서식지 파괴: 숲의 벌채, 습지의 매립, 농경지의 개간 등으로 서식지가 파괴되어 서식지 면적이 줄어드는 것으로, 생물 다양성 감소의 가장 큰 원인이다.
- 서식지 단편화: 하나의 큰 서식지가 도로나 철도 건설, 택지 개발 등에 의해 여러 개의 작은 서식지로 나누어지는 것이다.

553 필수 유형 **답** ⑤

자료 분석하기 서식지 단편화

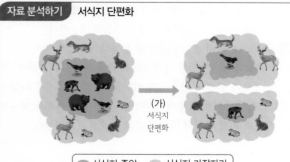

(가)
서식지
단편화

○ 서식지 중앙   ○ 서식지 가장자리

- 서식지 단편화가 일어나면 서식지 가장자리의 면적은 넓어지고, 서식지 중앙의 면적은 좁아진다.
- 서식지 중앙에 서식하는 생물종의 일부는 사라지고, 서식지 가장자리에 서식하는 생물종의 일부는 개체 수가 증가하였다.
- ➡ 서식지 가장자리보다 중앙에 서식하는 생물종이 더 큰 영향을 받는다.

ㄱ. (가)는 서식지가 분할되는 현상인 서식지 단편화이다.

ㄴ. 서식지 단편화(가)가 일어나 서식지 중앙의 면적이 감소하게 되면서 중앙에 서식하는 종의 일부가 사라졌다.

ㄷ. 서식지 단편화(가)가 일어나면 가장자리의 면적이 넓어지므로 가장자리에 서식하는 종의 일부는 개체 수가 늘어나지만 종 풍부도와 종 균등도가 감소하므로 종 다양성은 감소한다.

554

답 ②

서식지 단편화와 종 다양성의 감소

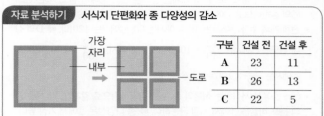

구분	건설 전	건설 후
A	23	11
B	26	13
C	22	5

- 종 A~C는 모두 이 지역의 내부에서만 살 수 있다. ➡ 도로 건설로 인해 가장자리의 면적이 넓어졌다. ➡ 종 A~C의 서식지 면적은 도로 건설 후가 도로 건설 전보다 작다.
- 도로 건설 후에는 도로 건설 전보다 종 A~C의 개체 수가 모두 감소했고, 분포 비율이 불균등해졌다. ➡ 도로 건설 후에 종 다양성이 낮아졌다.

ㄷ. 도로가 건설됨으로써 서식지가 4군데로 단편화되었고, 그 결과 종 A~C의 개체 수가 모두 감소하고 각 개체의 분포 비율이 불균등해졌다. 따라서 서식지 단편화는 이 지역의 생물 다양성을 감소시킨 원인에 해당한다.

ㄱ. 도로 건설 후 가장자리의 면적이 넓어져 종 A~C가 서식할 수 있는 서식지 내부 면적이 줄어들었다.

ㄴ. 종 A~C의 분포 비율이 도로 건설 후가 도로 건설 전보다 불균등하므로 도로 건설로 인해 이 지역의 종 다양성이 낮아졌다.

555

답 ③

서식지 면적 감소와 종 다양성의 관계

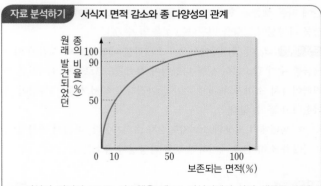

- 서식지 면적이 50 % 감소했을 때 그 서식지에서 살던 생물종 수의 10 %가 감소한다.
- 서식지 면적이 90 % 감소했을 때 그 서식지에서 살던 생물종 수의 50 %가 감소한다.
- ➡ 서식지 면적이 감소하면 그 서식지에서 살아가는 생물종 수가 감소하므로 종 다양성이 감소한다.

ㄱ. 보존되는 면적이 감소함에 따라 원래 발견되었던 종의 비율도 감소하므로 서식지의 면적 감소는 종 다양성 감소의 원인이 된다.

ㄴ. 보존되는 서식지의 면적이 감소할수록 원래 발견되었던 종의 비율이 감소하는 것을 통해 사라지는 종의 비율이 증가함을 알 수 있다.

ㄷ. 보존되는 서식지의 면적이 50 %로 감소하면, 그 서식지에서 발견되었던 종이 10 % 감소한다.

556

답 ②

ㄷ. 뉴트리아, 붉은귀거북, 가시박, 돼지풀은 모두 대량 번식하여 고유종의 서식지를 침범하므로 생물 다양성 감소의 원인이 되고 있다.

ㄱ. 가시박과 돼지풀은 식물이므로 생산자의 역할을 한다.

ㄴ. 돼지풀은 비의도적인 경로를 통해 도입되었다.

557

생물 다양성을 위협하는 요소에는 서식지 파괴, 외래종, 환경 오염, 남획, 질병 등이 있으며, 이 중 서식지 파괴에 의해 영향을 받은 종의 비율이 가장 크다. 따라서 생물 다양성 감소에 가장 큰 영향을 미치는 요인은 서식지 파괴이다.

서식지 파괴, 생태적 가치가 있는 지역을 국립 공원으로 지정하여 서식지를 보호한다.(또는 도로 건설 시 서식지 단절을 막을 수 있는 생태 통로를 설치한다.)

채점 기준	배점(%)
서식지 파괴를 쓰고, 이 요인에 의한 생물 다양성 감소를 해결할 수 있는 방안을 모두 옳게 설명한 경우	100
서식지 파괴만 옳게 쓴 경우	30

558

답 ④

서식지 단편화와 소형 동물의 종 수 변화

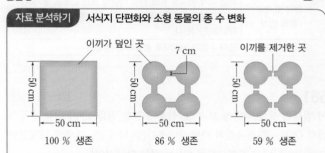

- 서식지가 단편화되면 생물종의 이동이 제한되어 고립된다. ➡ 소형 동물의 종 수가 감소한다. ➡ 종 다양성이 감소한다.
- 단편화된 서식지 사이에 생태 통로가 있으면 고립된 서식지가 연결되어 종 다양성의 감소를 줄일 수 있다.

ㄴ, ㄷ. 서식지를 분할하면 생물종 수가 감소하므로, 서식지를 분할하여 서식지 크기를 줄이지 않는 것이 종 다양성 감소를 줄이는 방안이다. 따라서 산을 절개하여 도로를 만들 때 생태 통로를 설치하거나, 희귀종이 살고 있는 숲 전체를 서식지 보호 구역으로 지정하여 개발을 제한하는 것은 실험 결과를 근거로 할 때 종 다양성 감소를 줄일 수 있는 방법이다.

ㄱ. 실험 결과에서 서식지 분할은 소형 동물의 종 수를 감소시킴을 알 수 있다. 따라서 특정 생물종만 서식할 수 있도록 서식지를 분할하는 것은 종 다양성 감소를 줄일 수 있는 방법이 아니다.

559

답 ④

ㄴ. 양식장 개발이나 불법 포획(ⓒ)은 저어새를 비롯한 여러 생물종의 서식 환경을 악화시키므로 특정 종의 개체 수를 줄여 생물 다양성을 감소시키는 원인에 해당한다.

ㄷ. 국립 공원 지정(ⓒ)을 통해 생태적으로 보전 가치가 있는 장소를 제도적으로 보호할 수 있으므로 이는 생물 다양성을 보전하기 위한 대책에 해당한다.

오답 피하기 ㄱ. 도요새, 오리, 저어새는 모두 서로 다른 종이므로 서로 다른 개체군을 구성한다.

560

고속도로 위에 있는 설치물 A는 고속도로 건설로 단절된 서식지를 이어주는 역할을 하는 생태 통로이다.

예시 답안 생태 통로, 동물이 이동할 수 있어 생태계가 단절되지 않도록 하여 서식지 단편화에 의한 생물 다양성 감소를 줄일 수 있다.

채점 기준	배점(%)
생태 통로를 쓰고, 생태 통로의 역할을 생물 다양성 보전과 연관 지어 옳게 설명한 경우	100
생태 통로만 옳게 쓴 경우	30

개념 더하기 **생물 다양성의 보전 대책**

서식지 보호	군집 단위로 큰 서식지를 보호하는 것이 한 종의 특정 서식지를 보호하는 것보다 효과적이다.
생태 통로 설치	단편화된 서식지에 생태 통로를 설치하여 동물의 이동 경로를 확보하고, 동물들의 교통 사고를 방지한다.
보호 구역 지정	보호 구역 지정으로 희귀 생물의 불법 포획 및 남획을 방지한다.
협약 및 환경 윤리 인식	각종 국제 협약을 통해 생물 다양성 보전 활동을 펼치며, 인간도 생태계의 구성원으로 인간과 다른 생물체가 공동체임을 인식한다.
종자 은행	종자 수집과 저장으로 종을 보존한다.

561
답 생물 다양성

이 법률은 생물 다양성 보전 및 이용에 관한 법률로, 이 법률의 정의에서 (가)는 종내(유전적 다양성), 종간(종 다양성), 생태계 다양성을 모두 포함한다고 하였으므로 (가)는 생물 다양성이다.

562
답 ④

ㄴ. ⓒ은 종간(서로 다른 종 사이)에서 나타나는 다양성이므로 종 다양성이다. 환경 오염과 기후 변화는 모두 생태계 평형을 파괴하여 여러 생물종의 생존을 위협하므로 종 다양성(ⓒ)을 감소시키는 원인이다.

ㄷ. 이 법률은 생물 다양성(가)을 보전하기 위한 목적을 가지고 있으므로 생물 다양성의 보전 대책에 해당한다.

오답 피하기 ㄱ. ⓐ은 종내(같은 종의 개체 사이)에서 나타나는 다양성이므로 대립유전자의 차이에 의해 나타나는 유전적 다양성이다.

🏆 1등급 완성 문제
131쪽

563 ①   **564** ①   **565** ⑤   **566** (1) 종 다양성 (2) 해설 참조

563
답 ①

자료 분석하기 **종 다양성과 군집의 구조**

구분	A	B	C	D	E
ⓐ	10	0	9	12	9
ⓑ	17	0	18	12	13
ⓒ	19	9	2	12	0

- ⓐ의 면적은 ⓒ과 같고, ⓑ의 면적은 ⓐ의 2배이다. ➡ 종 D의 개체 수가 ⓐ~ⓒ에서 같으므로 D의 개체군 밀도는 ⓐ과 ⓒ에서 같고, ⓑ은 ⓐ과 ⓒ의 절반이므로 ⓑ에서 가장 낮다.
- 전체 개체 수가 ⓐ에서는 40, ⓑ에서는 60, ⓒ에서는 42이다. ➡ D의 상대 밀도는 ⓐ에서는 $\frac{12}{40} \times 100 = 30$ %, ⓑ에서는 $\frac{12}{60} \times 100 = 20$ %, ⓒ에서는 $\frac{12}{42} \times 100 = 28.6$ %이다.
- ⓐ~ⓒ에서 서식하는 식물의 종 수는 각각 4종으로 같지만, 각 식물 종의 분포 비율은 ⓐ에서 가장 균등하다. ➡ 종 다양성은 ⓐ에서 가장 높다.

ㄱ. ⓐ과 ⓒ에서 서식하는 식물 종의 수는 각각 4종으로 같지만, 각 식물 종의 분포 비율은 ⓐ에서가 ⓒ에서보다 균등하다. 따라서 종 다양성은 ⓐ에서가 ⓒ에서보다 높다.

오답 피하기 ㄴ. ⓑ의 면적은 ⓐ의 2배이므로 ⓐ의 면적을 x라고 하면, ⓑ의 면적은 $2x$이다. 따라서 C의 개체군 밀도는 ⓐ에서 $\frac{9}{x}$이고, ⓑ에서 $\frac{18}{2x} = \frac{9}{x}$이므로 서로 같다.

ㄷ. 상대 밀도는 조사한 모든 종의 개체 수의 합에 대한 특정 종의 개체 수를 백분율로 나타낸 것이다. 그런데 A~E의 전체 개체 수는 ⓑ에서 60, ⓒ에서 42이고, D의 개체 수는 ⓑ과 ⓒ에서 각각 12로 같으므로 D의 상대 밀도는 ⓑ에서가 ⓒ에서보다 낮다.

564
답 ①

ㄱ. 이 생태계에서 2차 소비자를 그대로 두었을 때와 제거했을 때 시간에 따른 생물종 수가 서로 다르게 나타나므로 먹이 관계의 변화가 생물 다양성에 영향을 미친다는 것을 알 수 있다.

오답 피하기 ㄴ. 이 생태계에서 2차 소비자를 제거했을 때 시간에 따라 생물종 수가 감소하여 생물 다양성이 감소했으므로 2차 소비자를 제거하여 1차 소비자의 개체 수가 많아졌다고 해서 생물 다양성이 증가했다고 볼 수 없다.

ㄷ. 이 생태계의 최상위 소비자는 2차 소비자이다. 따라서 최상위 소비자(2차 소비자)를 제거하면 생물 다양성이 감소한다.

565
답 ⑤

ㄱ. 서식지가 분할된 후 내부 면적은 감소하고, 가장자리 면적은 증가하였으므로, 서식지가 분할된 후 $\frac{\text{내부 면적}}{\text{가장자리 면적}}$의 값이 감소하였다.

ㄴ. 분할 전 생물종의 수는 5, 총 개체 수는 680이고, 분할 후 생물종의 수는 4, 총 개체 수는 540으로 모두 감소하였다.

ㄷ. 서식지 분할로 내부에 서식하는 종 E가 사라졌지만 가장자리에 서식하는 종의 수는 3으로 변하지 않았다. 따라서 가장자리보다 내부에 서식하는 생물종이 서식지 분할의 영향을 더 많이 받는다는 것을 알 수 있다.

개념 더하기 서식지 단편화

• 서식지 단편화: 대규모의 서식지가 소규모로 분할되는 것이다.
• 서식지 단편화는 서식지 면적을 줄이고, 생물의 이동을 제한하여 고립시키기 때문에 그 지역에 서식하는 개체군의 크기가 작아져 멸종될 수 있다.
• 서식지 단편화로 가장자리의 길이와 면적이 늘어나고, 중앙의 면적이 줄어든다.

566

서술형 해결 전략

STEP 1 문제 포인트 파악
생물 다양성의 3가지 의미를 알고, 생물 다양성의 감소 원인과 보전 대책을 설명할 수 있어야 한다.

STEP 2 관련 개념 모으기
❶ 생물 다양성의 3가지 의미는?
→ 생물 다양성은 유전적 다양성, 종 다양성, 생태계 다양성을 모두 포함한다.
❷ 종 다양성은?
→ 한 생태계에 서식하는 생물종의 다양한 정도를 의미한다.
❸ 서식지 파괴가 생물 다양성에 미치는 영향은?
→ 서식지가 파괴되면 서식지의 면적이 감소하여 여러 생물종의 생존이 위협을 받아 개체 수가 감소하거나 멸종하게 되므로 종 다양성을 비롯한 생물 다양성이 크게 감소한다.
❹ 생물 다양성을 보전하기 위한 대책은?
→ 서식지 보호, 생태 통로 설치, 국립 공원 및 천연기념물 지정 등은 모두 생물 다양성을 보전하기 위한 대책에 해당한다.

(1) 수생 식물, 수서 곤충, 어류는 모두 서로 다른 종이므로 ㉠은 종 다양성과 가장 관련이 깊다.
(2) **예시 답안** ㉡에 의해 우포늪이 파괴되면서 우포늪의 생물 다양성이 감소했고, ㉢을 통해 우포늪을 보존하여 우포늪의 생물 다양성을 보전하고자 하였다.

채점 기준	배점(%)
㉡에 의해 생물 다양성이 감소한 것과, ㉢을 통해 생물 다양성을 보전하고자 한 것을 모두 옳게 설명한 경우	100
㉡에 의해 생물 다양성이 감소한 것과, ㉢을 통해 생물 다양성을 보전하고자 한 것 중 1가지만 옳게 설명한 경우	50

실전 대비 평가 문제
132~135쪽

567 ⑤	568 ④	569 ①	570 ①	571 ⑤	572 ②
573 ⑤	574 ③	575 ②	576 ④	577 ⑤	578 ⑤

579 해설 참조 580 ㉠ 물고기, ㉡ 히드라, ㉢ 사람
581 해설 참조 582 해설 참조 583 D, E
584 (1) 피식량 (2) (가) 0.26, (나) 0.33 585 해설 참조

567
답 ⑤
ㄱ. A는 곰팡이가 속하는 분해자, C는 사슴이 속하는 소비자이다. 따라서 B는 광합성을 통해 유기물을 합성하는 생산자이다.

ㄴ. 대기(비생물적 요인) 오염의 정도에 따라 지의류(생물적 요인)의 분포가 달라지는 것은 비생물적 요인이 생물적 요인에 영향을 주는 작용(㉠)에 해당한다.
ㄷ. 탄소는 생산자(B) → 분해자(A), 생산자(B) → 소비자(C) → 분해자(A)로 이동한다. 생물적 요인 사이에서 탄소가 이동하는 형태는 유기물이다. 따라서 ㉢ 과정에서 탄소는 유기물의 형태로 이동한다.

개념 더하기 생태계 구성 요소 간의 관계

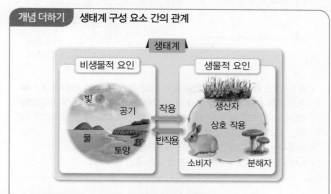

• 작용: 비생물적 요인이 생물적 요인에 영향을 주는 것이다.
• 반작용: 생물적 요인이 비생물적 요인에 영향을 주는 것이다.
• 상호 작용: 생물과 생물 사이에 서로 영향을 주고받는 것이다.

568
답 ④
ㄱ. A와 B는 S자 모양의 실제의 생장 곡선을 나타내므로 t_2일 때 A와 B는 모두 환경 저항을 받는다.
ㄷ. 환경 수용력은 최대 개체 수이므로, A의 환경 수용력은 2, B의 환경 수용력은 1이다. 따라서 환경 수용력은 A가 B의 2배이다.
오답 피하기 ㄴ. 구간 Ⅰ에서 A의 개체 수는 B가 유입되기 전인 t_1일 때의 최대 개체 수와 같다. 이를 통해 A와 B는 종간 경쟁을 하지 않는다는 것을 알 수 있다.

569
답 ①
ㄱ. 각 종의 상대 밀도의 합과 각 종의 상대 피도의 합은 각각 100 %이므로 ㉠은 13.9, ㉡은 23.1이다. 따라서 ㉠+㉡=37이다.
오답 피하기 ㄴ. 중요치가 가장 큰 종이 그 군집의 우점종이며, 중요치=상대 밀도+상대 빈도+상대 피도이다. 각 종의 중요치는 냉이가 40.8, 잔디가 64.3, 민들레가 124.1, 제비꽃이 49.5, 쑥이 21.3이므로, 우점종은 민들레이다.
ㄷ. 밀도가 높은 종일수록 개체 수가 많으므로 이 지역에서 개체 수가 가장 많은 종은 밀도가 가장 높은 잔디이다.

570
답 ①
ㄱ. 두 종의 개체 수가 주기적으로 변동하므로 A와 B는 포식과 피식의 상호 작용을 한다. 포식과 피식의 관계에서는 피식자의 개체 수가 증가하면 포식자의 개체 수도 증가하고, 포식자의 개체 수 증가로 피식자의 개체 수는 감소한다. 따라서 ㉠은 A의 포식자인 B의 개체 수 변화이다.
오답 피하기 ㄴ. (가)의 P 구간에서 피식자(A)는 감소하고 포식자(B)는 증가하므로 A 감소, B 증가인 (나)의 Ⅰ에 해당한다.
ㄷ. 경쟁·배타 원리는 생태적 지위가 중복되어 종간 경쟁이 일어나는 두 종 사이에서 나타나는 상호 작용이다.

571

답 ⑤

군집 내 개체군 간의 상호 작용

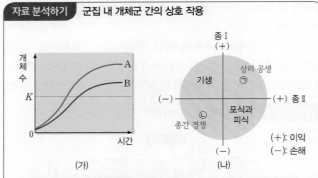

(가) (나)

(+): 이익
(−): 손해

- K는 A와 B를 단독 배양했을 때의 최대 개체 수(환경 수용력)이다. ➡ A와 B를 혼합 배양했을 때 A와 B 모두 최대 개체 수가 단독 배양했을 때(K)보다 크다. ➡ 혼합 배양했을 때 A와 B 사이에 두 종 모두 이익을 얻는 상리 공생이 일어난다.
- ㉠에서는 두 종 모두 이익을 얻으므로 ㉠은 상리 공생이다.
- ㉡에서는 두 종 모두 손해를 보므로 ㉡은 종간 경쟁이다.

ㄱ. (가)에서 종 A와 B는 모두 환경 저항을 받아 S자 모양의 실제의 생장 곡선을 나타낸다.

ㄴ. (가)에서 종 A와 B 사이의 상호 작용으로 A와 B 모두 최대 개체 수가 단독 배양했을 때보다 증가했다. 따라서 두 종 모두 이익을 얻는 상리 공생(㉠)이 일어났다.

ㄷ. 생태적 지위가 같은 두 종 사이에서는 먹이나 서식 공간을 차지하기 위해 두 종 모두 손해를 보는 종간 경쟁(㉡)이 일어날 수 있다.

572

답 ②

천이가 진행되면서 강한 빛에서 잘 자라는 양수가 생장하면서 빛을 가려 그늘이 생기면 약한 빛에서도 잘 자라는 음수가 많이 자라 혼합림을 이루고, 이에 따라 지표면에 도달하는 빛의 세기가 약해지면서 양수의 어린 나무는 잘 자라지 못해 음수림으로 천이가 일어난다.

ㄴ. (가) 과정에서 식물 군집은 양수림(A) → 혼합림을 거쳐 음수림(B)이 극상을 이룬다. 천이가 진행될수록 양수(키 큰 나무)에 의해 지표면에 도달하는 빛의 세기는 약해진다.

ㄱ. 천이 초기에는 지표면에 도달하는 빛의 세기가 강하므로 광합성량이 많은 양지 식물이 음지 식물보다 잘 자라 양수림(A)이 형성된다.

ㄷ. 산불이 난 후 일어나는 2차 천이는 토양에 수분과 유기물이 충분하므로 초원(C)에서부터 시작되며, 2차 천이의 개척자는 초본류이다.

573

답 ⑤

ㄴ. 1차 소비자의 에너지 효율은 $\frac{100}{1000} \times 100 = 10\%$이고, 2차 소비자의 에너지 효율은 $\frac{20}{100} \times 100 = 20\%$이다. 따라서 에너지 효율은 2차 소비자가 1차 소비자의 2배이다.

ㄷ. 총생산량은 호흡량과 순생산량의 합이므로 ㉠은 총생산량, ㉡은 호흡량이고, ㉠과 ㉡의 차이(㉠−㉡)는 순생산량이다. t_1일 때가 t_2일 때보다 순생산량(㉠−㉡)은 많고 호흡량(㉡)은 적다. 따라서 이 식물 군집에서 $\frac{순생산량(㉠−㉡)}{호흡량(㉡)}$은 t_1일 때가 t_2일 때보다 크다.

ㄱ. ㉡은 식물 군집(생산자)의 호흡량이므로 1차 소비자의 생장량은 ㉡에 포함되어 있지 않다. 1차 소비자의 생장량은 피식량에 포함되며, 피식량은 고사량, 낙엽량, 생장량과 함께 순생산량(㉠−㉡)에 포함된다.

574

답 ③

물질 순환과 에너지 흐름

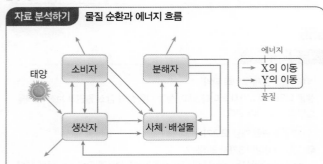

태양

소비자   분해자

생산자   사체·배설물

에너지
→ X의 이동
→ Y의 이동
물질

- 생태계에서 에너지는 순환하지 않고 먹이 사슬을 따라 한 방향으로 흐르다가 생태계 밖으로 빠져나간다. ➡ X는 에너지이다.
- 생태계에서 물질은 생물과 비생물 환경 사이를 끊임없이 순환하면서 생물이 이용할 수 있도록 전환된다. ➡ Y는 물질이다.

ㄱ. 생태계에서 에너지는 한 방향으로 흐르고, 물질은 순환하므로 X는 에너지, Y는 물질이다. 생태계의 에너지는 태양의 빛에너지를 생산자가 유기물의 화학 에너지로 전환함으로써 얻어지는 것이다. 따라서 에너지(X)의 근원은 태양의 빛에너지이다.

ㄷ. Y는 물질이며, 탄소, 질소 등의 물질(Y)은 생태계에서 끊임없이 순환한다.

ㄴ. 생산자가 가진 에너지의 일부가 먹이 사슬을 따라 이동하며, 각 영양 단계의 생물은 에너지 일부를 호흡으로 방출한다. 따라서 소비자와 분해자에서 호흡으로 방출된 에너지(X)의 총량은 생산자가 가진 에너지(X)의 양보다 적다.

575

답 ②

질소 순환

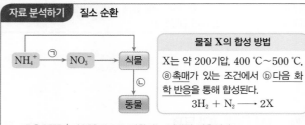

NH_4^+ $\xrightarrow{㉠}$ NO_3^- → 식물 → 동물 ($\downarrow ㉡$)

물질 X의 합성 방법

X는 약 200기압, 400 ℃~500 ℃, ⓐ촉매가 있는 조건에서 ⓑ다음 화학 반응을 통해 합성된다.
$$3H_2 + N_2 \longrightarrow 2X$$

- ㉠은 NH_4^+이 NO_3^-으로 전환되는 질산화 작용이다.
- ㉡은 단백질, 핵산 등의 질소 화합물의 형태로 식물에서 동물로 질소가 이동하는 과정이다.
- $3H_2 + N_2 \longrightarrow 2NH_3$이므로, 물질 X는 NH_3이다.

ㄷ. 촉매는 화학 반응을 촉진하는 물질이므로 ⓐ는 암모니아(NH_3)가 합성되는 화학 반응인 ⓑ의 속도를 증가시키기 위해 사용된다.

ㄱ. ㉠은 질산화 세균 등에 의해 일어나는 질산화 작용이다. 질소 고정은 대기 중의 질소(N_2)가 생물(생산자)이 이용할 수 있는 암모늄 이온(NH_4^+)으로 전환되는 과정이다.

ㄴ. 물질 X는 NH_3이다. 생물 군집 내에서 질소는 먹이 사슬을 따라 유기물(단백질, 핵산 등의 질소 화합물)의 형태로 이동한다.

576 답 ④

생산자는 대기 중의 질소를 직접 이용하지 못한다. 대기 중의 질소는 공중 방전이나 질소 고정 세균에 의해 고정되어 무기 이온으로 전환되고, 이 무기 이온을 생산자가 흡수하여 단백질, 핵산 등의 질소 화합물을 합성한다. 따라서 ㉠은 질소이다. 대기 중의 이산화 탄소는 생산자의 광합성에 의해 유기물로 합성되어 먹이 사슬을 따라 이동하며, 생물의 호흡에 의해 이산화 탄소 형태로 다시 대기 중으로 돌아간다. 따라서 ㉡은 이산화 탄소이다.

ㄴ. A는 무기 이온인 질산 이온이 탈질산화 세균에 의해 질소 기체가 되어 대기 중으로 돌아가는 탈질산화 작용이다.

ㄷ. 생산자의 광합성 과정은 B에 해당한다. 생산자의 광합성을 통해 대기 중의 탄소가 생물체 내로 유입된다.

오답 피하기 ㄱ. ㉠은 질소, ㉡은 이산화 탄소이다.

577 답 ⑤

ㄱ. 한 생태계인 습지 A에 식물, 조류, 어류 등 다양한 종이 서식(㉠)하는 것은 종 다양성에 해당한다.

ㄴ. 생물 다양성 중 생태계 다양성은 습지, 사막, 초원, 삼림 등 지구에 존재하는 생태계(㉡)의 다양한 정도를 의미한다. 따라서 생태계(㉡)가 다양할수록 생물 다양성은 증가한다.

ㄷ. 습지 A에는 다양한 생물종이 서식하고 있으므로 A로부터 각종 생물 자원을 얻을 수 있다.

578 답 ⑤

ㄱ. 서식지가 분할된 후 내부에 서식하던 종 ㉢이 사라졌으므로 종 다양성이 감소하였다.

ㄴ. 서식지가 분할된 후 내부 면적은 감소하였고, 가장자리 면적은 증가하였다.

ㄷ. 서식지가 분할된 후 내부에 서식하던 종 ㉢이 사라졌으므로 내부에 서식하던 종이 가장자리에 서식하던 종보다 더 큰 피해를 입었다.

579

㉠은 비생물적 요인이 생물적 요인에 영향을 주는 작용이고, ㉡은 생물적 요인이 비생물적 요인에 영향을 주는 반작용이다.

예시 답안 ㉠의 예로는 빛이 비치는 방향으로 식물이 굽어 자라는 것이 있고, ㉡의 예로는 숲이 우거져 지표면에 도달하는 빛의 세기가 약해지는 것이 있다.

채점 기준	배점(%)
㉠의 예와 ㉡의 예를 용어를 포함하여 모두 옳게 설명한 경우	100
㉠의 예와 ㉡의 예 중 1가지만 용어를 포함하여 옳게 설명한 경우	50

580 답 ㉠ 물고기, ㉡ 히드라, ㉢ 사람

개체군의 생존 곡선은 Ⅰ형, Ⅱ형, Ⅲ형으로 구분한다. ㉠은 Ⅲ형으로, 많은 수의 자손을 낳지만 어린 개체의 사망률이 높으며, 물고기, 굴 등의 어패류가 해당한다. ㉡은 Ⅱ형으로, 연령대에 따른 사망률이 비교적 일정하며, 히드라, 다람쥐, 조류 등이 해당한다. ㉢은 Ⅰ형으로, 적은 수의 자손을 낳지만 부모의 보호를 받아 어린 개체의 사망률이 낮고 노년에 사망률이 높으며, 사람, 코끼리 등의 대형 포유류가 해당한다.

581

개체군의 생존 곡선은 같은 시기에 출생한 일정 수의 개체들이 시간이 지남에 따라 얼마나 살아남았는지를 그래프로 나타낸 것이며, 3가지 유형(Ⅰ형, Ⅱ형, Ⅲ형)이 있다. 부모가 자손을 보호하는 능력이 높다면 자손의 초기 사망률이 ㉢(Ⅰ형)과 같이 낮을 것이다.

예시 답안 ㉢. 부모의 자손 보호 능력이 높으면 어릴 때 사망하는 개체 수가 적기 때문이다.

채점 기준	배점(%)
부모의 자손 보호 능력이 높은 종에서 나타나는 생존 곡선 유형의 기호를 쓰고, 그렇게 판단한 까닭을 모두 옳게 설명한 경우	100
부모의 자손 보호 능력이 높은 종에서 나타나는 생존 곡선 유형의 기호만 옳게 쓴 경우	30

582

텃세는 같은 개체군의 각 개체가 자신의 생활 구역을 확보하여 다른 개체의 접근을 막고 먹이 등을 독점하는 개체군 내 상호 작용이고, 상리 공생은 서로 다른 두 개체군 간의 상호 작용이다. 상리 공생은 두 개체군 모두 이익을 얻지만, 기생은 한 개체군(기생자)은 이익을 얻고 다른 개체군(숙주)은 손해를 본다.

예시 답안 A: 상리 공생, B: 텃세, 상호 작용 하는 두 개체군이 모두 이익을 얻는다.

채점 기준	배점(%)
A와 B의 이름을 쓰고, 기생과 달리 상리 공생만이 가지는 특징을 옳게 설명한 경우	100
A와 B의 이름만 옳게 쓴 경우	40

583 답 D, E

경쟁·배타 원리는 한정된 자원인 먹이나 서식 공간 등을 차지하기 위해 경쟁하는 두 종 사이에서 적용된다. 종 D와 E는 생태적 지위가 동일하므로 종간 경쟁이 심하게 일어나 경쟁에서 진 종이 사라지는 경쟁·배타 원리가 적용될 확률이 가장 높다.

584 답 (1) 피식량, (2) (가) 0.26, (나) 0.33

(1) 총생산량은 호흡량과 순생산량의 합이고, 순생산량은 고사량, 낙엽량, 생장량, 피식량(A)의 합이다.

(2) 순생산량은 고사량, 낙엽량, 생장량, 피식량(A)의 합이므로 총생산량에 대한 순생산량의 백분율은 (가)에서는 26.0 %(0.26), (나)에서는 33.0 %(0.33)이다.

585

종 다양성은 서식하는 생물종의 수가 많고, 각 종의 분포 비율이 균등할수록 높다. (가)와 (나)에 서식하는 식물 종은 4종으로 같지만, 각 종의 분포 비율이 (나)에서가 (가)에서보다 균등하다.

예시 답안 (나), 군집에 서식하는 식물 종의 수는 (가)와 (나)에서 같지만, 각 종의 분포 비율이 (나)에서가 (가)에서보다 균등하기 때문이다.

채점 기준	배점(%)
(나)를 쓰고, 그렇게 판단한 까닭을 모두 옳게 설명한 경우	100
(나)만 옳게 쓴 경우	20

memo